Excel Home 编著

Excel 2013

数据透视表
应用大全 全彩版

北京大学出版社
PEKING UNIVERSITY PRESS

内 容 提 要

本书全面系统地介绍了 Excel 2013 数据透视表的技术特点和应用方法，深入揭示了数据透视表的原理，并配合大量典型实用的应用实例，帮助读者全面掌握 Excel 2013 数据透视表技术。

全书共 23 章，分别介绍创建数据透视表，什么样的数据适用于数据透视表，改变数据透视表的布局，刷新数据透视表，数据透视表的格式设置，在数据透视表中排序和筛选，数据透视表的切片器，数据透视表的日程表，数据透视表的项目组合，在数据透视表中执行计算，数据透视表函数的综合应用，创建动态数据透视表，创建复合范围的数据透视表，使用"Microsoft Query"数据查询创建透视表，通过导入外部数据源"编辑 OLE DB 查询"创建数据透视表，利用多样的数据源创建数据透视表，Power BI 与数据透视表，数据透视表与 VBA，发布数据透视表，用图形展示数据透视表数据，数据透视表打印技术，数据透视表技术综合运用，数据透视表常见问题答疑解惑等内容。

本书适用于各个层次的 Excel 用户，既可以作为初学者的入门指南，又可作为中、高级用户的参考手册。书中大量的实例还适合读者直接在工作中借鉴。

图书在版编目(CIP)数据

Excel 2013数据透视表应用大全:全彩版 / Excel Home编著. — 北京:北京大学出版社，2018.4
ISBN 978-7-301-29194-8

Ⅰ.①E… Ⅱ.①E… Ⅲ.①表处理软件 Ⅳ.①TP391.13

中国版本图书馆CIP数据核字(2018)第026584号

书　　　名	Excel 2013 数据透视表应用大全（全彩版）	
	EXCEL 2013 SHUJU TOUSHIBIAO YINGYONG DAQUAN	
著作责任者	Excel Home　编著	
责 任 编 辑	尹　毅	
标 准 书 号	ISBN 978-7-301-29194-8	
出 版 发 行	北京大学出版社	
地　　　址	北京市海淀区成府路205 号　　100871	
网　　　址	http://www.pup.cn　　新浪微博:@ 北京大学出版社	
电 子 信 箱	pup7@ pup.cn	
电　　　话	邮购部62752015　发行部62750672　编辑部62570390	
印 刷 者	北京大学印刷厂	
经 销 者	新华书店	
	787毫米×1092毫米　16开本　33印张　968千字	
	2018年4月第1版　2018年4月第1次印刷	
印　　　数	1—4000册	
定　　　价	168.00 元	

前　言

本书的示例文件和教学视频请到 Excel Home 官方网站上下载。

非常感谢您选择《Excel 2013 数据透视表应用大全（全彩版）》。

在高度信息化的今天，大量数据的处理与分析成为个人或企业迫切需要解决的问题。Excel 数据透视表作为一种交互式的表，具有强大的功能，在数据分析工作中显示出越来越重要的作用。

与 Excel 2010 相比，Excel 2013 的数据透视表增加了"日程表""推荐的数据透视表""模型数据透视表"并内置了 PowerPivot 和 PowerView 等功能，数据透视图和"值显示"功能也进行了改进。为了让大家深入了解和掌握 Excel 2013 中的数据透视表，我们组织了来自 Excel Home 的多位资深 Excel 专家和《Excel 2010 数据透视表应用大全》的原班人马，充分吸取上一版本的经验，改进不足，精心编写了这本《Excel 2013 数据透视表应用大全（全彩版）》。

本书秉承上一版本的路线和风格，内容翔实全面，基于原理和基础性知识进行讲解，全方位涉猎 Excel 2013 数据透视表及其应用的方方面面；叙述深入浅出，每个知识点辅以实例来讲解分析，让您知其然也知其所以然；要点简明清晰，帮助用户快速查找并解决学习工作中遇到的问题。

《Excel 2013 数据透视表应用大全（全彩版）》面向应用，深入实践，大量典型的示例可直接借鉴。我们相信，精心挑选的示例有助于原理的消化学习，并使技能应用成为本能。

秉持"授人以渔"的传授风格，本书尽可能让技术应用走上第一线，实现知识内容自我的"言传身教"。此外，本书的操作步骤示意图多采用动画式的图解，有效减轻了读者的阅读压力，让学习过程更为轻松愉快。

读者对象

本书面向的读者群是所有需要使用 Excel 的用户。无论是初学者，中、高级用户还是 IT 技术人员，都可以从本书找到值得学习的内容。当然，希望读者在阅读本书以前至少对 Windows 7 操作系统有一定的了解，并且知道如何使用键盘与鼠标。

本书约定

在正式开始阅读本书之前，建议读者花上几分钟时间来了解一下本书在编写和组织上使用的一些惯例，这会对您的阅读有很大的帮助。

软件版本

本书的写作基础是安装于 Windows 7 专业版操作系统上的中文版 Excel 2013。尽管本书中的许多内容也适用于 Excel 的早期版本，如 Excel 2003、Excel 2007 和 Excel 2010，或者其他语言版本的 Excel，如英文版、繁体中文版。但是为了能顺利学习本书介绍的全部功能，仍然强烈建议读者在中文版 Excel 2013 的环境下学习。

菜单命令

我们会这样来描述在 Excel 或 Windows 以及其他 Windows 程序中的操作，例如，在介绍用 Excel 打印一份文件时，会描述为：单击【文件】→【打印】。

鼠标指令

本书中表示鼠标操作的时候都使用标准方法："指向""单击""右击""拖动"和"双击"等，您可以很清楚地知道它们表示的意思。

键盘指令

当读者见到类似 <Ctrl+F3> 这样的键盘指令时，表示同时按下 <Ctrl> 键和 <F3> 键。

Win 表示 Windows 键，就是键盘上标有 🎴 的键。本书还会出现一些特殊的键盘指令，表示方法相同，但操作方法会稍许不一样，有关内容会在相应的知识点中详细说明。

Excel 函数与单元格地址

本书中涉及的 Excel 函数与单元格地址将全部使用大写，如 SUM( )、A1:B5。但在讲到函数的参数时，为了和 Excel 中显示一致，函数参数全部使用小写，如 SUM(number1,number2, ...)。

Excel VBA 代码的排版

为便于代码分析和说明，本书第 18 章中的程序代码的前面添加了行号。读者在 VBE 中输入代码时，不必输入行号。

图标

注意 ▪▪▪▪→	表示此部分内容非常重要或者需要引起重视
提示 ▪▪▪▪→	表示此部分内容属于经验之谈，或者是某方面的技巧
参考 ▪▪▪▪→	表示此部分内容在本书其他章节也有相关介绍
深入了解 ▪▪▪▪→	为需要深入掌握某项技术细节的用户所准备的内容

本书结构

全书内容共计 23 章以及 1 个附录。

第 1 章　创建数据透视表：介绍什么是数据透视表以及数据透视表的用途，手把手教用户创建数据透视表。

第 2 章　为数据透视表准备好数据：介绍对原始数据的管理规范及工作中对不规范数据表格的整理技巧。

第 3 章　改变数据透视表的布局：介绍通过对数据透视表布局和字段的重新安排得到新的报表。

第 4 章　刷新数据透视表：介绍在数据源发生改变时，如何获得数据源变化后最新的数据信息。

第 5 章　数据透视表的格式设置：介绍数据透视表格式设置的各种变化和美化。

第 6 章　在数据透视表中排序和筛选：介绍数据透视表中某个字段的数据项按一定顺序进行排序和筛选的技巧。

第 7 章　数据透视表的切片器：介绍数据透视表的"切片器"功能，以及"切片器"的排序、格式设置和美化等。

第 8 章　数据透视表的日程表：日程表是 Excel 2013 的新增功能，介绍如何使用日程表控件对数据透视表进行交互式筛选。

第 9 章　数据透视表的项目组合：介绍数据透视表对数字、日期和文本等不同数据类型的数据项采取的多种组合方式。

第 10 章　在数据透视表中执行计算：介绍在不改变数据源的前提下，在数据透视表的数据区域中设置不同的数据显示方式。

第 11 章　数据透视表函数综合应用：详细介绍数据透视表函数 GETPIVOTDATA 的使用方法和运用技巧。

第 12 章　创建动态数据透视表：介绍创建动态数据透视表的三种方法，即定义名称法、表方法和 VBA 代码方法。

第 13 章　创建复合范围的数据透视表：介绍"单页字段""自定义页字段""多重合并计算数据区域"数据透视表的创建方法，并讲述如何对不同工作簿中多个数据列表进行汇总分析。

第 14 章　使用"Microsoft Query"数据查询创建透视表：介绍运用"Microsoft Query"数据查询，将不同工作表，甚至不同工作簿中的多个 Excel 数据列表进行合并汇总，生成动态数据透视表的方法。

第 15 章　通过导入外部数据源"编辑 OLE DB 查询"创建数据透视表：介绍运用"编辑 OLE DB 查询"技术，将不同工作表，甚至不同工作簿中的多个数据列表进行合并汇总生成动态数据透视表的方法。

第 16 章　利用多样的数据源创建数据透视表：讲述如何导入和连接外部数据源，以及如何使用外部数据源创建数据透视表。

第 17 章　Power BI 与数据透视表：介绍 Power BI 的四大组件 PowerPivot、PowerQuery、PowerView 和 PowerMap 的使用，重点介绍了 PowerPivot 中的 DAX 语言的典型应用。

第 18 章　数据透视表与 VBA：介绍如何利用 VBA 程序操作和优化数据透视表。

第 19 章　发布数据透视表：介绍了两种发布数据透视表的方法，将数据透视表发布为网页和保存到 Web。

第 20 章　用图形展示数据透视表数据：介绍数据透视图的创建和使用方法。

第 21 章　数据透视表打印技术：介绍数据透视表的打印技术，主要包括数据透视表标题的打印技术、数据透视表按类分页打印技术和数据透视表报表筛选字段快速打印技术。

第 22 章　数据透视表技术综合运用：以多个独立的实际案例来展示如何综合各种数据透视表技术来进行数据分析和报表制作。

第 23 章　数据透视表常见问题答疑解惑：针对用户在创建数据透视表过程中最容易出现的问题，列举应用案例进行分析和解答。

附录：包括 Excel 常用 SQL 语句和函数解析。

阅读技巧

不同水平的读者可以使用不同的方式来阅读本书，以求在相同的时间和精力之下能获得更大的回报。

Excel 初级用户或者任何一位希望全面熟悉 Excel 各项功能的读者，可以从头开始阅读，因为本书是按照各项功能的使用频度以及难易程度来组织章节顺序的。

Excel 中、高级用户可以挑选自己感兴趣的主题有侧重地学习，虽然各知识点之间有千丝万缕的联系，但通过我们在本书中提示的交叉参考，可以轻松地顺藤摸瓜。

如果遇到困惑的知识点不必烦躁，可以暂时先跳过，先保留着印象即可，今后遇到具体问题时再来研究。当然，更好的方式是与其他 Excel 爱好者进行探讨。如果读者身边没有这样的人选，可以登录 Excel Home 技术论坛（http://club.excelhome.net），这里有数百万 Excel 爱好者正在积极交流。

另外，本书中为读者准备了大量的示例，它们都有相当的典型性和实用性，并能解决特定的问题。因此，读者也可以直接从目录中挑选自己需要的示例开始学习，就像查词典那么简单，然后快速应用到自己的工作中去。

本书赠送的示例文件、随书教学视频文件、扩展教学视频文件，可访问 http://www.excelhome.net/book 进行下载。

扫描二维码轻松查看教学视频

本书提供了 20 段教学视频，读者可以在示例或知识点的开始找到二维码，使用微信的"扫一扫"功能就可以快速查看教学视频，轻松学习不用愁。

另外，本书赠送 20 段扩展教学视频，手把手教您掌握更多的 Excel 软件应用技巧。

致谢

本书由周庆麟策划并组织，第 1 章、第 4 章、第 6 章、第 8 ~ 9 章、第 12 ~ 13 章和第 21 章由王鑫编写，第 2 ~ 3 章和第 5 章由李锐编写，第 7 章、第 10 章和第 17 章由杨彬编写，第 11 章和第 20 章由朱明编写，第 14 ~ 15 章和附录由范开荣编写，第 16 章和第 18 ~ 19 章由郗金甲编写，第 22 章由李锐和杨彬共同编写，第 23 章由王鑫和杨彬共同编写，最后由杨彬完成统稿。

Excel Home 论坛管理团队和 Excel Home 免费在线培训中心教管团队长期以来都是 Excel Home 图书的坚实后盾，他们是 Excel Home 论坛中最可爱的人。最为广大会员所熟知的代表人物有朱尔轩、林树珊、吴晓平、刘晓月、祝洪忠、方骥、赵刚、黄成武、赵文竹、孙继红等，在此向这些最可爱的人表示由衷的感谢。

衷心感谢 Excel Home 的百万会员，是他们多年来不断的支持与分享，才营造出热火朝天的学习氛围，并成就了今天的 Excel Home 系列图书。

衷心感谢 Excel Home 微博的所有粉丝和 Excel Home 微信的所有好友，你们的"赞"和"转"是我们不断前进的新动力。

后续服务

在本书的编写过程中，尽管我们的每一位团队成员都未敢稍有疏虞，但纰缪和不足之处仍在所难免。敬请读者能够提出宝贵的意见和建议，您的反馈将是我们继续努力的动力，本书的后续版本也将会更臻完善。

您可以访问 http://club.excelhome.net，我们开设了专门的版块用于本书的讨论与交流。您也可以发送电子邮件到 book@excelhome.net，我们将尽力为您服务。

同时，欢迎您关注我们的官方微博（@Excelhome）和微信公众号（iexcelhome），我们每日更新很多优秀的学习资源和实用的 Office 技巧，并与大家进行交流。

QQ 读者群

为了更好地服务读者，专门设置了 QQ 群为读者答惑解疑，同时探讨办公过程中遇到的其他问题及解决办法。QQ 群加入方法如下。

方法 1：通过扫描二维码添加 QQ 群。

如果手机上装有 QQ，则登录你的手机 QQ 账号，点击头像右侧的"+"号，在弹出的下拉列表框中选择【扫一扫】选项，如图 1 所示，进入扫描二维码界面。将扫描框置于图 2 所示二维码位置进行扫描，申请加入"ExcelHome 办公之家"QQ 群。

图 1　　　　　　图 2

提示 ━━▶ 　如果你的 QQ 没有扫一扫功能，请更新 QQ 为最新版本。如果你手机上装有微信，利用微信的扫一扫功能，也可以加入 QQ 群。

方法 2：通过搜索 QQ 群号（238190427）添加 QQ 群。

（1）手机 QQ 用户。登录 QQ 账号，点击头像右侧的 "+" 号，在弹出的下拉列表框中选择【加好友】选项，如图 3 所示。进入【添加】界面，选择【找群】选项卡，点击下方的文本框，输入群号 "238190427"，点击【搜索】，申请加群即可。

图 3　　　　　　　图 4

（2）PC 端 QQ 用户。使用计算机登录 QQ 账号，单击界面下方的【查找】按钮，弹出【查找】窗口，选择【找群】选项卡，在下方的文本框中输入群号 "238190427" 单击右侧的搜索按钮，下方会显示群信息，单击右下角的【加群】按钮，申请入群，如图 5 所示。

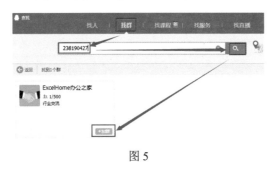

图 5

提示

申请加入 QQ 群会提示 "请输入验证信息"，输入本书书名或书号，单击【发送】即可，管理员会在第一时间处理，如加群时，系统提示 "此群已满" 请根据提示加其他群。

目　录

示例目录

第 1 章　创建数据透视表

本章主要针对初次接触数据透视表的用户，简要介绍什么是数据透视表以及数据透视表的用途，并且手把手指导用户创建自己的第一个数据透视表，然后逐步了解数据透视表的结构、相关术语、功能区和选项卡。

1.1　什么是数据透视表

数据透视表是 Excel 中的一个强大的数据处理分析工具，通过数据透视表可以快速分类汇总、比较大量的数据，并且可以根据用户的业务需求，快速变换统计分析维度来查看统计结果，而这些操作，只需要拖曳几下鼠标就可以实现。

随着互联网的飞速发展，大数据时代的来临，用户需要处理的数据量也越来越大，为了高效地完成统计分析，数据透视表无疑将成为一把利器。数据透视表不仅综合了数据排序、筛选、组合及分类汇总等数据分析方法的优点，而且汇总的方式更灵活多变，并能以不同方式显现数据。一张"数据透视表"仅靠鼠标指针移动字段所处位置，即可变换出各种报表，以满足广大"表"哥"表"妹的工作需求。同时数据透视表也是解决 Excel 函数公式计算速度瓶颈的重要手段之一。

1.2　数据透视表的数据源

用户可以从 4 种类型的数据源中创建数据透视表。

1．Excel 数据列表清单

2．外部数据源

外部数据源可以来自文本、SQL Server、Microsoft Access 数据库、Analysis Services、Windows Azure Marketplace、Microsoft OLAP 多维数据集等。

3．多个独立的 Excel 数据列表

多个独立的 Excel 数据工作表，可以通过数据透视表将这些独立的表格汇总在一起。

4．其他的数据透视表

已经创建完成的数据透视表也可以作为数据源来创建另外一个数据透视表。

1.3　自己动手创建第一个数据透视表

图 1-1 所示的数据列表清单为某公司 2014 年 1 月份的销售明细流水账。

图 1-1　销售明细流水账

面对成百上千行的流水账数据，需要按品牌、分区域来汇总销售数量，如果用户使用数据透视表来完成这项工作，只需单击几次鼠标，即可完成这张报表。下面就来领略一下透视表的神奇功能吧！

示例 1.1　新手上路：创建自己的第一个数据透视表

扫一扫，
查看精彩视频！

步骤①　在如图 1-1 所示的销售明细流水账中单击任意一个单元格（如 C6），在【插入】选项卡中单击【数据透视表】图标，弹出【创建数据透视表】对话框，如图 1-2 所示。

步骤②　保持【创建数据透视表】对话框内默认的设置不变，单击【确定】按钮后即可在新工作表中创建一张空的数据透视表，如图 1-3 所示。

步骤③　在【数据透视表字段】对话框中选中"品牌"和"销售数量"字段的复选框，被添加的字段自动出现在【数据透视表字段】的【行】区域和【值】区域，同时，相应的字段也被添加到数据透视表中，如图 1-4 所示。

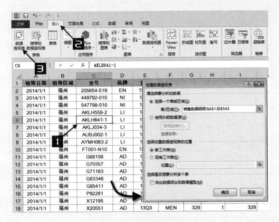

图 1-2　创建数据透视表

图 1-3　创建好的空的数据透视表

步骤④　在【数据透视表字段】中单击"销售区域"字段并且按下鼠标左键不放，将其拖曳至【列】区域，"销售区域"字段将作为列出现在数据透视表中，最终完成的数据透视表如图 1-5 所示。

图 1-4　向数据透视表中添加字段

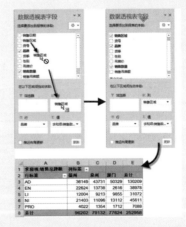

图 1-5　向数据透视表中添加列字段

1.4　使用推荐的数据透视表

Excel 2013 新增了【推荐的数据透视表】命令按钮，单击这个按钮即可获取系统为用户量身定制的数据透视表，使从没接触过数据透视表的用户也可轻松创建数据透视表。

示例 1.2　使用推荐模式创建傻瓜式数据透视表

步骤① 仍以图 1-1 所示的销售明细流水账为例，单击销售明细流水账中的任意一个单元格（如 C6），在【插入】选项卡中单击【推荐的数据透视表】图标，弹出【推荐的数据透视表】对话框，如图 1-6 所示。

【推荐的数据透视表】对话框中列示出按销售区域对品牌、销售数量求和等 10 种不同统计视角的推荐，根据数据源的复杂程度不同，推荐数据透视表的数目也不尽相同。

扫一扫，
查看精彩视频！

步骤② 在弹出的【推荐的数据透视表】对话框中，选择一种所需要的数据汇总维度，本例中选择"求和项：销售数量，按销售区域"的推荐汇总方式，单击【确定】按钮，即可成功创建数据透视表，如图 1-7 所示。

重复以上操作，用户即可创建各种不同统计视角的数据透视表。

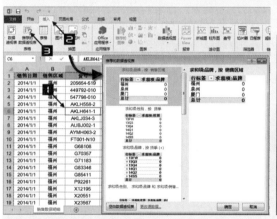

图 1-6　使用推荐的数据透视表创建透视表

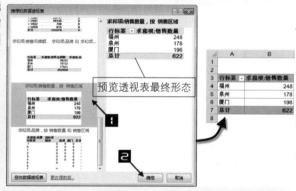

图 1-7　选择适合的数据汇总维度

1.5　数据透视表用途

数据透视表是一种对大量数据快速汇总和建立交叉关系的交互式动态表格，能帮助用户分析和组织数据，例如，计算平均值、标准差、计算百分比、创建新的数据子集等。创建好数据透视表后，可以对数据透视表重新安排，以便从不同的角度查看数据。数据透视表的名字来源于它具有"透视"表格的能力，从大量看似无关的数据中寻找背后的关系，从而将纷繁的数据转化为有价值的信息，透过数据看到本质，以为研究和决策提供支持。

1.6　何时使用数据透视表分析数据

如果用户要对海量的数据进行多条件统计，从而快速提取更有价值的信息，并且还需要随时改变分析角度或计算方法，那么使用数据透视表将是最佳选择之一。

一般情况下，如下的数据分析要求都非常适合使用数据透视表来解决。

- ❖ 对庞大的数据库进行多条件统计，而使用函数公式统计出结果的速度非常慢。
- ❖ 需要对得到的统计数据进行行列变化，随时切换数据的统计维度，迅速得到新的数据，满足不同的要求。
- ❖ 需要在得到的统计数据中找出某一字段的一系列相关数据。
- ❖ 需要将得到的统计数据与原始数据源保持实时更新。
- ❖ 需要在得到的统计数据中找出数据内部的各种关系并满足分组的要求。
- ❖ 需要将得到的统计数据用图形的方式表现出来，并且可以筛选控制哪些值用图表来表示。

1.7　数据透视表的结构

从结构上看，数据透视表分为4个部分，如图1-8所示。

- ❖ 筛选器区域：此标志区域中的字段将作为数据透视表的报表筛选字段。
- ❖ 行区域：此标志区域中的字段将作为数据透视表的行标签显示。
- ❖ 列区域：此标志区域中的字段将作为数据透视表的列标签显示。
- ❖ 值区域：此标志区域中的字段将作为数据透视表显示汇总的数据。

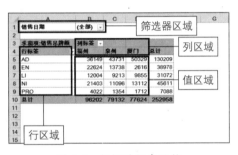

图1-8　数据透视表结构

1.8　数据透视表字段列表

扫一扫，
查看精彩视频！

【数据透视表字段】对话框中清晰地反映了数据透视表的结构，如图1-9所示。利用它，用户可以轻而易举地向数据透视表内添加、删除和移动字段，甚至不动用【数据透视表工具】选项卡和数据透视表本身便能对数据透视表中的字段进行排序和筛选。

创建数据透视表时，在图1-9中所标明的区域中添加相应的字段即可。

1.8.1　隐藏和显示【数据透视表字段】

选中数据透视表中的任意一个单元格（如B5），右击，在弹出的快捷菜单中选择【隐藏字段列表】命令即可将【数据透视表字段】列表隐藏，如图1-10所示。

还可以通过单击【数据透视表字段】的【关闭】按钮将其隐藏，如图1-11所示。

如需将【数据透视表字段】列表显示出来，可通过在透视表中选中任意单元格，右击，在弹出的快捷菜单中单击【显示字段列表】即可。

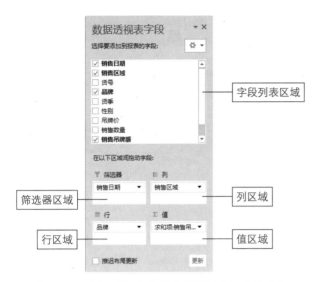

图 1-9 从数据透视表字段中看数据透视表的结构　　　图 1-10 隐藏【数据透视表字段】列表

除此之外，还可以在【数据透视表工具】的【分析】选项卡中单击【字段列表】按钮，也可调出【数据透视表字段】列表，如图 1-12 所示。

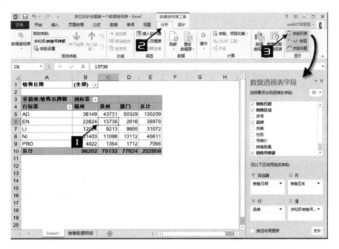

图 1-11 关闭【数据透视表字段】　　　　　　图 1-12 显示【数据透视表字段】列表

单击【数据透视表字段】标题栏上的下拉按钮，将出现【移动】【大小】和【关闭】菜单的下拉列表，选择【移动】时，可将【数据透视表字段】变成一个悬浮的对话框，位置可移动，用户可根据操作习惯将其放在最顺手的位置，如图 1-13 所示。

单击【大小】按钮，在【数据透视表字段】边缘拖曳鼠标指针，可调整【数据透视表字段】对话框的大小，如图 1-14 所示。

图 1-13 悬停的【数据透视表字段】

单击【关闭】按钮也可达到隐藏【数据透视表字段】的效果。

1.8.2 在【数据透视表字段】中显示更多的字段

如果用户采用超大的表格作为数据源创建数据透视表，那么数据透视表创建完成后很多字段在【选择要添加到报表的字段】列表框内无法全部显示，只能靠拖动滚动条滑块来选择要添加的字段，影响了用户创建报表的速度，如图 1-15 所示。

单击【选择要添加到报表的字段】列表框右侧的下拉按钮，单击【字段节和区域节并排】命令，即可展开【选择要添加到报表的字段】列表框内的更多字段，如图 1-16 所示。

图 1-14　调整【数据透视表字段】大小

图 1-15　在【选择要添加到报表的字段】中未完全显示的字段

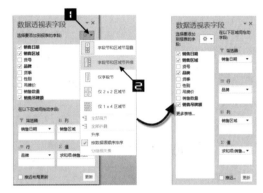

图 1-16　展开【选择要添加到报表的字段】列表框内的更多字段

1.8.3 【数据透视表字段】对话框中的排序与筛选

数据透视表排序和筛选的操作既可以通过数据透视表的专用工具来完成，也可以在数据透视表中通过单击各个字段的下拉按钮来完成，同样，这些操作在【数据透视表字段】中也可以完成。

将鼠标指针悬停在【数据透视表字段】中的"字段节"区域中的任意字段上时，在字段的右侧就会显示一个下拉按钮，单击这个按钮，就会出现与透视表中单击字段下拉按钮一样的菜单，从而方便灵活地对这个字段进行排序和筛选，如图 1-17 所示。

图 1-17　在【数据透视表字段】对话框中进行排序与筛选

1.8.4 更改【选择要添加到报表的字段】中字段的显示顺序

数据透视表创建完成后，【数据透视表字段】对话框中【选择要添加到报表的字段】列表框内字段显示顺序默认为按"数据源顺序排序"排列，如图 1-18 所示。

图 1-18　默认的"按数据源顺序排序"字段

如果用户希望将【选择要添加到报表的字段】列表框内字段的显示顺序改变为"升序"排序，
可以参照以下步骤。

步骤① 选中透视表中的任意单元格（如 A4），右击，在弹出的快捷菜单中单击【数据透视表选项】
命令，弹出【数据透视表选项】对话框。

步骤② 单击【显示】选项卡，在【字段列表】下选择【升序】单选按钮，单击【确定】按钮完成设置，
如图 1-19 所示。

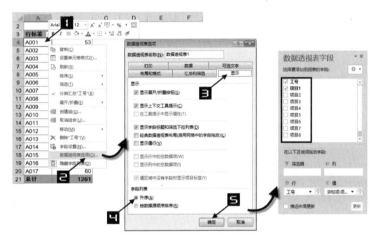

图 1-19　按"升序"排序字段

1.9　数据透视表中的术语

数据透视表中的相关术语如表 1-1 所示。

表 1-1　数据透视表中的相关术语

术语	术语说明
数据源	创建数据透视表所使用的数据列表清单或多维数据集
轴	数据透视表中的一维，如行、列和页
行	在数据透视表中具有行方向的字段
列	信息的种类，等价于数据列表中的列

续表

术语	术语说明
筛选器	基于数据透视表中进行分页的字段，可对整个透视表进行筛选
字段	描述字段内容的标志。一般为数据源中的标题行内容。可以通过拖动字段对数据透视表进行透视
项	组成字段的成员，即字段中的内容
组合	一组项目的集合，可以自动或手动进行组合
透视	通过改变一个或多个字段的位置来重新安排数据透视表
汇总方式	Excel 计算表格中数据的值的统计方式。数值型字段的默认汇总方式为求和，文本型字段的默认汇总方式为计数
分类汇总	数据透视表中对一行或一列单元格的分类汇总
刷新	重新计算数据透视表，反映最新数据源的状态

1.10　数据透视表工具

数据透视表创建完成后，单击数据透视表，功能区就会显示【数据透视表工具】，此工具为数据透视表所专有，【数据透视表工具】项下设有【分析】和【设计】两个子选项卡，通过【分析】和【设计】两个子选项卡中各个功能命令按钮，就可以对数据透视表进行各种功能设置。

1.10.1　【分析】选项卡的主要功能

【分析】选项卡中各个功能组菜单如图 1-20 所示。

图 1-20　【分析】选项卡

【分析】选项卡的功能按钮分为 9 组，分别是【数据透视表】组、【活动字段】组、【分组】组、【筛选】组、【数据】组、【操作】组、【计算】组、【工具】组和【显示】组。通过以上组就可以对数据透视表进行各种功能设置，如分组、排序、筛选、插入计算字段与计算项、插入切片器或者日程表等。

【分析】选项卡中按钮的功能如表 1-2 所示。

表 1-2　【分析】选项卡中按钮的功能

组	按钮名称	按钮功能
数据透视表	数据透视表名称	在其窗格下可对数据透视表重新命名
	选项	调出【数据透视表选项】对话框
	显示报表筛选页	报表按筛选页中的项分页显示，并且每一个新生成的工作表以报表筛选页中的项命名
	生成 GetPivotData	调用数据透视表函数 GetPivotData，从数据透视表中获取数据

续表

组	按钮名称	按钮功能
活动字段	活动字段	在其窗格下可对当前活动字段重新命名
	字段设置	调出【字段设置】对话框
	向下钻取	显示某一项目的子集
	向上钻取	显示某一项目的上一级
	展开字段	展开活动字段的所有项
	折叠字段	折叠活动字段的所有项
分组	组选择	对数据透视表进行手动组合
	取消组合	取消数据透视表存在的组合项
	组字段	对日期或数字字段进行自动组合
筛选	插入切片器	调出【插入切片器】对话框，使用切片器功能
	插入日程表	调出【插入日程表】对话框，使用日程表功能
	筛选器连接	实现切片器或日程表的联动
数据	刷新	刷新数据透视表
	更改数据源	更改数据透视表的原始数据区域及外部数据的链接属性
操作	清除	清除数据透视表字段及设置好的报表筛选
	选择	选择数据透视表中的数据
	移动数据透视表	改变数据透视表在工作簿中的位置
计算	字段、项目和集	在数据透视表中插入计算字段、计算项及集管理
	OLAP 工具	基于 OLAP 多维数据集创建的数据透视表的管理工具
	关系	在相同报表上显示来自不同表格的相关数据，必须在表格之间创建或编辑关系
显示	字段列表	开启或关闭【数据透视表字段】对话框
	显示 / 隐藏按钮	展开或折叠数据透视表中的项目
	字段标题	显示或隐藏数据透视表行、列字段标题

1.10.2 【设计】选项卡的主要功能

【设计】选项卡中的各个功能菜单如图 1-21 所示。

图 1-21 【设计】选项卡

【设计】选项卡的功能按钮分为 3 个组，分别是【布局】组、【数据透视表样式选项】组和【数据透视表样式】组。通过【设计】选项卡可以对数据透视表进行格式相关的美化设置。【设计】选项卡中按钮的功能如表 1-3 所示。

表 1-3　【设计】选项卡中按钮的功能

组	按钮名称	按钮功能
布局	分类汇总	将分类汇总移动到组的顶部或底部及关闭分类汇总
	总计	开启或关闭行和列的总计
	报表布局	使用压缩、大纲或表格形式显示数据透视表；是否重复显示项目标签
	空行	在每个项目后插入或删除空行
数据透视表样式选项	行标题	将数据透视表行字段标题显示为特殊样式
	列标题	将数据透视表列字段标题显示为特殊样式
	镶边行	对数据透视表中的奇、偶行应用不同颜色相间的样式
	镶边列	对数据透视表中的奇、偶列应用不同颜色相间的样式
数据透视表样式	浅色	提供 29 种浅色数据透视样式
	中等深浅	提供 28 种中等深浅数据透视表样式
	深色	提供 28 种深色数据透视表样式
	新建数据透视表样式	用户可以自定义数据透视表样式
	清除	清除已经应用的数据透视表样式

第 2 章　为数据透视表准备好数据

数据透视表能够多角度浏览、汇总、分析和呈现数据的前提是数据源规范且正确，不规范的数据源会导致数据透视表创建失败，汇总出错或用户无法得到预期的统计和分析结果。本章除了介绍对原始数据的管理规范，还重点介绍工作中常见的对不规范数据表格的整理技巧。

本章学习要点

❖ 数据管理规范。　　　　　　　　　　❖ 对不规范数据表格的整理技巧。

2.1　数据管理规范

工作中的数据来源纷繁芜杂，没有规范的原始数据，会给后期创建和使用数据透视表带来层层障碍。磨刀不误砍柴工，要得到规范的数据源，需要先了解数据管理规范。

扫一扫，
查看精彩视频！

❖ Excel 工作簿名称中不能包含非法字符。
❖ 数据源中不能包含空白的数据行和数据列。
❖ 数据源不能包含多层表头，有且仅有一行标题行。
❖ 数据源列字段名称不能重复。
❖ 数据源列字段中不能包含由已有字段计算得出的字段。
❖ 数据源不能包含对数据汇总的小计行。
❖ 数据源不能包含合并的单元格。
❖ 数据源中的数据格式必须统一、规范。
❖ 能在一个工作表中放置的数据源不要拆分到多个工作表中。
❖ 能在一个工作簿中放置的数据源不要拆分到多个工作簿中。

2.1.1　Excel 工作簿名称中不能包含非法字符

创建数据透视表的工作簿名称中如果包含字符"["或"]"，会导致无法创建数据透视表。提示"数据源引用无效"，如图 2-1 所示。

将 Excel 工作簿名称中的字符"["或"]"去除，即可正常创建数据透视表。

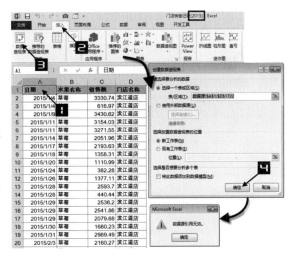

图 2-1　数据源引用无效

2.1.2　数据源中不能包含空白的数据行和数据列

数据透视表的数据源中如果包含空列，会导致默认创建的数据透视表不能包含全部数据，数据透视表默认将连续非空列字段的数据作为数据源，而不包含空列以外的数据，如图 2-2 所示。

当用户手动选择数据透视表数据源为单元格区域 A1:E1722 时，在创建数据透视表时会提示"数据透视表字段名无效。在创建透视表时，必须使用组合为带有标志列列表的数据。

如果要更改数据透视表字段的名称，必须键入字段的新名称。"如图 2-3 所示。

　　数据透视表的数据源中如果包含空行，虽然可以创建数据透视表，但是可能会在使用中返回非预期的结果。

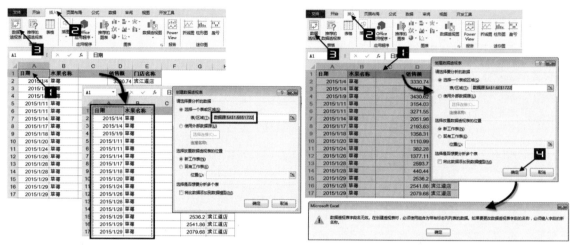

图 2-2　空列导致数据透视表数据源不完整　　　　图 2-3　提示数据透视表字段名无效

2.1.3　数据源不能包含多层表头，有且仅有一行标题行

　　当数据源包含多层表头时，会导致创建数据透视表时选取的数据源区域不能包含全部标题行，只将最下方的一行标题行数据作为字段。如图 2-4 所示，数据透视表的数据源不包含第一行。

　　需要将表格规范为包含且只包含一行标题行，如图 2-5 所示。

日期	国产单价	国产数量	进口单价	进口数量
2016/1/4	8.1	15	16.83	5
2016/1/5	8.18	3	12.75	8
2016/1/6	5.42	-14	15.93	6
2016/1/7	8.49	16	20.95	6
2016/1/8	9.57	3	19.08	3
2016/1/9	9.08	16	12.08	5
2016/1/10	8.6	4	18.42	9
2016/1/11	6.87	9	19.04	7
2016/1/12	9.76	19	20.17	6
2016/1/13	5.96	14	12.15	7
2016/1/15	8.09	4	21.77	4
2016/1/16	5.79	18	19.23	9
2016/1/17	6.16	20	12.75	5
2016/1/18	6.07	15	21.99	9
2016/1/18	5.07	6	15.99	10
2016/1/19	6.01	17	13.46	9

图 2-4　多层表头数据源创建数据透视表　　　　图 2-5　只包含一行标题行的数据源

2.1.4　数据源列字段名称不能重复

　　当数据源的列字段名称重复时，创建的数据透视表会自动在字段名称后加上数字以区分多个字段，这会给数据透视表后期汇总和分析数据带来诸多麻烦，如图 2-6 所示。

　　需要重新命名重复的列字段名称，使其不重复且能直观反映该列数据代表的含义，如图 2-7 所示。

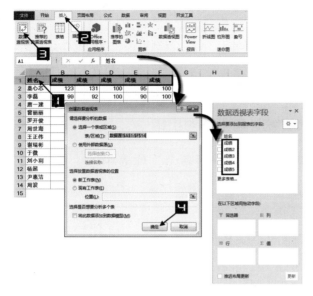

图 2-6　数据源列字段名称不能重复

	A	B	C	D	E	F
1	姓名	语文	数学	英语	物理	化学
2	秦心芯	123	131	100	95	100
3	李磊	99	92	100	90	100
4	唐一建	90	99	100	89	95
5	曾丽丽	100	99	97	79	96
6	罗开俊	105	115	94	45	100
7	周世海	114	116	93	31	97
8	王正伟	109	98	88	47	99
9	谢瑞彬	94	120	100	50	73
10	于微	89	78	100	66	99
11	刘小利	87	82	89	71	99
12	杨超	94	108	94	26	93
13	尹惠洁	101	109	85	30	88
14	周波	93	112	78	29	100
15						

图 2-7　列字段名称不重复

2.1.5　数据源列字段中不能包含由已有字段计算得出的字段

当数据源列字段中包含由已有字段计算得出的字段时，创建的数据透视表可能返回错误的统计结果。

如图 2-8 所示，“回报率”是根据“消耗”和“收入”计算得到的。公式如下。

回报率 = 收入 / 消耗

基于此数据源创建的数据透视表中，汇总行和总计行的“回报率”将被错误统计，如图 2-9 所示。

E2 =D2/C2

	A	B	C	D	E
1	日期	广告位	消耗	收入	回报率
2	2016/1/9	淘宝首焦	86.08	232.42	2.70
3	2016/1/9	天猫首焦	122.78	435.87	3.55
4	2016/1/9	淘宝APP	157.55	548.27	3.48
5	2016/1/10	淘宝首焦	395.36	1217.71	3.08
6	2016/1/10	天猫首焦	239.12	193.69	0.81
7	2016/1/10	淘宝APP	83.6	632.02	7.56
8	2016/1/11	淘宝首焦	6.14	117.83	19.19
9	2016/1/11	天猫首焦	13.61	223.07	16.39
10	2016/1/11	淘宝APP	95.37	1063.38	11.15
11	2016/1/12	淘宝首焦	52.55	498.17	9.48

图 2-8　数据源包含计算字段

正确的处理方式是在数据透视表中插入计算字段，如图 2-10 所示。在数据透视表中插入计算字段的方法，请参阅 10.5.1 小节。

	A	B	C	D	E
1					
2					
3	日期	广告位	求和项:消耗	求和项:收入	求和项:回报率
4	⊟2016/1/9	淘宝APP	157.55	548.27	3.48
5		淘宝首焦	86.08	232.42	2.70
6		天猫首焦	122.78	435.87	3.55
7	2016-1-9 汇总		366.41	1216.56	9.73
8	⊟2016/1/10	淘宝APP	83.6	632.02	7.56
9		淘宝首焦	395.36	1217.71	3.08
10		天猫首焦	239.12	193.69	0.81
11	2016-1-10 汇总		718.08	2043.42	11.45
12	⊟2016/1/11	淘宝APP	95.37	1063.38	11.15
13		淘宝首焦	6.14	117.83	19.19
14		天猫首焦	13.61	223.07	16.39
15	2016-1-11 汇总		115.12	1404.28	46.73
16	⊟2016/1/12	淘宝APP	1.31	259	197.71
17		淘宝首焦	52.55	498.17	9.48
18		天猫首焦	2.01	186.99	93.03
19	2016-1-12 汇总		55.87	944.16	300.22
20	总计		1255.48	5608.42	368.13

图 2-9　回报率被错误统计

	A	B	C	D	E
1					
2					
3	日期	广告位	求和项:消耗	求和项:收入	求和项:投资回报率
4	⊟2016/1/9	淘宝APP	157.55	548.27	3.48
5		淘宝首焦	86.08	232.42	2.70
6		天猫首焦	122.78	435.87	3.55
7	2016-1-9 汇总		366.41	1216.56	3.32
8	⊟2016/1/10	淘宝APP	83.6	632.02	7.56
9		淘宝首焦	395.36	1217.71	3.08
10		天猫首焦	239.12	193.69	0.81
11	2016-1-10 汇总		718.08	2043.42	2.85
12	⊟2016/1/11	淘宝APP	95.37	1063.38	11.15
13		淘宝首焦	6.14	117.83	19.19
14		天猫首焦	13.61	223.07	16.39
15	2016-1-11 汇总		115.12	1404.28	12.20
16	⊟2016/1/12	淘宝APP	1.31	259	197.71
17		淘宝首焦	52.55	498.17	9.48
18		天猫首焦	2.01	186.99	93.03
19	2016-1-12 汇总		55.87	944.16	16.90
20	总计		1255.48	5608.42	4.47

图 2-10　插入计算字段

2.1.6　数据源不能包含对数据汇总的小计行

当数据源中包含对数据汇总的小计行时，会导致创建的数据透视表对值字段重复求和，从而返回错误的结果。

2.1.7 数据源不能包含合并单元格

由于合并单元格中只有最左上角的单元格有数据信息，所以当数据源含有合并单元格时，可能会导致数据透视表返回非预期的统计结果。

2.1.8 数据源中的数据格式统一规范当数据源中的数据格式不规范时，如文本数字和不规范日期，会导致数据透视表在统计与汇总时出错

2.1.9 能在一个工作表中放置的数据源不要拆分到多个工作表中

当数据源位于多个工作表中时，需要使用多重合并计算数据区域、SQL 语句或 VBA 代码创建跨工作表的数据透视表，且可能给后期数据的添加、更新和文件的传递带来诸多麻烦。

2.1.10 能在一个工作簿中放置的数据源不要拆分到多个工作簿中

当数据源位于多个工作簿中时，不便于数据透视表的更新和传递。

2.2 对不规范数据表格的整理技巧

2.2.1 对包含合并单元格的表格的整理技巧

示例 2.1 对包含合并单元格的表格的整理技巧

扫一扫，
查看精彩视频！

图 2-11 展示的是某年级的学生成绩表。其中班级列包含合并单元格，需要将合并单元格取消合并，并批量填充相对应的班级信息。

步骤① 选择 B2:B20 单元格区域，单击【开始】选项卡，单击【合并后居中】按钮，如图 2-12 所示。

步骤② 按 <Ctrl+G> 组合键，在弹出的【定位】对话框中单击【定位条件】按钮。

步骤③ 在弹出的【定位条件】对话框中，依次单击【空值】→【确定】按钮，如图 2-13 所示。

	A	B	C	D	E
1	姓名	班级	语文	数学	英语
2	秦心芯		123	131	100
3	李磊		99	92	100
4	唐一建	一班	90	99	100
5	曾丽丽		100	99	97
6	罗开俊		105	115	94
7	周世海		114	116	93
8	王正伟		109	98	88
9	谢瑞彬		94	120	100
10	于微		89	78	100
11	刘小利	二班	87	82	89
12	杨超		94	108	94
13	尹惠洁		101	109	85
14	周波		93	112	78
15	张培		93	73	65
16	钟艳		93	75	71
17	刘飞天	三班	95	63	88
18	邱淼		55	68	70
19	羊自立		67	39	70
20	肖勤		27	76	55

	A	B	C	D	E
1	姓名	班级	语文	数学	英语
2	秦心芯	一班	123	131	100
3	李磊	一班	99	92	100
4	唐一建	一班	90	99	100
5	曾丽丽	一班	100	99	97
6	罗开俊	一班	105	115	94
7	周世海	一班	114	116	93
8	王正伟	二班	109	98	88
9	谢瑞彬	二班	94	120	100
10	于微	二班	89	78	100
11	刘小利	二班	87	82	89
12	杨超	二班	94	108	94
13	尹惠洁	二班	101	109	85
14	周波	二班	93	112	78
15	张培	三班	93	73	65
16	钟艳	三班	93	75	71
17	刘飞天	三班	95	63	88
18	邱淼	三班	55	68	70
19	羊自立	三班	67	39	70
20	肖勤	三班	27	76	55

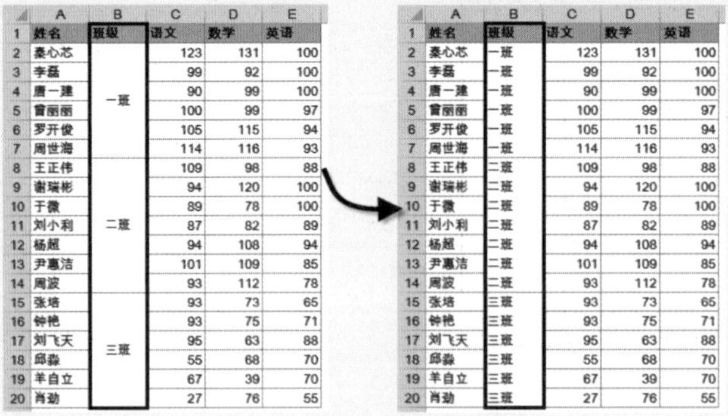

图 2-11 批量填充合并单元格

步骤④ 在编辑栏输入以下公式，按 <Ctrl+Enter> 组合键，如图 2-14 所示。

```
=b2
```

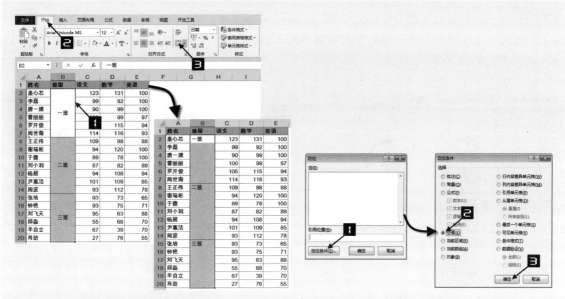

图 2-12　取消单元格合并　　　　　　　　　图 2-13　定位空值

步骤⑤　选择 B1:B20 单元格区域，按 <Ctrl+C> 组合键复制该区域。

步骤⑥　在单元格 B1 上右击，在弹出的快捷菜单中选择【粘贴选项】中的【值】选项，如图 2-15
　　　　所示。

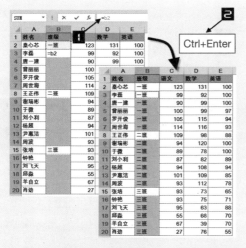 

图 2-14　批量填充单元格　　　　　　　　　图 2-15　选择性粘贴公式结果为值

2.2.2　对包含文本型数字的表格的整理技巧

示例 2.2　对包含文本型数字的表格的整理技巧

　　图 2-16 所示为从某软件导出的数据报表。其中的"时间""展现""点击"和"消耗"
的列数据格式都是文本，文本型数字汇总统计后只能得到计数的结果，为了进行准确的统计和
分析，需要将其批量转换为数值格式。

步骤① 选择任意空白单元格（如 G6），按 <Ctrl+C> 组合键。

步骤② 选择 B:E 四列单元格区域，在选中区域内右击，在弹出的快捷菜单中选择【选择性粘贴】命令，如图 2-17 所示。

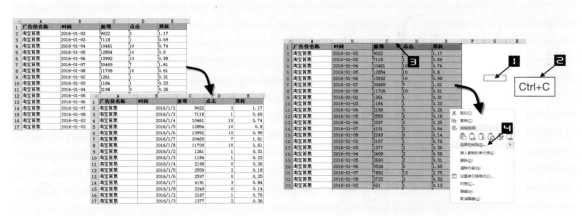

图 2-16　包含文本数字的报表　　　　　　图 2-17　复制空值后选择性粘贴

步骤③ 在弹出的【选择性粘贴】对话框中，依次单击【数值】→【加】→【确定】按钮，如图 2-18 所示。

步骤④ 选择 B 列单元格区域，选择【开始】选项卡，单击【数字格式】下拉按钮→【短日期】按钮，如图 2-19 所示。

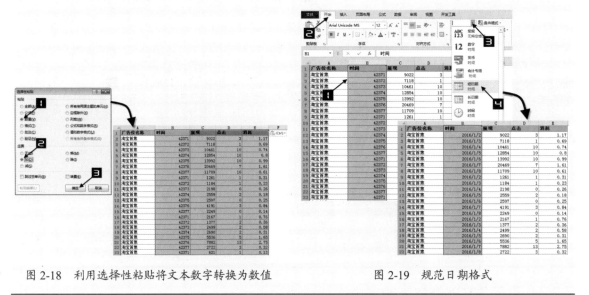

图 2-18　利用选择性粘贴将文本数字转换为数值　　　　图 2-19　规范日期格式

2.2.3　快速删除表格中重复记录的技巧

示例 2.3　快速删除表格中重复记录的技巧

图 2-20 展示的是某班级的学生成绩表。其中有重复记录，需要批量删除多余的重复记录。

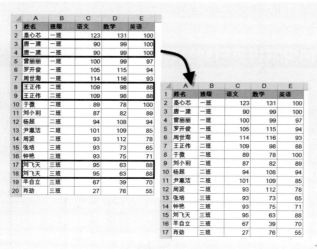

图 2-20　批量删除重复记录

步骤① 选择表中任意单元格（如 A5），单击【数据】选项卡→【删除重复项】按钮。

步骤② 在弹出的【删除重复项】对话框中单击【确定】按钮。

步骤③ 删除重复值后，单击【确定】按钮，如图 2-21 所示。

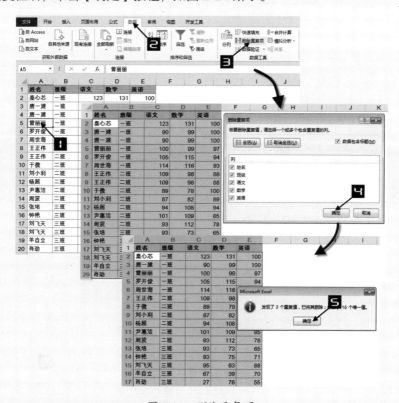

图 2-21　删除重复项

2.2.4 对包含不规范日期表格的整理技巧

示例 2.4 对包含不规范日期的表格的整理技巧

图 2-22 展示的是某企业的员工信息表。其中 C 列的出生日期信息包含很多不规范的数据，需要将其整理为规范日期格式。

	A	B	C	D
1	姓名	性别	出生日期	部门
2	秦心芯	女	19850512	销售部
3	唐一建	男	1990.08.24	销售部
4	张雪飞	男	1989@12@1	销售部
5	雷丽丽	女	1992$11$21	销售部
6	罗开俊	男	1980.02.18	销售部
7	周世海	男	1987年5月2日	销售部
8	王正伟	男	19881007	市场部
9	冯丽丽	女	1993#04#23	市场部
10	于微	女	1989%02&13	市场部
11	刘小利	男	1987!9@4	市场部
12	杨超	男	1982/12/3	市场部
13	尹惠洁	女	1983.12*05	市场部
14	周波	男	19900827	财务部
15	张培	男	1991年3月24日	财务部
16	钟艳	女	1992!07_22	财务部
17	刘飞天	男	1990/3/21	财务部
18	李小曼	女	1988.08#09	行政部
19	羊自立	男	1992.04)20	行政部
20	肖劲	男	1989(05)25	行政部

	A	B	C	D
1	姓名	性别	出生日期	部门
2	秦心芯	女	1985/5/12	销售部
3	唐一建	男	1990/8/24	销售部
4	张雪飞	男	1989/12/1	销售部
5	雷丽丽	女	1992/11/21	销售部
6	罗开俊	男	1980/2/18	销售部
7	周世海	男	1987/5/2	销售部
8	王正伟	男	1988/10/7	市场部
9	冯丽丽	女	1993/4/23	市场部
10	于微	女	1989/2/13	市场部
11	刘小利	男	1987/9/4	市场部
12	杨超	男	1982/12/3	市场部
13	尹惠洁	女	1983/12/5	市场部
14	周波	男	1990/8/27	财务部
15	张培	男	1991/3/24	财务部
16	钟艳	女	1992/7/22	财务部
17	刘飞天	男	1990/3/21	财务部
18	李小曼	女	1988/8/9	行政部
19	羊自立	男	1992/4/20	行政部
20	肖劲	男	1989/5/25	行政部

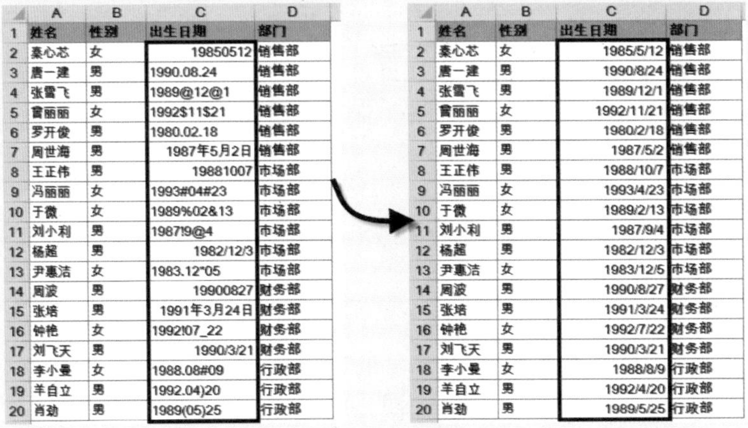

图 2-22 批量规范日期格式

步骤① 选择 C 列单元格区域，单击【数据】选项卡→【分列】按钮。

步骤② 在弹出的【文本分列向导 - 第 1 步，共 3 步】对话框中选择【分隔符号】单选按钮，单击【下一步】按钮，如图 2-23 所示。

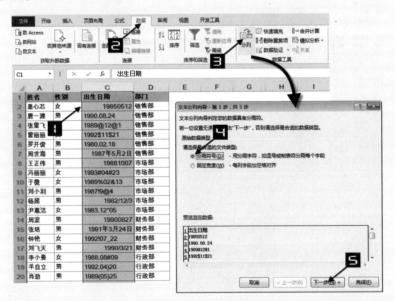

图 2-23 分列第一步

步骤③ 在弹出的【文本分列向导 - 第 2 步，共 3 步】的对话框中直接单击【下一步】按钮。

步骤④ 在弹出的【文本分列向导 - 第3步，共3步】的对话框中选择【日期】单选按钮，单击【完成】按钮，如图2-24所示。

图2-24　分列第二步和第三步

步骤⑤ 选择C列单元格区域，单击【开始】选项卡下的【数字格式】下拉按钮，选择【短日期】选项，如图2-25所示。

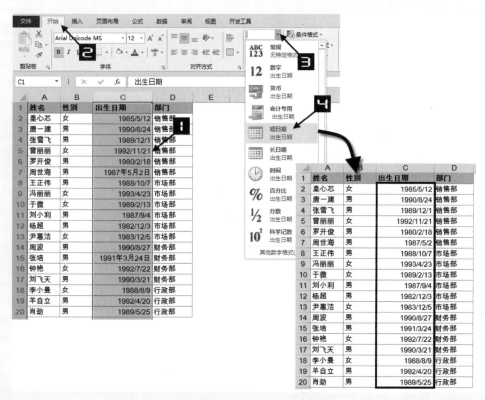

图2-25　设置日期格式为短日期格式

2.2.5 表格行列转置技巧

示例 2.5 表格行列转置技巧

图 2-26 所展示的是某班级的学生成绩表。需要将表格中的行列数据进行转置。

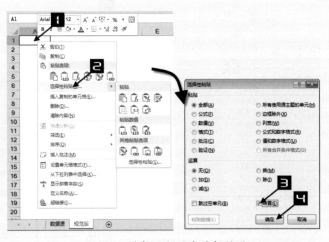

图 2-26　表格行列转置

步骤① 选择 A1:N6 单元格区域，按 <Ctrl+C> 组合键。

步骤② 在"规范后"工作表中的 A1 单元格右击，在弹出的快捷菜单中选择【选择性粘贴】命令，选中【转置】复选框，单击【确定】按钮，如图 2-27 所示。

图 2-27　选择性粘贴中选择转置

2.2.6 二维表转换为一维表的技巧

示例 2.6 二维表转换为一维表的技巧

为了便于从不同角度对数据汇总和分析，需要将二维表转换为一维表，如图 2-28 所示。

步骤① 单击 A1:F14 表格中任意单元格，依次按下 <Alt>、<D>、<P> 键。

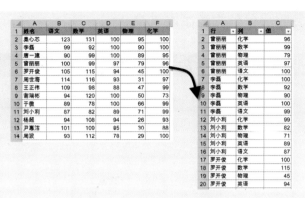

图 2-28　二维表转换为一维表

步骤② 在弹出的【数据透视表和数据透视图向导】对话框中，依次单击【多重合并计算数据区域】→【下一步】→【创建单页字段】→【下一步】按钮，在【选定区域】中选择单元格区域"数据源 !$A$1:$F$14"，依次单击【添加】→【下一步】→【新工作表】→【完成】按钮，如图 2-29 所示。

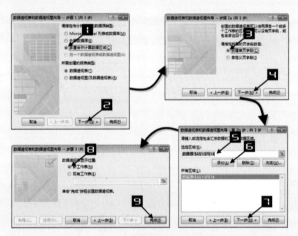

图 2-29　多重合并计算区域创建数据透视表

步骤③ 在创建好的数据透视表中，双击右下角的最后一个单元格 G18，Excel 会在新工作表中生成明细数据，呈一维数据表显示，如图 2-30 所示。

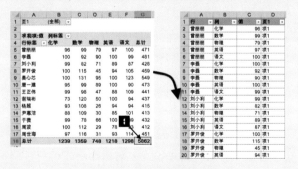

图 2-30　显示明细数据

步骤④ 选择 D 列单元格区域，右击，从弹出的快捷菜单中选择【删除】命令。

2.2.7 将数据源按分隔符分列为多字段表格

示例 **2.7** 将数据源按分隔符分列为多字段表格

对于多项数据放置在同一列的表格，需要将其分成多列单独放置，每列放置一个字段的数据，如图 2-31 所示。

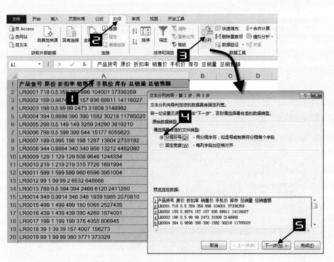

图 2-31 将数据源按分隔符分列为多字段表格

步骤① 选择 A 列单元格区域，选择【数据】选项卡，单击【分列】按钮。

步骤② 在弹出的【文本分列向导 - 第 1 步，共 3 步】对话框中，选中【分隔符号】单选按钮，单击【下一步】按钮，如图 2-32 所示。

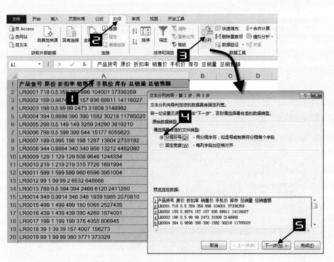

图 2-32 文本分列向导

步骤③ 在弹出的【文本分列向导 - 第 2 步，共 3 步】对话框中，选中【空格】复选框，单击【下一步】按钮。

步骤④ 在弹出的【文本分列向导 - 第 3 步，共 3 步】对话框中，选中【常规】单选按钮，在【目标区域】文本框输入分列后数据放置的区域（如 $A$1），单击【完成】按钮，如图 2-33 所示。

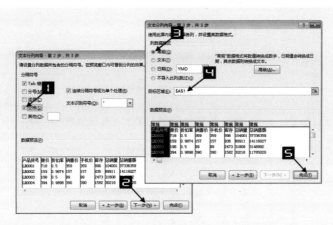

图 2-33　文本分列向导第 2 步和第 3 步

2.2.8　把从网页复制的数据整理成规范表格的技巧

示例 2.8 　把从网页复制的数据整理成规范表格的技巧

从网页复制到 Excel 的数据表格较杂乱，需要整理为规范表格，如图 2-34 所示。

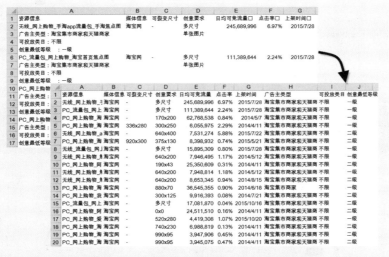

图 2-34　把从网页复制的数据整理成规范表格

步骤① 分别在 H1、I1、J1 单元格输入"广告主类型""可投放类目""创意最低等级"作为标题名称，分别在 H2、I2、J2 单元格中输入以下公式，分别将公式向下复制到 H161、I161、J161 单元格，如图 2-35 所示。

```
=IF(E2>0,A3,"")

=IF(E2>0,A4,"")

=IF(E2>0,A5,"")
```

步骤② 选择 H:J 列单元格区域，按 <Ctrl+C> 组合键。在 H1 单元格右击，在弹出的快捷菜单中单击【粘贴选项】下的【值】按钮，如图 2-36 所示。

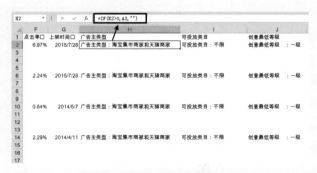

图 2-35　使用公式转换表格结构

步骤③　选择 H 列单元格，按 <Ctrl+H> 组合键，在弹出的【查找和替换】对话框中的【查找内容】
中输入"广告主类型："，【替换为】中保持空值，单击【全部替换】→【确定】按钮，
如图 2-37 所示。

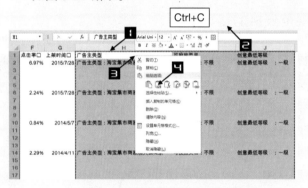

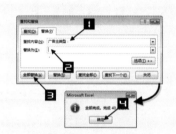

图 2-36　复制公式结果为值

图 2-37　替换冗余字符串为空

步骤④　单击表格内任意单元格（如 J2），单击【数据】选项卡下的【筛选】按钮，单击 J1 单元
格筛选按钮，在弹出的下拉菜单中仅选中【空白】复选框，单击【确定】按钮，使 Excel
仅显示需要删除的冗余行记录，如图 2-38 所示。

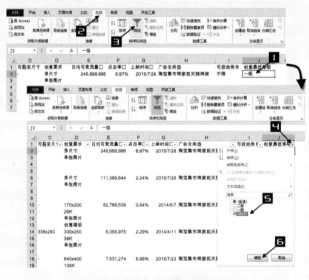

图 2-38　筛选后选择多余的空行

步骤⑤ 在筛选状态的表格中选择 3 ~ 161 行，右击，从弹出的快捷菜单中选择【删除行】命令。单击【数据】选项卡下的【筛选】按钮，取消表格的筛选状态，如图 2-39 所示。

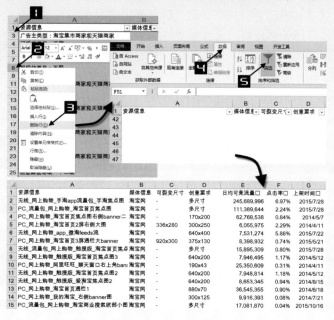

图 2-39　删除冗余行

步骤⑥ 选择表格中包含非打印字符的单元格（如 E1），从编辑栏选择非打印字符，按 <Ctrl+C> 组合键复制，按 <Ctrl+H> 组合键，弹出【查找和替换】对话框，在【查找内容】组合框中按 <Ctrl+V> 组合键输入非打印字符，单击【全部替换】→【确定】按钮，如图 2-40 所示。

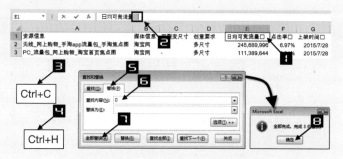

图 2-40　替换表格中的非打印字符为空

第 3 章　改变数据透视表的布局

本章详细介绍数据透视表创建完成后，通过改变数据透视表的布局、整理数据透视表的字段得到新的报表的多种方法，用于满足用户变换报表结构和从不同角度进行数据分析的需求，还将结合示例向用户展示数据透视表的多种报告格式、数据透视表的复制和移动方法、能随源数据透视表同步更新的影子数据透视表以及如何获取数据透视表的数据源信息等实用技巧。

```
┌─ 本章学习要点 ────────────────────────────────────────────┐
│                                                              │
│  ❖ 改变数据透视表的整体布局。        ❖ 清除已删除数据的标题项。    │
│  ❖ 数据透视表页面区域的使用。        ❖ 数据透视表的复制和移动。    │
│  ❖ 整理数据透视表字段。              ❖ 影子数据透视表。           │
│  ❖ 改变数据透视表的报告格式。        ❖ 获取数据透视表的数据源信息。 │
│                                                              │
└──────────────────────────────────────────────────────────┘
```

3.1　改变数据透视表的整体布局

对于已经创建完成的数据透视表，用户在任何时候都只需在【数据透视表字段】列表中拖动字段按钮，就可以重新安排数据透视表的布局，满足新的数据分析需求。

示例 3.1　按季度和门店统计各种水果的销售额

以图 3-1 所示的数据透视表为例，如果用户希望得到按日期统计、按门店名称反映、分水果名称统计销售额的报表，请参照以下步骤。

	A	B	C	D	E	F
1	求和项:销售额		水果名称			
2	门店名称	日期	草莓	桔子	猕猴桃	总计
3	⊟滨江道店	第一季	112,688.50	101,906.73	93,008.49	307,603.72
4		第二季	106,399.81	103,884.61	76,296.74	286,581.16
5		第三季	70,814.52	77,213.28	100,250.79	248,278.59
6		第四季	115,757.95	120,272.52	89,759.51	325,789.98
7	滨江道店 汇总		405,660.78	403,277.14	359,315.53	1,168,253.45
8	⊟和平路店	第一季	77,730.08	88,864.70	74,934.91	241,529.69
9		第二季	105,924.07	117,599.36	79,350.88	302,874.31
10		第三季	150,490.24	79,340.14	97,671.43	327,501.81
11		第四季	153,392.29	129,269.02	96,099.14	378,760.45
12	和平路店 汇总		487,536.68	415,073.22	348,056.36	1,250,666.26
13	⊟南京路店	第一季	83,638.98	102,650.64	91,431.78	277,721.40
14		第二季	105,968.26	119,961.76	71,650.24	297,580.26
15		第三季	86,221.54	97,568.64	76,457.37	260,247.55
16		第四季	181,727.75	145,191.41	125,247.86	452,167.02
17	南京路店 汇总		457,556.53	465,372.45	364,787.25	1,287,716.23
18	⊟小白楼店	第一季	28,926.47	24,997.66	35,380.61	89,304.74
19		第二季	30,483.48	22,347.78	32,855.33	85,686.59
20		第三季	47,515.66	36,900.97	42,484.59	126,901.22
21		第四季	57,849.54	86,248.63	48,333.37	192,431.54
22	小白楼店 汇总		164,775.15	170,495.04	159,053.90	494,324.09
23	⊟友谊路店	第一季	46,037.74	56,892.71	55,489.79	158,420.24
24		第二季	52,300.39	53,798.15	38,318.44	144,416.98
25		第三季	50,477.42	51,089.53	68,190.81	169,757.76
26		第四季	130,727.80	94,537.22	99,518.01	324,783.03

图 3-1　改变布局前的数据透视表

步骤① 单击数据透视表区域中任意单元格，在【数据透视表工具】的【分析】选项卡中单击【字段列表】按钮，调出【数据透视表字段】对话框。调出【数据透视表字段】对话框的多种方法请参阅 1.8.1 小节。

步骤② 在【数据透视表字段】列表框中的【行】区域内单击"日期"字段，在弹出的扩展菜单中选择【上移】命令即可改变数据透视表的布局，如图 3-2 所示。

此外，把字段在【数据透视表字段】列表框中的区域间拖动，也可以对数据透视表进行重新布局。

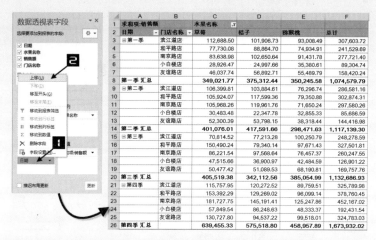

图 3-2　改变数据透视表的布局

以图 3-1 所示的数据透视表为例，如果用户想得到按门店名称统计、按日期反映、分水果名称统计销售额的报表，请参照以下步骤。

步骤① 在【数据透视表字段】列表框中的【列】区域内单击"水果名称"字段，并且按住鼠标左键不放，将其拖曳至【行】区域中，数据透视表的布局会发生改变，如图 3-3 所示。

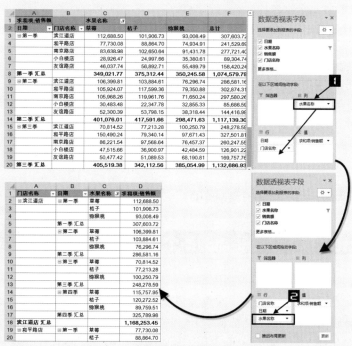

图 3-3　移动数据透视表字段

步骤② 将【行】区域内的"日期"字段拖曳至【列】区域内，如图 3-4 所示。

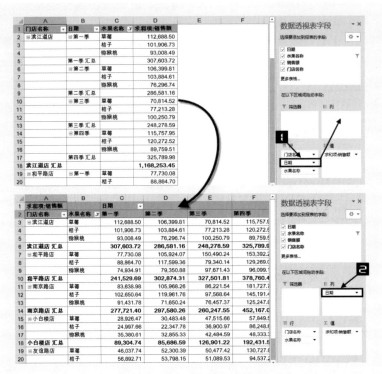

图 3-4　改变数据透视表的布局

3.2　数据透视表筛选器区域的使用

当数据透视表的字段位于列区域或行区域中时，滚动数据透视表就可以看到字段中的所有项。当字段位于报表筛选区域中时，虽然也可以看到字段中的所有项，但多出了一个【选择多项】的复选框，如图 3-5 所示。

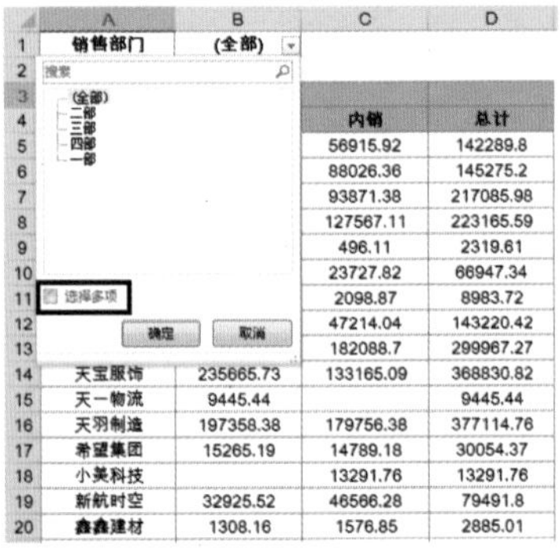

3.2.1　显示报表筛选字段的多个数据项

图 3-5　【选择多项】的复选框

示例 3.2　显示报表筛选字段的多个数据项

默认情况下，报表筛选字段下拉列表框中【选择多项】的复选框没有处于选中状态，用户不能对多个数据项进行选择。当选中了【选择多项】的复选框后便可以对多个数据项进行选择，从而显示特定数据的信息。

单击报表筛选字段"销售部门"的下拉按钮，在弹出的下拉列表框中选中【选择多项】的复选框，然后依次取消不需要显示的"三部"和"四部"两个数据项前面的选中，最后单击【确定】按钮完成设置，报表筛选字段"销售部门"的显示也由"（全部）"变为"（多项）"，如图 3-6 所示。

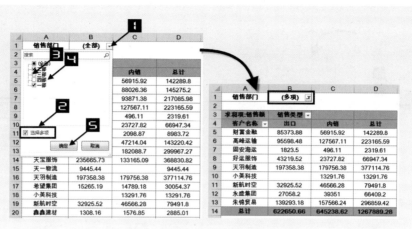

图 3-6　对报表筛选字段进行多项选择

3.2.2　水平并排显示报表筛选字段

示例 3.3　以水平并排的方式显示报表筛选字段

数据透视表创建完成后，报表筛选器区域如果有多个筛选字段，系统会默认筛选字段的显示方式为垂直并排显示，如图 3-7 所示。

为了使数据透视表更具可读性和易于操作，可以采用以下方法水平并排显示报表筛选器区域中的多个筛选字段。

步骤①　在数据透视表中的任意单元格(如 B8)上右击，在弹出的快捷菜单中选择【数据透视表选项】命令，如图 3-8 所示。

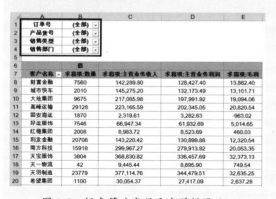

图 3-7　报表筛选字段垂直并排显示

图 3-8　调出【数据透视表选项】对话框

步骤②　在【数据透视表选项】对话框中的【布局和格式】选项卡中，单击【在报表筛选区域显示字段】的下拉按钮，选择"水平并排"；再将【每行报表筛选字段数】设置为 2，如图 3-9 所示。

步骤③　单击【确定】按钮完成设置，如图 3-10 所示。

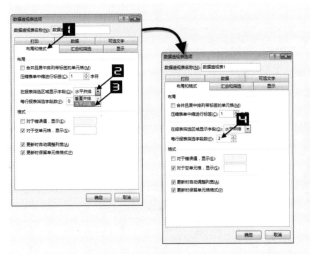 

图 3-9　设置报表筛选字段的显示方式为"水平并排"　　图 3-10　报表筛选字段水平并排显示的数据透视表

3.2.3　垂直并排显示报表筛选字段

如果要恢复数据透视表报表筛选字段的"垂直并排"显示，只需在【数据透视表选项】对话框的【布局和格式】选项卡中，将【在报表筛选区域显示字段】设置为"垂直并排"，【每列报表筛选字段数】设置为 0 即可，如图 3-11 所示。

3.2.4　显示报表筛选页

虽然数据透视表包含报表筛选字段，可以容纳多个页面的数据信息，但它通常只显示在一张表格中。利用数据透视表的【显示报表筛选页】功能，用户就可以在按某一筛选字段的数据项命名的多个工作表上自动生成一系列数据透视表，每一张工作表显示报表筛选字段中的一项，如图 3-12所示。

图 3-11　设置报表筛选字段的显示方式为"垂直并排"　　图 3-12　用于显示报表筛选页的数据透视表

示例 3.4　快速显示报表筛选页中各个部门的数据透视表

对图 3-12 所示的数据透视表显示报表筛选页的方法，请参考以下步骤。

步骤① 选中数据透视表中的任意单元格（如 A5），单击【数据透视表工具】的【分析】选项卡，单击【数据透视表】组中【选项】下拉按钮，选择【显示报表筛选页】命令，调出【显示报表筛选页】对话框，如图 3-13 所示。

步骤② 单击【确定】按钮，即可将"销售部门"字段中的每个部门的数据分别显示在不同的工作表中，并且按照"销售部门"字段中的各项名称对工作表命名，如图 3-14 所示。

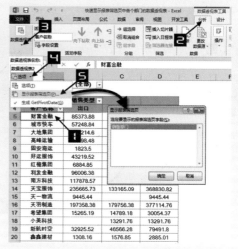

图 3-13 调出【显示报表筛选页】对话框

提示 如果数据透视表"报表筛选页"存在多个字段，则需要用户在【显示报表筛选页】对话框中选择相应的字段后再单击【确定】按钮才能完成设置。

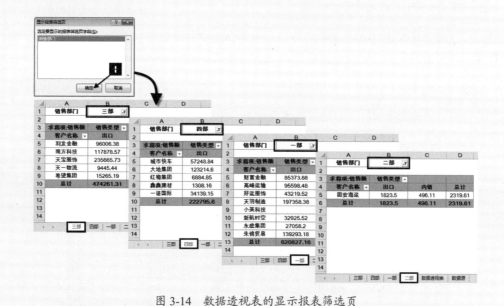

图 3-14 数据透视表的显示报表筛选页

3.3 启用经典数据透视表布局

Excel 2013 版本数据透视表的创建方式较之早期版本发生了天翻地覆的变化，如果用户希望运用早期版本的拖曳方式操作数据透视表，请参照以下步骤。

在已经创建完成的数据透视表任意单元格（如 A5）上右击，在弹出的扩展菜单中选择【数据透视表选项】命令，调出【数据透视表选项】对话框，单击【显示】选项卡，选中【经典数据透视表布局（启用网格中的字段拖放）】的复选框，最后单击【确定】按钮完成设置，如图 3-15 所示。

设置完成后数据透视表界面切换到了早期版本的经典界面，如图 3-16 所示。

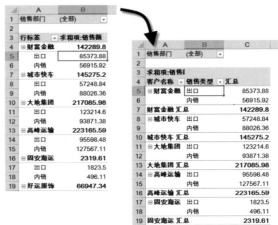

图 3-15　启用【经典数据透视表布局】　　　　　图 3-16　经典数据透视表界面

3.4　整理数据透视表字段

整理数据透视表的报表筛选区域字段可以从一定角度来反映数据的内容，而对数据透视表其他字段的整理，则可以满足用户对数据透视表格式上的需求。

3.4.1　重命名字段

当用户向值区域添加字段后，它们都将被重命名，例如，"访客数"变成了"求和项：访客数"或"计数项：访客数"，这样就会加大字段所在列的列宽，影响表格的美观，如图 3-17 所示。

行标签	求和项:访客数	求和项:销售额	求和项:订单数	求和项:店铺收藏数	求和项:宝贝收藏数	求和项:新增购物车宝贝件数
1月	885,298	825,561	2,706	8,369	12,583	10,154
2月	793,561	687,910	2,336	9,540	12,440	8,858
3月	878,820	766,426	2,331	9,409	12,763	9,742
4月	819,085	743,798	2,409	8,004	14,428	9,846
5月	823,579	709,280	2,353	9,592	13,082	11,463
6月	838,405	677,826	2,212	8,948	12,802	9,781
7月	797,093	869,757	2,506	9,301	13,411	10,178
8月	831,706	753,809	2,639	8,312	13,501	9,834
9月	816,169	679,454	2,428	8,891	12,959	9,398
10月	848,819	746,750	2,391	8,508	13,863	9,916
11月	1,152,707	3,508,086	18,496	12,608	21,961	20,072
12月	1,007,780	2,116,456	9,716	11,344	18,423	15,207
总计	10,493,022	13,085,113	52,523	112,826	172,216	134,449

图 3-17　数据透视表自动生成的数据字段名

示例 3.5　更改数据透视表默认的字段名称

下面介绍两种对字段重命名的方法，可以让数据透视表列字段标题更加简洁。

方法 1　直接修改数据透视表的列字段名称。

这种方法是最简便易行的，请参照以下步骤。

步骤① 单击数据透视表中列字段的标题单元格（如 B3）"求和项：访客数"。

步骤② 在【编辑栏】中输入新标题"访客"，按下 <Enter> 键，如图 3-18 所示。

行标签	求和项:访客数	求和项:销售额	求和项:订单数	求和项:店铺收藏数	求和项:宝贝收藏数	求和项:新增购物车宝贝件数
1月	885,298	825,561	2,706	8,369	12,583	10,154
2月	793,561	687,910	2,336	9,540	12,440	8,858
3月	878,820	766,426	2,331	9,409	12,763	9,742
4月	819,085	743,798	2,409	8,004	14,428	9,846
5月	823,579	709,280	2,353	9,592	13,082	11,463
6月	838,405	677,826	2,212	8,948	12,802	9,781
7月	797,093	869,757	2,506	9,301	13,411	10,178
8月	831,706	753,809	2,639	8,312	13,501	9,834
9月	816,169	679,454	2,428	8,891	12,959	9,398
10月	848,819	746,750	2,391	8,508	13,863	9,916
11月	1,152,707	3,508,086	18,496	12,608	21,961	20,072
12月	1,007,780	2,116,456	9,716	11,344	18,423	15,207
总计	10,493,022	13,085,113	52,523	112,826	172,216	134,449

B3 访客

行标签	访客	求和项:销售额	求和项:订单数	求和项:店铺收藏数	求和项:宝贝收藏数	求和项:新增购物车宝贝件数
1月	885,298	825,561	2,706	8,369	12,583	10,154
2月	793,561	687,910	2,336	9,540	12,440	8,858
3月	878,820	766,426	2,331	9,409	12,763	9,742
4月	819,085	743,798	2,409	8,004	14,428	9,846
5月	823,579	709,280	2,353	9,592	13,082	11,463
6月	838,405	677,826	2,212	8,948	12,802	9,781
7月	797,093	869,757	2,506	9,301	13,411	10,178
8月	831,706	753,809	2,639	8,312	13,501	9,834
9月	816,169	679,454	2,428	8,891	12,959	9,398
10月	848,819	746,750	2,391	8,508	13,863	9,916
11月	1,152,707	3,508,086	18,496	12,608	21,961	20,072
12月	1,007,780	2,116,456	9,716	11,344	18,423	15,207
总计	10,493,022	13,085,113	52,523	112,826	172,216	134,449

图 3-18 直接修改字段名称

步骤③ 依次修改其他字段，"求和项：销售额"修改为"销售额"，"求和项：订单数"修改为"订单数"，"求和项：店铺收藏数"修改为"店铺收藏"，"求和项：宝贝收藏数"修改为"宝贝收藏"，"求和项：新增购物车宝贝件数"修改为"购物车宝贝"，完成后如图 3-19 所示。

方法 2 替换数据透视表默认的字段名称。

行标签	访客	销售额	订单数	店铺收藏	宝贝收藏	购物车宝贝
1月	885,298	825,561	2,706	8,369	12,583	10,154
2月	793,561	687,910	2,336	9,540	12,440	8,858
3月	878,820	766,426	2,331	9,409	12,763	9,742
4月	819,085	743,798	2,409	8,004	14,428	9,846
5月	823,579	709,280	2,353	9,592	13,082	11,463
6月	838,405	677,826	2,212	8,948	12,802	9,781
7月	797,093	869,757	2,506	9,301	13,411	10,178
8月	831,706	753,809	2,639	8,312	13,501	9,834
9月	816,169	679,454	2,428	8,891	12,959	9,398
10月	848,819	746,750	2,391	8,508	13,863	9,916
11月	1,152,707	3,508,086	18,496	12,608	21,961	20,072
12月	1,007,780	2,116,456	9,716	11,344	18,423	15,207
总计	10,493,022	13,085,113	52,523	112,826	172,216	134,449

图 3-19 对数据透视表数据字段重命名

如果用户要保持原有字段名称不变，可以采用替换的方法，以图 3-17 所示的数据透视表为例，请参照以下步骤。

步骤① 选中数据透视表的列标题单元格区域（如 B3:G3），单击【开始】选项卡中的【查找和选择】按钮，在弹出的下拉菜单中选择【替换】命令，调出【查找和替换】对话框，如图 3-20 所示。

图 3-20 调出【查找和替换】对话框

步骤② 在【查找内容】文本框中输入"求和项:",在【替换为】文本框中输入一个空格,单击【全部替换】按钮,单击【Microsoft Excel】对话框中的【确定】按钮关闭对话框,最后单击【查找和替换】对话框中的【关闭】按钮完成设置, 如图 3-21 所示。

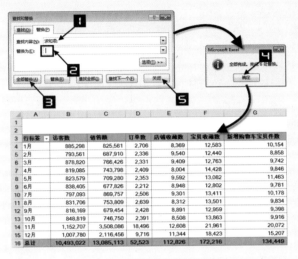

图 3-21　使用替换法对数据透视表数据字段重命名

注意

数据透视表中每个字段的名称必须唯一,Excel 不接受任意两个字段具有相同的名称,即创建的数据透视表的各个字段的名称不能相同,修改后的数据透视表字段名称与数据源表头标题行的名称也不能相同,否则将会出现错误提示,如图 3-22 所示。

图 3-22　出现同名字段的错误提示

3.4.2　整理复合字段

如果数据透视表的值区域中垂直显示了"线上电商""线下专柜""批发商""代理商"和"零售商"多个字段,如图 3-23 所示,为了便于读取和比较数据,用户可以重新安排数据透视表的字段。

图 3-23　值区域垂直显示的字段

示例 3.6　水平展开数据透视表的复合字段

在数据透视表"值"字段标题单元格（如 B3）上右击，在弹出的扩展菜单中选择【将值移动到】→【移动值列】命令，此时，多个值字段呈水平位置排列，如图 3-24 所示。

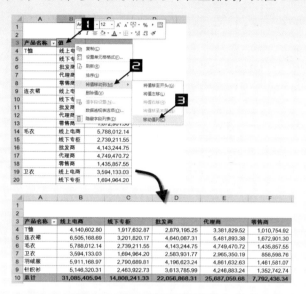

图 3-24　多个值字段水平排列

此外，在【数据透视表字段】列表框中的【行】区域内单击【∑数值】字段，在弹出的扩展菜单中选择【移动到列标签】命令，也可水平展开数据透视表的复合字段，如图 3-25 所示。

图 3-25　利用【数据透视表字段】列表将多个值字段水平排列

3.4.3　删除字段

用户在进行数据分析时，对于数据透视表中不再需要显示的字段可以通过【数据透视表字段】列表框来删除，如图 3-26 所示。

	A	B	C	D	E	F	G
1	产品名称	季度	线上电商	线下专柜	批发商	代理商	零售商
2	⊟T恤	第一季	1,036,086.87	492,097.47	735,881.18	836,894.71	273,906.42
3		第二季	1,047,871.84	473,725.22	733,127.10	879,519.37	247,099.06
4		第三季	1,065,827.84	505,345.52	731,773.00	864,490.85	242,942.39
5		第四季	990,816.25	446,464.66	678,413.97	800,924.59	246,807.05
6	T恤 汇总		4,140,602.80	1,917,632.87	2,879,195.25	3,381,829.52	1,010,754.92
7	⊟连衣裙	第一季	1,596,177.80	804,260.46	1,128,344.34	1,351,498.42	404,519.17
8		第二季	1,633,237.46	780,878.11	1,156,714.39	1,365,398.39	427,773.53
9		第三季	1,638,454.85	775,446.47	1,176,309.21	1,372,410.45	387,601.89
10		第四季	1,637,298.58	841,235.13	1,178,719.37	1,392,586.12	453,006.71
11	连衣裙 汇总		6,505,168.69	3,201,820.17	4,640,087.31	5,481,893.38	1,672,901.30
12	⊟毛衣	第一季	1,430,452.56	680,929.26	1,061,630.28	1,189,020.87	364,238.26
13		第二季	1,480,810.52	713,968.87	1,050,044.64	1,180,608.93	372,891.39
14		第三季	1,380,417.50	657,967.35	986,227.62	1,125,927.80	327,865.19
15		第四季	1,496,331.56	686,346.07	1,045,342.21	1,253,913.12	371,062.71
16	毛衣 汇总		5,788,012.14	2,739,211.55	4,143,244.75	4,749,470.72	1,435,857.55
17	⊟卫衣	第一季	874,464.15	409,132.23	636,094.67	734,651.66	190,171.80
18		第二季	892,024.79	407,089.74	620,846.41	724,352.87	240,443.69
19		第三季	930,608.07	444,743.22	694,418.71	780,638.01	211,846.82
20		第四季	897,036.02	433,999.01	632,571.98	725,707.65	216,136.45

图 3-26　需要删除字段的数据透视表

示例 3.7　删除数据透视表字段

以图 3-26 所示的数据透视表为例，如果要将行字段"季度"删除，请参照以下步骤。

调出【数据透视表字段】列表框，在【行】区域内单击"季度"字段，在弹出的快捷菜单中选择【删除字段】命令即可将所选字段删除，如图 3-27 所示。

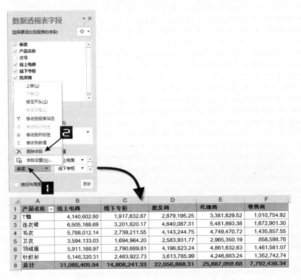

图 3-27　删除数据透视表字段

3.4.4　隐藏字段标题

如果用户不希望在数据透视表中显示行或列字段的标题，可以通过以下步骤实现对字段标题的隐藏。

以图 3-28 所示的数据透视表为例，单击数据透视表中的任意单元格（如 A7），在【数据透视表工具】的【分析】选项卡中单击【字段标题】按钮，数据透视表中原有的行字段标题"产品名称"和列字段标题"季度"将被隐藏。

如果再次单击【字段标题】按钮，可以显示被隐藏的"产品名称"和"季度"行列字段标题。

3.4.5 活动字段的折叠与展开

数据透视表工具栏中的字段折叠与展开按钮可以使用户在不同的场合显示和隐藏一些较为敏感的数据信息，字段折叠前的数据透视表如图 3-29 所示。

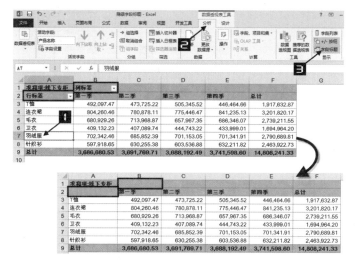

图 3-28 隐藏字段标题   图 3-29 字段折叠前的数据透视表

示例 3.8 显示和隐藏敏感的数据信息

如果用户希望在图 3-29 所示的数据透视表中将"客户名称"字段隐藏起来，在需要显示的时候再分别展开，可以参照以下步骤。

步骤① 单击数据透视表中的"客户名称"或"销售部门"字段,也可以在数据透视表内任意单元格(如 B4) 上右击，在弹出的扩展菜单中选择【展开 / 折叠】→【折叠整个字段】命令，将"客户名称"字段折叠隐藏，如图 3-30 所示。

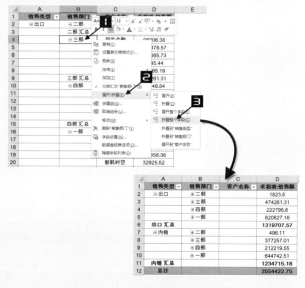

图 3-30 折叠"客户名称"字段

步骤② 分别单击数据透视表"销售部门"字段中的"三部"和"一部"项的"+"按钮，可以将"销售部门"字段中的各"客户名称"分别展开用以显示指定项的明细数据，如图3-31所示。

提示➡ 在数据透视表中各项所在的单元格上双击也可以显示或隐藏该项的明细数据。

数据透视表中的字段被折叠后，在数据透视表内任意单元格上右击，在弹出的扩展菜单中选择【展开/折叠】→【展开整个字段】命令，即可展开所有字段。

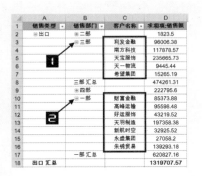

图 3-31　显示指定项的明细数据

如果用户希望去掉数据透视表中各字段项的"+/−"按钮，在【数据透视表工具】的【分析】选项卡中单击【+/− 按钮】按钮即可，如图 3-32 所示。

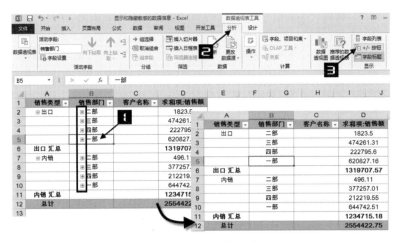

图 3-32　显示或隐藏【+/−】按钮

3.5　改变数据透视表的报告格式

数据透视表创建完成后，用户可以通过【数据透视表工具】的【设计】选项卡【布局】中的按钮来改变数据透视表的报告格式。

3.5.1　改变数据透视表的报表布局

数据透视表为用户提供了"以压缩形式显示""以大纲形式显示"和"以表格形式显示"三种报表布局的显示形式，"重复所有项目标签"和"不重复项目标签"两种项目标签的显示方式。

示例 3.9　改变数据透视表的报表布局

新创建的数据透视表显示形式都是系统默认的"以压缩形式显示"，如图 3-33 所示。"以压缩形式显示"的数据透视表所有的行字段都堆积在一列中，此种显示形式的数据透视表不便于后期的数据提取、转换和分析，数值化后的数据透视表也无法显示行字段标题，没有分析价值，如图 3-34 所示。

	A	B
1	行标签	求和项:销售额
2	出口	1319707.57
3	二部	1823.5
4	固安海运	1823.5
5	三部	474261.31
6	利发金融	96006.38
7	南方科技	117878.57
8	天宝服饰	235665.73
9	天一物流	9445.44
10	希望集团	15265.19
11	四部	222795.6
12	城市快车	57248.84
13	大地集团	123214.6
14	红梅集团	6884.85
15	鑫鑫建材	1308.16
16	一诺国际	34139.15
17	一部	620827.16
18	财富金融	85373.88
19	高峰运输	95598.48
20	好运服饰	43219.52

图 3-33　数据透视表以压缩形式显示

	A	B
1	行标签	求和项:销售额
2	出口	1319707.57
3	二部	1823.5
4	固安海运	1823.5
5	三部	474261.31
6	利发金融	96006.38
7	南方科技	117878.57
8	天宝服饰	235665.73
9	天一物流	9445.44
10	希望集团	15265.19
11	四部	222795.6
12	城市快车	57248.84
13	大地集团	123214.6
14	红梅集团	6884.85
15	鑫鑫建材	1308.16
16	一诺国际	34139.15
17	一部	620827.16
18	财富金融	85373.88
19	高峰运输	95598.48
20	好运服饰	43219.52

图 3-34　以压缩形式显示的数据透视表复制结果

　　用户可以将系统默认的"以压缩形式显示"报表布局改变为"以大纲形式显示"，来满足不同的数据分析需求，请参照以下步骤。

　　以图 3-29 所示的数据透视表为例，单击数据透视表中的任意单元格（如 A12），在【数据透视表工具】的【设计】选项卡中依次选择【报表布局】按钮→【以大纲形式显示】命令，如图 3-35 所示。

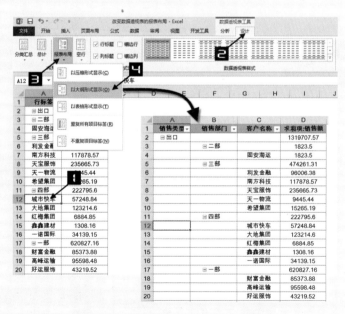

图 3-35　以大纲形式显示的数据透视表

　　以上步骤操作过程中，如果在【报表布局】的下拉菜单中选择【以表格形式显示】命令，将使数据透视表以表格的形式显示，如图 3-36 所示。

	A	B	C	D
1	销售类型 ▼	销售部门 ▼	客户名称 ▼	求和项:销售额
2	⊟出口	⊟二部	固安海运	1823.5
3		二部 汇总		1823.5
4		⊟三部	利发金融	96006.38
5			南方科技	117878.57
6			天宝服饰	235665.73
7			天一物流	9445.44
8			希望集团	15265.19
9		三部 汇总		474261.31
10		⊟四部	城市快车	57248.84
11			大地集团	123214.6
12			红梅集团	6884.85
13			鑫鑫建材	1308.16
14			一诺国际	34139.15
15		四部 汇总		222795.6
16		⊟一部	财富金融	85373.88
17			高峰运输	95598.48
18			好运服饰	43219.52
19			天羽制造	197358.38
20			新航时空	32925.52

图 3-36　以表格形式显示的数据透视表

以表格形式显示的数据透视表数据显示直观、便于阅读，是用户首选的数据透视表布局方式。

如果希望将数据透视表中空白字段填充相应的数据，使复制后的数据透视表数据完整或满足特定的报表显示要求，可以使用【重复所有项目标签】命令。

以图 3-29 所示的数据透视表为例，单击数据透视表中的任意单元格（如 A12），在【数据透视表工具】的【设计】选项卡中单击【报表布局】按钮，在弹出的扩展菜单中选择【重复所有项目标签】命令，如图 3-37 所示。

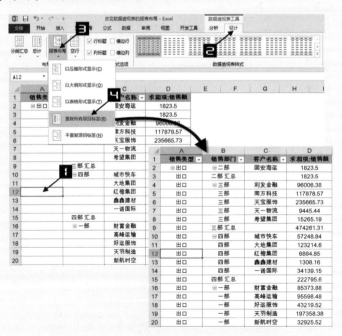

图 3-37　重复所有项目标签的数据透视表

选择【不重复所有项目标签】命令，可以撤销数据透视表所有重复项目的标签。

3.5.2　分类汇总的显示方式

示例 3.10　分类汇总的显示方式

在如图 3-38 所示的数据透视表中，"产品名称"字段应用了分类汇总，用户可以通过多种方法将分类汇总删除。

首先，可以利用工具栏中的按钮删除，单击数据透视表中的任意单元格（如 A11），在【数据透视表工具】的【设计】选项卡中单击【分类汇总】按钮→【不显示分类汇总】命令，如图 3-39 所示。

图 3-38　显示分类汇总的数据透视表　　　　图 3-39　通过工具栏按钮不显示分类汇总

其次，利用右键的快捷菜单也可以删除分类汇总。在数据透视表中的"产品名称"字段标题或其项下的任意单元格（如 A5）中右击，在弹出的快捷菜单中选择【分类汇总"产品名称"】命令，如图 3-40 所示。

此外，通过字段设置也可以删除分类汇总。单击数据透视表中"产品名称"字段标题或其项下的任意单元格（如 A5），在【数据透视表工具】的【分析】选项卡中单击【字段设置】按钮，在弹出的【字段设置】对话框中单击【分类汇总和筛选】选项卡，在【分类汇总】中选择【无】选项，单击【确定】按钮关闭【字段设置】对话框，如图 3-41 所示。

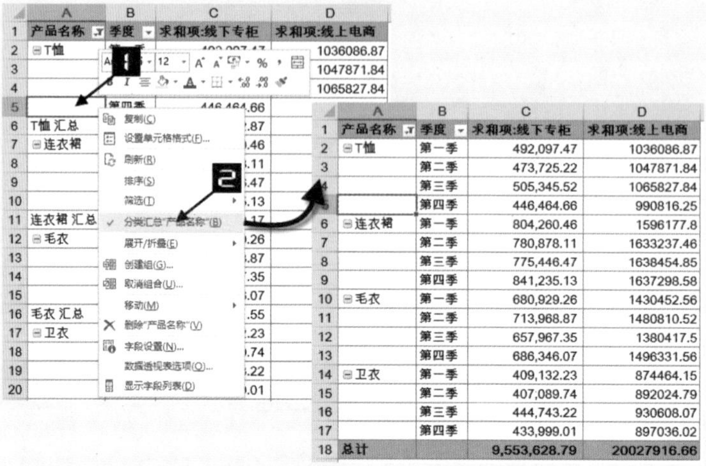

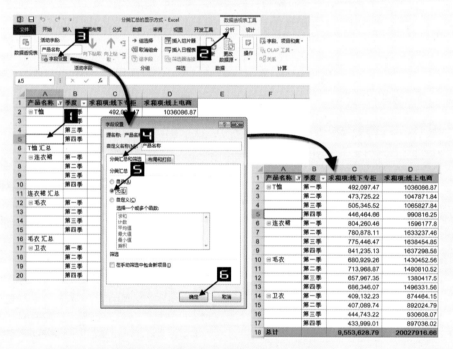

图 3-40　通过右键快捷菜单不显示分类汇总

图 3-41　通过字段设置不显示分类汇总

> **提示**　启用了经典数据透视表布局的数据透视表可以直接双击"产品名称"字段，调出【字段设置】对话框删除分类汇总。

对于以"以大纲形式显示"和"以压缩形式显示"显示的数据透视表，用户还可以将分类汇总显示在每组数据的顶部。单击数据透视表中的任意单元格，在【数据透视表工具】的【设计】

选项卡中单击【分类汇总】按钮，在弹出的扩展菜单中选择【在组的顶部显示所有分类汇总】
选项，如图 3-42 所示。

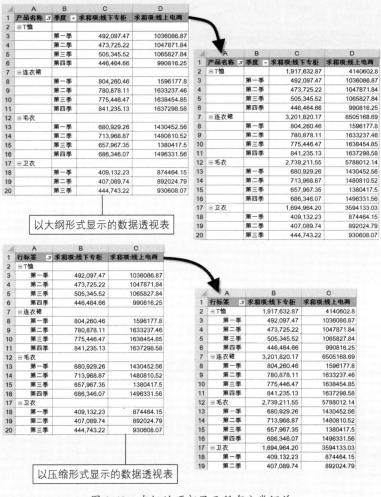

图 3-42　在组的顶部显示所有分类汇总

3.5.3　在每项后插入空行

示例 3.11　在每项后插入空行

在以任何形式显示的数据透视表中，用户都可以在各项之间插入一行空白行来更明显地区
分不同的数据行。

单击数据透视表中的任意单元格（如 A6），在【数据透视表工具】的【设计】选项卡中单击
【空行】按钮→【在每个项目后插入空行】命令，如图 3-43 所示。

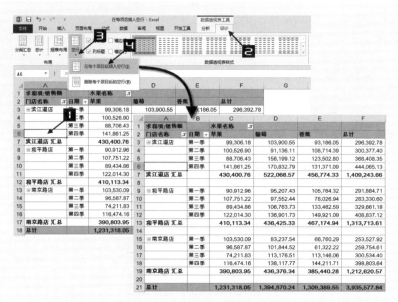

图 3-43　在每个项目后插入空行

选择【删除每个项目后的空行】命令可以将插入的空行删除。

3.5.4　总计的禁用与启用

示例 3.12　总计的禁用与启用

单击数据透视表中的任意单元格，在【数据透视表工具】的【设计】选项卡中单击【总计】按钮，在弹出的下拉菜单中选择【对行和列启用】命令，可以使数据透视表的行和列都被加上总计行，如图 3-44 所示。

选择【对行和列禁用】命令可以同时删除数据透视表的行和列上的总计行，如图 3-45 所示。

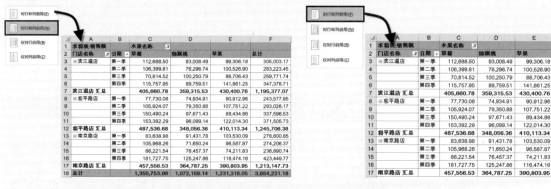

图 3-44　对行和列启用总计　　　　图 3-45　同时删除行和列总计

选择【仅对行启用】命令可以只对数据透视表中的行字段进行总计，如图 3-46 所示。

选择【仅对列启用】命令可以只对数据透视表中的列字段进行总计，如图 3-47 所示。

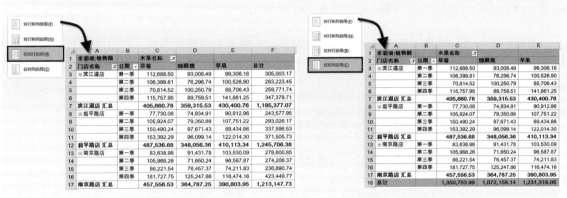

图 3-46　仅对行字段进行总计　　　　　图 3-47　仅对列字段进行总计

3.5.5　合并且居中排列带标签的单元格

示例 3.13　合并且居中排列带标签的单元格

　　数据透视表"合并居中"的布局方式简单明了，也符合读者的阅读方式。

　　在数据透视表中的任意单元格（如 A5）上右击，在弹出的快捷菜单中选择【数据透视表选项】命令，在出现的【数据透视表选项】对话框中单击【布局和格式】选项卡，在【布局】中选中【合并且居中排列带标签的单元格】的复选框，最后单击【确定】按钮完成设置，如图 3-48 所示。

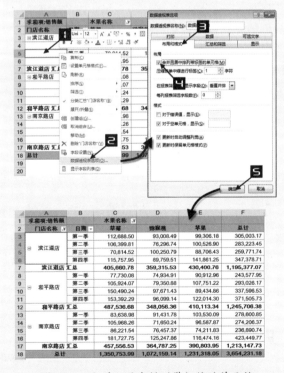

图 3-48　合并且居中排列带标签的单元格

3.6 清除已删除数据的标题项

当数据透视表创建完成后，如果删除了数据源中一些不再需要的数据，数据透视表被刷新后，删除的数据从数据透视表中清除了，但是数据透视表字段的下拉列表中仍然存在着被删除了的标题项，如图 3-49 所示。

图 3-49　数据透视表字段下拉列表中的标题项

示例 3.14　清除数据透视表中已删除数据的标题项

当数据源频繁地进行添加和删除数据的操作时，数据透视表刷新后，字段的下拉列表项会越来越多，其中已删除数据的标题项造成了资源的浪费，也会影响表格数据的可读性。清除数据源中已经删除数据的标题项的方法如下。

步骤① 调出【数据透视表选项】对话框，单击【数据】选项卡，在【每个字段保留的项数】的下拉列表中选择【无】选项，最后单击【确定】按钮关闭【数据透视表选项】对话框，如图 3-50 所示。

步骤② 刷新数据透视表后，数据透视表字段的下拉列表中已经清除了不存在的数据的标题项，结果如图 3-51 所示。

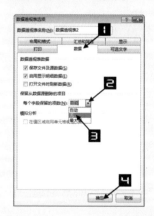

图 3-50　设置每个字段的保留项数

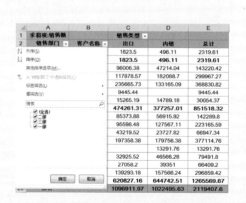

图 3-51　数据源中已经删除数据的标题项"四部"被清除

3.7　数据透视表的复制和移动

3.7.1　复制数据透视表

　　数据透视表创建完成后，如果需要对同一个数据源再创建另外一个数据透视表用于特定的数据分析，那么只需对原有的数据透视表进行复制即可，从而免去了重新创建数据透视表的一系列操作，提高了工作效率。复制前的数据透视表如图 3-52 所示。

图 3-52　复制前的数据透视表

示例 3.15　复制数据透视表

　　如果要将如图 3-52 所示的数据透视表进行复制，请参照以下步骤。

步骤①　选中数据透视表所在的 A1:D18 单元格区域，右击，在弹出的快捷菜单中选择【复制】命令，如图 3-53 所示。

步骤②　在数据透视表区域以外的任意单元格（如 F1）上右击，在弹出的快捷菜单中选择【粘贴】命令即可快速复制一张数据透视表，如图 3-54 所示。

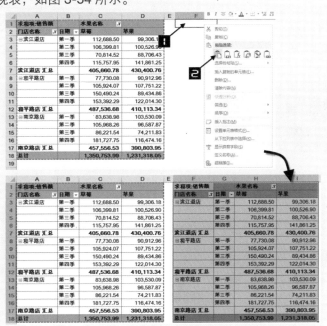

图 3-53　复制数据透视表　　　　图 3-54　粘贴数据透视表

3.7.2　移动数据透视表

　　用户可以将已经创建好的数据透视表在同一个工作簿内的不同工作表中任意移动，还可以在打开的不同工作簿内的工作表中任意移动，以满足数据分析的需要。

示例 3.16 | 移动数据透视表

如果要将如图 3-52 所示的数据透视表进行移动，请参照以下步骤。

步骤① 单击数据透视表中的任意单元格（如 A5），在【数据透视表工具】的【分析】选项卡中依次单击【操作】→【移动数据透视表】按钮，调出【移动数据透视表】对话框，如图 3-55 所示。

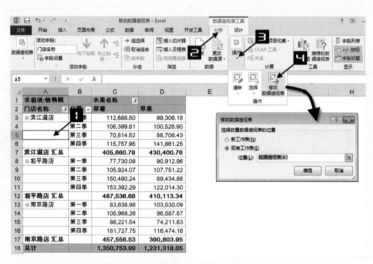

图 3-55 调出【移动数据透视表】对话框

步骤② 单击【移动数据透视表】对话框中【现有工作表】选项下【位置】的折叠按钮，单击"移动后的数据透视表"工作表的标签，单击"移动后的数据透视表"工作表中的 A3 单元格，如图 3-56 所示。

步骤③ 再次单击【移动数据透视表】对话框中的折叠按钮，单击【确定】按钮，数据透视表被移动到"移动后的数据透视表"工作表中，如图 3-57 所示。

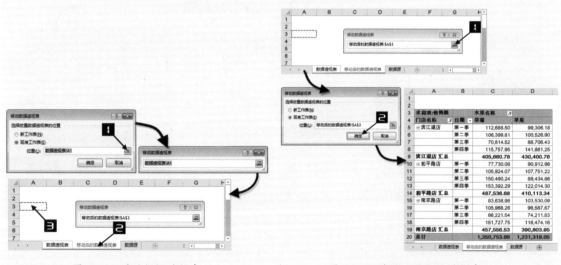

图 3-56 移动数据透视表   图 3-57 移动后的数据透视表

如果要将数据透视表移动到新的工作表上，可以在【移动数据透视表】对话框中选择【新工作表】选项，单击【确定】按钮后，Excel 将把数据透视表移动到一个新的工作表中。

3.7.3 删除数据透视表

如果要将如图 3-57 所示的数据透视表删除，请参照以下步骤。

步骤① 单击数据透视表中的任意单元格（如 A7），在【数据透视表工具】的【分析】选项卡中依次单击【操作】→【选择】按钮→【整个数据透视表】按钮，如图 3-58 所示。

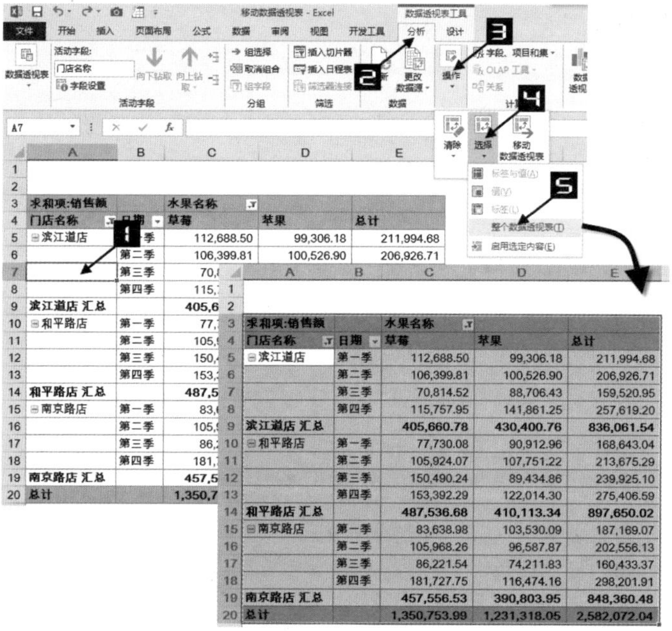

3 章

图 3-58 删除数据透视表

步骤② 按 <Delete> 键删除数据透视表。

3.8 影子数据透视表

数据透视表创建完成后，用户可以利用 Excel 内置的"照相机"功能对数据透视表进行拍照，生成一张数据透视表图片，该图片可以浮动于工作表中的任意位置并与数据透视表保持实时更新，甚至还可以更改图片的大小来满足用户不同的分析需求。

示例 3.17 创建影子数据透视表

在 Excel 的默认设置中，【自定义快速访问工具栏】上并没有显示【照相机】按钮，用户可以将【照相机】按钮添加到【自定义快速访问工具栏】上。

步骤① 单击【文件】→【选项】按钮，调出【Excel 选项】对话框，如图 3-59 所示。

图 3-59　【Excel 选项】对话框

步骤②　在【Excel 选项】对话框中单击【快速访问工具栏】选项卡，在右侧区域的【从下列位置选择命令】的下拉列表中选择【不在功能区中的命令】，然后找到【照相机】图标并选中，单击【添加】按钮，最后单击【确定】按钮完成设置，【照相机】按钮被添加到【自定义快速访问工具栏】上，如图 3-60 所示。

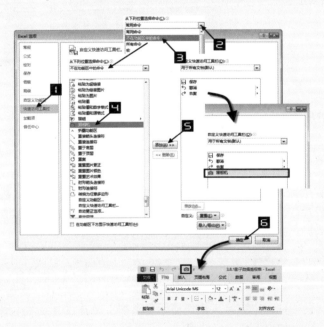

图 3-60　在【自定义快速访问工具栏】上添加【照相机】按钮

步骤③ 选中数据透视表中的 A1:D17 单元格区域，单击【自定义快速访问工具栏】中的【照相机】
按钮，单击数据透视表外的任意单元格（如 F1），得到如图 3-61 所示的 A1:D17 单元
格区域的图片。

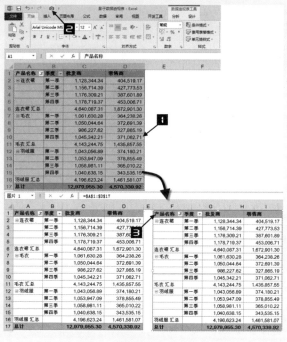

图 3-61　对数据透视表进行拍照

当数据透视表中的数据发生变动后，图片也相应地同步变化，保持着与数据透视表的实时
更新，如图 3-62 所示。

	A	B	C	D	E	F		G	H	I
1	产品名称	季度	批发商	零售商		产品名称	季度	批发商	零售商	
2	⊟连衣裙	第一季	1,128,344.34	404,519.17		⊟连衣裙	第一季	1,128,344.34	404,519.17	
3		第二季	1,156,714.39	427,773.53			第二季	1,156,714.39	427,773.53	
4		第三季	1,176,309.21	387,601.89			第三季	1,176,309.21	387,601.89	
5		第四季	1,178,719.37	453,006.71			第四季	1,178,719.37	453,006.71	
6	连衣裙 汇总		4,640,087.31	1,672,901.30		连衣裙 汇总		4,640,087.31	1,672,901.30	
7	⊟毛衣	第一季	1,061,630.28	364,238.26		⊟毛衣	第一季	1,061,630.28	364,238.26	
8		第二季	1,050,044.64	372,691.39			第二季	1,050,044.64	372,691.39	
9		第三季	986,227.62	327,865.19			第三季	986,227.62	327,865.19	
10		第四季	1,045,342.21	371,062.71			第四季	1,045,342.21	371,062.71	
11	毛衣 汇总		4,143,244.75	1,435,857.55		毛衣 汇总		4,143,244.75	1,435,857.55	
12	总计		8,783,332.06	3,108,758.85		总计		8,783,332.06	3,108,758.85	

图 3-62　图片与数据透视表保持实时更新

3.9　调整受保护工作表中的数据透视表布局

工作中经常出于对数据的保护和管理需求，要对工作表进行保护。直接对工作表加密保护会导
致被保护工作表中的数据透视表无法调整布局，只要进行相应设置后再保护工作表，即可不影响数
据透视表的功能。

如图 3-63 所示的数据透视表，在工作表保护状态下选择数据透视表中的任意单元格，Excel

的功能区中未出现【数据透视表工具】选项卡，右击，在弹出的快捷菜单中的数据透视表选项也为
灰色无法使用，无法调整数据透视表布局。

图 3-63　工作表默认选项保护状态下的数据透视表

　　要调整受保护工作表中数据透视表的布局，需要在数据透视表被保护前进行如下操作设置。

步骤① 选择数据透视表中任意单元格（如 E2），单击【审阅】选项卡→【保护工作表】
按钮。

步骤② 在弹出的【保护工作表】对话框中向下拖曳纵向滚动条，选中【使用数据透视表和数据
透视图】的复选框，单击【确定】按钮，如图 3-64 所示。

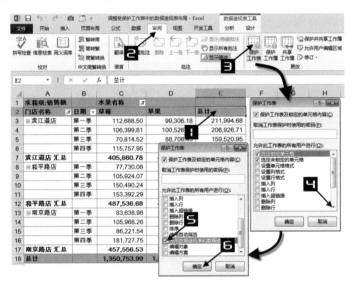

图 3-64　设置工作表保护

步骤③ 这时受保护工作表中的数据透视表布局可以调整。单击数据透视表中任意单元格（如
E2），功能区中出现【数据透视表工具】专有工具栏，右击，弹出的快捷菜单中的命令
也可以选择，如图 3-65 所示。

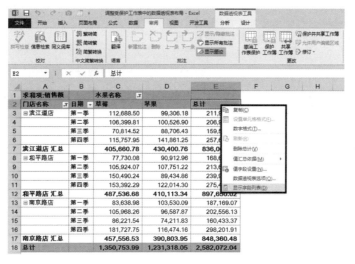

图 3-65 调整受保护工作表的数据透视表布局

3.10 获取数据透视表的数据源信息

数据透视表创建完成后，如果用户不慎将数据源删除了，还可以通过以下方法将数据源找回。

3.10.1 显示数据透视表数据源的所有信息

示例 3.18 显示数据透视表数据源的所有信息

步骤① 在数据透视表中任意单元格（如 B5）上右击，在弹出的快捷菜单中选择【数据透视表选项】命令，调出【数据透视表选项】对话框，如图 3-66 所示。

步骤② 单击【数据透视表选项】对话框中的【数据】选项卡，选中【启用显示明细数据】的复选框，如图 3-67 所示，单击【确定】按钮关闭对话框。

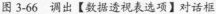

图 3-66 调出【数据透视表选项】对话框

图 3-67 启用显示明细数据

步骤③ 双击数据透视表的最后一个单元格（如 D17），即可在新的工作表中重新生成原始的数据源，如图 3-68 所示。

	A	B	C	D
1	门店名称	日期	水果名称	求和项:销售额
2	⊟滨江道店	⊞第一季		603,996.50
3		⊞第二季		586,958.56
4		⊞第三季		616,686.94
5		⊞第四季		769,855.11
6	滨江道店 汇总			2,577,497.11
7	⊟和平路店	⊞第一季		533,414.40
8		⊞第二季		586,204.91
9		⊞第三季		657,162.99
10		⊞第四季		787,597.57
11	和平路店 汇总			2,564,379.87
12	⊟南京路店	⊞第一季		531,249.32
13		⊞第二季		557,334.87
14		⊞第三季		560,781.95
15		⊞第四季		850,970.66
16	南京路店 汇总			2,500,336.80
17	总计			7,642,213.78
18				

	A	B	C	D
1	日期	水果名称	销售额	门店名称
2	2015/1/1	葡萄	1016.64	滨江道店
3	2015/1/1	香蕉	2161.45	滨江道店
4	2015/1/1	桔子	3443.51	滨江道店
5	2015/1/2	葡萄	3370.93	滨江道店
6	2015/1/2	香蕉	3955.5	滨江道店
7	2015/1/2	猕猴桃	1245.01	滨江道店
8	2015/1/2	桔子	3557.06	滨江道店
9	2015/1/3	葡萄	861.34	滨江道店
10	2015/1/3	葡萄	3754.45	滨江道店
11	2015/1/4	葡萄	283.02	滨江道店
12	2015/1/4	桔子	1351.94	滨江道店
13	2015/1/4	桔子	2014.05	滨江道店
14	2015/1/4	草莓	3330.74	滨江道店
15	2015/1/4	草莓	616.97	滨江道店
16	2015/1/4	苹果	536.53	滨江道店
17	2015/1/5	苹果	786.22	滨江道店
18	2015/1/5	桔子	1481.26	滨江道店

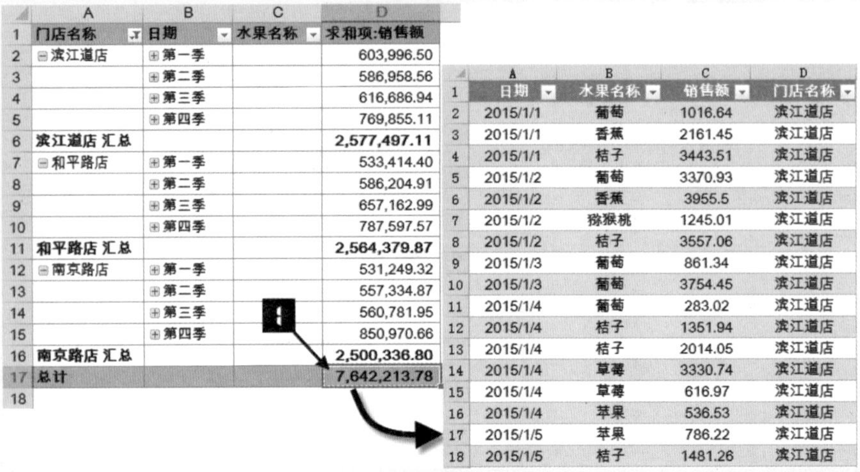

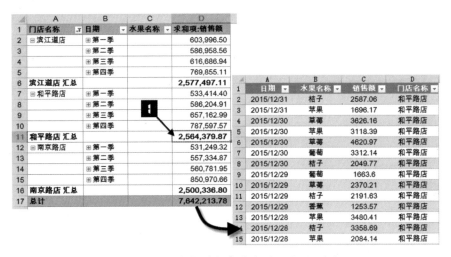

图 3-68　重新生成的数据源

3.10.2　显示数据透视表某个项目的明细数据

用户还可以只显示数据透视表某个项目的明细数据，用于特定数据的查询。

仍以图 3-68 所示的数据透视表为例，如果希望查询有关门店名称“和平路店”的所有销售数据，只需用鼠标双击数据透视表中“和平路店汇总”行的最后一个单元格 D11 即可，如图 3-69 所示。

	A	B	C	D
1	门店名称	日期	水果名称	求和项:销售额
2	⊟滨江道店	⊞第一季		603,996.50
3		⊞第二季		586,958.56
4		⊞第三季		616,686.94
5		⊞第四季		769,855.11
6	滨江道店 汇总			2,577,497.11
7	⊟和平路店	⊞第一季		533,414.40
8		⊞第二季		586,204.91
9		⊞第三季		657,162.99
10		⊞第四季		787,597.57
11	和平路店 汇总			2,564,379.87
12	⊟南京路店	⊞第一季		531,249.32
13		⊞第二季		557,334.87
14		⊞第三季		560,781.95
15		⊞第四季		850,970.66
16	南京路店 汇总			2,500,336.80
17	总计			7,642,213.78

	A	B	C	D
1	日期	水果名称	销售额	门店名称
2	2015/12/31	桔子	2587.06	和平路店
3	2015/12/31	苹果	1696.17	和平路店
4	2015/12/30	草莓	3626.16	和平路店
5	2015/12/30	苹果	3118.39	和平路店
6	2015/12/30	草莓	4620.97	和平路店
7	2015/12/30	葡萄	3312.14	和平路店
8	2015/12/30	桔子	2049.77	和平路店
9	2015/12/29	葡萄	1663.6	和平路店
10	2015/12/29	草莓	2370.21	和平路店
11	2015/12/29	桔子	2191.63	和平路店
12	2015/12/29	香蕉	1253.57	和平路店
13	2015/12/28	苹果	3480.41	和平路店
14	2015/12/28	桔子	3358.69	和平路店
15	2015/12/28	苹果	2084.14	和平路店

图 3-69　显示数据透视表某个项目的明细数据

3.10.3　禁止显示数据源的明细数据

用户如果不希望显示数据源的任何明细数据，可以在【数据透视表选项】对话框的【数据】选项卡中取消对【启用显示明细数据】复选框的选中。

【启用显示明细数据】命令被关闭后，如果双击数据透视表以期获得任何明细数据时则会出现错误提示，如图 3-70 所示。

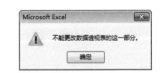

图 3-70　数据透视表错误提示

第 4 章　刷新数据透视表

用户创建数据透视表后，经常会遇到数据源发生变化的情况，例如，修改、删除、增加等，数据透视表并不会同步更新，此时原有的数据透视表已经不能如实地反映原始数据了。为解决这一问题，本章主要介绍当数据源发生改变时，如何对数据透视表进行数据刷新，从而获得最新的数据信息。

4.1　手动刷新数据透视表

当数据透视表的数据源发生变化时，用户可以选择手动刷新数据透视表，使数据透视表中的数据同步更新。手动刷新数据透视表有两种方法。

示例 4.1　手动刷新数据透视表

方法 1　选中数据透视表中的任意单元格（如 B3），右击，在弹出的快捷菜单中选择【刷新】命令，如图 4-1 所示。

方法 2　单击透视表中的任意单元格（如 B3），在【数据透视表工具】的【分析】选项卡中单击【刷新】按钮，如图 4-2 所示。

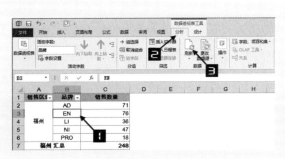

图 4-1　手动刷新数据透视表方法 1　　　图 4-2　手动刷新数据透视表方法 2

4.2　打开文件时自动刷新

用户还可以设置数据透视表自动刷新，当工作簿文件打开时，就执行刷新操作。具体方法如下。

示例 4.2　打开文件时自动刷新

步骤① 选中数据透视表中的任意单元格（如 B3），右击，在弹出的快捷菜单中选择【数据透视表选项】命令。

步骤② 在弹出的【数据透视表选项】对话框中单击【数据】选项卡，选中【打开文件时刷新数据】复选框，单击【确定】按钮完成设置，如图 4-3 所示。

此后，每当用户打开该数据透视表所在的工作簿时，数据透视表都会自动刷新。

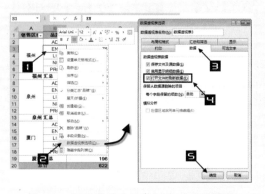

图 4-3　设置数据透视表打开时自动刷新

4.3　刷新链接在一起的数据透视表

当数据透视表用作其他数据透视表的数据源时，对其中任何一张数据透视表进行刷新，都会对链接在一起的数据透视表进行刷新。

4.4　刷新引用外部数据的数据透视表

如果数据透视表的数据源是基于对外部数据的查询，Excel 会在用户工作时在后台执行数据刷新。

示例 4.3 　刷新引用外部数据的数据透视表

步骤① 单击数据透视表中的任意一个单元格（如 B3），在【数据】选项卡中单击【属性】按钮，弹出【连接属性】对话框。

步骤② 在【连接属性】对话框的【使用状况】选项卡中的【刷新控件】区域，选中【允许后台刷新】的复选框，单击【确定】按钮关闭【连接属性】对话框完成设置，如图 4-4 所示。

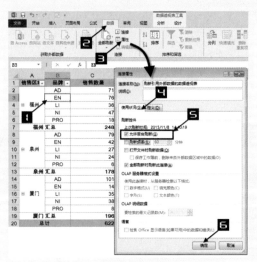

图 4-4　设置允许后台刷新方法1

此外，利用【数据透视表工具】中的【连接属性】按钮也可以实现此功能。

步骤① 单击数据透视表中的任意一个单元格（如 B3），在【数据透视表工具】的【分析】选项卡中依次单击【刷新】→【连接属性】按钮。

步骤② 在【连接属性】对话框的【使用状况】选项卡中选中【允许后台刷新】的复选框，单击【确定】按钮关闭【连接属性】对话框完成设置，如图 4-5 所示。

图 4-5　设置允许后台刷新方法 2

> **注意** →【连接属性】对话框只对于由外部数据源创建的数据透视表可用，否则【数据】选项卡中的【连接属性】按钮为灰色不可用。同样，【数据透视表工具】的【分析】选项卡中【刷新】下拉菜单的【连接属性】也为灰色不可用状态。

关于引用外部数据的数据透视表相关知识，请参阅第 14 章和第 15 章。

4.5　定时刷新

如果数据透视表的数据源来源于外部数据，还可以设置自动刷新频率，以达到固定时间间隔刷新的目的。

在【连接属性】对话框的【刷新控件】区域中选中【刷新频率】的复选框，并在右侧的微调框内设置时间间隔，此时间间隔以分钟为单位，本例中设置时间间隔为 30 分钟，单击【确定】按钮完成设置，如图 4-6 所示。

设置好刷新频率后，数据透视表会自动计时，每隔 30 分钟就会对数据透视表进行一次刷新。

图 4-6　定时刷新

4.6 使用 VBA 代码设置自动刷新

用户可以使用 VBA 代码对数据透视表进行设置，让其自动刷新，方法如下。

示例 4.4 　使用 VBA 代码刷新数据透视表

步骤① 在数据透视表所在的工作表标签上右击，在弹出的快捷菜单中选择【查看代码】命令进入 VBA 代码窗口，或者按下 <Alt+F11> 组合键进入 VBA 代码窗口，如图 4-7 所示。

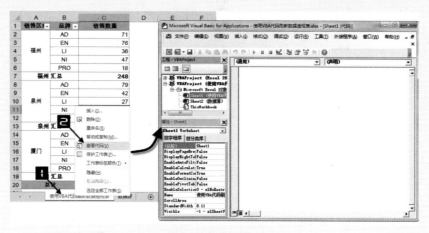

图 4-7　进入 VBA 代码窗口

步骤② 在 VBA 编辑窗口中输入以下代码。

```
Private Sub Worksheet_Activate()
    ActiveSheet.PivotTables(" 数据透视表 3").PivotCache.Refresh
End Sub
```

步骤③ 按 <Alt+F11> 组合键或者单击工具栏中的 Excel 图标切换到工作簿窗口，如图 4-8 所示。将当前工作簿另存为"Excel 启用宏的工作簿"。从现在开始，只要激活"数据透视表 3"所在的工作表，数据透视表就会自动刷新数据。

图 4-8　在 VBA 窗口中输入代码后切换回工作簿窗口

在步骤 2 输入 VBA 代码时,("数据透视表 3")括号中的名称必须根据实际情况修改。

如果用户不知道目标数据透视表的名称,可以通过以下方法查看。

方法 1 单击数据透视表中的任意一个单元格,通过【数据透视表工具】中【分析】选项卡中的【数据透视表名称】查看,如图 4-9 所示。

方法 2 在【数据透视表选项】对话框中也可以查看到数据透视表的名称,如图 4-10 所示。

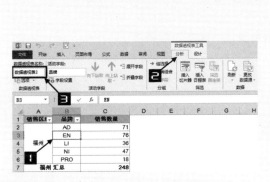

图 4-9 数据透视表名称查看方法 1 　　　图 4-10 数据透视表名称查看方法 2

4.7 全部刷新数据透视表

如果要刷新的工作簿中包含多张数据透视表,可以单击其中任意一张数据透视表中的任意单元格,在【数据透视表工具】的【分析】选项卡中依次选择【刷新】→【全部刷新】命令,如图 4-11 所示。

此时,工作簿中的所有数据透视表都会执行刷新操作,达到批量刷新的效果。

此外,也可以直接在【数据】选项卡中单击【全部刷新】按钮 ,如图 4-12 所示。

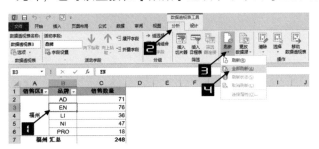

图 4-11 全部刷新数据透视表 　　　图 4-12 全部刷新数据透视表

　　【数据透视表工具】中【分析】选项卡的【全部刷新】按钮的刷新对象是数据透视表,只能对数据透视表进行刷新。而【数据】选项卡中的【全部刷新】按钮的刷新对象既可以是数据透视表,也可以是连接,既可以刷新数据透视表,也可以刷新由外部数据连接生成的表。

4.8　共享数据透视表缓存

数据透视表缓存是数据透视表的内存缓冲区，每个数据透视表在后台都有一个唯一的内存缓冲区，多个数据透视表可以共用一个内存缓冲区。

Excel 2013 基于同一个数据源创建的多个数据透视表，默认情况下都是共享缓存的，这样不仅可以减少工作簿的大小，还便于对多个数据透视表进行同步操作。

共享缓存的特点如下。

❖ 减少工作簿大小。

❖ 同步刷新数据，刷新某一个数据透视表后，其他数据透视表都将被刷新。

❖ 在某一个数据透视表中添加了计算字段或计算项，在其他数据透视表中也会出现相应的字段或项。

❖ 在某一数据透视表中进行了组选择或取消组合操作，在其他数据透视表中该字段也将被组合或取消组合。

基于以上特点，用户有时候并不希望所有的数据透视表同步刷新，或者并不希望所有的透视表都应用计算字段或计算项，再或者并不希望所有的数据透视表按同一种方式进行组选择，这时就需要取消共享缓存来创建数据透视表。

在 Excel 2013 中，当依次按下 <Alt>、<D>、<P> 键调用【数据透视表和数据透视图创建向导 – 步骤 1（共 3 步）】对话框创建数据透视表时，如果工作簿中已经创建了一个数据透视表，就会弹出【Microsoft Excel】提示对话框，单击【是】按钮可以节省内存并使工作表较小，即共享了数据透视表缓存；单击【否】按钮将使两个数据透视表各自独立，即非共享数据透视表缓存，如图 4-13 所示。

图 4-13　设置数据透视表缓存

如果用户希望取消多个数据透视表中已经共享的缓存，可对照以下步骤。

示例 4.5　取消共享数据透视表缓存

步骤① 激活数据源所在工作表，按 <Ctrl+F3> 组合键，调出【名称管理器】对话框，单击【新建】按钮，弹出【新建名称】对话框，创建一个【名称】为"data"，【引用区域】为"数据源 !$A$1:$I$543"的名称，单击【确定】按钮关闭【新建名称】对话框，再单击【关闭】按钮关闭【名称管理器】对话框，如图 4-14 所示。

步骤② 选中需要取消共享缓存的数据透视表中的任意一个单元格（如 B3），在【数据透视表工具】的【分析】选项卡中单击【更改数据源】命令，在弹出的【更改数据透视表数据源】对话框中的【选择一个表或区域】中输入步骤 1 中定义的名称"data"，单击【确定】按钮，即可完成非共享数据透视表缓存的设置，如图 4-15 所示。

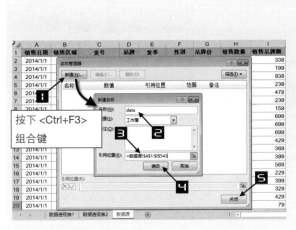

图 4-14　调出数据透视表和数据透视表向导

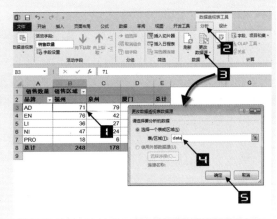

图 4-15　设置非共享数据透视表缓存

4.9　推迟布局更新

当用户进行数据处理分析时，每一次向数据透视表中添加、删除或移动字段时，数据透视表都会实时显示布局情况，这样数据透视表都会刷新一次。如果数据量较大，每次进行刷新的时候用户都需要等待很长时间，影响了下一步的操作。此时用户可以使用【推迟布局更新】功能，来延迟数据透视表的刷新，待所有字段布局完成后再一并更新数据透视表。

打开【数据透视表字段】列表，选中【推迟布局更新】的复选框，即可启用"推迟布局更新"功能，待字段布局完毕，单击【更新】按钮，即可刷新数据透视表，如图 4-16 所示。

图 4-16　推迟布局更新

> **注意**　数据透视表布局调整完成后，一定要取消对【推迟布局更新】复选框的选中，否则无法在数据透视表中使用排序、筛选和组选择等其他功能。

4.10　数据透视表的刷新注意事项

4.10.1　海量数据源限制数据透视表的刷新速度

一般情况下针对数据透视表的刷新可以在瞬间完成，但是基于海量数据源创建的数据透视表，受计算机性能及内在的限制刷新会非常慢，数据透视表被刷新时鼠标指针状态会变为"忙"，同时工作表的状态栏也会出现数据透视表的刷新状态及完成速度："正在读取数据"→"更新字段"→"正在计算数据透视表"。

4.10.2　数据透视表刷新后数据丢失

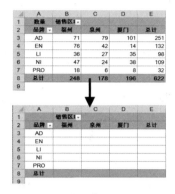

图 4-17　数据透视表刷新后数据丢失

　　由于业务需要，用户可能会对数据源中的字段标题名称进行修改，如果被修改的字段已经应用到数据透视表的【筛选器】【行】【列】或【值】区域中，刷新数据透视表后，就会出现数据丢失的情况，如图 4-17 所示。

　　在本例中，为了使数据标识更加规则，将数据源中的"数量"修改为"销售数量"后，刷新数据透视表后【值】区域数据丢失了，此时，需要用户将更改名称后的字段重新添加到【值】区域，即可恢复数据。步骤如下。

示例 4.6　恢复刷新数据透视表后丢失的数据

扫一扫，
查看精彩视频！

　　选中数据透视表中的任意一个单元格（如 B3），在右侧出现的【数据透视表字段】窗格中找到"销售数量"字段，按下鼠标左键不放，将其拖曳到【值】区域后，松开鼠标左键，即可恢复数据，如图 4-18 所示。

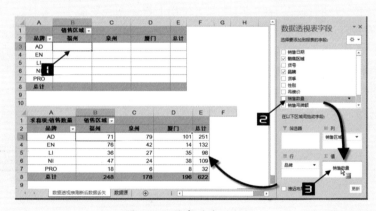

图 4-18　恢复丢失的数据

第 5 章　数据透视表的格式设置

在前面的章节中，读者已经学习了如何创建数据透视表，并且掌握了一些基本的功能，可是，用户往往还是希望将自己的报表装扮得更加丰富多彩，得到令人满意的效果。本章将介绍如何对数据透视表进行各种格式设置和美化，帮助用户达到目标。

```
┌─ 本章学习要点 ─────────────────────────────────────────────┐
│                                                            │
│  ❖ 数据透视表的自动套用格式。        ❖ "数据条"与"图标集"。    │
│                                                            │
│  ❖ 自定义数字格式。                  ❖ 突出显示数据透视表的特定数据。│
│                                                            │
│  ❖ 数据透视表刷新后如何保持列宽。    ❖ 数据透视表美化应用范例。    │
│                                                            │
│  ❖ 修改数据透视表数据格式。                                  │
│                                                            │
└────────────────────────────────────────────────────────────┘
```

5.1　设置数据透视表的格式

通常，用户在创建一张数据列表后，首先会对其进行各种各样的单元格格式设置，如字体、单元格背景颜色和边框等。对于数据透视表，除了可以运用这些常规设置之外，Excel 还提供了很多专用的格式控制选项供用户使用，下面逐一为读者介绍。

5.1.1　自动套用数据透视表样式

【数据透视表工具】的【设计】选项卡下【数据透视表样式】样式库中提供了 85 种可供用户套用的表格样式，其中浅色 29 种、中等深浅 28 种和深色 28 种，用户可以根据需要快速调用。

1．数据透视表样式

单击数据透视表中的任意单元格（如 A5），在【数据透视表工具】的【设计】选项卡中单击【数据透视表样式】的下拉按钮，在展开的【数据透视表样式】库中选择任意一款样式（如数据透视表样式深色 2）应用于数据透视表中，如图 5-1 所示。

【数据透视表样式】组中还提供了【行标题】【列标题】【镶边行】和【镶边列】四种复选方式。

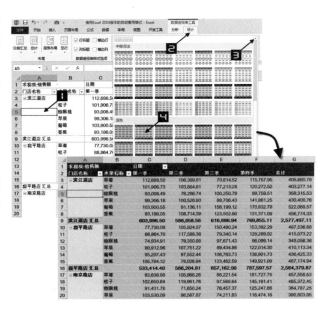

图 5-1　套用数据透视表样式

❖ 【行标题】为数据透视表的第一列应用特殊格式。

❖ 【列标题】为数据透视表的第一行应用特殊格式。

❖ 【镶边行】为数据透视表中的奇数行和偶数行分别设置不同的格式，这种方式使得数据透视表更具可读性。

❖ 【镶边列】为数据透视表中的奇数列和偶数列分别设置不同的格式，这种方式使得数据透视表更具可读性。

镶边行和镶边列的样式变换如图 5-2 所示。

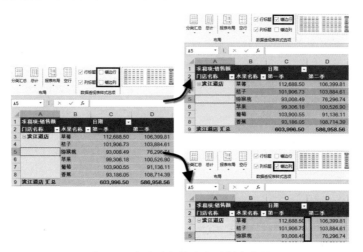

图 5-2　镶边列和镶边行的样式变换

此外，单击数据透视表中的任意单元格（如 A5），在【开始】选项卡中单击【套用表格格式】的下拉按钮，在展开的【表格样式】库中也可以选择任意一款样式应用于数据透视表中，如图 5-3 所示，这些样式不仅适用于数据透视表，也适用于普通的数据列表。

图 5-3　套用表格样式

2. 利用文本主题修改数据透视表样式

Excel 2013 的文档主题中为用户提供了【内置】的 9 种主题样式,在【页面布局】选项卡中单击【主题】按钮,即可看见内置的主题样式库,如图 5-4 所示,数据透视表完全可以调用它们,每个主题又可以通过调整【颜色】、【字体】和【效果】产生新的文档主题样式组合。

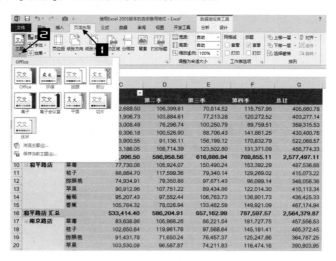

图 5-4　文档主题

激活数据透视表所在的工作表,在【页面布局】选项卡的【主题】下拉列表中选择适当的文档主题,即可为数据透视表套用该文档主题的样式,如图 5-5 所示。

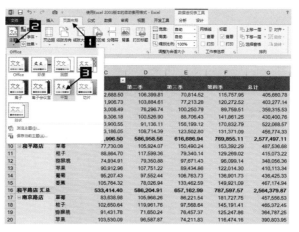

图 5-5　通过页面布局改变主题

> **注意** → 改变一个工作表的主题会使整个工作簿的主题都发生改变。

3. 自定义数据透视表样式

虽然 Excel 提供了以上诸多的默认样式,可是,如果用户还是习惯于自己的报表样式,可以通过【新建数据透视表样式】对数据透视表格式进行自定义设置,一旦保存后便存放于【数据透视表样式】样式库中自定义的数据透视表样式中,可以随时调用。

示例 5.1 自定义数据透视表中分类汇总的样式

如图 5-6 所示的数据透视表使用了【数据透视表样式深色 3】样式。

该样式的缺陷是分类汇总项标记并不明显，如果用户希望在这种样式的基础上进行修改并定义为自己的报表样式，请参照以下步骤。

步骤① 单击数据透视表中任意单元格（如 A5），在【数据透视表工具】的【设计】选项卡中的【数据透视表样式深色 3】样式上右击，在弹出的快捷菜单中选择【复制】命令，弹出【修改数据透视表样式】对话框，如图 5-7 所示。

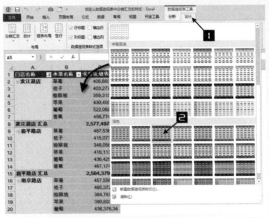
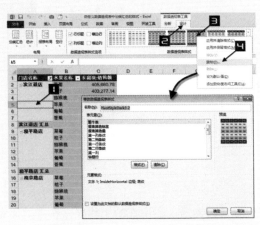

图 5-6 自定义数据透视表样式　　　　　图 5-7 打开【修改数据透视表样式】对话框

步骤② 在【表元素】区域可以看到，数据透视表中已经应用的表元素均被加粗显示。选中【分类汇总行 1】，单击【格式】按钮，在弹出的【设置单元格格式】对话框中单击【字体】选项卡，单击【颜色】的下拉按钮，在展开的"主题颜色"库中选择"白色"；单击【填充】选项卡，将【背景色】设置为橙色，单击【确定】按钮返回【修改数据透视表样式】对话框，单击【确定】按钮，如图 5-8 所示。

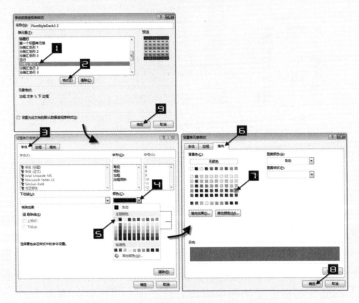

图 5-8 对分类汇总项进行格式设置

步骤③ 单击【数据透视表样式】下拉按钮，在展开的【数据透视表样式】库中可以看到在【自定义】中已经出现了用户自定义的数据透视表样式，单击此样式，数据透视表就会应用这个自定义的样式，如图 5-9 所示。

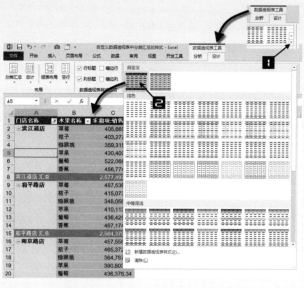

图 5-9　应用自定义数据透视表样式

以上介绍了从现有的数据透视表样式上进行样式修改的操作步骤，如果希望由一个空白的样式开始编辑，只需要单击【数据透视表样式】下拉按钮，在展开的数据透视表样式库的下方单击【新建数据透视表样式】按钮，在弹出的【新建数据透视表样式】对话框中设置相关格式即可，如图 5-10 所示。

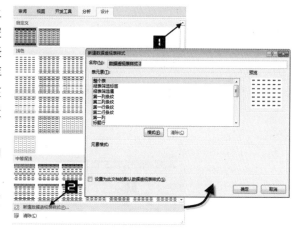

图 5-10　编辑空白的数据透视表样式

新建数据透视表样式表元素格式设置的优先级如下。

❖ "第一个标题"单元格优先于"标题行"。

❖ "标题行"优先于"第一列"。

❖ "行副标题"优先于"第一列"。

❖ "第一列"优先于"镶边行"。

❖ "第一列"优先于"分类汇总行"。

❖ "分类汇总行"优先于"镶边行 / 列"。

❖ "镶边行"优先于"镶边列"。

❖ "整个表"为最次优先级。

行副标题与第一列的区别如下。

❖ 行副标题是指数据透视表可能包含汇总行的不同行标签下的项，不包含汇总行。

❖ 第一列是指包含数据透视表行字段所有项在内的区域，包含汇总行及最末级行字段的项。

第一行条纹、第二行条纹与镶边行的关系如下。

"第一行条纹"指的是数据透视表数值区域中包含第一行在内的指定行高的奇数区域组成的行区域。当"第一行条纹"与"第二行条纹"中的"条纹尺寸"均为 1 时，"第一行条纹"是指从数据透视表数值区域第一行开始的奇数行组成的区域。如图 5-11 所示，数据透视表数值区域中灰色区域为"第一行条纹"所属区域。

"第二行条纹"指的是数据透视表数值区域中包含第一行在内的指定行高的偶数区域组成的行区域。当"第一行条纹"与"第二行条纹"中的"条纹尺寸"均为 1 时，"第二行条纹"是指从数据透视表数值区域第一行开始的偶数行组成的区域。如图 5-11 所示，数据透视表数值区域中白色区域为"第二行条纹"所属区域。

图 5-11　第一行条纹与第二行条纹示意图

选中"镶边行"复选框后，"第一行条纹"与"第二行条纹"中的样式显示在应用对应样式的数据透视表中。

用户花费心思设计了一个自定义数据透视表样式后，自然希望可以套用到其他工作簿的数据透视表中使用，可是，Excel 并不能将自定义的数据透视表样式复制到其他工作簿的【数据透视表样式】库中。事实上，用户只需要将自定义样式的数据透视表复制到其他的工作簿中，也就连同自定义的数据透视表样式一并复制了。

示例 5.2　自定义数据透视表样式的复制

将"自定义数据透视表中分类汇总的样式 .XLSX"工作簿中的自定义数据透视表样式复制到"自定义数据透视表样式的复制 .XLSX"工作簿中的具体操作步骤如下。

步骤① 在"自定义数据透视表中分类汇总的样式 .XLSX"工作簿中单击数据透视表中的任意单元格（如 A6），在【数据透视表工具】的【分析】选项卡中依次单击【操作】的下拉按钮→【选择】→【整个数据透视表】命令，然后按 <Ctrl+C> 组合键复制，如图 5-12 所示。

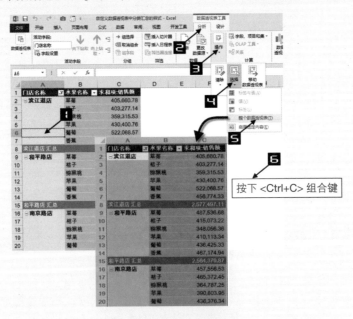

图 5-12　复制数据透视表

步骤② 单击"自定义数据透视表样式的复制 .XLSX"工作簿中任意工作表的任意单元格（如"数据透视表"工作表中的 G2 单元格），按下 <Ctrl+V> 组合键粘贴数据透视表，如图 5-13 所示。

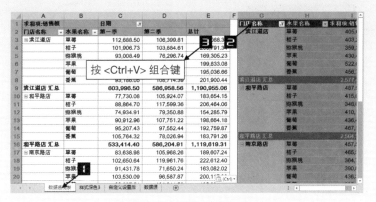

图 5-13 粘贴数据透视表

步骤③ 单击"自定义数据透视表样式的复制 .XLSX"工作簿中原来已经创建的数据透视表中的任意单元格（如 A5），在【数据透视表工具】的【设计】选项卡中单击【数据透视表样式】的下拉按钮，在展开的【数据透视表样式】库中单击已经复制的【自定义】样式，如图 5-14 所示。

步骤④ 完成上述操作后，用户可以隐藏或删除 G:I 列复制过来的数据透视表，最终完成的结果如图 5-15 所示。

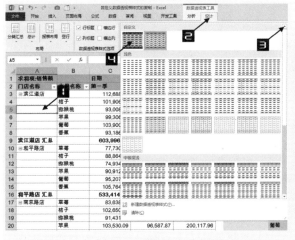

图 5-14 在目标工作簿中粘贴数据透视表

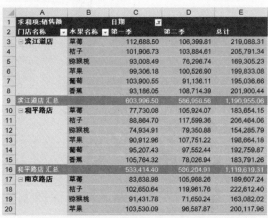

图 5-15 完成设置后的数据透视表

4. 清除数据透视表中已经应用的样式

如果用户希望清除数据透视表中已经应用的样式，可以单击数据透视表中任意单元格（如 A5），在【数据透视表工具】的【设计】选项卡中单击【数据透视表样式】的下拉按钮，在展开的下拉列表中选择【浅色】样式中的第一种样式"无"或者单击下方的【清除】按钮即可，如图 5-16 所示。

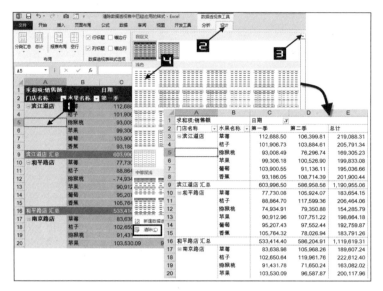

图 5-16　清除数据透视表套用格式

此外，在【数据透视表样式】库【自定义】中的自定义样式上右击，在弹出的快捷菜单中选择【删除】命令，也可以删除现有的数据透视表自定义样式，如图 5-17 所示。

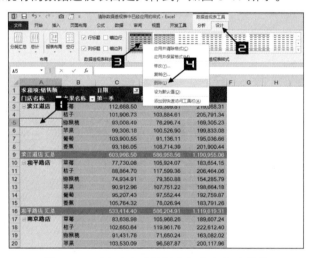

图 5-17　删除现有的数据透视表自定义样式

5.1.2　数据透视表刷新后如何保持调整好的列宽

使用数据透视表的用户经常碰到这样的现象，好不容易对数据透视表设置好列宽，在刷新之后又变为原来未设置时的样式，无法保持刷新前手动设置的列宽。

示例 5.3　解决数据透视表刷新后无法保持设置的列宽问题

如图 5-18 所示，对数据透视表 B:E 列设置固定列宽后，在数据透视表任意单元格（如 E6）上右击，在弹出的快捷菜单中选择【刷新】命令后，可以看到 B:E 列的列宽发生了明显变化。

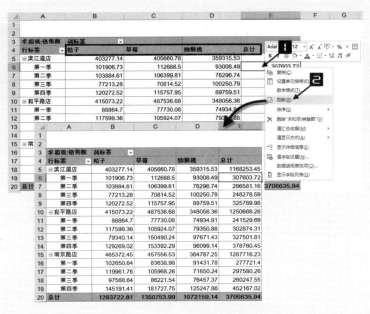

图 5-18　刷新后无法保持设置的列宽

在默认情况下，数据透视表刷新数据后，列宽会自动调整为默认的"最适合宽度"，刷新前用户设置的固定宽度也会同时失效。为此，可通过修改【数据透视表选项】来解决此问题。

步骤① 在数据透视表中的任意单元格（如E6）上右击，在弹出的快捷菜单中选择【数据透视表选项】命令，在弹出的【数据透视表选项】对话框中单击【布局和格式】选项卡，取消【格式】中对【更新时自动调整列宽】复选框的选中，单击【确定】按钮，如图 5-19 所示。

图 5-19　设置刷新后保持列宽

步骤② 当完成设置后，用户再次对数据透视表的 B:E 列设置固定列宽，刷新数据透视表，依然会保持设置好的固定列宽，如图 5-20 所示。

图 5-20　刷新后列宽不再改变

5.1.3　批量设置数据透视表中某类项目的格式

1. 启用选定内容

借助【启用选定内容】功能，用户可以在数据透视表中为某类项目批量设置格式。开启该功能的方法是：单击数据透视表中的任意单元格（如 A5），在【数据透视表工具】的【分析】选项卡中，单击【操作】→【选择】→【启用选定内容】按钮，如图 5-21 所示。

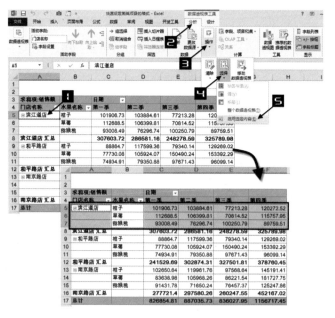

图 5-21　启用选定内容

通过单击【启用选定内容】按钮，用户可以选择是否"启用选定内容"，如图 5-22 所示。

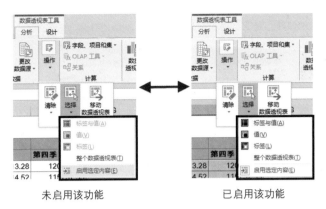

未启用该功能　　　　　　已启用该功能

图 5-22　切换按钮状态

判断是否已经启用"启用选定内容"最简便的方法是，将鼠标指针放置到数据透视表行字段和行号之间的交界处，如果鼠标指针变为↓图案，则表示已启用了【启用选定内容】，如果鼠标指针仍为✛图案，则表示尚未启用【启用选定内容】，如图 5-23 所示。

已启用【启用选定内容】　　　　　　未启用【启用选定内容】

图 5-23　快速判断功能是否启用

2. 批量设定数据透视表中某类项目的格式

示例 5.4　快速设定某类项目的格式

图 5-24 所示的数据透视表展示了某公司各门店在不同季度的水果销售情况。如果用户希望对各门店的销售情况重点关注，同时对桔子和草莓的数据突出显示，请参照以下步骤。

步骤① 启用【启用选定内容】功能后，将鼠标指针移动到行字段中分类汇总项所在的单元格（如 A8）的左侧，当鼠标指针变为➡时单击鼠标左键选定分类汇总的所有记录，单击【开始】选项卡中【填充颜色】的下拉按钮，在弹出的【主题颜色】库中选择一个用户设定的颜色（本例使用橙色），如图 5-25 所示。

	A	B	C	D	E	F
3	求和项:销售额		日期			
4	门店名称	水果名称	第一季	第二季	第三季	第四季
5	滨江道店	桔子	101906.73	103884.61	77213.28	120272.52
6		草莓	112688.5	106399.81	70814.52	115757.95
7		猕猴桃	93008.49	76296.74	100250.79	89759.51
8	滨江道店 汇总		307603.72	286581.16	248278.59	325789.98
9	和平店	桔子	88864.7	117599.36	79340.14	129269.02
10		草莓	77730.08	105924.07	150490.24	153392.29
11		猕猴桃	74934.91	79350.88	97671.43	96099.14
12	和平路店 汇总		241529.69	302874.31	327501.81	378760.45
13	南京路店	桔子	102650.64	119961.76	97568.64	145191.41
14		草莓	83638.98	105968.26	86221.54	181727.75
15		猕猴桃	91431.78	71650.24	76457.37	125247.86
16	南京路店 汇总		277721.4	297580.26	260247.55	452167.02
17	总计		826854.81	887035.73	836027.95	1156717.45

图 5-24　需要快速设定某类项目的格式的数据透视表

步骤② 将鼠标指针移动至 B5 单元格左侧，当鼠标指针变成➡时按住鼠标左键并拖动到 B6 单元格，选定桔子和草莓所有的数据，单击【开始】选项卡中的【填充颜色】下拉按钮，在弹出的颜色库中选择一个用户设定的颜色（如本例使用茶色），如图 5-26 所示。

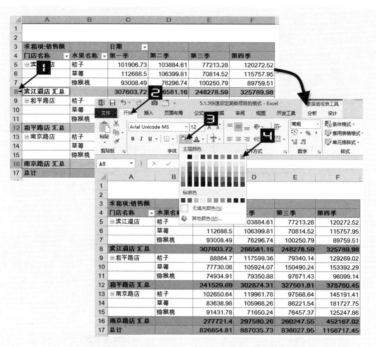

图 5-25　将分类汇总项标示为橙色

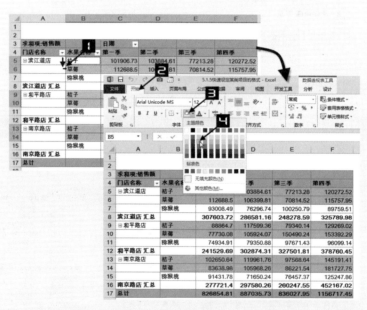

图 5-26　将"桔子"和"草莓"的数据进行显要标示

5.1.4　修改数据透视表中数值型数据的格式

数据透视表中"值"区域中的数据在默认情况下显示为"常规"的单元格格式，不包含任何特定的数字格式，用户可根据需要进行设置。

1．为销售金额加上货币符号

统计金额的时候,用户一般会希望在金额前面显示货币符号(如 ¥),以便体现金额的货币状态。

示例 5.5　为销售金额加上货币符号

图 5-27 所示的数据透视表展示了某公司一定时期内销售人员的销售业绩情况。如果要在"销售额"汇总列（如 D 列）数字前面加上货币符号" ¥ "，请参照以下步骤。

步骤① 在数据透视表"值"区域中的任意单元格（如 D4）上右击，在弹出的快捷菜单中选择【数字格式】命令，如图 5-28 所示。

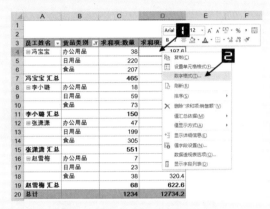

图 5-27　需要为销售金额加上货币符号的数据透视表　　　图 5-28　为数据透视表设置数字格式

步骤② 在弹出的【设置单元格格式】对话框中的【分类】列表框中选择【货币】选项，设置小数位数为"0"、货币符号为" ¥ "，单击【确定】按钮完成设置，如图 5-29 所示。

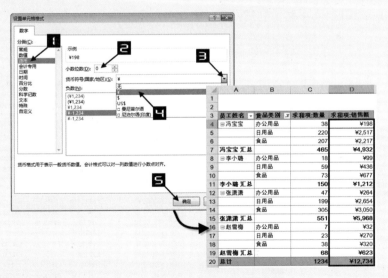

图 5-29　为销售金额加上货币符号

2. 为数值型数据设置时间格式

示例 5.6 　为数值型数据设置时间格式

图 5-30 所示的数据透视表展示了某企业车间设备在各季度的运行时长。其中汇总的"工作时长"项采用了数据透视表默认的常规数字格式，如果用户希望显示为"X 小时 X 分"的时间格式，请参照以下步骤。

步骤① 在数据透视表"值"区域的任意单元格(如 C6)上右击，在弹出的快捷菜单中选择【数字格式】命令，如图 5-31 所示。

步骤② 在弹出的【设置单元格格式】对话框中的【分类】列表框中选择【时间】选项，在【类型】列表框中选择用户需要的显示类型（如"13 时 30 分"），单击【确定】按钮完成设置，如图 5-32 所示。

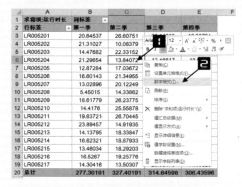

图 5-30　需要修改数值型数据格式的数据透视表　　　图 5-31　修改数值型数据的格式

可以看到，数据透视表中的"工作时长"已经设置为"X 时 X 分"的格式，如图 5-33 所示。

如果工作时长超过 24 小时，则需要在步骤 2 中应用【自定义】单元格格式，否则会出现统计错误。

	A	B	C	D	E
1	求和项:运行时长	列标签			
2	行标签	第一季	第二季	第三季	第四季
3	LR005201	15时29分	14时34分	3时25分	23时42分
4	LR005202	7时26分	2时00分	18时39分	1时30分
5	LR005203	11时26分	7时57分	19时27分	6时15分
6	LR005204	7时07分	20时10分	11时11分	22时30分
7	LR005205	20时56分	0时52分	8时48分	14时24分
8	LR005206	14时26分	8时23分	9时05分	1时10分
9	LR005207	0时41分	2时56分	21时29分	3时48分
10	LR005208	10时48分	8时07分	7时08分	8时34分
11	LR005209	14时49分	5时42分	11时34分	10时48分
12	LR005210	10时01分	13时24分	16时35分	20时32分
13	LR005211	15时17分	16时54分	5时08分	0时05分
14	LR005212	21时28分	22时03分	4时19分	1时46分
15	LR005213	3时18分	8时07分	22时36分	4时47分
16	LR005214	14时57分	21时06分	15时21分	15时26分
17	LR005215	11时02分	7时00分	15时11分	20时55分
18	LR005216	12时38分	6时11分	10时10分	13时36分
19	LR005217	7时17分	12时04分	7时14分	8时33分
20	总计	7时14分	9时38分	15时30分	10时27分

图 5-32　修改数值型数据的格式　　　图 5-33　对数据透视表应用"时间"的数据格式

在【设置单元格格式】对话框中的【分类】列表框中选择【自定义】选项，在【类型】文本框中输入 "[h]"时"mm"分""，然后单击【确定】按钮完成设置，如图 5-34 所示。

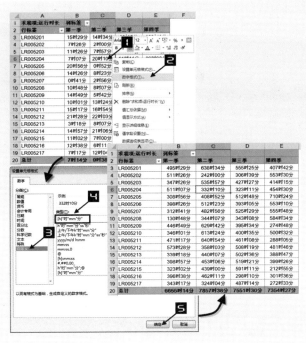

图 5-34　对数据透视表应用“时间”超过 24 小时的数据格式

5.1.5　自定义数字格式

用户通过对【自定义】数字格式的应用，可以使数据透视表拥有更多的数据展现形式。

1. 自定义数字格式代码组成规则

示例 5.7　用“√”显示数据透视表中的数据

图 5-35 展示了一张反映某企业员工加班情况的数据透视表。在“值”区域中使用“1”表示该员工在对应的日期有加班。为了让数据更加直观，用户可以用自定义数字格式的方法，将“1”显示为红色的“√”，请参照以下步骤。

	A	B	C	D	E	F	G	H	I
1	计数项:加班时长	姓名							
2	加班日期	陈金全	楚康	姜士平	李长明	梁浩	乔印海	武科	夏浩
3	2015/11/3	1							
4	2015/11/5				1			1	
5	2015/11/6	1					1		
6	2015/11/7		1					1	
7	2015/11/8	1					1		
8	2015/11/9		1	1			1		
9	2015/11/10	1		1	1	1		1	
10	2015/11/11	1			1	1	1		1
11	2015/11/12	1					1		
12	2015/11/13	1							1
13	2015/11/14			1				1	
14	2015/11/15	1						1	
15	2015/11/16			1					1
16	2015/11/17								1

图 5-35　企业员工加班情况表

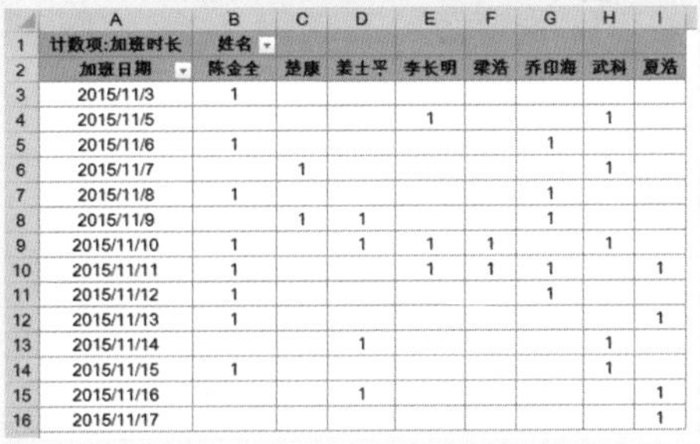

步骤① 在数据透视表中值区域的任意单元格上右击，在弹出的快捷菜单中选择【数字格式】命令，调出【设置单元格格式】对话框。

步骤② 在弹出的【设置单元格格式】对话框中，选择【分类】列表框中的【自定义】选项，在【示例】中【类型】下方的文本框中输入“[=1][红色]√”自定义代码，最后单击【确定】按钮完成设置，如图 5-36 所示。

提示

自定义代码“[=1][红色]√”的含义是：如果单元格的值等于 1，那么就将它显示为红色的“√”，自定义代码也可以写为“[红色][=1]√”或“[红色]√”。

同时，单元格格式的设置并不改变数据透视表中的统计值，对数据透视表进行格式设置后选中单元格查看编辑栏，就会看到数据透视表中的值并未发生改变，还是显示为“1”。

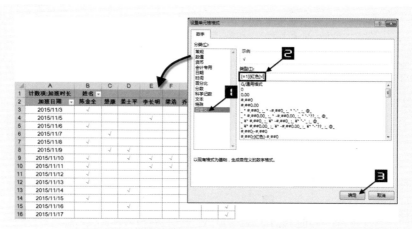

图 5-36　将数据透视表中的 "1" 显示为 "√"

2. 多个区间的自定义数字格式代码

示例 5.8　显示学生成绩是及格或者不及格

图 5-37 展示了一张由数据透视表创建的学生成绩统计表。如果希望将分数大于等于 60 的成绩显示为及格,否则显示为不及格,请参照以下自定义代码。设置完成后的效果如图 5-38 所示。

"[>=60] 及格；不及格 "

图 5-37　学生成绩统计表　　　　　　　　　　图 5-38　显示学生成绩是及格或者不及格

提示

格式代码 "[>=60] 及格；不及格" 的含义是：如果单元格中的值大于等于 60，则显示为及格，否则显示为不及格。该代码还可以写为 "[<60] 不及格；及格"。

若是需要再增加一个判断条件，例如希望分数大于等于 85 分的显示 "优秀"，小于 85 分且大于等于 60 分的显示为 "及格"，否则显示为 "不及格"，只需将自定义格式代码设置为 "[>=85] 优秀；[>=60] 及格；不及格" 即可。

> **注意 →** 对于数字格式来说，条件判断区间最多不能超过 3 个。

5.1.6　设置错误值的显示方式

示例 5.9　设置错误值的显示方式

如果在数据透视表中添加了计算项或计算字段，有些时候就会出现错误值，影响了数据的显示效果，如图 5-39 所示。

用户可以参照以下步骤对数据透视表中错误值的显示方式进行重新设置。

步骤① 在数据透视表中的任意单元格（如 A5）上右击，在弹出的快捷菜单中选择【数据透视表选项】命令，如图 5-40 所示。

步骤② 在弹出的【数据透视表选项】对话框中单击【布局和格式】选项卡，选中【格式】中【对于错误值，显示】的复选框，在右侧的文本框中输入"×"，单击【确定】按钮完成设置，如图 5-41 所示。

图 5-39　数据透视表中的错误值

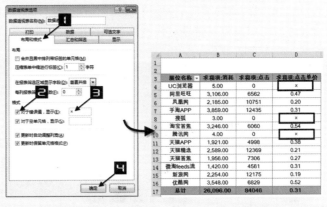

图 5-40　调出【数据透视表选项】对话框　　图 5-41　对错误值的显示方式进行设置后的数据透视表

> **提示 →** 在 Excel 中快速输入"×"的方法是：先按住 <Alt> 键，然后在数字小键盘区域依次按下 <4>、<1>、<4>、<0>、<9> 数字键，最后松开 <Alt> 键。

5.1.7　处理数据透视表中的空白数据项

如果数据源中出现了空白的数据项，创建数据透视表后，显示在数据透视表行字段中的空白数据项就会默认显示为"(空白)"字样，显示在数据透视表"值"区域中的空白数据项就会默认显示为空值，如图 5-42 所示。

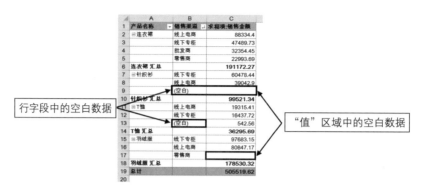

图 5-42　包含空白数据的数据透视表

这种对空白数据项的默认显示方式使得数据透视表凌乱、不够美观而且不利于阅读。

1. 处理行字段中的空白项

示例 5.10　处理数据透视表中的空白数据项

如果用户希望更改数据透视表中显示为"（空白）"字样的数据，可以采用查找和替换的方式来完成，请参照以下步骤。

步骤① 在数据透视表所在的工作表中按下 <Ctrl+H> 组合键调出【查找和替换】对话框。

步骤② 在【查找和替换】对话框中的【查找内容】编辑框中输入"（空白）"，在【替换为】编辑框中输入"其他渠道"，单击【全部替换】按钮，单击【Microsoft Excel】对话框的【确定】按钮，最后单击【关闭】按钮完成设置，如图 5-43 所示。

此外，用户也可以通过对数据透视表行字段的筛选来实现行字段中的"（空白）"数据项暂时隐藏，具体方法如下。

步骤③ 单击行字段【销售渠道】所在单元格 B1 的筛选按钮，在弹出的下拉列表中取消选中【（空白）】，单击【确定】按钮，如图 5-44 所示。

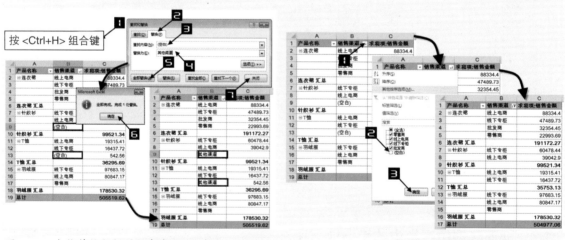

图 5-43　查找替换数据透视表中的"（空白）"数据项　　图 5-44　筛选行字段隐藏空白项

2. 将"值"区域中的空白数据项填充为指定内容

数据透视表"值"区域中的空白数据项不能采用查找替换的方法进行处理，但是可以在【数据透视表选项】中进行设置，将空白数据项填充为指定内容。

　　用户只需在【数据透视表选项】对话框中的【布局和格式】选项卡中选中【对于空单元格，显示】的复选框，并在右侧的文本框中输入指定的内容（本例输入"待统计"），最后单击【确定】按钮完成设置，如图 5-45 所示。

　　完成的数据透视表如图 5-46 所示。

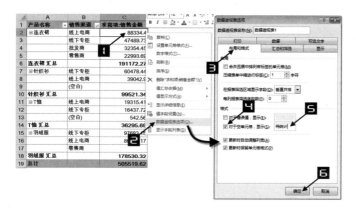

图 5-45　处理数据透视表值区域中的空白数据项　　　　图 5-46　完成后的数据透视表

5.2　数据透视表与条件格式

　　Excel 2013 中条件格式的"数据条""色阶"和"图标集"三类显示样式完全可以应用于数据透视表，从而大大增强数据透视表的可视化效果。

5.2.1　突出显示数据透视表中的特定数据

示例 5.11　**突出显示"销售额"未达"计划目标"值的产品名称**

　　图 5-47 所示的数据透视表显示了某公司各产品的销售额计划目标和现阶段完成情况。若要突出显示未达计划目标的产品名称，请参照以下步骤。

步骤①　选中"产品名称"字段的所有数据项，在【开始】选项卡中依次单击【条件格式】下拉按钮→【新建规则】命令，如图 5-48 所示。

	A	B	C
1		数据	
2	产品名称	计划目标	销售额
3	连衣裙	800,000	1,024,052
4	童装	200,000	269,335
5	羽绒服	200,000	254,555
6	套装	200,000	247,052
7	针织衫	200,000	236,888
8	大码女装	200,000	219,262
9	短外套	200,000	214,441
10	长外套	200,000	204,352
11	裤装	200,000	184,214
12	内搭T恤	200,000	178,248
13	T恤	220,000	172,800
14	毛衣	150,000	171,649
15	棉衣	200,000	158,517
16	风衣	100,000	124,555
17	卫衣	100,000	110,354
18	妈妈装	50,000	66,888
19	真丝衫	50,000	54,352

图 5-47　设置条件格式前的数据透视表

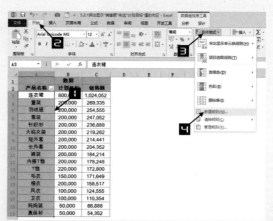

图 5-48　对数据透视表应用条件格式

步骤② 在弹出的【新建格式规则】对话框的【选择规则类型】列表框中选择【使用公式确定要设置格式的单元格】规则类型，在弹出的【新建格式规则】对话框中的【为符合此公式的值设置格式】下方的编辑框中输入"=C3<B3"，单击【格式】按钮，如图 5-49 所示。

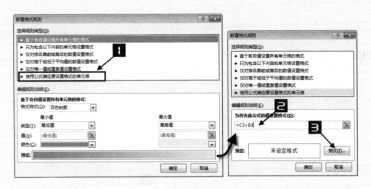

图 5-49　新建格式规则

步骤③ 在弹出的【设置单元格格式】对话框中，单击【填充】选项卡，在【背景色】颜色库中选择"红色"背景色，单击【确定】按钮关闭【设置单元格格式】对话框，再次单击【确定】按钮完成设置，如图 5-50 所示。

最终完成的数据透视表如图 5-51 所示。

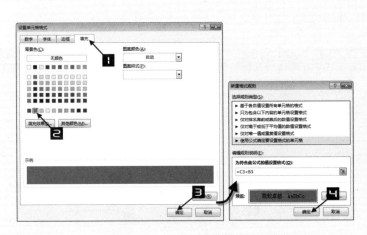

图 5-50　新建格式规则

图 5-51　突出显示"销售额"未达
"计划目标"值的产品名称

	A	B	C
1		数据	
2	产品名称	计划目标	销售额
3	连衣裙	800,000	1,024,052
4	童装	200,000	269,335
5	羽绒服	200,000	254,555
6	套装	200,000	247,052
7	针织衫	200,000	236,888
8	大码女装	200,000	219,262
9	短外套	200,000	214,441
10	长外套	200,000	204,352
11	裤装	200,000	184,214
12	内搭T恤	200,000	178,248
13	T恤	220,000	172,800
14	毛衣	150,000	171,649
15	棉衣	200,000	158,517
16	风衣	100,000	124,555
17	卫衣	100,000	110,354
18	妈妈装	50,000	66,888
19	真丝衫	50,000	54,352

5.2.2　数据透视表与"数据条"

将条件格式中的"数据条"应用于数据透视表，可帮助用户查看某些项目之间的对比情况。"数据条"的长度代表单元格中值的大小，越长表示值越大，越短表示值越小。在观察比较大量数据时，此功能尤为有用，如图 5-52 所示。

图 5-52　数据透视表与数据条

示例 5.12　用数据条显示销量情况

步骤① 单击数据透视表行"总计"标题下的任意单元格（如 D5），在【数据】选项卡中单击【降序】按钮，完成对行总计的降序排序，如图 5-53 所示。

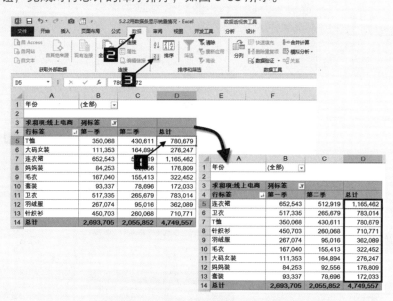

图 5-53　对数据透视表进行排序

步骤② 选中数据透视表中 D5:D13 单元格区域，在【开始】选项卡中依次单击【条件格式】→【数据条】→【实心填充】的"橙色数据条"，如图 5-54 所示。

图 5-54　数据透视表与"数据条"

5.2.3　数据透视表与"图标集"

利用条件格式中的"图标集"显示样式还可以将数据透视表的数据以图标的形式在数据透视表内显示，使数据透视表变得更加易懂和专业。在如图 5-55 所示的数据透视表中应用了"三向箭头（彩色）"的图标集，绿色的向上箭头代表较高值，黄色的横向箭头代表中间值，红色的向下箭头代表较低值。

仍以图 5-52 所示的数据透视表为例，选中数据透视表中需要应用图标集的单元格区域（如 D5:D13），在【开始】选项卡中单击【条件格式】的下拉按钮，在弹出的下拉列表中选择【图标集】→"三向箭头（彩色）"命令，如图 5-56 所示。

图 5-55　三向箭头（彩色）图标集

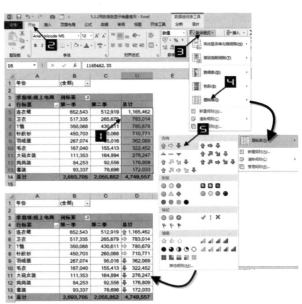

图 5-56　图标集设置方法

5.2.4　数据透视表与"色阶"

颜色渐变作为一种直观的指示，可以帮助用户了解数据的分布和变化。如图 5-57 所示的数据透视表中应用了"绿—黄—红色阶"，在色阶中，绿、黄和红三种颜色的深浅渐变表示值的高低，较高值单元格的颜色更绿，中间值单元格的颜色更黄，而较小值则显示红色。

仍以图 5-52 所示的数据透视表为例，选中数据透视表中需要应用色阶的单元格区域（如 D5:D13），在【开始】选项卡中单击【条件格式】下拉按钮→【色阶】→"绿—黄—红色阶"，如图 5-58 所示。

年份	(全部) ▼		
求和项:线上电商	列标签 ▼		
行标签 ↓	第一季	第二季	总计
连衣裙	652,543	512,919	⇑ 1,165,462
卫衣	517,335	265,679	⇨ 783,014
T恤	350,068	430,611	⇨ 780,679
针织衫	450,703	260,068	⇨ 710,771
羽绒服	267,074	95,016	⇩ 362,089
毛衣	167,040	155,413	⇩ 322,452
大码女装	111,353	164,894	⇩ 276,247
妈妈装	84,253	92,556	⇩ 176,809
套装	93,337	78,696	⇩ 172,033
总计	2,693,705	2,055,852	4,749,557

图 5-57　绿—黄—红色阶

图 5-58　色阶设置方法

5.2.5　修改数据透视表中应用的条件格式

如果用户希望对数据透视表中已经应用的条件格式进行修改，可以通过使用【条件格式规则管理器】来进行。

步骤① 单击数据透视表中的任意单元格（如 A6），在【开始】选项卡中单击【条件格式】的下拉按钮，在出现的下拉列表中选择【管理规则】命令，如图 5-59 所示。

步骤② 在弹出的【条件格式规则管理器】对话框中，选中需要编辑的条件格式规则，然后单击【编辑规则】按钮，弹出【编辑格式规则】对话框，用户可以在对话框内对已经设置的条件格式进行修改，如图 5-60 所示。

图 5-59　打开【条件格式规则管理器】的操作步骤　　　图 5-60　打开【编辑格式规则】对话框

若是同时在【条件格式规则管理器】中设有多个规则，可以通过【删除规则】按钮右侧的【上移】和【下移】两个按钮来调整不同规则的优先级，如图 5-61 所示。

单击【删除规则】按钮，可以将当前已经选定的条件格式规则删除，如图 5-62 所示。

图 5-61　调整不同规则的优先级　　　　　　图 5-62　删除已经设定的条件格式规则

此外，也可以利用【清除规则】命令中的各种选项来删除条件格式规则，如图 5-63 所示。

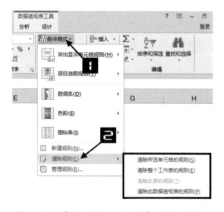

图 5-63　清除已经设定的条件格式规则

第6章　在数据透视表中排序和筛选

数据的排序和筛选是数据分析中必不可少的功能，数据透视表同样也可以对其进行排序和筛选，数据透视表和普通数据列表的排序规划相同、筛选原理相似，在普通数据列表上可以实现的效果，在大多数的数据透视表中同样可以实现。

本章学习要点

❖ 手动排序。　　　　　　　　　❖ 自定义排序。

❖ 自动排序。　　　　　　　　　❖ 数据透视表中的筛选。

6.1　数据透视表排序

6.1.1　手动排序

1. 利用拖曳数据项对字段进行手动排序

图 6-1 所示为一张由数据透视表创建的销售汇总表。如果希望调整"区域"字段的显示顺序，将"厦门"放在最上方显示，具体操作步骤如下。

图 6-1　排序前的数据透视表

示例 6.1　利用拖曳数据项对字段进行手动排序

选中"区域"字段下的"厦门"数据项的任意一个单元格（如 A16），将鼠标指针悬停在其边框线上，当出现四个方向箭头形状的鼠标指针时，按下鼠标左键不放，并拖曳鼠标到"福州"的上边框线上，松开鼠标即可完成对"厦门"数据项的排序，如图 6-2 所示。

扫一扫，
查看精彩视频！

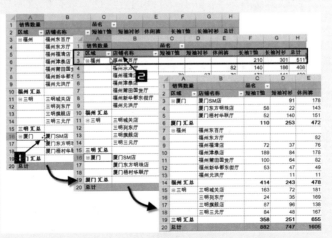

图 6-2　拖曳数据项进行手动排序

2. 利用移动命令对字段进行手动排序

利用移动命令也可以对数据透视表进行手动排序，仍以图 6-1 为例，如果希望将"区域"字段中的"厦门"数据项排列到最上方，方法如下。

示例 6.2　利用移动命令对字段进行手动排序

选中"区域"字段中"厦门"数据项的任意一个单元格（如 A16），右击，在弹出的快捷菜单中选择【移动】→【将"厦门"移至开头】命令，即可将"厦门"数据项排在"区域"字段的最上方，如图 6-3 所示。

用户可以在【移动】扩展菜单中选择更多的命令对数据透视表进行手动排序。

图 6-3　利用移动命令进行手动排序

6.1.2　自动排序

示例 6.3　自动排序

1. 利用【数据透视表字段】窗格进行排序

图 6-4 展示了一张由数据透视表创建的"店铺销售统计"表，如果希望对店铺按编号进行降序排列，方法如下。

求和项:销售数量		品名					
店铺编号	店铺名称	短袖T恤	短袖衬衫	休闲裤	长袖T恤	长袖衬衫	总计
F001	福州东百厅				210	301	511
F002	福州福清店	72	37	76	172	141	498
F003	福州津泰店	189	84	178	174	187	812
F005	福州东方厅			82	140	186	408
F006	福州新华都东街厅	53	47	49	103	270	522
F007	福州莆田国货厅	100	64	82	148	90	484
F008	福州元洪厅		11	11	161	207	390
S001	三明城关店	163	72	181	156	253	825
S002	三明旗舰店	87	96	138	214	224	759
S003	三明列东厅	24	35	169	174	144	546
S004	三明三元厅	84	48	167	135	145	579
X001	厦门东方明珠店	58	22	143	134	119	476
X002	厦门梧村华联厅	52	140	151	87	81	511
X003	厦门SM店		91	178	146	170	585
总计		882	747	1605	2154	2518	7906

图 6-4　店铺销售统计表

将鼠标指针悬停在【数据透视表字段】窗格中"店铺编号"字段上，单击右侧的下拉按钮，在弹出的下拉菜单中选择【降序】命令，即可完成对"店铺编号"字段的降序排序，如图6-5所示。

图 6-5　利用【数据透视表字段】进行自动排序

2. 利用字段的下拉列表进行排序

以图 6-4 为例，对"店铺编号"字段按升序排序，方法如下。

单击数据透视表"店铺编号"字段的下拉按钮，在弹出的下拉菜单中单击【升序】命令，即可完成对"店铺编号"字段的升序排序，如图 6-6 所示。

3. 利用功能区中的排序按钮自动排序

仍以图 6-4 为例，对"店铺编号"字段进行降序排序，方法如下。

选中需要进行排序的字段或其字段下任意一个数据项所在的单元格（如 A4），单击【数据】选项卡中的降序按钮（ ），即可完成对选中字段的降序排列，如图 6-7 所示。

图 6-6　利用字段的下拉列表自动排序

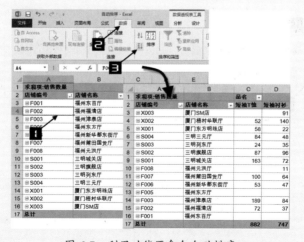

图 6-7　利用功能区命令自动排序

89

6.1.3 使用其他排序选项

1. 以数值字段对行字段进行排序

图6-8所展示的是一张由数据透视表创建的销售汇总报表。如果希望对"区域"字段按"求和项：销售吊牌额"字段汇总值降序排序，即销售吊牌额越高的区域越排在前面，方法如下。

	A	B	C
1	区域	店铺名称	求和项:销售吊牌额
2		福州东百厅	161918
3		福州东方厅	125494
4		福州福清店	173504
5	福州	福州津泰店	273026
6		福州莆田国货厅	147028
7		福州新华都东街厅	155846
8		福州元洪厅	113850
9	福州 汇总		1150666
10		广州1店	167858
11	广州	广州2店	141018
12		广州天河店	178240
13	广州 汇总		487116
14		三明城关店	246538
15		三明列东厅	171568
16	三明	三明旗舰店	243772
17		三明三元厅	177546
18	三明 汇总		839424
19	总计		2477206
20			

图6-8　排序前的数据透视表

示例 6.4　使用其他排序选项

单击"区域"字段的下拉按钮，在弹出的下拉菜单中选择【其他排序选项】命令，在弹出的【排序（区域）】对话框中，单击【降序排序（Z到A）依据】单选按钮，然后单击其下方的下拉按钮，在弹出的下拉列表中选择【求和项：销售吊牌额】选项，单击【确定】按钮完成设置，如图6-9所示。

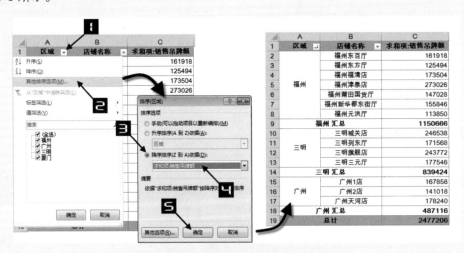

图6-9　销售区域按销售吊牌额汇总降序排序

2．多条件排序

图 6-10 所示为销售区域按销售吊牌额汇总降序排序的数据透视表，如果还希望统计分析出该销售区域所管辖店铺中哪个店铺销售数量最高，即"店铺名称"字段需按"求和项：销售数量"降序排序，方法如下。

	A	B	C	D
1	区域	店铺名称	求和项:销售数量	求和项:销售吊牌额
2		福州东百厅	511	161918
3		福州东方厅	408	125494
4		福州福清店	498	173504
5	福州	福州津泰店	812	273026
6		福州莆田国货厅	484	147028
7		福州新华都东街厅	522	155846
8		福州元洪厅	390	113850
9	福州 汇总		3625	1150666
10		三明城关店	825	246538
11	三明	三明列东厅	546	171568
12		三明旗舰店	759	243772
13		三明三元厅	579	177546
14	三明 汇总		2709	839424
15		广州1店	476	167858
16	广州	广州2店	511	141018
17		广州天河店	585	178240
18	广州 汇总		1572	487116
19	总计		7906	2477206

图 6-10　销售区域按销售吊牌额汇总降序排序的数据透视表

单击【店铺名称】字段的下拉按钮，在弹出的下拉列表中选择【其他排序选项】命令，弹出【排序（店铺名称）】对话框。单击【降序排序（Z 到 A）依据】单选按钮，然后单击下方出现的下拉按钮，在弹出的下拉列表中选择【求和项：销售数量】选项，单击【确定】按钮完成设置，如图 6-11 所示。

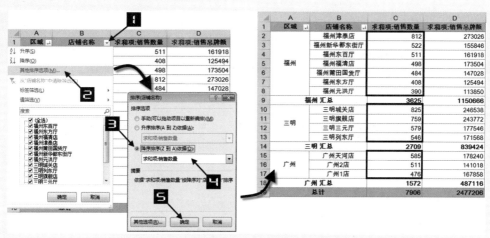

图 6-11　多条件排序方法

在此例中，如果对区域排序完成后，可直接选中"求和项：销售数量"字段下的任意单元格（如 C3），右击，在弹出的快捷菜单中选择【降序】命令，亦可完成排序，如图 6-12所示。

在此例中，如果对区域排序完成后，可直接选中"求和项：销售数量"字段下的任意单元格（如 C3），单击【数据】选项卡中的降序按钮，亦可完成排序。

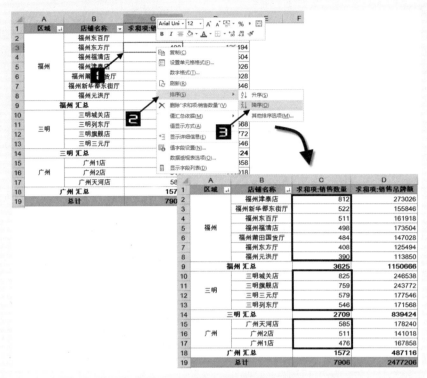

图 6-12　多条件排序方法 2

3. 以数值字段所在列进行排序

以图 6-13 所示数据透视表为例，如果用户希望对"店铺名称"字段按"短袖衬衫"的销售数量升序排序，方法如下。

求和项:销售数量	品名					
店铺名称	短袖T恤	短袖衬衫	休闲裤	长袖T恤	长袖衬衫	总计
福州东百厅				210	301	511
福州东方厅			82	140	186	408
福州福清店	72	37	76	172	141	498
福州津泰店	189	84	178	174	187	812
福州莆田国货厅	100	64	82	148	90	484
福州新华都东街厅	53	47	49	103	270	522
福州元洪厅		11	11	161	207	390
广州1店	58	22	143	134	119	476
广州2店	52	140	151	87	81	511
广州天河店		91	178	146	170	585
三明城关店	163	72	181	156	253	825
三明列东厅	24	35	169	174	144	546
三明旗舰店	87	96	138	214	224	759
三明三元厅	84	48	167	135	145	579
总计	882	747	1605	2154	2518	7906

图 6-13　待排序的数据透视表

步骤①　单击【店铺名称】字段下拉按钮，在弹出的下拉列表中选择【其他排序选项】命令，弹出【排序（店铺名称）】对话框，单击【升序排序（A 到 Z）依据】单选按钮，单击其下方出现的下拉按钮，选择【求和项：销售数量】选项，单击【其他选项】按钮，如图 6-14 所示。

图 6-14　打开其他选项对话框

步骤② 在【其他排序选项（店铺名称）】对话框中，单击【排序依据】选项中的【所选列中的值】单选按钮，然后在数据透视表中选择"品名"字段下"短袖衬衫"数据项下的任意单元格（如C3），单击【确定】按钮返回【排序（店铺名称）】对话框，再次单击【确定】按钮完成设置，如图 6-15 所示。

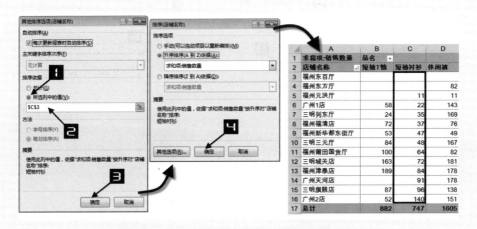

图 6-15　按短袖衬衫的销售数量进行升序排序

对于数据字段所在列进行排序，单击选中该字段中的任意一个单元格，单击【数据】选项卡中的升序按钮也可进行升序排序。

4. 按笔画排序

在默认情况下，对于汉字的排序，Excel 是按照汉字拼音字母顺序进行排序的。以中文姓名为例，首先根据姓氏的拼音字母在 26 个英文字母中的顺序进行排序，如果同姓，再次比较姓名中的第二字的顺序，以此类推。

按中国人的习惯，时常需要按照"笔划"进行姓名排列。这种排序规则是：首先按姓氏的笔划多少排列，同笔划的姓字则按起笔顺序排序，笔划数和笔形相同的字，则继续按字形结构排序，先左右、再上下，最后整体字。如果姓字相同，则依次再看姓名中的其他字。

示例 6.5 按笔画顺序对工资条报表的姓名字段排序

图 6-16 展示了由数据透视表创建的工资条报表，如果希望根据笔划顺序对数据透视表中的"姓名"字段进行排序，方法如下。

步骤① 单击"姓名"字段的下拉按钮，在弹出的快捷菜单中选择【其他排序选项】命令，在弹出的【排序（姓名）】对话框中，单击【升序排序（A 到 Z）依据】单选按钮，然后单击【其他选项】按钮，在弹出的【其他排序选项（姓名）】对话框中取消选中【每次更新报表时自动排序】的复选框，在【方法】选项中单击【笔划排序】单选按钮，如图 6-17 所示。

图 6-16 工资条数据列表

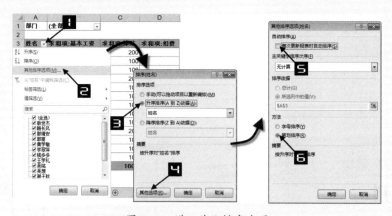

图 6-17 进入其他排序选项

步骤② 单击【其他排序选项（姓名）】对话框中的【确定】按钮，返回到【排序（姓名）】对话框，再次单击【确定】按钮完成对"姓名"字段按笔划升序排序，如图 6-18 所示。

 注意

Excel 中按笔划排序的规则并不完全符合前文所提到的中国人的习惯。对于相同笔划数的汉字，Excel 按照其内码顺序进行排序，而不是按照笔划顺序进行排序。

图 6-18 完成按笔划对姓名字段升序排序

5．自定义排序

Excel 内置了一些序列来帮忙用户完成排序，例如，数字大小、英文字母顺序、星期、月份等，但是这些还不能满足用户的全部需求。往往在日常工作中用户需要以特定的规则进行排序，例如，按公司的职能部门划分进行排序，那么利用 Excel 默认的排序规则将无法完成。此时，用户可以通过"自定义序列"的方法来创建一个序列，通过这个序列再实现排序。

示例 6.6　对职能部门按自定义排序

图 6-19 展示了一张由数据透视表创建的工资条数据表，如果希望对"部门"字段按"行政部"—"人力资源部"—"公共宣传科"—"营业部"的顺序进行升序排序，方法如下。

	A	B	C	D	E
1	部门	姓名	求和项:基本工资	求和项:津贴	求和项:扣费
2	公共宣传科	顾长风	1800	100	
3		赵子明	1800	100	
4		吴铭	1800	100	
5	行政部	黄学敏	1500	100	
6		谢子秋	1500	100	30
7		郭靖安	1500	100	
8	营业部	郭丽	1300	200	
9		敖世杰	1300	200	
10		吴想	1300	200	
11	人力资源部	王学礼	1700	100	120
12		叶桐	1700	100	80
13		钱多多	1700	100	
14		李翠萍	1700	100	
15	总计		20600	1600	230

图 6-19　待排序的数据透视表

步骤① 在排序前需要自定义一个序列，单击【文件】→【选项】命令，在弹出的【Excel 选项】对话框中单击【高级】选项卡，在【常规】中单击【编辑自定义列表】按钮，弹出【自定义序列】对话框，如图 6-20 所示。

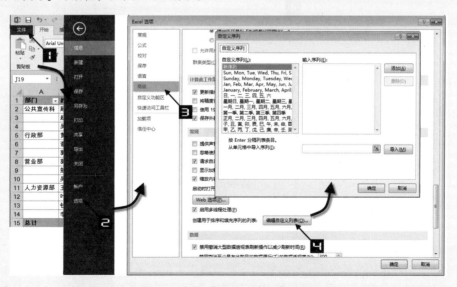

图 6-20　打开【自定义序列】对话框

步骤② 在【自定义序列】对话框右侧的【输入序列】文本框中按部门顺序依次输入"行政部""人力资源部""公共宣传科""营业部"，每个元素之间用英文半角逗号隔开，或者每输入一个元素后按 <Enter> 键。全部元素输入完成后单击【添加】按钮，最后单击【确定】按钮完成设置，此时，在【自定义序列】对话框中左侧的列表中已经显示出用户自定义序列的内容，如图 6-21 所示。再次单击【确定】按钮关闭【Excel 选项】对话框。

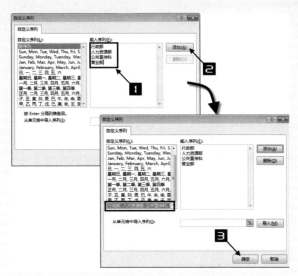

图 6-21　完成自定义序列

步骤③ 单击【部门】字段的下拉按钮，在弹出的快捷菜单中选择【其他排序选项】命令，在弹出的【排序（部门）】对话框中单击【升序排序（A 到 Z）依据】单选按钮，单击【其他选项】按钮，如图 6-22 所示。

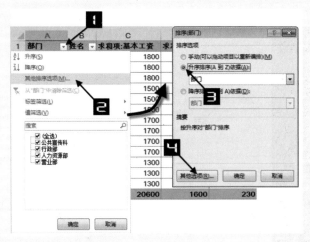

图 6-22　打开其他排序选项

步骤④ 在【其他排序选项（部门）】对话框中，取消选中【每次更新报表时自动排序】的复选框，单击【主关键字排序次序】下拉按钮，在弹出的下拉列表中选择刚自定义好的序列，单击【确定】按钮返回【排序（部门）】对话框，再次单击【确定】按钮完成设置，如图 6-23 所示，完成对"部门"字段的自定义排序。

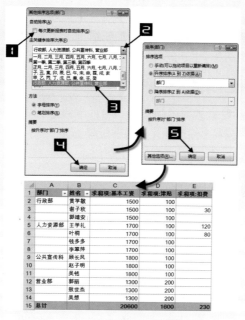

图 6-23　完成自定义排序的数据透视表

　　在使用"自定义序列排序"时，如果确认序列已经创建好，但是数据透视表并未按照特定序列进行排序，需要检查【排序时使用自定义列表】的复选框是否被选中。选中数据透视表中的任意一个单元格，右击，在弹出的快捷菜单中选择【数据透视表选项】命令，在弹出的【数据透视表选项】对话框中单击【汇总和筛选】选项卡，确认选中【排序时使用自定义列表】的复选框，单击【确定】按钮即可，如图 6-24 所示。

提示
■■■→

图 6-24　确认【排序时使用自定义列表】复选框为选中状态

6．关闭自动排序

如果用户希望关闭自动排序，可以打开相应字段的【排序】对话框，单击【排序选项】中的【手动（可以拖动项目以重新编排）】单选按钮，然后单击【确定】按钮关闭对话框，即可恢复手动排序，如图 6-25 所示。

6.1.4 对筛选器中的字段进行排序

在数据透视表中，用户不能直接对"筛选器"中的字段进行排序，如果希望对其进行排序，则需要先将"筛选器"中的字段移动至"行"或"列"区域内进行排序，排序完成后再移动至"筛选器"区域。

图 6-25 关闭自动排序

示例 6.7 对"筛选器"中的字段进行排序

如果希望对图 6-26 所示的数据透视表中的"销售月份"字段进行排序，方法如下。

步骤① 在【数据透视表字段】列表中，将"销售月份"字段由【筛选器】区域移至【行】区域，生成如图 6-27 所示的数据透视表。

步骤② 将"销售月份"字段下的"10月""11月"和"12月"拖曳到"9月"后面，然后在【数据透视表字段】列表中，将"销售月份"字段移回【筛选器】区域，如图 6-28 所示。

图 6-26 排序前的数据透视表

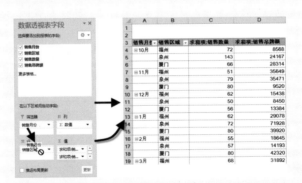

图 6-27 将"销售月份"字段移动至【行】区域

图 6-28 对【筛选器】中的字段进行排序

6.2　数据透视表筛选

在 Excel 2013 中内置了丰富的筛选条件，用户也可以在数据透视表中方便、高效地应用这些筛选功能。

6.2.1　利用字段下拉列表进行筛选

示例 6.8　利用字段的下拉列表查询特定商品的报价

图 6-29 所示为一张由数据透视表创建的商品报价汇总表，如果希望查询"BJ-100"和"F9051"两件商品以外的其他商品报价情况，方法如下。

单击"商品名称"字段标题的下拉按钮，在弹出的快捷菜单中取消"BJ-100"和"F9051"商品名称复选框的选中，然后单击【确定】按钮完成对"商品名称"字段的筛选，如图 6-30 所示。

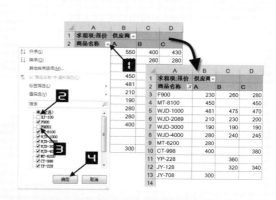

图 6-29　商品报价数据列表　　　　图 6-30　使用字段下拉列表筛选后的数据透视表

6.2.2　利用字段标签进行筛选

示例 6.9　利用字段标签快速筛选字段的数据项

仍以图 6-29 所示数据透视表为例，如果希望查询"商品名称"字段中，以"WJD"开头的商品名称，方法如下。

单击"商品名称"字段标题的下拉按钮，在弹出的快捷菜单中选择【标签筛选】→【开头是】命令，在弹出的【标签筛选（商品名称）】对话框中的文本框输入"WJD"，单击【确定】按钮完成对数据透视表的筛选，如图 6-31 所示。

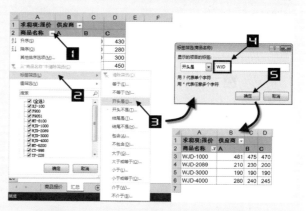

图 6-31　使用标签筛选后的数据透视表

使用标签筛选时，可以配合使用通配符。“?”表示单个字符，“*”表示任意多个字符，当要筛选的关键有通配符时，需要在通配符前加波浪符号“~”，以表示通配符作为普通字符对待。筛选时配合使用的通配符如表 6-1 所示。

表 6-1　筛选时配合使用通配符举例

通配符	所筛选的内容为
M*	筛选以“M”开头的内容
*M	筛选以“M”结尾的内容
李 ??	筛选姓“李”的名字是两个字的内容
? 明	筛选任意姓，但名字是“明”的内容
~*	筛选包含“*”的内容
~~	筛选包含“~”的内容

6.2.3　使用值筛选进行筛选

1. 筛选最大前 5 项数据

示例 6.10　筛选累计金额前 5 名的业务员

如果希望在图6-32所示的数据透视表中，筛选累计营业额前 5 名的营业员，方法如下。

	A	B	C	D	E	F	G	H
1	求和项:金额	月份						
2	业务员	一月	二月	三月	四月	五月	六月	总计
3	敖世杰	160,219	83,608	184,334	156,546	159,859	152,404	896,970
4	顾长风	166,297	79,522	112,381	122,183	37,210	122,504	640,097
5	郭靖安	116,368	162,533	51,260	80,731	64,259	147,615	622,766
6	郭丽	121,965	44,378	44,615	106,023	110,913	51,598	479,492
7	何雪仪	41,522	124,751	70,480	34,678	98,288	123,368	493,087
8	黄学敏	50,449	124,044	147,706	145,604	83,415	122,355	673,573
9	李翠萍	40,861	195,463	135,102	91,311	132,801	176,379	771,917
10	钱多多	64,269	115,269	33,418	120,234	107,225	170,273	610,688
11	王学礼	45,619	54,876	165,783	159,001	95,713	111,930	632,922
12	吴铭	111,985	62,602	122,176	86,194	110,312	31,601	524,870
13	谢子秋	83,238	155,371	156,009	86,214	120,449	170,926	772,207
14	叶桐	33,373	48,798	97,228	163,849	133,385	123,668	600,301
15	张春豪	191,419	47,908	91,346	45,658	121,827	116,648	614,806
16	章子文	182,636	142,110	39,804	48,715	107,722	59,719	580,706
17	赵子明	93,739	180,717	76,168	178,595	146,188	126,258	801,665
18	总计	1,503,959	1,621,950	1,527,810	1,625,536	1,629,566	1,807,246	9,716,067

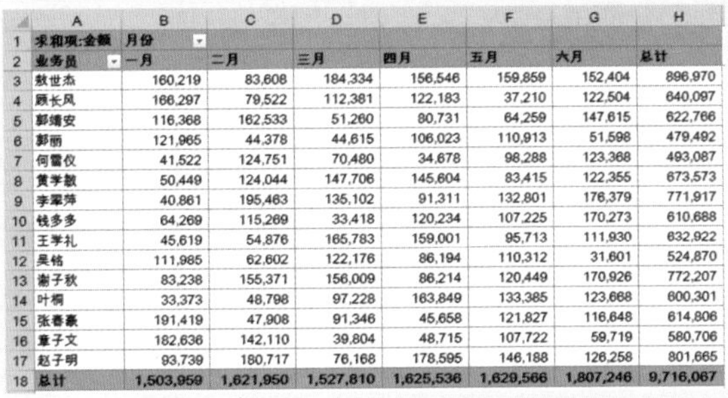

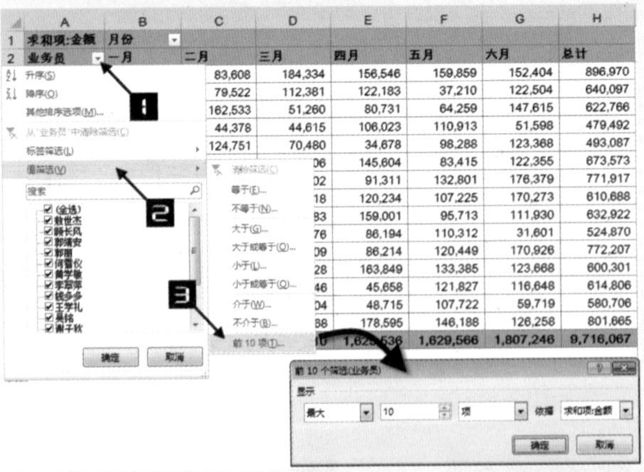

图 6-32　上半年营业额汇总数据列表

步骤① 单击“业务员”字段标题的下拉按钮，在弹出的快捷菜单中选择【值筛选】→【前 10 项】命令，打开【前 10 个筛选（业务员）】对话框，如图 6-33 所示。

步骤② 在【前 10 个筛选（业务员）】对话框中，将【显示】的默认值 10 更改为 5，单击【确定】按钮完成对累计营业额前 5 名业务员的筛选，如图 6-34 所示。

图 6-33　打开【前 10 个筛选（业务员）】对话框

	A	B	C	D	E	F	G	H
1	求和项:金额	月份						
2	业务员	一月	二月	三月	四月	五月	六月	总计
3	敖世杰	160,219	83,608	184,334	156,546	159,859	152,404	896,970
4	黄学敏	50,449	124,044	147,706	145,604	83,415	122,355	673,573
5	李翠萍	40,861	195,463	135,102	91,311	132,801	176,379	771,917
6	谢子秋	83,238	155,371	156,009	86,214	120,449	170,926	772,207
7	赵子明	93,739	180,717	76,168	178,595	146,188	126,258	801,665
8	总计	428,506	739,203	699,319	658,270	642,712	748,322	3,916,332
9								

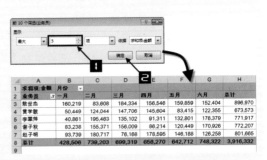

图 6-34　筛选累计金额前 5 名的业务员

2. 筛选最小 30% 数据

示例 6.11　显示最小 30% 数据

仍以图 6-32 所示的数据透视表为例，如果希望查询累计金额最小 30% 的记录，方法如下。

步骤① 重复操作示例 6.10 中的步骤 1。

步骤② 在【前 10 个筛选（业务员）】对话框中左侧的下拉列表中选择【最小】，在中间的编辑框中输入 "30"，在右侧的下拉列表中选择 "百分比"，单击【确定】按钮完成筛选，如图 6-35 所示。

图 6-35　筛选最小 30% 的数据

6.2.4　使用日期筛选

示例 6.12　显示本周的销售数量

如图 6-36 所示数据透视表中，用户可以利用销售日期字段进行日期筛选，显示本周的销售数量，方法如下。

单击"销售日期"字段标题的下拉按钮，在弹出的快捷菜单中选择【日期筛选】→【本周】命令即可，如图 6-37 所示。

扫一扫，
查看精彩视频！

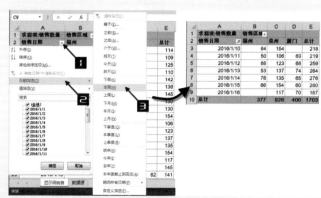

图 6-36　销售汇总数据透视表　　　　　　图 6-37　显示本周销售数量

注意 ➡ 　　　本周是以当前系统时间为判断依据，当数据透视表刷新后，数据透视表将再次根据系统时间进行判断，获得更新后的筛选结果。在日期筛选中除了"等于""之前""之后""介于""期间所有日期"等固定的条件外，其他筛选条件均会根据系统时间而进行相应的变化。

提示 ➡ 　　　默认情况下，系统时间中一周的第一天是从星期日开始计算的，如果用户修改一周的起始日，修改【控制面板】→【区域和语言】→【一周的第一天】，如图 6-38 所示。

图 6-38　修改一周的第一天

6.2.5　使用字段的搜索文本框进行筛选

示例 6.13　筛选姓名中含"子"的业务员

　　仍以图 6-32 所示的数据透视表为例，如果希望查询"业务员"字段中，姓名含"子"的业务员，方法如下。

　　单击"业务员"字段标题的下拉按钮，在弹出的快捷菜单中的【搜索】文本框里输入"子"，单击【确定】按钮，完成对包含"子"业务员的筛选，如图 6-39 所示。

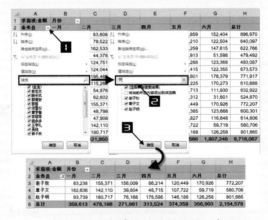

图 6-39　完成筛选后的数据透视表

6.2.6　在搜索文本框中对一个字段进行多关键字搜索

示例 6.14　筛选商品中的羽绒服和棉服

以图 6-40 所示数据透视表为例，如果希望查询"类型"字段下的"羽绒服"和"棉服"的销售数量，方法如下。

步骤① 单击"类型"字段标题的下拉按钮，在弹出的快捷菜单中的【搜索】文本框里输入"羽"，单击【确定】按钮，完成对包含"羽"字的商品筛选，如图 6-41 所示。

步骤② 再次单击"类型"字段标题的下拉按钮，在弹出的快捷菜单中的【搜索】文本框里输入"棉"，选中【将当前所选内容添加到筛选器】复选框，单击【确定】按钮，如图 6-42 所示。

求和项:销售数量	销售区域			
类型	福州	泉州	厦门	总计
短裤		9	10	19
夹克	265	273	249	787
棉服	94	89	19	202
棉马甲	2	1		3
七分裤	13	7	13	33
卫衣	79	91	84	254
羽绒服	28	30	6	64
羽绒马夹	21	11	6	38
长T	103	160	103	366
长裤	375	383	396	1154
短款羽绒服	21	21	10	52
长款羽绒服		5	3	8
总计	1001	1080	899	2980

图 6-40　销售汇总的数据透视表

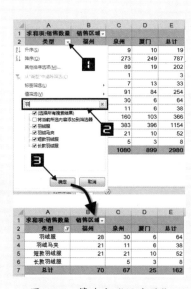

图 6-41　筛选出"羽绒服"

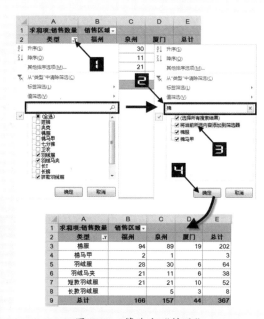

图 6-42　筛选出"棉服"

6.2.7　自动筛选

示例 6.15　筛选一月金额超过 10 万元的记录

仍以图 6-32 所示数据透视表为例，如果希望查询一月份金额超过 10 万元的记录，方法如下。

步骤① 单击与数据透视表行总计标题（H2 单元格）相邻的单元格 I2，在【数据】选项卡中单击【筛选】按钮，如图 6-43 所示。

步骤② 单击"一月"的下拉按钮，在弹出的快捷菜单中选择【数字筛选】→【大于】命令，在弹出的【自定义自动筛选方式】对话框中的文本框输入数值"100000"，单击【确定】按钮完成对数据透视表的筛选，如图 6-44 所示。

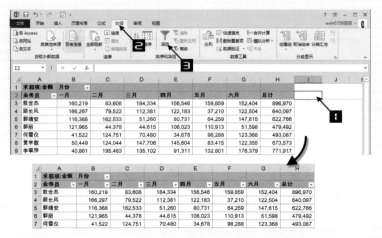

图 6-43　为数据透视表添加筛选按钮

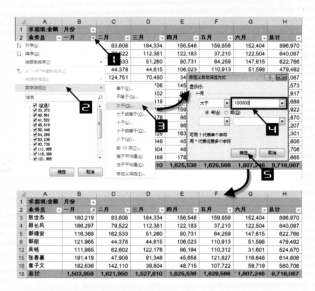

图 6-44　筛选一月金额超过 10 万元的记录

6.2.8　"值筛选"与"数字筛选"的区别

示例 6.16　利用自动筛选筛选出累计金额前 5 名的业务员

仍以图 6-32 所示数据透视表为例，利用自动筛选得到累计金额前 5 名的业务员，方法如下。

步骤① 重复操作示例 6.15 中的步骤 1。

步骤② 单击"总计"的下拉按钮，在弹出的快捷菜单中选择【数字筛选】→【前 10 项】命令，在弹出的【自动筛选前 10 个】对话框中的【显示】文本框中输入数值"6"，单击【确定】按钮完成对数据透视表的筛选，如图 6-45 所示。

在【数字筛选】中的【前10项】中会将总计行计算在内,所以在本例中设置最大项为6,才能将前5名的业务员筛选出来。

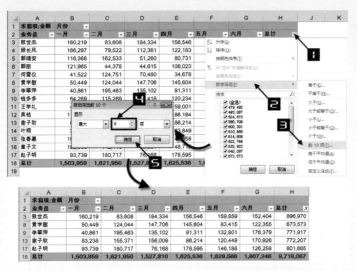

图 6-45 利用自动筛选筛选出累计金额前 5 名的业务员

对比【值筛选】和【数字筛选】中的【前10项】所筛选出来的结果,两者有本质不同,如图6-46所示。

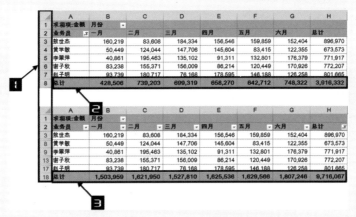

图 6-46 "值筛选"与"数字筛选"的区别

❖ 【值筛选】后,数据透视表的行号是连续的,不满足条件的记录不会显示在数据透视表中; 【数字筛选】后,数据透视表的行号不连续,将不满足条件的记录进行整行隐藏。

❖ 【值筛选】后,数据透视表的行列总计根据筛选结果而更新显示;【数字筛选】后,数据透视表的行列总计无变化,【数字筛选】作用的范围为单元格区域。

6.2.9 清除数据透视表中的筛选

以示例 6.15 中筛选完的数据透视表为例,清除数据透视表中的筛选的方法如下。

方法 1　单击设置了筛选条件的字段下拉按钮，在本例中为"类型"字段，在弹出的下拉列表中单击【从"类型"中清除筛选】命令即可，如图 6-47 所示。

方法 2　选中数据透视表中的任意一个单元格（如 A4），单击【数据】→【清除】按钮即可，如图 6-48 所示。

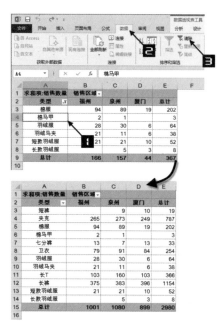

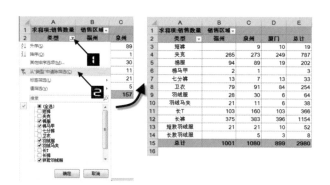

图 6-47　清除数据透视表中的筛选　　　　图 6-48　清除数据透视表中的筛选

第 7 章　数据透视表的切片器

对数据透视表中的某些字段进行筛选后，数据透视表内显示的只是筛选后的结果，但如果需要看到对哪些数据项进行了筛选，只能到该字段的下拉列表中去查看，很不直观，如图 7-1 所示。

图 7-1　处于筛选状态下的数据透视表

微软自 Excel 2010 版本开始新增了"切片器"功能，此功能不仅能够在数据表格中使用，还适用于数据透视表。数据透视表应用切片器对字段进行筛选操作后，可以非常直观地查看该字段的所有数据项信息，如图 7-2 所示。

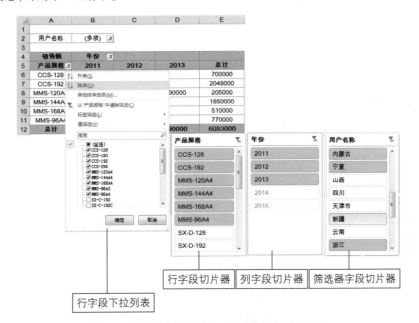

图 7-2　数据透视表字段下拉列表与切片器对比

7.1 什么是切片器

　　"切片"的概念就是将物质切成极微小的横断面薄片，以观察其内部的组织结构。数据透视表的切片器实际上就是以一种图形化的筛选方式单独为数据透视表中的每个字段创建一个选取器，浮动于数据透视表之上，通过对选取器中字段项的筛选，实现了比字段下拉列表筛选按钮更加方便灵活的筛选功能。共享后的切片器还可以应用到其他的数据透视表中，从而在多个数据透视表数据之间架起了一座桥梁，轻松地实现了多个数据透视表联动。有关数据透视表的切片器结构如图 7-3 所示。

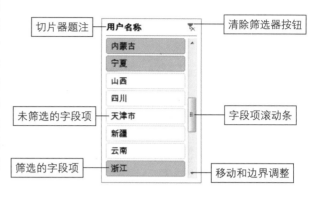

图 7-3　数据透视表的切片器结构

7.2 在数据透视表中插入切片器

　　在数据透视表中插入切片器可以通过两种方式来实现，一种方式是利用【数据透视表工具】来插入切片器，另一种方式是通过【插入】选项卡插入切片器。数据透视表如图 7-4 所示。

图 7-4　数据透视表

示例 7.1　为自己的数据透视表插入第一个切片器

　　如果希望在如图 7-4 所示的数据透视表中分别插入"大类"和"月份"字段的切片器，请参照以下步骤。

步骤①　选中数据透视表中的任意单元格（如 B8），在【数据透视表工具】的【分析】选项卡中单击【插入切片器】按钮，弹出【插入切片器】对话框，如图 7-5 所示。

扫一扫，
查看精彩视频！

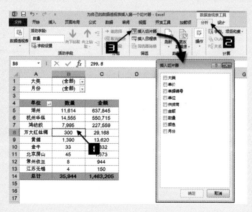

图 7-5　调出【插入切片器】对话框

步骤② 在【插入切片器】对话框内分别选中"大类"和"月份"的复选框,单击【确定】按钮完成切片器的插入,如图7-6所示。

分别选择【大类】和【月份】切片器的字段项"面料"和"4月",数据透视表就会立即显示出筛选结果,如图7-7所示。

在【插入】选项卡中单击【切片器】按钮,也可以调出【插入切片器】对话框,为数据透视表插入切片器,如图7-8所示。

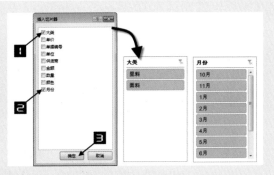

图 7-6 插入切片器

图 7-7 筛选切片器

图 7-8 调出【插入切片器】对话框

7.3 筛选多个字段项

在切片器筛选框内,按住 <Ctrl> 键的同时可以使用鼠标选中多个字段项进行筛选,如图7-9所示。

图 7-9 切片器的多字段项筛选

在切片器筛选框内,只要单击任意一个未被选中项,即可取消多字段项筛选。

7.3.1 共享切片器实现多个数据透视表联动

图 7-10 所示的数据透视表是依据同一个数据源创建的不同分析角度的数据透视表，对筛选器字段"年份"在各个数据透视表中分别进行不同的筛选后，数据透视表显示出不同的结果。

图 7-10　不同分析角度的数据透视表

示例 7.2　多个数据透视表联动

通过在切片器内设置报表连接，使切片器实现共享，从而使多个数据透视表进行联动。每当筛选切片器内的一个字段项时，多个数据透视表同时刷新，显示出同一年份下的不同分析角度的数据信息，具体实现方法请参照以下步骤。

步骤① 在任意一个数据透视表中插入"年份"字段的切片器，如图 7-11 所示。

步骤② 在"年份"切片器的空白区域中单击鼠标，在【切片器工具】的【选项】选项卡中单击【报表连接】按钮，调出【数据透视表连接(年份)】对话框，如图 7-12 所示。

此外，在"年份"切片器的任意区域右击,在弹出的快捷菜单中选择【报表连接】命令，也可调出【数据透视表连接(年份)】对话框，如图 7-13 所示。

步骤③ 在【数据透视表连接(年份)】对话框内分别选中"数据透视表1""数据透视表2"和"数据透视表3"的复选框，最后单击【确定】按钮完成设置，如图 7-14

图 7-11　在其中一个数据透视表中插入切片器

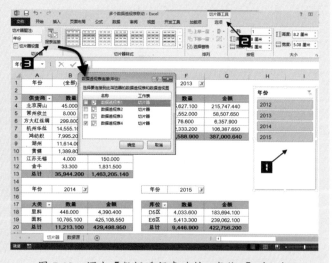

图 7-12　调出【数据透视表连接(年份)】对话框

所示。

图 7-13 调出【数据透视表连接 (年份)】对话框

图 7-14 设置数据透视表连接

在"年份"切片器内选择"2015"字段项后，所有数据透视表都显示出 2015 年的数据，如图 7-15 所示。

图 7-15 多个数据透视表联动

7.3.2 清除切片器的筛选器

清除切片器筛选器的方法较多，比较快捷的就是直接单击切片器内右上方的【清除筛选器】按钮，如图 7-16 所示。

或者，单击切片器，按下 <Alt+C> 组合键也可快速地清除筛选器。

此外，在切片器内右击，在弹出的快捷菜单中选择【从"所属部门"中清除筛选器】命令，也可以清除筛选器，如图 7-17 所示。

图 7-16 清除筛选器

图 7-17 清除筛选器

7.3.3 在加密的工作表中使用切片器

示例 7.3　在加密的工作表中使用切片器

当数据透视表所在的工作表处于被保护状态时，切片器无法点选，单击数据透视表就会出现【Microsoft Excel】提示框，提示"撤销工作表保护"，如图 7-18 所示。

如果用户需要在受保护的工作表中使用切片器，请参照以下步骤。

在【审阅】选项卡中单击【保护工作表】按钮，在弹出的【保护工作表】对话框中，分别选中【使用数据透视表和数据透视图】【编辑对象】的复选框，输入密码后单击【确定】按钮，在【确认密码】对话框中再次输入密码确认，最后单击【确定】按钮，完成设置，如图 7-19 所示。

图 7-18　提示"撤销工作表保护"　　　　　图 7-19　在加密的工作表中使用切片器

7.4　更改切片器的前后显示顺序

数据透视表中插入两个或两个以上的切片器后，切片器会被堆放在一起，有时会相互遮盖，最后插入的切片器将会浮动在所有切片器之上，如图 7-20 所示。

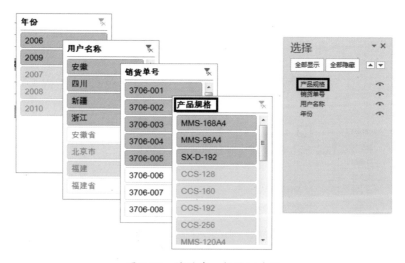

图 7-20　堆放在一起的切片器

示例 7.4 更改切片器的前后显示顺序

如果希望将"年份"切片器显示在所有切片器之上，请参照以下步骤。

选中"年份"切片器，在【切片器工具】的【选项】选项卡中单击【上移一层】按钮，单击一次，"年份"切片器就会上浮显示一层，再次单击两次【上移一层】按钮，即可实现"年份"切片器显示在其他切片器之上，如图 7-21 所示。

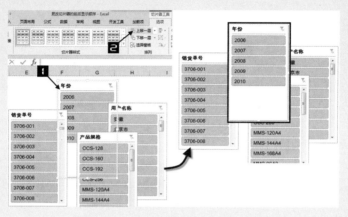

图 7-21　更改切片器的前后显示顺序

此外，在【切片器工具】的【选项】选项卡中单击【选择窗格】按钮，在调出的【选择】对话框中单击"年份"字段项，单击【上移一层】按钮，将"年份"字段项一直排列到顶部，即可实现"年份"切片器显示在其他切片器之上，如图 7-22 所示。

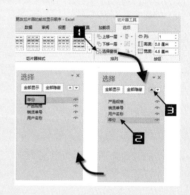

图 7-22　更改切片器的前后显示顺序

7.5　切片器字段项排序

在数据透视表中插入切片器后，用户还可以对切片器内的字段项进行排序，以便于在切片器内查看和筛选项目。

7.5.1　对切片器内的字段项进行升序和降序排列

如图 7-23 所示的切片器字段项按年份升序排列，如果希望按年份进行降序排列，请参照以下步骤。

在切片器内的任意区域上右击，在弹出的快捷菜单中选择【降序】命令，即可对切片器内的年份字段项降序排列，如图 7-24 所示。

图 7-23　切片器内字段项按年份升序排列

　　另外，在【切片器设置】对话框内的【项目排序和筛选】中选择【降序 (Z 至 A)】选项，也可对切片器内的年份字段项降序排列，如图 7-25 所示。

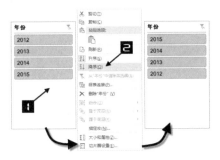

图 7-24　对切片器内的字段项进行降序排列　　图 7-25　对切片器内的字段项进行降序排列

7.5.2　对切片器内的字段项进行自定义排序

　　切片器内的字段项还可以按照用户设定好的自定义顺序排序。如图 7-26 所示，切片器内"工作岗位"字段项包括了"组长""总经理""员工"等，如果要按照职位高低的顺序来排序，那么利用 Excel 默认的排序规则是无法完成的。

图 7-26　自定义排序前的切片器

示例 7.5　切片器自定义排序

　　通过"自定义序列"的方法来创建一个特殊的顺序，并要求 Excel 根据这个顺序进行排序，就可以对切片器内的字段项进行自定义排序了，具体方法请参照如下步骤。

步骤① 在工作表中添加"总经理""副总经理""经理""组长"和"员工"职务大小的自定义序列，如图 7-27 所示，添加方法请参阅示例 6.6。

步骤② 在切片器内的任意区域上右击，在弹出的快捷菜单中选择【升序】命令，即可对切片器内"工作岗位"字段项按职务大小的自定义顺序排序，如图 7-28 所示。

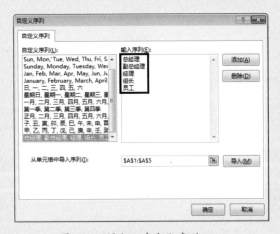

图 7-27　添加职务大小序列　　　　图 7-28　对切片器内的字段项进行自定义排序

7.5.3　不显示从数据源删除的项目

数据透视表插入切片器后，如果删除了数据源中一些不再需要的数据，数据透视表被刷新后，删除的数据就从数据透视表中清除了，但是切片器中仍然存在着被删除的数据项，这些字段项呈现灰色不可筛选状态，如图 7-29 所示。

图 7-29　数据源删除的项目在切片器中仍然显示

示例 7.6　切片器中不显示从数据源删除的项目

当数据源频繁地进行添加、删除数据等变动时，切片器中的列表项会越来越多，不利于切片器的筛选，在切片器中不显示从数据源删除的项目的方法如下。

在切片器内右击，在弹出的快捷菜单中选择【切片器设置】命令，在弹出的【切片器设置】对话框中取消对【显示从数据源删除的项目】复选框的选中，最后单击【确定】按钮完成设置，如图 7-30 所示。

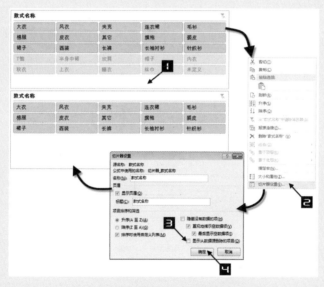

图 7-30　不显示从数据源删除的项目

注意　在切片器内进行的排序和不显示数据源删除项目的操作均不能影响数据透视表，如果希望数据透视表与切片器保持一致的操作结果，还需在数据透视表中进一步操作。

7.6 设置切片器样式

7.6.1 多列显示切片器内的字段项

切片器内的字段项如果过多，筛选数据的时候必须借助切片器内的字段项滚动条来进行，不利于筛选，如图 7-31 所示。

此时，完全可以将字段项在切片器内进行多列显示，来增加字段项的可选性。

在切片器字段项外的任意区域中右击，调出【切片器工具】，在【选项】选项卡中将【按钮】组中【列】的数字调整为 3，则切片器内的字段项被排列为 3 列，如图 7-32 所示。

图 7-31　字段项很多的切片器

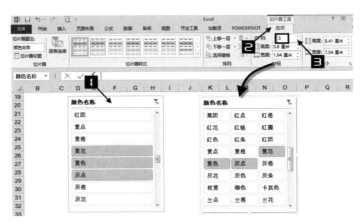

图 7-32　多列显示切片器内的字段项

7.6.2 更改切片器内字段项的大小

通过调整【按钮】组中的【高度】和【宽度】按钮，还可以调整切片器内字段项高度和宽度的大小，如图 7-33 所示。

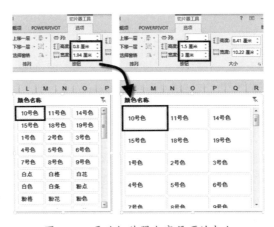

图 7-33　更改切片器内字段项的大小

7.6.3 更改切片器的大小

通过拖动切片器边框上面的调整边框，可以增大或缩小切片器的边界轮廓，此操作用于更改切片器的大小，如图 7-34 所示。

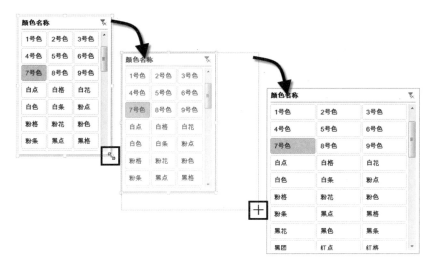

图 7-34　增大切片器的边界范围

通过调整【大小】组中的【高度】和【宽度】按钮，也可以调整切片器边界轮廓的大小，如图 7-35 所示。

图 7-35　调整切片器的边界范围

7.6.4　切片器自动套用格式

【切片器工具】中的【选项】选项卡下【切片器样式】样式库中提供了 14 种可供用户套用的切片器样式，其中浅色 8 种、深色 6 种，如图 7-36 所示。

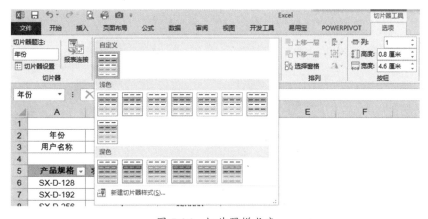

图 7-36　切片器样式库

在切片器字段项外的任意区域中右击，调出【切片器工具】，在【选项】选项卡中单击【切片器样式】的下拉按钮，在弹出的下拉菜单中选择"切片器样式深色 2"样式，此时切片器就被套用了预设的深色 2 样式，如图 7-37 所示。

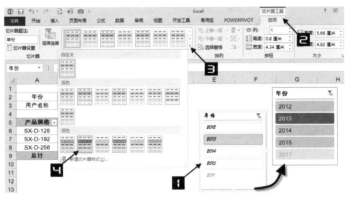

图 7-37　切片器自动套用格式

7.6.5　设置切片器的字体格式

切片器的字体格式、字体颜色、填充样式等样式设置不能直接通过【开始】选项卡上的命令按钮来进行，而是必须在【切片器工具】的【选项】下的【切片器样式】中进行设置。

示例 7.7　设置切片器的字体格式

如果希望将切片器中的默认字体更改为"华文隶书"，请参照以下步骤。

步骤① 在【切片器样式】中的任意一个样式上右击，在弹出的快捷菜单中选择【复制】命令，打开【修改切片器样式】的对话框，如图 7-38 所示。

步骤② 在【修改切片器样式】对话框中的【切片器元素】列表中选择【整个切片器】选项，单击【格式】按钮，打开【格式切片器元素】对话框，单击【字体】选项卡，在【字体】的下拉列表中选择"华文隶书"，单击【确定】按钮完成"格式切片器元素"的设置，如图 7-39 所示。

图 7-38　复制切片器样式

图 7-39　更改切片器中的默认字体为"华文隶书"

步骤③ 单击【确定】按钮关闭【修改切片器样式】对话框，完成切片器自定义格式设置，如图 7-40 所示。

步骤④ 单击【切片器样式】库中的【自定义】样式，套用自定义的切片器字体格式，如图 7-41 所示。

图 7-40　设置切片器的字体格式　　　　　图 7-41　更改切片器的字体格式

7.6.6　格式切片器

在【切片器工具】的【选项】选项卡中单击【大小】组中的对话框快速启动器按钮或者在切片器内右击，在弹出的扩展菜单中选择【大小和属性】命令，都可以调出【格式切片器】列表框，如图 7-42 所示。

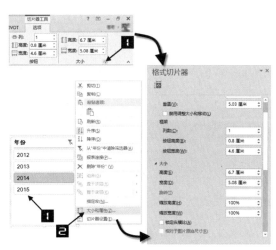

图 7-42　调出【格式切片器】列表框

【格式切片器】列表框中，用户可以完成对切片器【位置和布局】【大小】【属性】和【可选文字】的设置与调整。

7.7　更改切片器的名称

在【切片器工具】的【选项】选项卡下，单击【切片器设置】，弹出【切片器设置】对话框，在【标题】的编辑框中将"年份"更改为"销售年份"，即可更改切片器的名称为"销售年份"，如图 7-43 所示。

在【切片器工具】的【选项】选项卡下的【切片器题注】编辑框中也可以直接将"年份"更改为"销售年份"，快速地改变切片器的名称，如图 7-44 所示。

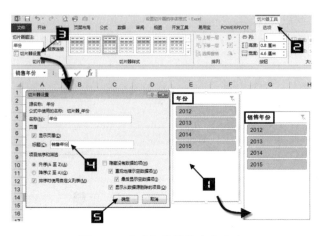

图 7-43 更改切片器的名称方法

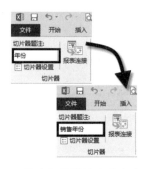

图 7-44 更改切片器的名称方法 2

7.8 隐藏切片器

7.8.1 隐藏切片器标题

在【切片器设置】对话框内，在【页眉】中取消【显示页眉】复选框的选中，单击【确定】按钮即可隐藏切片器的标题，如图 7-45 所示。

如果要显示切片器标题，在【页眉】中选中【显示页眉】的复选框即可。

图 7-45 隐藏切片器标题

7.8.2 切片器的隐藏

当用户暂时不需要显示切片器的时候也可以将切片器隐藏，需要显示的时候再调出切片器。

在切片器字段项外的任意区域中右击，调出【切片器工具】，在【选项】选项卡中单击【选择窗格】按钮，调出【选择】对话框，在对话框中单击【全部隐藏】按钮，此时切片器被隐藏，【选择】对话框中的"眼睛"图标变为关闭状态，如图 7-46 所示。

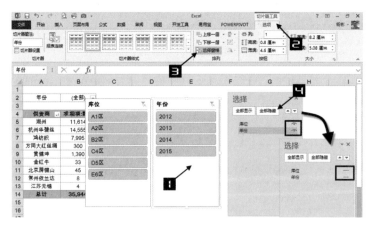

图 7-46 隐藏切片器

调出【选择】对话框后也可以在对话框内直接单击"眼睛"图标 隐藏切片器。

如果要显示切片器，在【选择】对话框中单击【全部显示】按钮或图标 即可显示切片器，如图 7-47 所示。

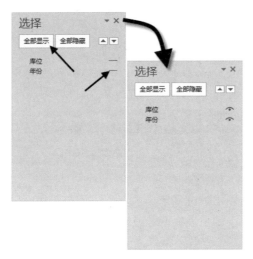

图 7-47　显示切片器

7.9　删除切片器

在切片器内右击，在弹出的快捷菜单中选择【删除"库位"】命令可以删除创建的切片器，如图 7-48 所示。

此外，选中切片器，按下 <Delete> 键，也可快速删除切片器。

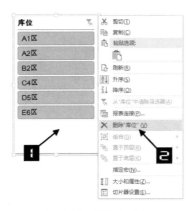

图 7-48　删除切片器

第 8 章　数据透视表的日程表

日程表是 Excel 2013 的新增功能，使用日程表控件可以对数据透视表进行交互式筛选。日程表是专门针对日期字段进行筛选的控件，从而使数据透视表中对日期的筛选更轻松便捷。

8.1　插入日程表

示例 8.1　通过日程表对数据透视表进行按月筛选

扫一扫，
查看精彩视频！

如图 8-1 所示数据透视表为某公司对所经营品牌按销售区域进行的汇总统计，如果用户希望对数据透视表进行按月筛选，方法如下。

步骤① 选中数据透视表中的任意一个单元格（如 B3），在【数据透视表工具】的【分析】选项卡中单击【插入日程表】按钮，弹出【插入日程表】对话框，如图 8-2 所示。

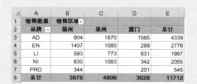

图 8-1　销售数据汇总

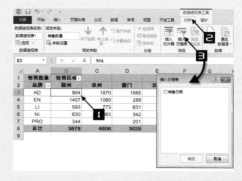

图 8-2　打开【插入日程表】对话框

步骤② 在【插入日程表】对话框中选中【销售日期】的复选框，单击【确定】按钮，插入了一个"销售日期"日程表，如图 8-3 所示。

步骤③ 拖动该日程表下方的滚动条滑块，单击"3月"按钮即可查看 3 月的销售数据，如图 8-4 所示。

图 8-3　插入日程表

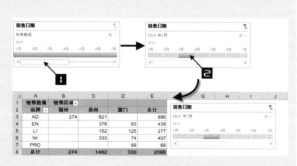

图 8-4　按月份查看销售数据

8.2 利用日程表按季度进行数据筛选

示例 8.2 通过日程表对数据透视表进行按季度筛选

仍以图 8-1 所示数据透视表为例，用户希望对销售数据按季度进行筛选，方法如下。

步骤① 重复示例 8.1 中的步骤 1 和步骤 2，插入一个【日程表】。

步骤② 对【日程表】中显示时间级别进行设置，单击【月】右侧的下拉按钮，在弹出的下拉菜单中选择【季度】选项，此时【日程表】的时间轴以季度分类显示时间段，如图 8-5 所示，单击相应的季度按钮即可查看该季度的销售数据。

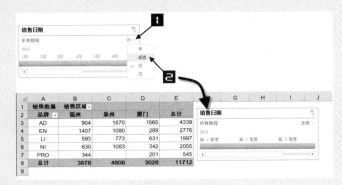

图 8-5 按季度显示时间轴

> **提示** ■■■→
> 用户可以通过调整【日程表】中的时间级别来筛选数据，时间级别分为年、季度、月和日，默认情况下显示的时间级别为月。

8.3 为数据透视表插入两个时间级别的日程表

示例 8.3 为数据透视表插入两个时间级别的日程表

如图 8-6 展示了用户汇总的一份 2014 年至 2015 年的销售数据，由于用户是跨年使用日程表进行月份筛选，选中月份时不易辨别数据年份，所以还需要插入一个年时间级别的日程表，进行辅助筛选。方法如下。

	A	B	C	D	E
1	销售数量	销售区域			
2	品牌	福州	泉州	厦门	总计
3	AD	4427	5000	5298	14725
4	EN	3315	2519	999	6833
5	LI	2236	1904	2088	6228
6	NI	2616	1727	2003	6346
7	PRO	591	277	514	1382
8	总计	13185	11427	10902	35514
9					

图 8-6 销售数据汇总

8 章

步骤① 选中数据透视表中的任意一个单元格（如 B3），在【数据透视表工具】的【分析】选项卡中单击【插入日程表】按钮，弹出【插入日程表】对话框，选中【销售日期】复选框，单击【确定】按钮，如图 8-7 所示。

步骤② 重复步骤 1，再添加一个【日程表】，如图 8-8 所示。

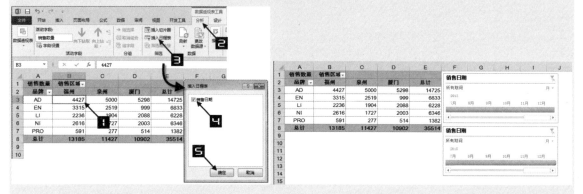

图 8-7　插入一个【日程表】　　　　　　　图 8-8　再插入一个【日程表】

步骤③ 将【日程表】调整至合适的位置，将其中一个【日程表】的时间级别设置为"年"，如图 8-9所示。

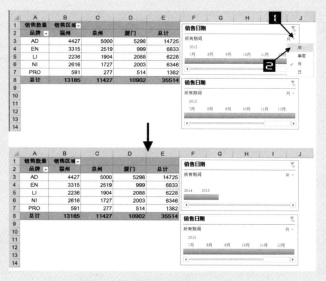

图 8-9　设置时间级别为"年"

此时，对数据透视表进行筛选查看时，可以先选择年份，再选择月份。

8.4　日程表的格式化

日程表与切片器类似，用户可以对日程表进行格式设置，设置方法参阅第 7 章。

通过选中【日程表工具】的【选项】选项卡中的【显示】组中的项目，可以对【日程表】中的元素进行隐藏，其中包括对【标题】【滚动条】【选择标签】和【时间级别】的隐藏设置，各选项对应日程表中的元素如图 8-10 所示。

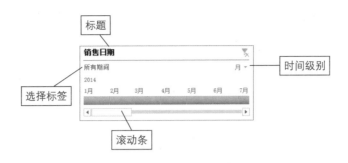

图 8-10　日程表中的元素

8.5　每个字段允许多个筛选

如图 8-11 所示，当用户使用切片器和日程表对数据透视表的同一字段进行筛选时，需要对数据透视表设置每个字段允许多个筛选操作，方法如下。

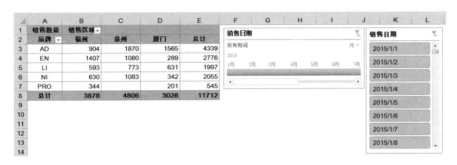

图 8-11　待筛选的数据透视表

选中数据透视表中的任意一个单元格（如 B3），右击，在弹出的快捷菜单中选择【数据透视表选项】命令，在弹出的【数据透视表选项】对话框中单击【汇总和筛选】选项卡，选中【每个字段允许多个筛选】的复选框，单击【确定】按钮完成设置，如图 8-12 所示。

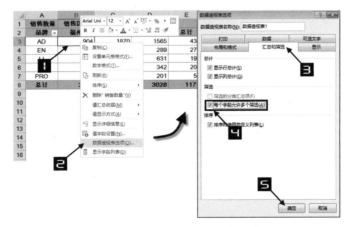

图 8-12　设置每个标签允许多个筛选

此时，切片器和日程表可以同时进行筛选，如图 8-13 所示。

图 8-13　切片器和日程表可以同时进行筛选

8.6　共享日程表实现多个数据透视表联动

如图 8-14 所示的数据透视表是由一个数据源创建的，体现了不同的分析维度。如果用户希望按月份查看统计结果，可以通过在日程表中设置数据透视表连接，使日程表共享，从而使多个数据透视表进行联动，每当在日程表中选择一个月份时，多个数据透视表同时刷新，显示出同一月份下不同分析维度的数据信息，方法如下。

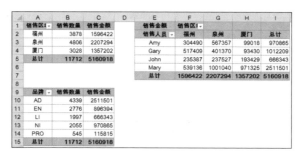

图 8-14　不同分析维度的数据透视表

示例 8.4　共享日程表实现多个数据透视表联动

步骤① 在任意一个数据透视表中插入一个日程表，如图 8-15 所示。

图 8-15　插入一个日程表

步骤② 选中日程表，在【日程表工具】的【选项】选项卡中单击【报表连接】按钮，弹出【数据透视表连接（销售日期）】对话框，如图 8-16 所示。

选中日程表后，右击，在弹出的快捷菜单中选择【报表连接】命令，也可调出【数据透视表连接（销售日期）】对话框。

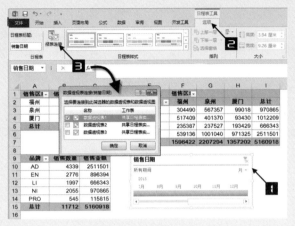

图 8-16　调出【数据透视表连接（销售日期）】对话框

步骤③ 在【数据透视表连接（销售日期）】对话框中分别选中"数据透视表 2"和"数据透视表 3"的复选框，最后单击【确定】按钮完成设置，如图 8-17 所示。

此时，在日程表中进行月份选择，所有数据透视表将同步刷新，如图 8-18 所示。

提示 → 实现多个数据透视表联动时，数据透视表须是同一个数据源创建的，并且它们为共享缓存方式创建的数据透视表。关于数据透视表共享缓存，请参阅 4.8 节。

图 8-17　设置数据透视表连接　　　图 8-18　多个数据透视表联动

8.7　日程表与创建组的区别

日程表和对日期字段进行创建组，都可以对日期型字段进行筛选，但是两者之间是有区别的。

❖ 日程表的时间级别只有"年""季度""月"和"日"；当所要创建组的字段包含时间时，创建组可以按"小时""分""秒"时间进行组合。

❖ 日程表是一个控件按钮；创建组会产生新的字段，在【数据透视表字段】列表中显示。

❖ 创建组可以利用"日"按照固定天数分组数据，日程表无法实现。

❖ 日程表中可以筛选一个时间段或一个连续的时间段，无法选择不连续的两个或者多个时间段；创建组可以实现不连续的时间段筛选，如筛选出 3 月和 5 月的数据。

第 9 章　数据透视表的项目组合

　　虽然数据透视表提供了强大的分类汇总功能，但是日常工作中用户数据分析需求的多样性，使得数据透视表常规的分类汇总方式不能适用所有的应用场景。为了应对这种情况，数据透视表还提供了一项非常有用的功能，即组选择。可以通过对数字、日期和文本等不同类型的数据项采取多种组合方式，方便用户快速提取满足分析需求的子集，大大增强了数据透视表分类汇总的适应性。

本章学习要点

❖ 手动组合与自动组合。　　　　　　　　❖ 利用函数辅助完成数据项组合。
❖ 取消项目组合。

9.1　手动组合数据透视表内的数据项

　　手动组合可以灵活地根据数据透视表中数据项的内容，按照用户需求随意组合。

示例 9.1　　**将销售汇总表按商品大类组合**

扫一扫，
查看精彩视频！

　　图 9-1 所示展示了一张由数据透视表创建的销售汇总表，其中"商品"字段数据项的名称命名规则为"商品品牌 + 型号 + 商品分类"。如果希望根据"商品"字段的数据项命名规则来生成以"商品分类"为分析角度的汇总，请参照以下步骤。

步骤① 单击"商品"字段标题的下拉按钮，在弹出的下拉菜单中依次选择【标签筛选】→【结尾是】命令，在弹出的【标签筛选（商品）】对话框中输入"打卡钟"，最后单击【确定】按钮返回数据透视表，如图 9-2 所示。

图 9-1　销售汇总表

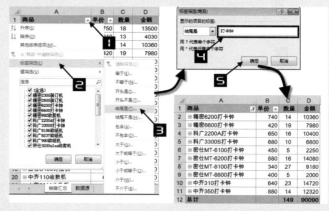

图 9-2　打开【标签筛选】

步骤② 单击"商品"字段标题，在【数据透视表工具】的【分析】选项卡中依次单击【选择】按钮→【启用选定内容】命令，选中整个"商品"字段项，接下来单击【组选择】按钮生成"商品 2"字段，在数据透视表中出现"数据组 1"，如图 9-3 所示。

步骤③ 将"商品 2"字段标题修改为"商品分类"，"数据组 1"字段项名称修改为"打卡钟"。

步骤④ 重复步骤 1、步骤 2、步骤 3 的操作，对其余商品数据项进行分组，最后为"商品分类"字段添加分类汇总项，得到不同商品分类的销售汇总情况，最终完成的数据透视表如图 9-4 所示。

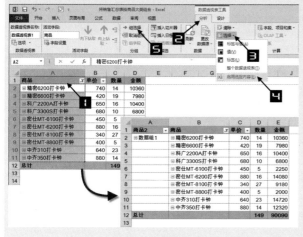

图 9-3　手动组合

图 9-4　完成的数据透视表

在步骤 2 中，也可通过鼠标拖曳选中需要进行分组的内容，然后右击，在弹出的快捷菜单中选择【创建组】命令生成"商品 2"字段，在数据透视表中出现"数据组 1"，如图 9-5 所示。

图 9-5　手动组合方法 2

手动组合方式的优点在于比较灵活，适用于文本类型的数据项，手动组合主要适用于组合分类项不多的情况。如果数据记录太多，手动组合则操作烦琐，一旦有新增数据项不在已创建的组合范围内，则需要重新进行组合。

9.2　自动组合数据透视表内的数值型数据项

如果字段的组合有规律，使用数据透视表的自动组合往往比手动组合更快速、高效，适应性更强。例如按年龄段统计员工人数，按商品价位段统计销售数量等。

9.2.1 按等距步长组合数值型数据项

示例 9.2 **按年龄分段统计在职员工人数**

图 9-6 所示展示了一张在职员工年龄人数统计的数据透视表。如果希望对在职员工的年龄以 5 年为区间统计各阶段年龄人数，请参照以下步骤。

图 9-6 待组合的数据透视表

步骤① 选中"年龄"字段的字段标题或其任意一个字段项（如 A20），右击，在弹出的快捷菜单中选择【创建组】命令，在弹出的【组合】对话框中保持【起始于】和【终止于】文本框的值不变，将【步长】值修改为 5，单击【确定】按钮完成对"年龄"字段的自动组合，如图 9-7 所示。

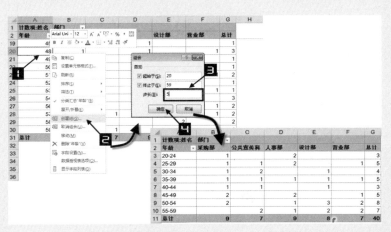

图 9-7 自动组合

步骤② 修改组合的"年龄"字段的字段标题为"年龄段"，最终完成的数据透视表如图 9-8 所示。

数值型数据进行组合时，【组合】对话框中的【起始于】和【终止于】会默认为该字段中的最小值和最大值，用户可以根据实际分段的需求，自定义【起始于】和【终止于】文本框中的值，以使分段更加规整。

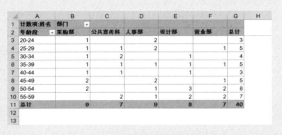

图 9-8 最终完成的数据透视表

9.2.2 组合数据透视表内的日期型数据项

对于日期型数据项，数据透视表提供了更多的自动组合选项，可以按日、月、季度和年等多种时间单位进行组合。

示例 9.3 按年月汇总销售报表

1. 按年月组合数据透视表中的日期字段

如图 9-9 所示展示了某企业按日期和区域统计的销售数量，为了便于管理者查看数据，需要按年、月统计各个销售区域的销售数量，可以参照以下步骤操作。

选中"销售日期"字段的字段标题或其任意一个单元格（如 A2），在【数据透视表工具】的【分析】选项卡中单击【组字段】按钮，在弹出的【组合】对话框中保持【起始于】和【终止于】文本框的日期不变，在【步长】选择框中分别单击"年"和"月"选项，单击【确定】按钮完成"销售日期"字段的自动组合，如图 9-10 所示。

图 9-9 待组合的数据透视表

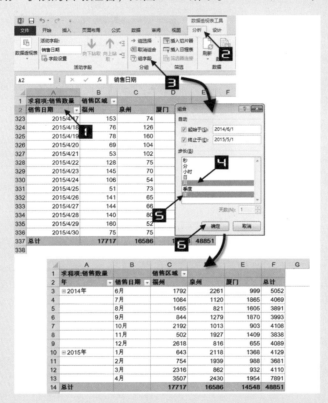

图 9-10 对日期型数据项自动组合

注意 →
如果数据透视表中的日期是跨年度的，那么在数据透视表中按"月"进行组合时务必同时按"年"进行组合，否则不同年份的相同月份的数据也将被组合到一起。

2. 按周组合数据透视表中的日期字段

如果希望在图 9-9 所示的销售报表中，对于 2013 年 7 月 1 日以后的数据按周进行统计汇总，请参照以下步骤操作。

示例 9.4 按周分类汇总销售报表

　　选中"销售日期"字段的任意一个字段项（如 A5），右击，在弹出的快捷菜单中选择【创建组】命令，在【组合】对话框中的【起始于】文本框中输入"2013/7/1"，【终止于】文本框中保持不变，在【步长】选择框内通过单击"月"取消对"月"选项的默认选中，再单击"日"选项，此时【天数】微调框变为可写入状态，输入"7"，最后单击【确定】按钮完成对日期字段的自动组合，如图 9-11 所示。

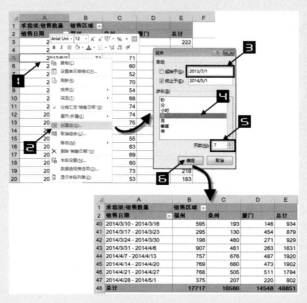

图 9-11　按周组合日期字段

　　　通常情况下，起始日期应设置为星期一。用户自行在【起始于】文本框中进行修改即可。

　　　自动组合之前必须保证所要组合字段的数据类型一致，如对日期字段组合，则组合字段中不能存在日期类型以外的数据类型（如文本和数字，但空值除外），否则【组字段】按钮为灰色不可用状态，此外，自动组合和计算项不能一起使用。

9.3　取消项目的组合

9.3.1　取消项目的自动组合

示例 9.5 取消数据透视表中的自动组合

　　图 9-12 所示的数据透视表中的日期项是通过自动组合创建的，通过以下方法可以取消对

日期项的组合。

　　方法 1　单击数据透视表中"销售日期"字段的字段标题或其任意一个字段项（如 A40），在【数据透视表工具】的【分析】选项卡中单击【取消组合】按钮即可取消对日期项的自动组合，如图 9-13 所示。

　　方法 2　选中数据透视表中"销售日期"字段下任意一个字段项（如 A40），右击，在弹出的快捷菜单中选择【取消组合】命令，也可以取消对日期项的组合，如图 9-14 所示。

| 求和项:销售数量 | | 销售区域 | | | |
销售日期		福州	泉州	厦门	总计
40	2014/3/10 - 2014/3/16	595	193	146	934
41	2014/3/17 - 2014/3/23	295	130	454	879
42	2014/3/24 - 2014/3/30	198	460	271	929
43	2014/3/31 - 2014/4/6	907	461	263	1631
44	2014/4/7 - 2014/4/13	757	676	487	1920
45	2014/4/14 - 2014/4/20	769	660	473	1902
46	2014/4/21 - 2014/4/27	768	505	511	1784
47	2014/4/28 - 2014/5/1	375	207	220	802
48	总计	17717	16586	14548	48851
49					

图 9-12　包含自动组合的数据透视表

图 9-13　通过功能区按钮取消选定字段的自动组合

图 9-14　通过右键菜单取消选定字段的自动组合

9.3.2　取消手动组合

　　取消手动组合分为局部取消组合项和完全取消组合项两种，操作方法大致相同。

　　1. 局部取消手动组合项

　　图 9-15 所示的数据透视表对"商品分类"字段应用了手动组合，如果用户只希望取消"商品分类"字段中的"收款机"数据项的组合，请参照以下步骤。

	A 商品分类	B 商品	C 单价	D 数量	E 金额	F
1	商品分类	商品	单价	数量	金额	
16	⊟收款机	⊟精密992收款机	640	18	11520	
17		⊟密仕3200plus收款机	500	35	17500	
18		⊟中齐110收款机	610	12	7320	
19		⊟中齐3000收款机	380	18	6840	
20		⊟中齐868收款机	920	13	11960	
21	收款机 汇总			96	55140	
22	⊟碎纸机	⊟科广8186碎纸机	630	19	11970	
23		⊟科广8237碎纸机	1020	17	17340	
24		⊟科广990碎纸机	530	9	4770	
25		⊟密仕S120碎纸机	760	9	6840	
26		⊟密仕S320碎纸机	1070	14	14980	
27		⊟密仕S430碎纸机	740	20	14800	
28	碎纸机 汇总			88	70700	
29	总计			364	233460	
30						

图 9-15　包含手动组合的数据透视表

　　选中"商品分类"字段中的"收款机"数据项（如 A16），右击，在弹出的快捷菜单中选择【取消组合】命令，如图 9-16 所示。

注意 →　只有对手动组合的项目才能进行局部取消组合操作。

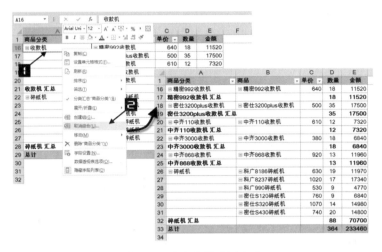

图 9-16　局部取消手动组合

2. 完全取消手动组合

如果希望完全取消手动组合，只需在应用组合的字段标题（如 A1）上右击，在弹出的快捷菜单中选择【取消组合】命令即可，如图 9-17 所示。

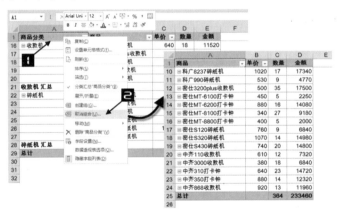

图 9-17　完全取消手动组合

9.4　在项目组合中运用函数辅助处理

使用分组功能对数据透视表中的数据项进行自动组合，存在诸多限制，有时不能按照用户的意愿进行组合，不利于对数据进行分析整理。如果结合函数对数据源进行辅助处理，则可以大大增强数据透视表组合的适用性，以满足用户的分析需求。

9.4.1　按不等距步长自动组合数值型数据项

在数据透视表中对于不等距步长的数值型数据项的组合，往往需要用手动组合的方式来完成，如果数据透视表中需要手动组合的数据量很多，则操作上将会很烦琐。通过在数据源中添加函数辅助列的方式可以轻松解决这类问题。

示例 9.6　按旬分段统计每月出租单位人员租住情况

图 9-18 所示展示了某街道办 2015 年辖区内出租人口登记数据列表，如果希望按上、中、下旬分段统计每月出租人员的租住情况，按旬进行分组，并不是一个等距的步长，如果利用手动组合完成则费时费力，此时需要在数据源中添加一个辅助列，辅助完成这样的分组，具体步骤如下。

	A	B	C	D	E	F	G
1	日期	业主	业主身份证	租户	租户身份证	租住人数	租住单位
2	2015/1/2	罗全晓	49XXXXXXXX6926	吴达信	55XXXXXXXX7076	2	黄宁道38号
3	2015/1/3	罗峰晓	52XXXXXXXX7559	郑依信	51XXXXXXXX7667	3	蓬莱路21号
4	2015/1/6	南宫子信	55XXXXXXXX6820	罗文明	59XXXXXXXX7043	2	蓬莱路3号
5	2015/1/7	南宫达刚	49XXXXXXXX7512	毛白华	60XXXXXXXX7590	2	黄宁道77号
6	2015/1/9	皇甫金鑫	48XXXXXXXX6683	西门晓红	53XXXXXXXX7609	3	黄宁道28号
7	2015/1/12	郑子雨	44XXXXXXXX7645	皇甫达笑	56XXXXXXXX7655	1	多宝街4号
8	2015/1/12	叶浩红	55XXXXXXXX7692	萧浩好	60XXXXXXXX7388	2	黄宁道26号
9	2015/1/14	钱子峰	47XXXXXXXX7449	吴云功	55XXXXXXXX6654	4	黄宁道57号
10	2015/1/17	董全明	56XXXXXXXX6842	南宫依堂	60XXXXXXXX7193	2	多宝街34号
11	2015/1/18	郭小健	55XXXXXXXX6634	吴则醒	60XXXXXXXX7702	2	多宝街48号
12	2015/1/18	西门则华	45XXXXXXXX7624	何依笑	48XXXXXXXX7238	2	工业大道12号
13	2015/1/20	廖翠风	55XXXXXXXX7817	廖峰醒	44XXXXXXXX7171	3	前进路27号
14	2015/1/25	毛红功	53XXXXXXXX6943	董玉明	60XXXXXXXX6994	2	黄宁道51号
15	2015/1/29	贺达笑	45XXXXXXXX7327	萧浩晓	57XXXXXXXX7808	1	多宝街46号
16	2015/1/31	王翠风	53XXXXXXXX7112	黄子峰	50XXXXXXXX7682	1	蓬莱路18号
17	2015/2/1	王娇玲	54XXXXXXXX7509	张则风	45XXXXXXXX6685	1	多宝街51号
18	2015/2/9	郭子明	51XXXXXXXX6733	吴玉玲	57XXXXXXXX7193	1	多宝街9号

图 9-18　出租人口登记数据列表

步骤① 在数据源中的 H1 单元格输入“旬”，在 H2 单元格中输入公式，并将公式快速填充到 H190 单元格，如图 9-19 所示。

```
H2=IF(DAY(A2)<=10,"上旬",IF(DAY(A2)<=20,"中旬","下旬"))
```

公式解析：该公式利用 DAY 函数返回日期的天数，再用 IF 函数将天数与旬段值比较，从而获得该日期所属的旬段。

H2　=IF(DAY(A2)<=10,"上旬",IF(DAY(A2)<=20,"中旬","下旬"))

	A	B	C	D	E	F	G	H
1	日期	业主	业主身份证	租户	租户身份证	租住人数	租住单位	旬
2	2015/1/2	罗全晓	49XXXXXXXX6926	吴达信	55XXXXXXXX7076	2	黄宁道38号	上旬
12	2015/1/18	西门则华	45XXXXXXXX7624	何依笑	48XXXXXXXX7238	2	工业大道12号	中旬
13	2015/1/20	廖翠风	55XXXXXXXX7817	廖峰醒	44XXXXXXXX7171	3	前进路27号	中旬
14	2015/1/25	毛红功	53XXXXXXXX6943	董玉明	60XXXXXXXX6994	2	黄宁道51号	下旬
15	2015/1/29	贺达笑	45XXXXXXXX7327	萧浩晓	57XXXXXXXX7808	1	多宝街46号	下旬
16	2015/1/31	王翠风	53XXXXXXXX7112	黄子峰	50XXXXXXXX7682	1	蓬莱路18号	下旬
17	2015/2/1	王娇玲	54XXXXXXXX7509	张则风	45XXXXXXXX6685	1	多宝街51号	上旬
18	2015/2/9	郭子明	51XXXXXXXX6733	吴玉玲	57XXXXXXXX7193	1	多宝街9号	上旬
19	2015/2/10	彭达君	48XXXXXXXX6465	萧宇明	54XXXXXXXX7227	1	前进路19号	上旬
20	2015/2/11	郑则堂	47XXXXXXXX6620	彭金兰	58XXXXXXXX7838	5	多宝街6号	中旬
21	2015/2/13	西门宇雨	44XXXXXXXX6607	叶宇健	59XXXXXXXX6606	3	多宝街5号	中旬

图 9-19　在数据源中添加辅助列公式

步骤② 以添加“旬”辅助列后的工作表为数据源创建数据透视表，如图 9-20 所示。

步骤③ 对数据透视表的“日期”字段以步长为“月”进行自动组合，最终完成按旬分段统计每月出租情况，如图 9-21 所示。

	A	B	C	D	E	F
1	求和项:租住人数	旬				
2	日期	上旬	中旬	下旬	总计	
3	2015/1/2	2			2	
4	2015/1/3	3			3	
5	2015/1/6	2			2	
6	2015/1/7	2			2	
7	2015/1/9	3			3	
8	2015/1/12		3		3	
9	2015/1/14		4		4	
10	2015/1/17		2		2	
11	2015/1/18		4		4	
12	2015/1/20		3		3	
13	2015/1/25			2	2	
14	2015/1/29			1	1	
15	2015/1/31			1	1	

图 9-20　创建数据透视表

	A	B	C	D	E	F
1	求和项:租住人数	旬				
2	日期	上旬	中旬	下旬	总计	
3	1月	12	16	4	32	
4	2月	3	19	19	41	
5	3月	23	26	21	70	
6	4月	22	14	14	50	
7	5月	12	24	13	49	
8	6月	13	6	23	42	
9	7月	23	12	28	63	
10	8月	9	4	6	19	
11	9月	19	18	35	72	
12	10月	2	12	29	43	
13	11月	9	17	18	44	
14	12月	12	31	9	52	
15	总计	159	199	219	577	
16						

图 9-21　最终完成的数据透视表

9.4.2 按条件组合日期型数据项

在数据透视表中，日期型字段可以按年、月、日等多个日期单位进行自动组合，但对于需要跨月交叉进行组合日期时，难以使用自动组合的方式来实现，如何解决这种情况，下面介绍一种快速实现的方法。

示例 9.7 制作跨月月结汇总报表

图 9-22 展示了某企业与物流公司的业务往来数据列表，该企业与物流公司的结算方式为月结，结算周期为每月 25 日至其下月的 25 日，结算日为每月的 26 日，如果希望根据此月结方式来统计每月月结报表，步骤如下。

步骤① 在数据源中 E1 单元格输入"年份"，在 E2 单元格输入以下公式，并填充至 E1235 单元格。

```
E2=IF(AND(MONTH(A2)=12,DAY(A2)>=26),
YEAR(A2)+1,YEAR(A2))
```

在数据源中 F1 单元格输入"月份"，在 F2 单元格输入以下公式，并填充至 F1235 单元格，辅助列输入完成，如图 9-23 所示。

```
F2=IF(AND(MONTH(A2)=12,DAY(A2)>=26),1,IF(DAY(A2)<
=25,MONTH(A2),MONTH(A2)+1))
```

	A	B	C	D
1	日期	单号	物流公司	运费
1220	2015/5/5	02857283	日日通物流	235
1221	2015/5/5	20855239	富顺快递	93
1222	2015/5/5	39852123	全路通快递	135
1223	2015/5/5	54431169	枫和货运	230
1224	2015/5/5	66031040	枫和货运	253
1225	2015/5/6	16172004	全路通快递	24
1226	2015/5/6	19001630	富顺快递	82
1227	2015/5/6	34127785	全通快递	196
1228	2015/5/6	52827795	全路通快递	142
1229	2015/5/6	53135799	路路顺快递	58
1230	2015/5/6	53640807	路路顺快递	292
1231	2015/5/7	01838047	日日通物流	183
1232	2015/5/7	03589092	科韵物流	293
1233	2015/5/7	35026855	富顺快递	250
1234	2015/5/7	70048239	科韵物流	200
1235	2015/5/7	70063223	全路通快递	42
1236				

图 9-22 货运记录数据列表

公式解析：第一个公式通过 YEAR 函数返回日期中的年份值，MONTH 函数返回日期的月份值，再通过 IF 函数来判断，对于月份值等于 12，且日期的天数值大于等于 26 的日期记录，归纳到下一年，否则归纳到本年。同理，使用第二个公式将月值等于 12，且日期的天数值大于等于 26 的日期记录归纳至下一月，否则归纳到本月中。

步骤② 以添加了"年份"和"月份"辅助列的数据源工作表的 A1:F1235 单元格区域创建数据透视表，如图 9-24 所示。

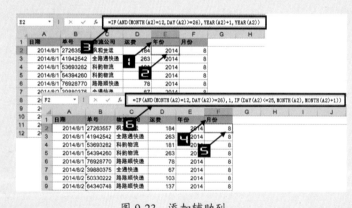

图 9-23 添加辅助列

	A	B	C
1	物流公司	(全部)	
2			
3	年份	月份	求和项:运费
4	⊟2014	8	16495
5		9	18737
6		10	15864
7		11	18172
8		12	18487
9	2014 汇总		87755
10	⊟2015	1	20719
11		2	24801
12		3	19246
13		4	24731
14		5	9073
15	2015 汇总		98570
16	总计		186325
17			

图 9-24 创建数据透视表

9.5　影响自动组合的因素

　　用户在对数值型、日期型数据进行自动组合时，时常会受到如图 9-25 所示"选定区域不能分组"的困扰。

图 9-25　选定区域不能分组

示例 9.8　销售日期无法自动组合

　　在数据透视表中影响自动组合的因素有很多，造成日期型字段无法自动组合的主要原因是该日期格式不正确，不能被 Excel 所识别。要想解决此问题，只需要将日期格式转化为 Excel 可识别的日期格式即可，步骤如下。

步骤① 在数据源中选中"销售日期"所在列（A 列），单击【数据】选项卡中的【分列】按钮，在弹出的【文本分列向导 – 第 1 步，共 3 步】对话框中单击【下一步】→【下一步】，如图 9-26 所示。

步骤② 在【文本分列向导 – 第 3 步，共 3 步】对话框中【列数据格式】窗格中选择【日期】单选按钮，最后单击【完成】按钮，完成分列操作，如图 9-27 所示。

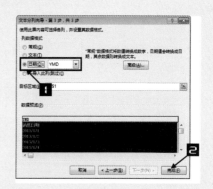

图 9-26　对销售日期数据格式进行转换　　　　图 9-27　设置数据格式为日期格式

步骤③ 选中数据透视表中的任意一个单元格（如 A3），右击，在弹出的快捷菜单中选择【刷新】命令，手动【刷新】命令需要执行两次，此后即可按"销售日期"字段进行自动组合，如图 9-28 所示。

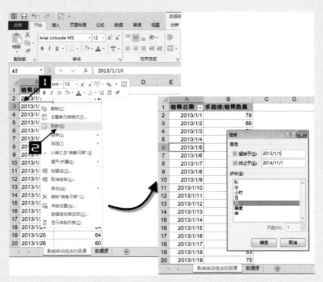

图 9-28　销售日期可以进行自动组合

以上方法，对于数值型数据无法自动组合同样适用。

影响自动组合的因素基本可以总结如下。

❖ 日期型数据不是真正的日期格式，数值型数据不是真正的数值格式。

❖ 同一字段下的数据类型不统一，如在日期字段下有文本混合输入。

第10章 在数据透视表中执行计算

本章将介绍在不改变数据源的前提下，在数据透视表的值区域中设置不同的值显示方式。另外，通过对数据透视表现有字段进行重新组合形成新的计算字段和计算项，还可以进行计算平均单价、奖金提成、账龄分析、预算控制和存货管理等多种数据分析。

本章学习要点

❖ 数据透视表值汇总依据。
❖ 数据透视表值显示方式。
❖ 数据透视表添加计算字段。

❖ 数据透视表添加计算项。
❖ 改变数据透视表计算项求解次序。

10.1 对同一字段使用多种汇总方式

在默认状态下，数据透视表对值区域中的数值字段使用求和方式汇总，对非数值字段则使用计数方式汇总。

事实上，除了"求和"和"计数"以外，数据透视表还提供了多种汇总方式，包括"平均值""最大值""最小值"和"乘积"等。

如果要设置汇总方式，可在数据透视表值区域中的任意单元格（如C5）上右击，在弹出的快捷菜单中选择【值汇总依据】→【平均值】命令，如图10-1所示。

用户可以对值区域中的同一个字段同时使用多种汇总方式。要实现这种效果，只需在【数据透视表字段】列表框内将该字段多次添加进【值】区域中，并利用【值汇总依据】命令选择不同的汇总方式即可。

图 10-1 设置数据透视表值汇总方式

示例 10.1 多种方式统计员工的生产数量

如果希望对如图10-2所示的数据透视表进行员工生产数量的统计，同时求出每个员工的产量总和、平均产量、最高和最低产量，请参照以下步骤进行。

步骤① 在数据透视表内任意单元格（如A4）上右击，在弹出的快捷菜单中选择【显示字段列表】命令，如图10-3所示。

图 10-2 对同一字段应用多种汇总方式的数据透视表

图 10-3 调出【数据透视表字段】列表框

步骤② 在【数据透视表字段】列表框内将"生产数量"字段连续三次拖入【值】区域中，数据透视表中将增加 3 个新的字段"求和项：生产数量 2""求和项：生产数量 3"和"求和项：生产数量 4"，如图 10-4 所示。

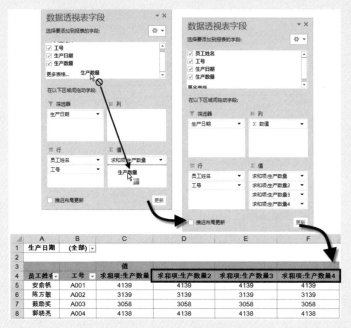

图 10-4　出现多个重复字段的数据透视表

步骤③ 在字段"求和项：生产数量 2"上右击，在弹出的快捷菜单中选择【值字段设置】命令，弹出【值字段设置】对话框，在【值汇总方式】选项卡中选中"平均值"作为值字段汇总方式，在【自定义名称】文本框中输入"平均产量"，单击【确定】按钮关闭【值字段设置】对话框，如图 10-5 所示。

步骤④ 值汇总方式变更后的数据透视表，如图 10-6 所示。

步骤⑤ 重复步骤 4，依次将"求和项：生产数量 3"字段的值汇总方式设置为"最大值"，【自定义名称】更改为"最大产量"；将"求和项：生产数量 4"字段的值汇总方式设置为"最小值"，【自定义名称】更改为"最小产量"，如图 10-7 所示。

图 10-5　设置生产数量的汇总方式为平均值　　　图 10-6　数据透视表统计生产数量的平均值

最后将"求和项：生产数量"字段名称更改为"生产数量总和"，最终完成的数据透视表如图 10-8 所示。

	A	B	C	D	E	F
1	生产日期	(全部)▼				
2						
3			值			
4	员工姓名	工号	生产数量总和	平均产量	最大产量	最小产量
5	安俞帆	A001	4139	517.375	955	38
6	陈方敏	A002	3139	392.375	681	2
7	鼓励奖	A003	3058	382.25	967	52
8	郭晓亮	A004	4138	517.25	906	193
9	贺照瑞	A005	3772	471.5	851	48
10	李恒前	A006	2658	332.25	778	56
11	李士净	A007	4481	560.125	862	164
12	李延伟	A008	5861	732.625	991	28
13	刘文超	A009	3256	407	980	62
14	马丽娜	A010	2901	362.625	991	11
15	孟宪鑫	A011	3474	434.25	957	9
16	石峻	A012	4931	616.375	886	247
17	杨盛楠	A013	4290	536.25	950	116
18	翟灵光	A014	4877	609.625	875	154
19	张庆华	A015	5262	657.75	903	209
20	总计		60237	501.975	991	2

图 10-7　设置数据透视表字段的汇总方式　　图 10-8　同一字段使用多种汇总方式

10.2　更改数据透视表默认的字段汇总方式

当数据列表中的某些字段存在空白单元格或文本型数值时，如果将该字段布局到数据透视表的值区域中，默认的汇总方式便为"计数"。如果需要将字段的汇总方式更改为"求和"，通常需要对每个字段逐一进行设置，非常烦琐，此时可以借助其他方法来快速实现这样的更改。

示例 10.2　更改数据透视表默认的字段汇总方式

图 10-9 所示的数据列表中包含许多空白单元格，并且 M 列中的数值是以文本方式保存的（单元格左上角有绿色三角标志），如果以此数据列表为数据源创建数据透视表，并且需要数据透视表值区域中字段的汇总方式默认为"求和"而非"计数"，请参照以下步骤。

步骤① 在图 10-9 所示的数据列表区域中第一行的空白单元格 F2、J2 中输入数值 0。

图 10-9　存在空白单元格或文本型数值的数据列表

步骤② 单击 M 列列标，选中 M 列整列，在【数据】选项卡中单击【分列】按钮，弹出【文本分列向导 – 第 1 步，共 3 步】对话框，如图 10-10 所示。

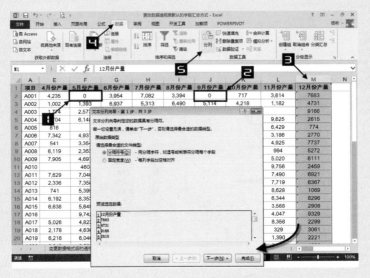

图 10-10 选择分列命令

步骤③ 单击【下一步】按钮，在【文本分列向导 – 第 2 步，共 3 步】对话框中单击【下一步】按钮，在【文本分列向导 – 第 3 步，共 3 步】对话框中的【列数据格式】中选中【常规】单选按钮，单击【完成】按钮，如图 10-11 所示。

现在，数据列表中的第 2 行数据中不再包含空白单元格和文本型数值。

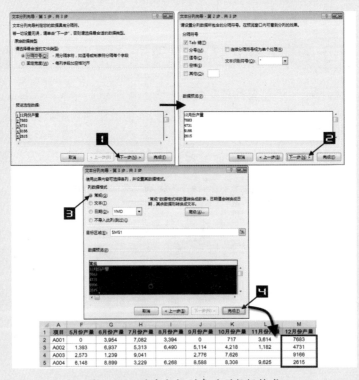

图 10-11 改变数据列表的列数据格式

步骤④ 选定单元格区域 A1:M2，创建一张空白数据透视表，如图 10-12 所示。

图 10-12　以数据列表 A1:M2 区域创建数据透视表

步骤⑤ 选中【数据透视表字段】列表框内【选择要添加到报表的字段】中的所有字段的复选框，添加字段后的数据透视表如图 10-13 所示。

步骤⑥ 单击数据透视表中的任意单元格（如 B4），在【数据透视表工具】项下【分析】选项卡中单击【更改数据源】的下拉按钮→【更改数据源】命令，弹出【更改数据透视表数据源】对话框，如图 10-14 所示。

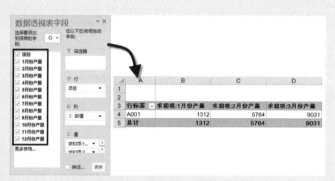

图 10-13　向数据透视表中添加字段

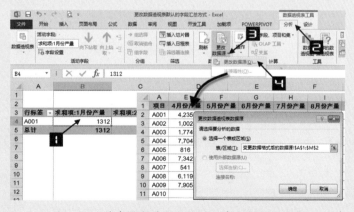

图 10-14　准备重新选定数据透视表的数据源区域

步骤⑦ 使用鼠标拖动重新选定完整的数据源区域 A1:M50，单击【确定】按钮完成设置，如图 10-15 所示。

	A	B	C	D	E	F
1						
2		值				
3	行标签 ▼	求和项:1月份产量	求和项:2月份产量	求和项:3月份产量	求和项:4月份产量	求和项:5月份产量
10	A007	20066	23516	24864	11323	18763
11	A008	22389	8764	8077	12979	10561
12	A009	19363	12231	17734	15099	14443
13	A010	9174	13561	9340	1774	3033
14	A011	9511	5177	15560	15333	13194
15	A012	7930	7942	777	3152	7358
16	A013	8213	12816	5855	7379	11044
17	A014	7502	2827	15819	6192	18095
18	A015	4676	16522	3584	11664	10472
19	A016	9909	7166	12522	2178	14378
20	A017	7224	8107	13237	11242	10869
21	A018	12892	5164	10699	11427	13225
22	A019	13948	9198	18517	7990	8619
23	A020	10287	7288	6946	16591	13526
24	总计	239632	211843	231308	201550	216122

图 10-15　更改默认字段汇总方式的数据透视表

除此以外，也可以使用 VBA 代码自动生成默认的字段汇总方式为"求和"的数据透视表。

示例 10.3　借助 VBA 来更改数据透视表默认字段的汇总方式

步骤① 重复示例 10.2 中的步骤 2 和步骤 3，利用"分列"功能将 M 列的数据格式由文本变为常规，结果如图 10-16 所示。

	A	I	J	K	L	M
1	项目	8月份产量	9月份产量	10月份产量	11月份产量	12月份产量
2	A001	3394		717	3614	7683
3	A002	6490	5114	4218	1182	4731
4	A003		2776	7626		9166
5	A004	6268	8588	8308	9625	2615
6	A005	3914	2913	3070	6429	774
7	A006	189	1461	7874	3186	2770
8	A007	8827	4564	1314	4925	7737
9	A008	6637	719	5364	994	5272
10	A009	396	7609		5020	6111

图 10-16　改变数据源的数据类型

步骤② 在当前工作表中的空白区域插入一个矩形，编辑文字为"生成数据透视表"并设定矩形的形状样式，如图 10-17 所示。

	A	G	H	I	J	K	L	M	N	O
1	项目	6月份产量	7月份产量	8月份产量	9月份产量	10月份产量	11月份产量	12月份产量		
2	A001	3954	7082	3394		717	3614	7683		
3	A002	6937	5313	6490	5114	4218	1182	4731		
4	A003	1239	9041		2776	7626		9166		
5	A004	8899	3229	6268	8588	8308	9625	2615		
6	A005	577	716	3914	2913	3070	6429	774		
7	A006		3620	189	1461	7874	3186	2770		
8	A007	5418	7550	8827	4564	1314	4925	7737		
9	A008	4803		6637	719	5364	994	5272	生成数据透视表	
10	A009	372	8380	396	7609		5020	6111		

图 10-17　在数据源表中插入矩形

步骤③ 在矩形上右击，在弹出的扩展菜单中单击【指定宏】命令，弹出【指定宏】对话框，如图 10-18 所示。

图 10-18　调出【指定宏】对话框

步骤④ 单击【新建】按钮, 在弹出的 VBE 代码窗口中插入以下 VBA 代码。

```
Dim ws As Worksheet
    Dim ptcache As PivotCache
    Dim pt As PivotTable
    Dim prange As Range
    Set ws = Sheet1
    For Each pt In Sheet2.PivotTables
        pt.TableRange2.Clear
    Next pt
      Set ptcache = ActiveWorkbook.PivotCaches.Add(SourceType:= xlData-
base, SourceData:=Sheet1.Range("a1").CurrentRegion.Address)
        Set pt = ptcache.CreatePivotTable(tabledestination:=Sheet2.
Range("a3"), tablename:=" 透视表 1")
    pt.ManualUpdate = True
    pt.AddFields RowFields:=" 项目 ", ColumnFields:="Data"
      For Each prange In ws.Range(ws.Cells(1, 2), ws.Cells(1, 16384).
End(xlToLeft))
        With pt.PivotFields(prange.Value)
            .Orientation =
 xlDataField
            .Name = "" & prange
            .Function = xlSum
        End With
    Next prange
    pt.ManualUpdate = False
```

如图 10-19 所示。

步骤⑤ 按 <Alt+F11> 组合键切换到工作簿窗口, 将当前工作表另存为 "Excel 启用宏的工作簿"。此时, 单击矩形即可自动生成一张所有数据字段值汇总方式均为 "求和项" 的数据透视表, 如图 10-20 所示。

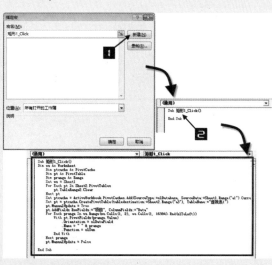

图 10-19　插入 VBA 代码

项目	求和项:7月份产量	求和项:8月份产量	求和项:9月份产量	求和项:10月份产量	求和项:11月份产量	求和项:12月份产量
A007	28609	21586	16851	3199	22589	27952
A008	9907	18654	11923	15146	20372	14072
A009	18555	8535	20464	13694	12546	19138
A010	12702	5380	6987	10300	9756	11625
A011	3963	11110	16088	18126	17115	9536
A012	5845	7450	3027	3641	14148	7141
A013	10323	2095	14262	3164	12196	3977
A014	12059	3413	11852	9858	10391	17625
A015	11802	7006	16501	4974	11926	5207
A016	8287	4358	12899	1619	4376	12390
A017	15121	7754	16179	4808	9748	4520
A018	8409	3325	16130	10958	9383	7441
A019	16437	2843	10442	8880	1390	11387
A020	10939	920	8803	17595	12240	7150
总计	237790	170522	238981	202441	239117	234723

图 10-20　自动生成的数据透视表

> **注意 →**　用户在 VBA 代码的使用过程中要注意代码中指定生成数据透视表的系统表名称 "Sheet2" 一定要与【工程资源管理器】窗口中存放数据透视表的工作表 "Sheet2（数据透视表）" 中的代码名称 "Sheet2" 保持一致，如图 10-21 所示，否则代码运行过程中会出现错误。

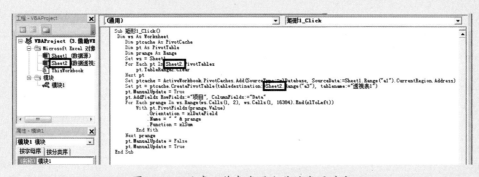

图 10-21　注意工作表代码名称的代码对应

10.3　非重复计数的值汇总方式

Excel 2013 版本的数据透视表中增加了利用数据模型创建数据透视表的 "非重复计数" 的值汇总方式，如图 10-22 所示。具体内容请参阅 17.1.6 小节。

图 10-22　非重复计数的值汇总方式

10.4 自定义数据透视表的值显示方式

如果【值字段设置】对话框内的值汇总方式仍然不能满足需求，Excel 还允许选择更多的计算方式。利用此功能，可以显示数据透视表的值区域中每项占同行或同列数据总和的百分比，或显示每个数值占总和的百分比等。

在 Excel 2013 数据透视表中，"值显示方式"功能更易于查找和使用，指定要作为计算依据的字段或项目也更加容易。

10.4.1 数据透视表自定义值显示方式描述

有关数据透视表自定义计算功能的简要说明，请参阅表 10-1。

表 10-1 自定义计算功能描述

选项	功能描述
无计算	值区域字段显示为数据透视表中的原始数据
总计的百分比	值区域字段分别显示为每个数据项占该列和行所有项总和的百分比
列汇总的百分比	值区域字段显示为每个数据项占该列所有项总和的百分比
行汇总的百分比	值区域字段显示为每个数据项占该行所有项总和的百分比
百分比	值区域显示为基本字段和基本项的百分比
父行汇总的百分比	值区域字段显示为每个数据项占该列父级项总和的百分比
父列汇总的百分比	值区域字段显示为每个数据项占该行父级项总和的百分比
父级汇总的百分比	值区域字段分别显示为每个数据项占该列和行父级项总和的百分比
差异	值区域字段与指定的基本字段和基本项的差值
差异百分比	值区域字段显示为与基本字段项的差异百分比
按某一字段汇总	值区域字段显示为基本字段项的汇总
按某一字段汇总的百分比	值区域字段显示为基本字段项的汇总百分比
升序排列	值区域字段显示为按升序排列的序号
降序排列	值区域字段显示为按降序排列的序号
指数	使用公式：[(单元格的值)×(总体汇总之和)]/[(行汇总)×(列汇总)]

10.4.2 "总计的百分比"值显示方式

利用"总计的百分比"值显示方式，可以得到数据透视表内每一个数据点所占总和比重的报表。

示例 10.4 **计算各地区、各产品占销售总额百分比**

要对如图 10-23 所示数据透视表进行各地区、各产品销售额占销售总额百分比的分析，请参照以下步骤进行。

步骤① 在数据透视表"求和项：销售金额￥"字段上右击，在弹出的快捷菜单中选择【值字段设置】命令，在弹出的【值字段设置】对话框中单击【值显示方式】选项卡，如图 10-24 所示。

步骤② 单击【值显示方式】的下拉按钮，在下拉列表中选择"总计的百分比"值显示方式，单击【确定】按钮关闭对话框，如图 10-25 所示。

步骤③ 完成设置后如图 10-26 所示。

扫一扫，
查看精彩视频！

10章

图 10-23　销售统计表

图 10-24　调出【值字段设置】对话框

图 10-25　设置数据透视表"总计的百分比"计算

图 10-26　各地区、各产品占销售总额百分比

这样设置的目的就是要将各个"品名"在各个销售地区的销售金额占所有"品名"和"销售地区"销售金额总计的比重显示出来，例如，"按摩椅"在"北京"销售比重（2.05%）＝"按摩椅"在"北京"销售金额（139200）/ 销售金额总计（6775900）。

10.4.3　"列汇总的百分比"值显示方式

利用"列汇总的百分比"值显示方式，可以在每列数据汇总的基础上得到各个数据项所占比重的报表。

示例 10.5　计算各地区销售总额百分比

如果希望在如图 10-27 所示数据透视表的基础上，计算各销售地区的销售构成比率，请参照以下步骤进行。

步骤① 将【数据透视表字段】列表框内的"销售金额￥"字段再次添加进【值】区域，同时，数据透视表内将会增加一个"求和项：销售金额￥2"字段，如图 10-28 所示。

步骤② 在数据透视表"求和项：销售金额￥2"字段上右击，在弹出的快捷菜单中选择【值字段设置】命令，在弹出的【值字段设置】对话框中单击【值显示方式】选项卡，如图 10-29 所示。

A	B
行标签	求和项:销售金额￥
北京	2,678,900.00
杭州	1,288,700.00
南京	1,200,900.00
山东	988,800.00
上海	618,600.00
总计	6,775,900.00

图 10-27　销售统计表

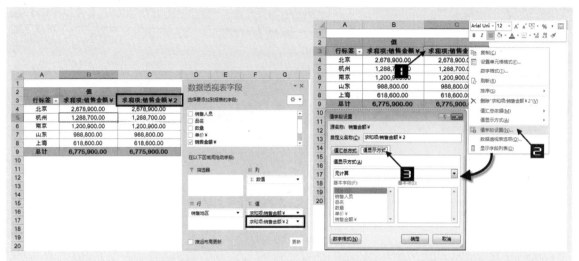

图 10-28　向数据透视表内添加字段　　　　图 10-29　调出【值字段设置】对话框

步骤③ 单击【值显示方式】的下拉按钮，在下拉列表中选择"列汇总的百分比"值显示方式，单击【确定】按钮，关闭对话框，如图 10-30 所示。

步骤④ 将"求和项：销售金额￥2"字段名称更改为"销售构成比率%"，完成设置后如图 10-31 所示。

行标签	求和项:销售金额￥	销售构成比率%
	值	
北京	2,678,900.00	39.54%
杭州	1,288,700.00	19.02%
南京	1,200,900.00	17.72%
山东	988,800.00	14.59%
上海	618,600.00	9.13%
总计	6,775,900.00	100.00%

图 10-30　设置数据透视表"列汇总的百分比"计算　　图 10-31　各地区销售总额百分比

提示 ➡️　　这样设置的目的就是要将各个销售地区的销售金额占所有销售地区的销售金额总计的百分比显示出来，例如，"北京"（39.54％）=2678900 / 6775900。

10.4.4　"行汇总的百分比"值显示方式

利用"行汇总的百分比"值显示方式，可以得到组成每一行的各个数据占行总计的比率报表。

示例 10.6　同一地区内不同产品的销售构成比率

如果希望在如图 10-32 所示数据透视表的基础上，计算每个销售地区内不同品名产品的销售构成比率，请参照以下步骤进行。

步骤① 在数据透视表"求和项：销售金额￥"字段上右击，在弹出的快捷菜单中选择【值显示方式】→【行汇总的百分比】值显示方式，如图 10-33 所示。

步骤② 完成设置后，如图 10-34 所示。

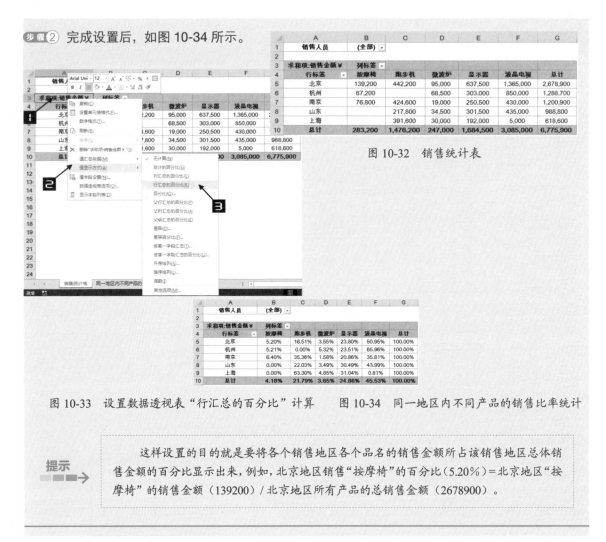

图 10-32　销售统计表

图 10-33　设置数据透视表"行汇总的百分比"计算　　图 10-34　同一地区内不同产品的销售比率统计

提示 → 　　这样设置的目的就是要将各个销售地区各个品名的销售金额所占该销售地区总体销售金额的百分比显示出来，例如，北京地区销售"按摩椅"的百分比（5.20%）＝北京地区"按摩椅"的销售金额（139200）／北京地区所有产品的总销售金额（2678900）。

10.4.5　"百分比"值显示方式

　　通过"百分比"值显示方式对某一固定基本字段的基本项的对比，可以得到完成率报表。

示例 10.7　利用百分比选项测定员工工时完成率

　　如果希望在如图 10-35 所示的数据透视表基础上，将每位员工的"工时数量"与所在小组的"定额工时"对比，进行员工工时完成率的统计，请参照以下步骤。

　　在数据透视表"求和项：工时数量"字段上右击，在弹出的快捷菜单中选择【值显示方式】命令→【百分比】值显示方式，在弹出的【值显示方式（求和项：工时数量）】对话框中的【基本字段】选择"员工姓名"，【基本项】中选择"定额工时"，单击【确定】按钮关闭对话框，如图 10-36 所示。

求和项:工时数量	列标签		
行标签	第一小组	第二小组	第三小组
定额工时	11000	11000	11000
安俞帆	10844		
陈方散	9176		
戴盼奕	9993		
郭晓亮	11711		
贺照礴	10924		
李恒前		10109	
李士净		9900	
李延伟		11005	
刘文雁		11215	
马丽娜			12760
孟宪鑫			10709
石峻			12634
杨盛楠			12873
覆凤光			12759
张庆华			11679
总计	63648	53229	84414

图 10-35　员工工时统计表

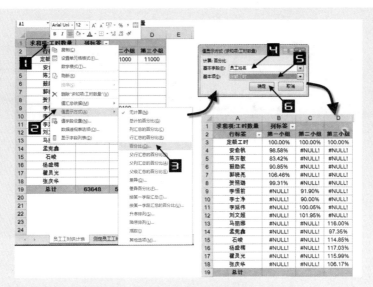

图 10-36　设置数据透视表"百分比"计算

将数据透视表中的错误值设置为 0，具体操作方法请参阅：示例 5.9。完成后的报表如图 10-37 所示。

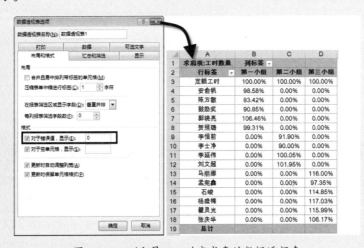

图 10-37　测定员工工时完成率的数据透视表

提示 → 这样设置的目的就是要在字段"员工姓名"的数值区域内显示出每位员工的工时数量与"定额工时"的比率，例如，"安俞帆"（98.58％）＝"安俞帆"工时数量（10844）/ 第一小组"定额工时"数量（11000）。

10.4.6　"父行汇总的百分比"数据显示方式

如图 10-38 所示的数据透视表中展示了 2015 ~ 2016 销售年份，"北京""杭州""山东"和"上海"四个销售地区，每个销售地区又分别销售"按摩椅""微波炉""显示器"和"液晶电视"四种品名的商品，值显示方式为"列汇总的百分比"。

销售年份	销售地区	按摩椅（品名）	跑步机	微波炉	显示器	液晶电视	总计
2015	北京	42.71%		16.73%	26.99%	23.56%	23.64%
	杭州	13.25%		22.54%	11.91%	16.04%	14.57%
	山东			0.27%	10.05%	13.45%	10.76%
	上海		34.78%	16.46%	4.04%	4.18%	6.18%
2015 汇总		55.96%	34.78%	56.01%	53.01%	57.23%	55.14%
2016	北京	36.23%	平均值:13.99% 计数:4 求和:55.96%			8.86%	10.38%
	杭州	7.81%		20.78%	11.04%	21.39%	17.67%
	山东			0.40%	9.07%	10.61%	8.67%
	上海		65.22%	9.85%	16.94%	1.92%	8.13%
2016 汇总		44.04%	65.22%	43.99%	46.99%	42.77%	44.86%
总计		100.00%	100.00%	100.00%	100.00%	100.00%	100.00%

图 10-38 "列汇总的百分比"的数据显示方式

示例 10.8 各商品占每个销售地区总量的百分比

如果用户希望得到各种品名的商品占不同销售年份、不同销售地区总量的百分比，如"按摩椅"在"2015"年占"北京"地区销售总量的百分比，需要借助"父行汇总的百分比"数据显示方式来实现，具体请参照以下步骤。

步骤① 在字段"销售金额￥"上右击，在弹出的快捷菜单中选择【值显示方式】命令→【父行汇总的百分比】数据显示方式，如图 10-39 所示。

步骤② 完成设置后的数据透视表如图 10-40 所示。

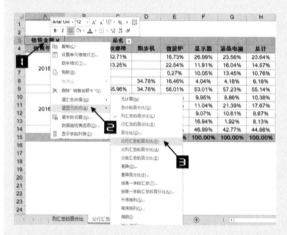

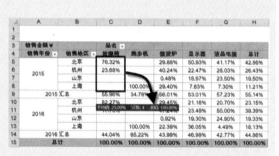

图 10-39 设置"父行汇总的百分比"的数据显示方式　　图 10-40 "父行汇总的百分比"数据显示方式

如果数据透视表"销售年份"字段的位置发生改变，如图 10-41 所示，要达到各商品占每个销售地区不同销售年份总量百分比的显示效果，则需要运用"父列汇总的百分比"数据显示方式，具体请参照以下步骤。

销售金额	销售年份	品名 2015					2015 汇总	2016					
销售地区		按摩椅	跑步机	微波炉	显示器	液晶电视		按摩椅	跑步机	微波炉	显示器	液晶电视	
北京		7.77%		2.08%	12.41%	47.22%	69.48%	6.59%		1.61%	4.57%	17.75%	
杭州		2.54%		2.95%	5.78%	33.92%	45.22%	1.50%		2.72%	5.35%	45.23%	
山东				0.06%	8.09%	47.21%	55.37%			0.09%	7.30%	37.24%	
上海			14.01%	4.85%	4.42%	19.90%	43.18%		26.26%	2.90%	18.50%	9.15%	
总计		3.46%	2.01%	2.36%	8.29%	39.02%	55.14%	2.73%	3.76%	1.86%	7.35%	29.17%	

图 10-41 "销售年份"字段位置变化后的数据透视表

在字段"求和项：销售金额"上右击，在弹出的快捷菜单中选择【值显示方式】→【父列汇总的百分比】显示方式，最终完成的效果如图 10-42 所示。

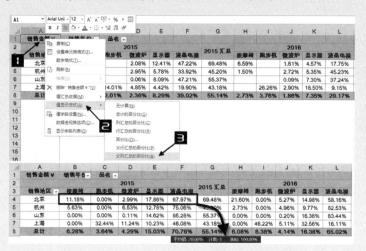

图 10-42　"父列汇总的百分比"数据显示方式

10.4.7　"父级汇总的百分比"数据显示方式

利用"父级汇总的百分比"值显示方式可以通过某一基本字段的基本项和该字段的父级汇总项的对比，得到构成率报表。

如果希望在如图 10-43 所示的销售报表基础上，得到每位销售人员在不同地区的销售商品的构成，请参照以下步骤。

图 10-43　销售报表

示例 10.9　销售人员在不同销售地区的业务构成

步骤①　在数据透视表"值"区域的任意单元格（如 C5）上右击，在弹出的快捷菜单中依次选择【值显示方式】→【父级汇总的百分比】显示方式，弹出【值显示方式】对话框，如图 10-44 所示。

图 10-44　调出【值显示方式】对话框

步骤② 单击【值显示方式】对话框中【基本字段】的下拉按钮，在弹出的下拉列表中选择"销售地区"字段，最后单击【确定】按钮关闭对话框完成设置，如图 10-45 所示。

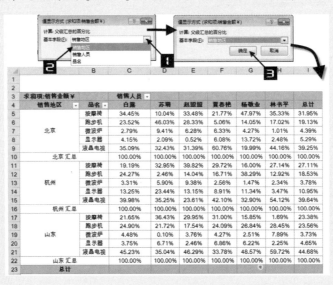

图 10-45　"父级汇总的百分比"数据显示方式

10.4.8　"差异"值显示方式

　　每当一个会计年度结束之后，各个公司都想知道制定的费用预算额与实际发生额的差距到底有多大，以便于来年在费用预算中能够做出相应的调整。利用"差异"显示方式可以在数据透视表中的原数值区域快速显示出费用预算额或实际发生额的超支或者节约水平。

示例 10.10　显示费用预算和实际发生额的差异

　　如果希望对如图 10-46 所示的数据透视表进行差异计算，请参照以下步骤。

		08月	09月	10月	11月	12月	总计
求和项:金额							
费用属性 ▼	科目名称 ▼	08月	09月	10月	11月	12月	总计
预算额	办公用品	5,000.00	2,000.00	1,500.00	2,000.00	3,500.00	26,600.00
	出差费	50,000.00	50,000.00	20,000.00	90,000.00	60,000.00	565,000.00
	固定电话费	2,500.00		2,500.00		2,500.00	10,000.00
	过桥过路费	3,000.00	2,500.00	1,000.00	5,000.00	2,000.00	29,500.00
	计算机耗材	2,000.00		2,000.00	100.00	100.00	4,300.00
	交通工具消耗	5,000.00	2,000.00	2,000.00	10,000.00	5,000.00	55,000.00
	手机电话费	5,000.00	5,000.00	5,000.00	5,000.00	5,000.00	60,000.00
预算额 汇总		72,500.00	61,500.00	34,000.00	112,100.00	78,100.00	750,400.00
实际发生额	办公用品	4,726.70	1,825.90	1,825.50	2,605.48	3,813.42	27,332.40
	出差费	56,242.60	50,915.40	19,595.50	90,573.84	63,431.14	577,967.80
	固定电话费	2,747.77		2,916.55		2,430.97	10,472.28
	过桥过路费	3,198.00	2,349.00	895.00	10,045.00	2,195.00	35,912.50
	计算机耗材	1,608.00		1,409.00	210.70	566.67	3,830.37
	交通工具消耗	5,200.95	3,710.60	1,810.00	12,916.59	6,275.20	61,133.44
	手机电话费	6,494.33	6,717.07	6,315.14	6,591.47	6,294.02	66,294.02
实际发生额 汇总		80,218.35	65,517.97	35,201.85	122,666.75	85,303.87	782,942.81
总计		152,718.35	127,017.97	69,201.85	234,766.75	163,403.87	1,533,342.81

图 10-46　预算额与实际发生额汇总表

步骤① 在数据透视表"求和项: 金额"字段上右击, 在弹出的快捷菜单中选择【值字段设置】命令, 在弹出的【值字段设置】对话框中单击【值显示方式】选项卡, 如图 10-47 所示。

图 10-47　数据透视表的"值显示方式"

步骤② 单击【值显示方式】的下拉按钮, 在下拉列表中选择【差异】值显示方式, 【基本字段】选择"费用属性", 【基本项】中选择"实际发生额", 单击【确定】按钮关闭对话框, 如图 10-48 所示。

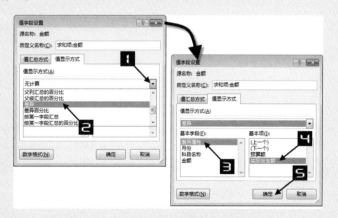

图 10-48　设置数据透视表"差异"计算

提示

【基本项】中选择“实际发生额”，差异计算就会在“预算额”字段值区域显示“预算额”-“实际发生额”的计算结果，体现预算额编制水平。例如，“07 月办公用品”（-2）=“预算额”（1500）-“实际发生额”（1502）。

步骤 3 完成设置后如图 10-49 所示。

	A	B	I	J	K	L	M	N	O
1	求和项:金额								
2	费用属性	科目名称	07月	08月	09月	10月	11月	12月	总计
3	预算额	办公用品	-2.00	273.30	174.10	-325.50	-605.48	-313.42	-732.40
4		出差费	-281.92	-6,242.60	-915.40	404.50	-573.84	-3,431.14	-12,967.80
5		固定电话费	0.00	-247.77	0.00	-416.55	0.00	69.03	-472.28
6		过桥过路费	23.00	-198.00	151.00	105.00	-5,045.00	-195.00	-6,412.50
7		计算机耗材	0.00	392.00	0.00	591.00	-110.70	-466.67	469.63
8		交通工具消耗	678.15	-200.95	-1,710.60	190.00	-2,916.59	-1,275.20	-6,133.44
9		手机电话费	-502.01	-1,494.33	-1,717.07	-1,750.30	-1,315.14	-1,591.47	-6,294.02
10	预算额 汇总		-84.78	-7,718.35	-4,017.97	-1,201.85	-10,566.75	-7,203.87	-32,542.81
11	实际发生额	办公用品							
12		出差费							
13		固定电话费							
14		过桥过路费							
15		计算机耗材							
16		交通工具消耗							
17		手机电话费							
18	实际发生额 汇总								
19	总计								

图 10-49 体现预算额与实际发生额差异计算的数据透视表

如果步骤 2 中的【基本项】选择“预算额”，差异计算就会在“实际发生额”字段数值区域显示“实际发生额”-“预算额”的计算结果，体现实际支出水平，如图 10-50 所示。

	A	B	I	J	K	L	M	N	O
1	求和项:金额								
2	费用属性	科目名称	07月	08月	09月	10月	11月	12月	总计
3	预算额	办公用品							
4		出差费							
5		固定电话费							
6		过桥过路费							
7		计算机耗材							
8		交通工具消耗							
9		手机电话费							
10	预算额 汇总								
11	实际发生额	办公用品	2.00	-273.30	-174.10	325.50	605.48	313.42	732.40
12		出差费	281.92	6,242.60	915.40	-404.50	573.84	3,431.14	12,967.80
13		固定电话费	0.00	247.77	0.00	416.55	0.00	-69.03	472.28
14		过桥过路费	-23.00	198.00	-151.00	-105.00	5,045.00	195.00	6,412.50
15		计算机耗材	0.00	-392.00	0.00	-591.00	110.70	466.67	-469.63
16		交通工具消耗	-678.15	200.95	1,710.60	-190.00	2,916.59	1,275.20	6,133.44
17		手机电话费	502.01	1,494.33	1,717.07	1,750.30	1,315.14	1,591.47	6,294.02
18	实际发生额 汇总		84.78	7,718.35	4,017.97	1,201.85	10,566.75	7,203.87	32,542.81
19	总计								

图 10-50 体现实际发生额与预算额差异计算的数据透视表

10.4.9 “差异百分比”值显示方式

利用“差异百分比”值显示方式，可以求得按照某年度为标准的逐年采购价格的变化趋势，从而得到价格变化信息，及时调整采购策略。

示例 10.11 利用差异百分比选项追踪采购价格变化趋势

如果希望对如图 10-51 所示的数据透视表进行差异百分比计算，请参照以下步骤。

步骤 1 在数据透视表“求和项：单价”字段上右击，在弹出的快捷菜单中选择【值字段设置】命令，在弹出的【值字段设置】对话框中单击【值显示方式】选项卡，如图 10-52 所示。

图 10-51　历年采购价格统计表　　　　　　　图 10-52　调出【值字段设置】对话框

步骤② 单击【值显示方式】的下拉按钮，在下拉列表中选择"差异百分比"值显示方式，【基本字段】选择"采购年份"，【基本项】中选择"2012"，单击【确定】按钮关闭对话框，如图 10-53 所示。

图 10-53　设置数据透视表"差异百分比"计算

步骤③ 完成设置后如图 10-54 所示。

求和项:单价	列标签							
行标签	储气罐	触摸屏	电子器件	无杆气缸	无油空压机	线路板	组合阀	总计
2012								
2013	3.26%	10.00%	7.69%	6.25%	9.38%	10.00%	50.00%	10.10%
2014	6.52%	15.00%	15.38%	25.00%	56.25%	60.00%	45.00%	22.47%
2015	-2.17%	0.00%	-15.38%	12.50%	-6.25%	50.00%	50.00%	4.53%
总计								

图 10-54　历年采购价格的变化趋势

提示→ 　　这样设置的目的就是要在数值区域内显示出各个采购年份的采购单价与目标年度"2012"的采购单价之间的增减比率，例如，采购年份"2014"物料品名"储气罐" 6.52％＝（2014 年储气罐的单价"980"-2012 年储气罐的单价"920"）/2012 年储气罐的单价"920"。

10.4.10　"按某一字段汇总"数据显示方式

利用"按某一字段汇总"的数据显示方式，可以在现金流水账中对余额按照日期字段汇总。

示例 10.12　制作现金流水账簿

如果希望对如图 10-55 所示数据透视表中的余额按照日期进行累计汇总可以参照如下步骤。

步骤① 在数据透视表"求和项：余额"字段上右击，在弹出的快捷菜单中依次单击【值显示方式】→【按某一字段汇总】，弹出【值显示方式】对话框，如图 10-56 所示。

步骤② 【值显示方式】对话框内的【基本字段】保持默认的"日期"字段不变，最后单击【确定】按钮完成设置，如图 10-57 所示。

	A	B	C	D
1	账户	帐户1		
2				
3		值		
4	行标签	求和项:收款金额	求和项:付款金额	求和项:余额
5	2015/1/1	148,368.74		148,368.74
6	2015/1/31	258.50	256.89	1.61
7	2015/2/5	18.00	5,674.89	-5,656.89
8	2015/3/14	700.00	1,792.00	-1,092.00
9	2015/3/21	112.00		112.00
10	2015/3/27	3,645.50	234.89	3,410.61
11	2015/3/28		34,556.56	-34,556.56
12	2015/3/29	240.00		240.00
13	2015/4/19	1,982.40	225.00	1,757.40
14	2015/4/27	1,792.00		1,792.00
15	2015/5/9	55.00		55.00
16	2015/5/10		231.00	-231.00
17	2015/5/28	2,230.00		2,230.00
18	总计	159,402.14	42,971.23	116,430.91

图 10-55　现金流水账

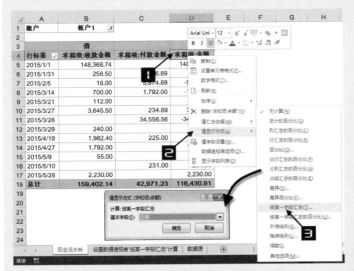

图 10-56　调出【值显示方式】对话框

	A	B	C	D
1	账户	帐户1		
2				
3		值		
4	行标签	求和项:收款金额	求和项:付款金额	求和项:余额
5	2015/1/1	148,368.74		148,368.74
6	2015/1/31	258.50	256.89	148,370.35
7	2015/2/5	18.00	5,674.89	142,713.46
8	2015/3/14	700.00	1,792.00	141,621.46
9	2015/3/21	112.00		141,733.46
10	2015/3/27	3,645.50	234.89	145,144.07
11	2015/3/28		34,556.56	110,587.51
12	2015/3/29	240.00		110,827.51
13	2015/4/19	1,982.40	225.00	112,584.91
14	2015/4/27	1,792.00		114,376.91
15	2015/5/9	55.00		114,431.91
16	2015/5/10		231.00	114,200.91
17	2015/5/28	2,230.00		116,430.91
18	总计	159,402.14	42,971.23	

图 10-57　设置数据透视表
"按某一字段汇总"计算

如果用户希望对汇总字段以百分比的形式显示，则可以使用"按某一字段汇总的百分比"的数据显示方式。

10.4.11　"升序排列"值显示方式

利用"升序排列"的数据显示方式，可以得到销售人员的业绩排名。

示例 10.13　销售人员业绩排名

如果希望对如图 10-58 所示数据透视表中的销售金额按照销售人员进行排名，可以参照如下步骤。

步骤① 在数据透视表"求和项：销售金额￥"上右击，在弹出的快捷菜单中依次单击【值显示方式】→【升序排列】，弹出【值显示方式】对话框，如图 10-59 所示。

步骤② 【值显示方式】对话框内的【基本字段】保持默认的"销售人员"字段不变，最后单击【确定】按钮完成设置，如图 10-60 所示。

步骤③ 单击 B4 单元格，在【数据】选项卡中单击【升序】按钮，完成后的结果如图 10-61 所示。

	A	B
1		
2		
3	行标签	求和项:销售金额￥
4	杨光	705,000
5	白露	503,400
6	刘春艳	1,288,700
7	苏珊	899,400
8	赵琦	831,400
9	林茂盛	618,600
10	总计	4,846,500

图 10-58　销售人员业绩统计表

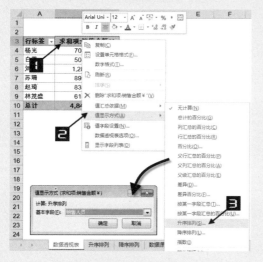

图 10-59　调出【值显示方式】对话框

图 10-60　设置数据透视表"升序排列"计算

步骤④ 单击【按值排序】对话框的【确定】按钮，完成后的结果如图 10-62 所示。

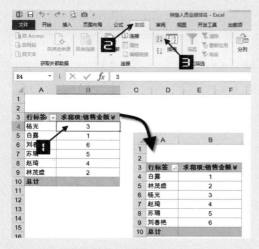

图 10-61　设置数据透视表"升序排列"计算

图 10-62　设置数据透视表"升序排列"计算

提示 ■■■→ 如果用户希望将得到的销售人员业绩排名进行降序排列显示，则可以使用"降序排列"的数据显示方式。

10.4.12 "指数"值显示方式

利用"指数"值显示方式，可以对数据透视表内某一列数据的相对重要性进行跟踪。

示例 10.14 各销售地区的产品短缺影响程度分析

如果希望对如图 10-63 所示的销售报表进行销售指数分析，确定何种产品在不同的销售地区中最具重要性，请参照以下步骤进行。

步骤① 在数据透视表"求和项：销售金额￥"字段上右击，在弹出的快捷菜单中选择【值字段设置】命令，在弹出的【值字段设置】对话框中单击【值显示方式】选项卡，如图 10-64 所示。

求和项:销售金额￥	列标签					
行标签	北京	杭州	南京	山东	上海	总计
按摩椅	139,200	48,000	28,000			215,200
跑步机	442,200		261,800	217,800	391,600	1,313,400
微波炉	95,000	68,500	19,000	34,500	30,000	247,000
显示器	637,500	303,000	43,500	301,500	192,000	1,477,500
液晶电视	1,365,000	850,000	848,600	435,000	450,000	3,948,600
总计	2,678,900	1,269,500	1,200,900	988,800	1,063,600	7,201,700

图 10-63　将要进行销售指数分析的数据透视表　　　　图 10-64　调出【值字段设置】对话框

步骤② 单击【值显示方式】的下拉按钮，在下拉列表中选择"指数"值显示方式，单击【确定】按钮关闭对话框，如图 10-65 所示。

步骤③ 对数据透视表的值字段区域内的数值进行单元格格式设置，完成后如图 10-66 所示。

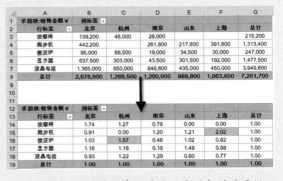

求和项:销售金额￥	列标签					
行标签	北京	杭州	南京	山东	上海	总计
按摩椅	139,200	48,000	28,000			215,200
跑步机	442,200		261,800	217,800	391,600	1,313,400
微波炉	95,000	68,500	19,000	34,500	30,000	247,000
显示器	637,500	303,000	43,500	301,500	192,000	1,477,500
液晶电视	1,365,000	850,000	848,600	435,000	450,000	3,948,600
总计	2,678,900	1,269,500	1,200,900	988,800	1,063,600	7,201,700

求和项:销售金额￥	列标签					
行标签	北京	杭州	南京	山东	上海	总计
按摩椅	1.74	1.27	0.78	0.00	0.00	1.00
跑步机	0.91	0.00	1.20	1.21	2.02	1.00
微波炉	1.03	1.57	0.46	1.02	0.82	1.00
显示器	1.16	1.16	0.18	1.49	0.88	1.00
液晶电视	0.93	1.22	1.29	0.80	0.77	1.00
总计	1.00	1.00	1.00	1.00	1.00	1.00

图 10-65　设置数据透视表"指数"计算　　　　图 10-66　确定产品在销售地区中的相对重要性

提示

以上示例中"微波炉销售指数"杭州地区 1.57 为最高，说明微波炉产品的销售在杭州地区的重要性很高，如果该产品在杭州地区发生短缺，将会影响到整个微波炉市场的销售。

杭州地区微波炉指数 1.57=[(杭州地区微波炉销售金额 68500)×(总体汇总之和 7201700)]/[(行汇总 247000)×(列汇总 1269500)]

"跑步机销售指数"上海地区 2.02 为最高，说明跑步机产品的销售在上海地区的重要性很高，如果该产品在上海地区发生短缺，将影响到整个跑步机市场的销售。

上海地区跑步机指数 2.02=[(上海地区跑步机销售金额 391600)×(总体汇总之和 7201700)]/[(行汇总 1313400)×(列汇总 1063600)]

10.4.13 修改和删除自定义数据显示方式

如果用户要修改已经设置好的自定义值显示方式，只需在【值显示方式】的下拉列表中选择其他的值显示方式即可。

如果在【值显示方式】下拉列表中选择了"无计算"值显示方式，将回到数据透视表默认的值显示状态，也就是删除了已经设置的自定义值显示方式。

10.5 在数据透视表中使用计算字段和计算项

数据透视表创建完成后，不允许手动更改或者移动数据透视表值区域中的任何数据，也不能在数据透视表中插入单元格或者添加公式进行计算。如果需要在数据透视表中执行自定义计算，必须使用"添加计算字段"或"添加计算项"功能。在创建了自定义的字段或项之后，Excel 就允许在数据透视表中使用它们，这些自定义的字段或项就像是在数据源中真实存在的数据一样。

计算字段是通过对数据透视表中现有的字段执行计算后得到的新字段。

计算项是在数据透视表的现有字段中插入新的项，通过对该字段的其他项执行计算后得到该项的值。

计算字段和计算项可以对数据透视表中的现有数据（包括其他的计算字段和计算项生成的数据）进行运算，但无法引用数据透视表之外的工作表数据。

10.5.1 创建计算字段

1. 在计算字段中对现有字段执行除运算

示例 10.15 使用计算字段计算销售平均单价

图 10-67 中展示了一张根据现有数据列表所创建的数据透视表，在这张数据透视表的数值区域中，包含"销售数量"和"销售额"字段，但是没有"单价"字段。如果希望得到平均销售单价，可以通过添加计算字段的方法来完成，而无须对数据源做出调整后再重新创建数据透视表。

扫一扫，
查看精彩视频！

图 10-67 需要创建计算字段的数据透视表

步骤① 单击数据透视表中的列字段项单元格（如 C4），在【数据透视表工具】的【分析】选项卡中单击【字段、项目和集】的下拉按钮，在弹出的下拉菜单中选择【计算字段】命令，打开【插入计算字段】对话框，如图 10-68 所示。

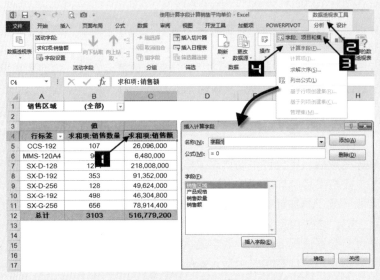

图 10-68　打开【插入计算字段】对话框

步骤② 在【插入计算字段】对话框的【名称】框内输入"销售单价"，将鼠标指针定位到【公式】框中，清除原有的数据"=0"；在【字段】列表框中双击"销售额"字段，输入"/"（除号），再双击"销售数量"字段，得到计算"销售单价"的公式，如图 10-69所示。

步骤③ 单击【添加】按钮，将定义好的计算字段添加到数据透视表中，单击【确定】按钮完成设置，此时数据透视表中新增了一个字段"求和项：销售单价"，如图 10-70 所示。

图 10-69　编辑插入的计算字段

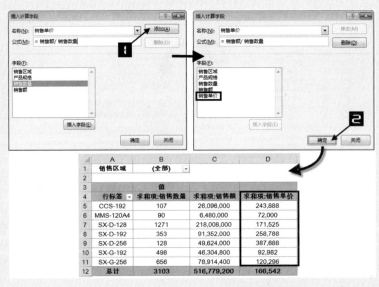

图 10-70　添加"销售单价"计算字段的数据透视表

新增的计算字段"求和项：销售单价"被添加到数据透视表以后，也会相应地出现在【数据透视表字段】列表对话框的窗口之中，就像真实地存在于数据源表中其他字段一样，如图 10-71 所示。

图 10-71　添加的计算字段出现在【数据透视表字段】列表框之中

2. 在计算字段中使用常量与现有字段执行乘运算

示例 10.16　使用计算字段计算奖金提成

图 10-72 展示了一张根据销售订单数据列表所创建的数据透视表，如果希望根据销售人员业绩进行奖金提成的计算，可以通过添加计算字段的方法来完成，而无须对数据源做出调整后再重新创建数据透视表。

	A	B	C	D	E
1	销售途径	销售人员	订单金额	订单日期	订单 ID
690	送货上门	林茂	1,030.00	2016/4/28	11026
691	送货上门	杨光	877.72	2016/4/20	11027
692	送货上门	林茂	1,286.80	2016/4/27	11029
693	送货上门	毕娜	12,615.05	2016/4/27	11030
694	送货上门	苏珊	2,393.50	2016/4/24	11031
695	送货上门	毕娜	3,232.80	2016/4/23	11033
696	送货上门	张波	539.40	2016/4/27	11034
697	送货上门	张波	1,692.00	2016/4/22	11036
698	送货上门	毕娜	60.00	2016/4/27	11037
699	送货上门	杨光	732.60	2016/4/30	11038
700	送货上门	何凤	1,773.00	2016/4/28	11041
701	送货上门	高军	210.00	2016/4/29	11043
702	送货上门	林茂	591.60	2016/5/1	11044
703	送货上门	张波	1,485.80	2016/4/24	11046
704	送货上门	毕娜	817.87	2016/5/1	11047
705	送货上门	毕娜	525.00	2016/4/30	11048
706	送货上门	何凤	1,332.00	2016/5/1	11054
707	送货上门	张波	3,740.00	2016/5/1	11056
708	送货上门	何凤	45.00	2016/5/1	11057

	A	B
1		
2	行标签 ▼	求和项:订单金额
3	林茂	225,763.68
4	苏珊	72,527.63
5	杨光	182,500.09
6	高军	68,792.25
7	何凤	276,244.31
8	张波	123,032.67
9	毕娜	116,962.99
10	总计	1,065,823.62

图 10-72　需要创建计算字段的数据透视表

步骤① 单击数据透视表中的列字段项单元格（如 B3），在【数据透视表工具】的【分析】选项卡中单击【字段、项目和集】的下拉按钮，在弹出的下拉菜单中选择【计算字段】命令，打开【插入计算字段】对话框，如图 10-73 所示。

10章

图 10-73　打开【插入计算字段】对话框

步骤② 在【插入计算字段】对话框的【名称】框内输入"销售人员提成"，将鼠标指针定位到【公式】框中，清除原有的数据"=0"，在【字段】列表框中双击"订单金额"字段，然后输入"*0.015"（销售人员的提成按 1.5% 计算），得到计算"销售人员提成"的计算公式，如图 10-74 所示。

步骤③ 单击【添加】按钮，最后单击【确定】按钮关闭对话框。此时，数据透视表中新增了一个"销售人员提成"字段，如图 10-75 所示。

图 10-74　将现有的字段乘上参数得到新字段

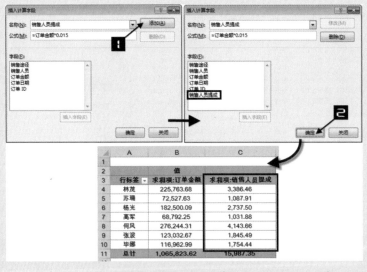

图 10-75　添加"销售人员提成"计算字段后的数据透视表

3. 在计算字段中执行四则混和运算

示例 10.17　使用计算字段计算主营业务毛利率

图 10-76 中展示了一张根据主营业务收入及成本的数据列表所创建的数据透视表，在这张数据透视表的值区域中，包含"销售数量""主营业务收入"和"主营业务成本"字段，但是没有"主营业务利润率"字段。如果希望得到主营业务利润率，可以通过添加计算字段的方法来完成，而无须对数据源做出调整后再重新创建数据透视表。

	A	B	C	D	E	F	G
1	销售月份	产品规格	机器号	出库单号	销售数量	主营业务收入	主营业务成本
59	08月	C28	08050115	1910	66	75,221.24	86,038.65
60	09月	A03	08071119	1911	60	207,964.60	195,838.49
61	00月	A03	08071121	1912	69	209,165.38	209,165.38
62	09月	A03	08071122	1912	1	141,592.92	185,463.50
63	09月	A03	08071120	1913	90	212,389.38	199,191.21
64	09月	G08	08060310	1914	84	111,504.42	185,827.73
65	09月	S31	08030208	1915	60	88,495.58	120,695.22
66	09月	S31	08060217	1916	90	79,646.02	128,934.04
67	09月	S31	08030210	1917	88	79,646.02	115,314.86
68	09月	A03	08071125	1918	10	150,442.48	184,629.46
69	09月	A03	08071124	1919	20	230,088.50	198,891.07
70	09月	G08	08060309	1920	90	97,345.13	185,827.73
71	09月	G08	08060308	1922	57	113,274.34	63,167.65
72	10月	G08	08060314	0661	4	113,274.34	91,168.11
73	10月	A56	08061302	1921	30	486,725.66	143,070.72
74	10月	A03	08071123	1921	90	265,486.73	78,198.26
75	10月	D19	08071203	1921	68	398,230.09	155,502.61
76	10月	G08	08060312	0662	61	108,849.56	63,082.04

行标签	求和项:销售数量	求和项:主营业务收入	求和项:主营业务成本
01月	175	969,026.55	350,997.94
03月	83	79,646.02	61,977.79
04月	374	1,272,566.37	1,764,912.10
05月	382	1,827,433.63	961,994.69
06月	791	2,438,053.10	1,994,258.04
07月	268	542,477.88	866,398.78
08月	955	2,557,522.12	2,250,534.70
09月	662	1,611,504.42	1,899,778.69
10月	310	1,485,840.71	594,189.39
总计	4000	12,784,070.80	10,745,042.10

图 10-76　销售、成本及利润报表

步骤① 调出【插入计算字段】对话框，如图 10-77 所示。

图 10-77　打开【插入计算字段】对话框

步骤② 在【插入计算字段】对话框的【名称】框内输入"主营业务利润率 %"，将鼠标指针定位到【公式】框中，清除原有的数据“=0”，然后输入“=(主营业务收入 - 主营业务成本)/ 主营业务收入”，得到计算“主营业务利润率%”字段的公式，如图 10-78 所示。

步骤③ 单击【添加】按钮，最后单击【确定】按钮关闭对话框，此时数据透视表中新增一个“主营业务利润率 %”字段。将新增字段的数字格式设置为“百分比”，如图 10-79 所示。

数据透视表字段数字格式设置的具体应用请参阅：5.1.4 小节。

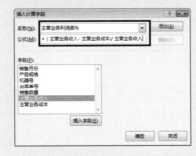

图 10-78　编辑插入的计算字段

	A	B	C	D	E
1					
2		值			
3	行标签	求和项:销售数量	求和项:主营业务收入	求和项:主营业务成本	求和项:主营业务利润率%
4	01月	175	969,026.55	350,997.94	63.78%
5	03月	83	79,646.02	61,977.79	22.18%
6	04月	374	1,272,566.37	1,764,912.10	-38.69%
7	05月	382	1,827,433.63	961,994.69	47.36%
8	06月	791	2,438,053.10	1,994,258.04	18.20%
9	07月	268	542,477.88	866,398.78	-59.71%
10	08月	955	2,557,522.12	2,250,534.70	12.00%
11	09月	662	1,611,504.42	1,899,778.69	-17.89%
12	10月	310	1,485,840.71	594,189.39	60.01%
13	总计	4000	12,784,070.80	10,745,042.10	15.95%

图 10-79　添加“主营业务利润率 %”计算字段后的数据透视表

4．在计算字段中使用 Excel 函数来运算

在数据透视表中插入计算字段不仅可以进行加、减、乘和除等简单运算，还可以使用函数来进行更复杂的计算。但是，计算字段中使用 Excel 函数会有很多限制，因为在数据透视表内添加计算字段的公式计算实际上是利用了数据透视表缓存中存在的数据，公式中不能使用单元格引用或定义名称作为变量的工作表函数，只能使用 SUM、IF、AND、NOT、OR、COUNT、AVERAGE 和 TEXT 等函数。

示例 10.18 使用计算字段进行应收账款账龄分析

图 10-80 展示了一张在 2015 年 9 月 1 日根据应收账款余额数据列表所创建的数据透视表，在这张数据透视表的数值区域中只包含“应收账款余额”的汇总字段。如果希望对应收账款余额进行账龄分析，依次划分为“欠款 0-30 天”“欠款 31-60 天”“欠款 61-90 天”和“欠款 90 天以上”不同的账龄区间，可以通过添加计算字段的方法来完成，具体方法请参照以下步骤进行。

	A	B	C	D
1	客户代码	客户名称	应收款日期	应收账款余额
2	CP01	春和百货	2015/8/3	600000
3	CB01	仁和百货	2015/7/9	500000
4	MT01	众和百货	2015/6/1	400000
5	MC01	合和百货	2015/9/1	350000
6	MT01	宇宙集团	2015/1/4	300000
7	BM02	发发实业	2015/8/5	250000
8	MC01	天和集团	2015/4/11	200000
9	CB01	百盛商场	2015/5/10	150000
10	CP01	百货大楼	2015/6/9	120000
11	BM01	北京总部	2015/1/4	100000
12	MT01	俊业集团	2015/3/15	100000
13	MT02	福声百货	2015/8/31	78000
14	MT03	靓女专店	2015/5/15	5640
15	MT04	帅哥专店	2015/7/31	123560
16	MT05	李宁专店	2015/8/3	5000
17	MT06	老人专店	2015/7/2	88880

	A	B	C	D
1		报表日期：	2015年9月1日	
3	客户名称	客户代码	应收款日期	应收账款余额
4	百货大楼	CP01	2015/6/9	120,000
5	百盛商场	CB01	2015/5/10	150,000
6	北京总部	BM01	2015/1/4	100,000
7	春和百货	CP01	2015/8/3	600,000
8	发发实业	BM02	2015/8/5	250,000
9	福声百货	MT02	2015/8/31	78,000
10	合和百货	MC01	2015/9/1	350,000
11	靓女专店	MT03	2015/5/15	5,640
12	俊业集团	MT01	2015/3/15	100,000
13	老人专店	MT06	2015/7/2	88,880
14	李宁专店	MT05	2015/8/3	5,000
15	仁和百货	CB01	2015/7/9	500,000
16	帅哥专店	MT04	2015/7/31	123,560
17	天和集团	MC01	2015/4/11	200,000
18	宇宙集团	MT01	2015/1/4	300,000
19	众和百货		2015/6/1	400,000

图 10-80　应收账款余额统计表

步骤① 调出【插入计算字段】对话框。

步骤② 在【插入计算字段】对话框的【名称】框内输入"账龄0-30天",将鼠标指针定位到【公式】框中,清除原有的数据"=0",然后输入公式,单击【添加】按钮得到计算"账龄0-30天"的公式。

"账龄0-30天"公式 =IF(AND(TEXT("2015-9-1","#")-应收款日期>0,TEXT("2015-9-1","#")-应收款日期<=30),应收账款余额,0)

将【名称】框内"账龄0-30天",更改为"账龄31-60天",清除【公式】框中原有的公式,然后输入公式,单击【添加】按钮得到计算"账龄31-60天"的公式。

"账龄31-60天"公式 =IF(AND(TEXT("2015-9-1","#")-应收款日期>30,TEXT("2015-9-1","#")-应收款日期<=60),应收账款余额,0)

再次将【名称】框内"账龄31-60天",更改为"账龄61-90天",清除【公式】框中原有的公式,然后输入公式,单击【添加】按钮得到计算"账龄61-90天"的公式。

"账龄61-90天"公式 =IF(AND(TEXT("2015-9-1","#")-应收款日期>60,TEXT("2015-9-1","#")-应收款日期<=90),应收账款余额,0)

最后将【名称】框内"账龄61-90天",更改为"账龄大于90天",清除【公式】框中原有的公式,然后输入公式,单击【添加】按钮得到计算"账龄大于90天"的公式。

"账龄大于90天"=IF(TEXT("2015-9-1","#")-应收款日期>90,应收账款余额,0))

此时,新创建的计算字段都出现在【名称】和【字段】的下拉列表中,如图10-81所示。

步骤③ 单击【确定】按钮关闭对话框,完成后的报表如图10-82所示。

图 10-81　编辑插入的计算字段

图 10-82　应收账款账龄分析表

5. 使数据源中的空数据不参与数据透视表计算字段的计算

示例 10.19　合理地进行目标完成率指标统计

图10-83展示了某公司在一定时期内各地区销售目标完成情况的数据列表,其中数据列表中的"完成"列中有很多尚未实施的空白项。如果这些数据参与数据透视表计算字段的计算就会造成目标完成率指标统计上的不合理,要解决这个问题,请参照以下步骤进行。

步骤① 根据如图10-83所示的数据列表创建如图10-84所示的数据透视表。

10章

167

图 10-83　某公司目标完成明细表　　　　　　图 10-84　创建数据透视表

步骤② 添加计算字段"完成率%"，计算字段公式为"完成/目标"，同时将"完成"字段移动至【筛选器】区域，如图 10-85 所示。

步骤③ 单击【筛选器】中"完成"字段的下拉按钮，在弹出的下拉菜单中选中【选择多项】的复选框，同时取消选中"（空白）"项的复选框，单击【确定】按钮，如图 10-86 所示。

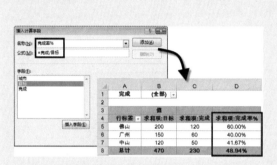 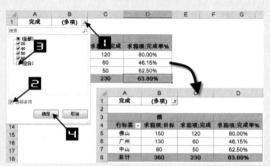

图 10-85　添加计算字段　　　　　　　图 10-86　无效数据不参与完成率统计的数据透视表

10.5.2　修改数据透视表中的计算字段

对于数据透视表中已经添加的计算字段，用户还可以进行修改以满足变化的分析要求。以图 10-75 所示的数据透视表为例，要将销售人员提成比例提高为 2%，请参照以下步骤进行。

步骤① 调出【插入计算字段】对话框，如图 10-87 所示。

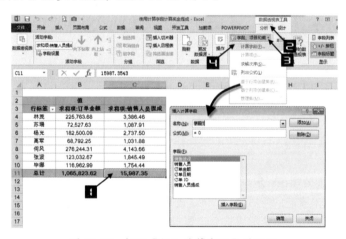

图 10-87　打开【插入计算字段】对话框

步骤② 单击【名称】框的下拉按钮，选择"销售人员提成"选项，在【公式】框中，将原有公式"=
订单金额 *0.015"，修改为"= 订单金额 *0.02"（销售人员的提成按 2%计算），单击
【修改】按钮，最后单击【确定】按钮，如图 10-88 所示。

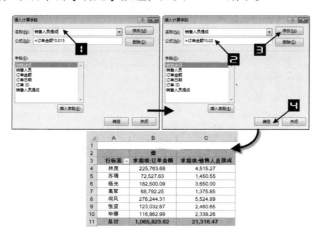

图 10-88　编辑已经插入的计算字段

10.5.3　删除数据透视表中的计算字段

对于数据透视表已经添加好的计算字段，如果不再有分析价值，用户可以对计算字段进行删除，
仍以图 10-75 所示的数据透视表为例，如果需要删除"销售人员提成"字段，请参照以下步骤进行。

调出【插入计算字段】对话框，单击【名称】框的下拉按钮，选择"销售人员提成"选项，单
击【删除】按钮，如图 10-89 所示。

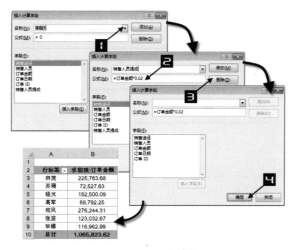

图 10-89　删除计算字段

10.5.4　计算字段的局限性

数据透视表的计算字段，不是按照值字段在数据透视表中所显示的数值进行计算，而是依据各
个数值之和来计算。也就是说，数据透视表是使用各个值字段分类求和的结果来应用计算字段。即
使数值字段的汇总方式被设置为"平均值"，计算字段也会将其看作"求和"。

例如，在图 10-90 所示的数据透视表中，"求和项：销售金额"是一个计算字段，其公式为"数
量 * 单价"。

但是，它并未按照数据透视表内所显示的数值进行直接相乘，而是按照“求和项：数量”与“求和项：单价”相乘，即数量之总和与单价之总和的乘积。

数据透视表右侧区域中（F 列）用作对比显示的数据，则是按照数据透视表内显示的“求和项：数量 * 平均值项：单价”而得来。因此，以“按摩椅”为例，计算字段的结果为 354*7200=2548800，而不是 354*800=283200。

E10 =SUM(D5:D9)

	A	B	C	D	E	F
1						
2						
3		值				
4	行标签	求和项:数量	平均值项:单价	求和项:销售金额		测试金额(数量*单价)
5	按摩椅	354	800	2,548,800		283,200
6	跑步机	671	2,200	22,143,000		1,476,200
7	微波炉	494	500	3,211,000		247,000
8	显示器	1,123	1,500	35,374,500		1,684,500
9	液晶电视	617	5,000	49,360,000		3,085,000
10	总计	3,259	2,138	515,573,800	112,637,300	6,775,900
11						

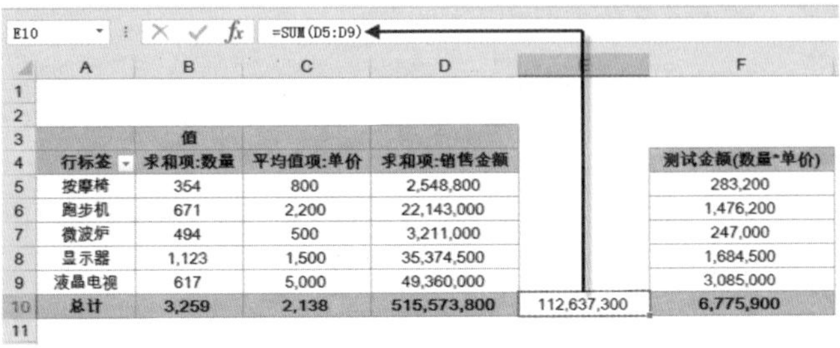

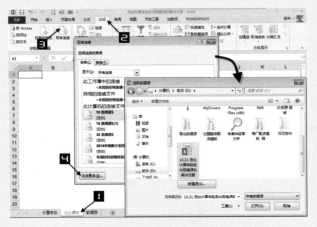

图 10-90　计算字段与手动计算对比

此外，添加计算字段后的数据透视表“总计”的结果有时也会出现错误。

示例 10.20　添加计算字段后出现错误的解决方案

利用 SQL 语句创建数据透视表可以解决添加计算字段后出现错误的问题，具体方法如下。

步骤① 单击“SQL 语句”工作表标签，在【数据】选项卡中单击【现有连接】按钮，弹出【现有连接】对话框，单击【浏览更多】按钮，打开【选取数据源】对话框，如图 10-91 所示。

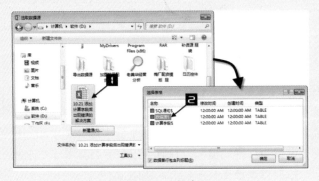

图 10-91　选取数据源

步骤② 双击目标文件“10.21 添加计算字段后出现错误的解决方案.xlsx”，弹出【选择表格】对话框，选中“数据源 $”，如图 10-92 所示。

图 10-92　选择表格

步骤③　单击【选择表格】对话框中的【确定】按钮,在弹出的【导入数据】对话框中选择【数据透视表】单选按钮,【数据的放置位置】选择【现有工作表】单选按钮,然后单击"SQL语句"工作表中的 A1 单元格,再单击【属性】按钮打开【连接属性】对话框,单击【定义】选项卡,如图 10-93 所示。

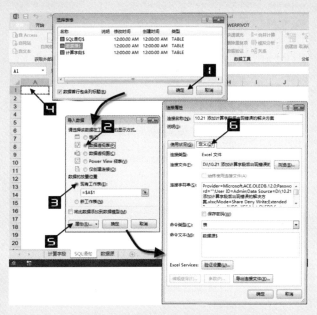

图 10-93　打开【连接属性】对话框

步骤④　清空【命令文本】文本框中的内容,输入以下 SQL 语句。

SELECT 销售地区,品名,数量,单价,数量 * 单价 AS 金额 FROM [数据源 $]

单击【确定】按钮返回【导入数据】对话框,再次单击【确定】按钮创建一张空白数据透视表,如图 10-94 所示。

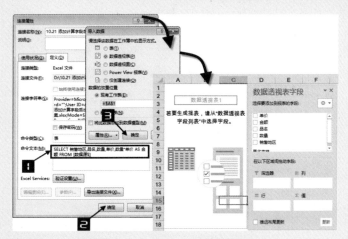

图 10-94　创建空白的数据透视表

此 SQL 语句的含义是:在数据源工作表中选择"销售地区""品名""数量"字段的数据,同时,利用"数量"和"单价"字段相乘得到一个新字段并命名为"金额"。

10章

171

步骤⑤ 创建如图 10-95 所示的数据透视表。

图 10-95　汇总后的数据透视表

10.5.5　创建计算项

1. 使用计算项进行差额计算

示例 10.21　公司费用预算与实际支出的差额分析

图 10-96 展示了一张由费用预算额与实际发生额明细表创建的数据透视表，在这张数据透视表的值区域中，只包含"实际发生额"和"预算额"字段。如果希望得到各个科目费用的"实际发生额"与"预算额"之间的差异，可以通过添加计算项的方法来完成。

图 10-96　需要创建自定义计算项的数据透视表

步骤① 单击数据透视表中的列字段单元格（如 B2），在【数据透视表工具】的【分析】选项卡中单击【字段、项目和集】的下拉按钮，在弹出的下拉菜单中选择【计算项】命令，打开【在"费用属性"中插入计算字段】对话框，如图 10-97 所示。

>
> 注意
>
> 事实上，此处用于设置"计算项"的对话框名称并不是【在某字段中插入计算项】，而是如图 10-97 所示的【在某字段中插入计算字段】，这是 Excel 简体中文版中的一个已知错误。

步骤② 在弹出的【在"费用属性"中插入计算字段】对话框内的【名称】框中输入"差异"，把鼠标指针定位到【公式】框中，清除原有的数据"=0"，单击【字段】列表框中的"费用属性"选项，接着双击右侧【项】列表框中出现的"实际发生额"选项，然后输入减号"-"，再双击【项】列表框中的"预算额"选项，得到"差异"的计算公式，如图 10-98 所示。

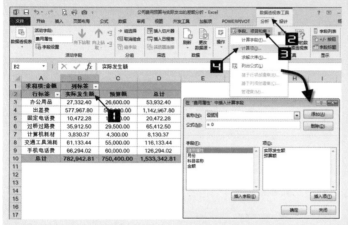

图 10-97　添加"计算项"功能

图 10-98　添加"差异"计算项

步骤③ 单击【添加】按钮，最后单击【确定】按钮关闭对话框。此时数据透视表的列字段区域中已经插入了一个新的项目"差异"，其数值就是"实际发生额"项的数据与"预算额"项的数据的差值，如图 10-99 所示。

> 但是这里会出现一个问题，数据透视表中的行"总计"将汇总所有的行项目，包括新添加的"差额"项，因此其结果不再具有实际意义。所以，需要通过修改相应设置去掉"总计"列。

步骤④ 在数据透视表"总计"标题（如 F2）上右击，在弹出的快捷菜单中选择【删除总计】命令，如图 10-100 所示。

求和项:金额	列标签			
行标签	实际发生额	预算额	差异	总计
办公用品	27,332.40	26,600.00	732.40	54,664.80
出差费	577,967.80	565,000.00	12,967.80	1,155,935.60
固定电话费	10,472.28	10,000.00	472.28	20,944.56
过桥过路费	35,912.50	29,500.00	6,412.50	71,825.00
计算机耗材	3,830.37	4,300.00	-469.63	7,660.74
交通工具消耗	61,133.44	55,000.00	6,133.44	122,266.88
手机电话费	66,294.02	60,000.00	6,294.02	132,588.04
总计	782,942.81	750,400.00	32,542.81	1,565,885.62

图 10-99　添加"差异"计算项后的数据透视表

求和项:金额	列标签		
行标签	实际发生额	预算额	差异
办公用品	27,332.40	26,600.00	732.40
出差费	577,967.80	565,000.00	12,967.80
固定电话费	10,472.28	10,000.00	472.28
过桥过路费	35,912.50	29,500.00	6,412.50
计算机耗材	3,830.37	4,300.00	-469.63
交通工具消耗	61,133.44	55,000.00	6,133.44
手机电话费	66,294.02	60,000.00	6,294.02
总计	782,942.81	750,400.00	32,542.81

图 10-100　实现费用差额分析的数据透视表

2. 使用计算项进行增长率计算

示例 10.22 统计各个零售商店不同时期的销售增长率

图 10-101 中展示了一张根据商店销售额数据列表创建的数据透视表，在这张数据透视表的值区域中，包含"2015"和"2016"年份字段，如果希望得到 2016 年销售增长率，可以通过添加计算项的方法来完成。

图 10-101　需要创建自定义计算项的数据透视表

步骤① 单击数据透视表中的年份字段项"2015"或"2016"，调出【在"年份"中插入计算字段】对话框，在【名称】框中输入"2016 年销售增长率 %"，把鼠标指针定位到【公式】框中，清除原有的数据"=0"，输入"=（'2016'- '2015'）/ '2015'"得到计算"2016 年销售增长率%"的公式，如图 10-102 所示。

步骤② 单击【添加】按钮，最后单击【确定】按钮关闭对话框。此时数据透视表中新增了一个字段"2016 年销售增长率 %"，对"2016 年销售增长率 %"字段设置"百分比"样式，并删除"总计"列，完成的数据透视表如图 10-103 所示。

求和项:销售		年份		
店名	月份	2015	2016	2016年销售增长率%
德仁堂春北店	1月	100	897	797.00%
	2月	1097	859	-21.70%
	3月	1072	868	-19.03%
	4月	1332	845	-36.56%
德仁堂春北店 汇总		3601	3489	719.71%
德仁堂春南	1月	500	648	29.60%
	2月	516	613	18.80%
	3月	586	659	12.46%
	4月	456	732	60.53%
德仁堂春南 汇总		2058	2652	121.38%
德仁堂欧尚	1月	200	270	35.00%
	2月	236	220	-6.78%
	3月	278	251	-9.71%
	4月	450	271	-39.78%
德仁堂欧尚 汇总		1164	1012	-21.27%
德仁堂武候	1月	100	140	40.00%
	2月	150	109	-27.33%
	3月	195	185	-5.13%
	4月	250	247	-1.20%
德仁堂武候 汇总		695	681	6.34%
总计		7518	7814	826.16%

图 10-102　添加"2016 年增长率 %"计算项　　图 10-103　添加"2016 年销售增长率 %"计算项后的数据透视表

> **注意** 　通过插入计算项计算的增长率指标在分类汇总和总计中只是对各分项增长率的简单求和汇总，没有实际意义。如果需要对汇总项求得正确的增长率指标，需要利用 SQL 语句及 Power Pivot 功能，具体请参阅：第 17 章。

3. 使用计算项进行企业盈利能力分析

示例 10.23　反映企业盈利能力的财务指标分析

图 10-104 所示的数据透视表是阳光公司 2016 年度的利润表，下面通过添加计算项进行企业的盈利能力指标分析，如果希望向数据透视表中添加营业利润率、利润率和净利润率等财务分析指标，请参照以下步骤。

	A	B	C	D
1		利润表		
2	编制单位:阳光公司			单位：元
3	项　目	行次	2015年同期	2016年实际
4	一、营业总收入	1	11,686,270	11,782,055
5	其中:营业收入	2	11,686,270	11,782,055
6	其中:主营业务收入	3	11,685,120	11,738,815
7	其他业务收入	4	1,150	43,240
8	二、营业总成本	5	8,364,900	7,445,578
9	其中:营业成本	6	6,520,407	6,338,727
10	其中:主营业务成本	7	6,397,422	6,330,102
11	其他业务成本	8	122,985	8,625
12	营业税金及附加	9	101,200	12,877
13	销售费用	10	1,704,370	328,196
15	管理费用	11		681,239
17	财务费用	14	38,923	84,539
26	三、营业利润(亏损以"-"号填列)	23	3,321,370	4,336,477
30	加：营业外收入	24	6,660	
32	减：营业外支出	29	61,740	
36	四、利润总额(亏损以"-"号填列)	33	3,266,289	4,336,477
37	减：所得税费用	34	4,440	2,414
39	五、净利润(亏损以"-"号填列)	36	3,261,849	4,334,064
41	六、归属于母公司所有者的净利润	38	3,261,849	4,334,064

图 10-104　利润表

步骤① 单击"项目"字段或其项下的字段项，如 B3 单元格，调出【在"项目"中插入计算字段】对话框，如图 10-105 所示。

步骤② 在弹出的【在"项目"中插入计算字段】对话框内的【名称】文本框中输入"营业利润率 %"，把鼠标指针定位到【公式】文本框中，清除原有的数据"=0"，单击【字段】列表框中的"项目"选项，接着双击右侧【项】列表框中出现的"三、营业利润"选项，然后输入除号"/"，再双击【项】列表框中的"一、营业总收入"选项，得到计算"营业利润率 %"的计算公式，如图 10-106 所示。

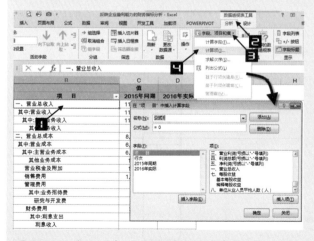

图 10-105　打开【在"项目"中插入计算字段】对话框

图 10-106　添加"营业利润率 %"计算项

步骤③ 重复步骤 2 依次添加"利润率 %"（＝四、利润总额 / 一、营业总收入）和"净利润率 %"（=五、净利润 / 一、营业总收入）等计算项。

步骤④ 添加完成反映盈利能力指标的计算项后，数据透视表如图 10-107 所示。

步骤⑤ 将添加的计算项指标移动到数据透视表中的相关位置，完成反映企业盈利能力的财务分析，如图 10-108 所示。

图 10-107　添加计算项后的数据透视表

图 10-108　最终完成的数据透视表

4. 隐藏数据透视表计算项为零的行

示例 10.24　企业产成品进销存管理

数据透视表添加计算项后有时会出现很多数值为 "0" 的数据，如图 10-109 所示，为了使数据透视表更具可读性和易于操作，可以运用 Excel 的筛选功能将数值为 "0" 的数据项隐藏。

图 10-109　数据透视表中的 "0" 值计算项

具体操作步骤请参阅 6.2.7 小节，完成后如图 10-110 所示。

	B	C	D	E	F	G
1						
2	求和项:数量		属性 ▼			
3	规格型号 ▼	机器号 ▼	出库单 ▼	期初库存 ▼	入库单 ▼	结存 ▼
22	CCS-192	07085408		1		1
43	CCS-256	07102603	0	1		1
81	MMS-168A4	07121404		1		1
82	MMS-168A4	07121405		1		1
111	SX-D-128	08031101	12		110	98
113	SX-D-192	07085410	23		150	127
133	SX-D-256	07102603	12		39	27
156	SX-G-128	08030101	6		200	194
157	SX-G-128	08030102	14		18	4
158	SX-G-128	08030103	7		50	43
159	SX-G-128	08030104	26		120	94
160	SX-G-128	08030105	13		120	107
173	SX-G-192	08013401	28		100	72
197	SX-G-256	08030301	7		48	41
198	SX-G-256	08030303	6		32	26
199	SX-G-256	08030304	6		23	17
202	总计		227	46	1035	854

图 10-110　隐藏 "0" 值计算项后的数据透视表

5. 在数据透视表中同时使用计算字段和计算项

根据不同的数据分析要求，在数据透视表中，计算字段或计算项既可以单独使用，也可以同时使用。

示例 10.25　比较分析费用控制属性的占比和各年差异

图 10-111 所示的数据列表是某公司 2015 年和 2016 年的制造费用明细账，如果希望根据明细账创建数据透视表并同时添加计算字段和计算项进行制造费用分析并计算出 2015 年与 2016 年发生费用的差额和可控费用与不可控费用分别占费用发生总额的占比，请参照以下步骤进行。

步骤① 创建如图 10-112 所示的数据透视表。

	A	B	C	D	E	F	G	H	I
1	月	日	凭证号数	科目编码	科目名称	摘要	2015年	2016年	费用属性
1151	07	11	记-0025	4105110406	运费附加	略		56	可控费用
1152	07	12	记-0032	4105110406	运费附加	略		186	可控费用
1153	07	12	记-0032	4105110406	运费附加	略		67	可控费用
1154	07	17	记-0046	4105110406	运费附加	略		176	可控费用
1155	08	14	记-0019	4105110406	运费附加	略		4	可控费用
1156	08	14	记-0029	4105110406	运费附加	略		616	可控费用
1157	08	24	记-0060	4105110406	运费附加	略		175	可控费用
1158	08	24	记-0060	4105110406	运费附加	略		65	可控费用
1159	08	24	记-0061	4105110406	运费附加	略		200	可控费用
1160	09	03	记-0010	4105110406	运费附加	略		105.6	可控费用
1161	09	11	记-0029	4105110406	运费附加	略		70	可控费用
1162	09	20	记-0077	4105110406	运费附加	略		87	可控费用
1163	11	07	记-0007	4105110406	运费附加	略		400	可控费用
1164	11	15	记-0036	4105110406	运费附加	略		20	可控费用
1165	11	15	记-0041	4105110406	运费附加	略		520	可控费用
1166	11	21	记-0062	4105110406	运费附加	略		640	可控费用
1167	12	06	记-0016	4105110406	运费附加	略		56.2	可控费用
1168	12	19	记-0049	4105110406	运费附加	略		31	可控费用
1169	12	20	记-0109	4105110406	运费附加	略		20	可控费用

图 10-111　费用明细账

	A	B	C
1			
2		值	
3	行标签 ▼	2015年	2016年
4	可控费用	964,567.50	815,125.56
5	不可控费用	370,343.97	443,563.74

图 10-112　创建数据透视表

步骤② 单击数据透视表中 "2016 年" 字段标题单元格（如 C3），调出【插入计算字段】对话框，在【名称】框内输入 "差异"，将鼠标指针定位到【公式】框中，清除原有的数据 "=0"，

10章

然后输入 "='2016 年 '-'2015 年 '"，得到 "差异" 的计算公式，如图 10-113 所示。

步骤③ 单击【添加】按钮，最后单击【确定】按钮关闭对话框。此时，数据透视表中已经新增了一个 "差异" 字段，如图 10-114 所示。

图 10-113　添加 "差异" 计算字段

	值		
行标签	2015年	2016年	求和项:差异
可控费用	964,567.50	815,125.56	-149,441.94
不可控费用	370,343.97	443,563.74	73,219.77

图 10-114　添加 "差异" 计算字段后的数据透视表

步骤④ 单击数据透视表中 "不可控费用" 项的单元格（如 A4），在【数据透视表工具】的【分析】选项卡中单击【字段、项目和集】的下拉按钮，在弹出的下拉菜单中选择【计算项】命令，打开【在 "费用属性" 中插入计算字段】对话框，如图 10-115 所示。

步骤⑤ 在弹出的【在 "费用属性" 中插入计算字段】对话框内的【名称】文本框中输入 "可控费用占比"，把鼠标指针定位到【公式】文本框中，清除原有的数据 "=0"，输入 "= 可控费用 /(可

图 10-115　添加 "计算项" 功能

控费用 + 不可控费用)"，得到 "可控费用占比" 的计算公式，如图 10-116 所示。

步骤⑥ 重复步骤 5 依次添加 "不可控费用占比 = 不可控费用 /(可控费用 + 不可控费用)" 和 "费用总计 = 可控费用 + 不可控费用"。

步骤⑦ 将添加的计算项指标移动到数据透视表中的相关位置，去掉总计行，完成费用比较分析，如图 10-117 所示。

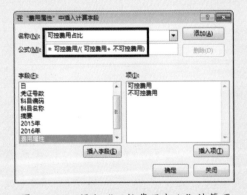

图 10-116　添加 "可控费用占比" 计算项

	值		
行标签	2015年	2016年	差异
可控费用	964,567.50	815,125.56	-149,441.94
可控费用占比	72.26%	64.76%	-7.50%
不可控费用	370,343.97	443,563.74	73,219.77
不可控费用占比	27.74%	35.24%	7.50%
费用总计	1,334,911.47	1,258,689.30	-76,222.17

图 10-117　比较分析费用控制属性占比和各年差异的数据透视表

6. 改变数据透视表中的计算项

对于数据透视表已经添加好的计算项，用户还可以进行修改以满足分析要求的变化，以图 10-99 所示的数据透视表为例，如果希望将实际发生额与预算额的"差额"计算项更改为"差额率%"，请参照以下步骤进行。

步骤① 单击数据透视表中的列字段单元格（如 C2），调出【在"费用属性"中插入计算字段】对话框，单击【名称】框的下拉按钮，选择"差异"选项，如图 10-118 所示。

步骤② 在【公式】框中将原有公式"= 实际发生额 - 预算额"，修改为"=(实际发生额 - 预算额)/ 预算额"，如图 10-119 所示。

步骤③ 单击【修改】按钮，最后单击【确定】按钮完成设置，将"差异"字段名称更改为"差异率%"，数据列设置为"百分比"单元格样式，如图 10-120 所示。

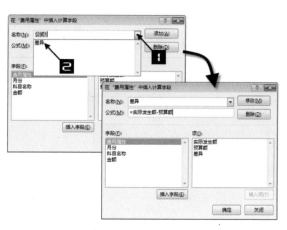

图 10-118　编辑已经插入的计算项

图 10-119　编辑已经插入的计算项

	A	B	C	D
1	求和项:金额	列标签		
2	行标签	实际发生额	预算额	差异率%
3	办公用品	27,332.40	26,600.00	2.75%
4	出差费	577,967.80	565,000.00	2.30%
5	固定电话费	10,472.28	10,000.00	4.72%
6	过桥过路费	35,912.50	29,500.00	21.74%
7	计算机耗材	3,830.37	4,300.00	-10.92%
8	交通工具消耗	61,133.44	55,000.00	11.15%
9	手机电话费	66,294.02	60,000.00	10.49%
10	总计	782,942.81	750,400.00	42.23%

图 10-120　修改计算项后的数据透视表

7. 删除数据透视表中的计算项

对于数据透视表已经创建的计算项，如果不再有分析价值，用户可以将计算项进行删除，仍以图 10-99 所示的数据透视表为例，要删除"差异"计算项，请参照以下步骤进行。

单击数据透视表中列字段的单元格（如 C2），调出【在"费用属性"中插入计算字段】对话框，单击【名称】框的下拉按钮，选择"差异"选项，单击【删除】按钮，单击【确定】按钮完成设置，如图 10-121 所示。

10.5.6　改变计算项的求解次序

如果数据透视表存在两个或两个以上的计算项，并且在不同计算项的公式中存在相互引用，各个计算项的计算顺序会带来不同的计算结果，为了满足不同的数据分析要求，可以通过数据透视表工具栏中的"求解次序"选项来

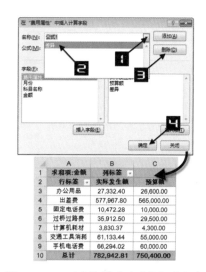

	A	B	C
1	求和项:金额	列标签	
2	行标签	实际发生额	预算额
3	办公用品	27,332.40	26,600.00
4	出差费	577,967.80	565,000.00
5	固定电话费	10,472.28	10,000.00
6	过桥过路费	35,912.50	29,500.00
7	计算机耗材	3,830.37	4,300.00
8	交通工具消耗	61,133.44	55,000.00
9	手机电话费	66,294.02	60,000.00
10	总计	782,942.81	750,400.00

图 10-121　删除计算项后的数据透视表

改变各个计算项的计算次序。

示例 10.26 部门联赛 PK 升降级

图 10-122 展示了某公司各部门之间举办联赛 3 局的成绩表以及根据成绩表创建的升降级数据透视表，得分依据为：胜利得 3 分、平局得 1 分、失败不得分。下面举例说明改变“求解次序”将会影响到计算结果。

步骤① 单击数据透视表内的任意单元格（如 A3），在【数据透视表工具】的【分析】选项卡中单击【字段、项目和集】的下拉按钮，在弹出的下拉菜单中选择【求解次序】命令，打开【计算求解次序】对话框，如图 10-123 所示。

	A	B	C	D	E	F
1			局次			
2	部门	胜负	第1局	第2局	第3局	得分
3	财务部	胜利	1	1	1	9
4	财务部	平局				0
5	财务部	失败				0
6	财务部	综合评价				9
7	财务部 总体评价					晋级
8	电子商务部	胜利	1		1	6
9	电子商务部	平局				0
10	电子商务部	失败		1		0
11	电子商务部	综合评价				6
12	电子商务部 总体评价					晋级
13	拓展部	胜利	1		1	6
14	拓展部	平局		1		1
15	拓展部	失败				0
16	拓展部	综合评价				7
17	拓展部 总体评价					晋级
18	办公室	胜利	1			3
19	办公室	平局			1	1
20	办公室	失败		1		0
21	办公室	综合评价				4
22	办公室 总体评价					降级
23	企划部	胜利		1		3
24	企划部	平局	1			1

	A	B	C	D
1	部门	第1局	第2局	第3局
2	财务部	胜利	胜利	胜利
3	企划部	平局	胜利	失败
4	招商部	胜利	失败	失败
5	咨讯部	失败	失败	胜利
6	电子商务部	胜利	失败	胜利
7	营运部	平局	胜利	平局
8	商品部	平局	胜利	平局
9	研发部	平局	胜利	平局
10	拓展部	胜利	平局	胜利
11	办公室	胜利	失败	平局
12	人资部	胜利	失败	平局
13	市场部	胜利	平局	平局

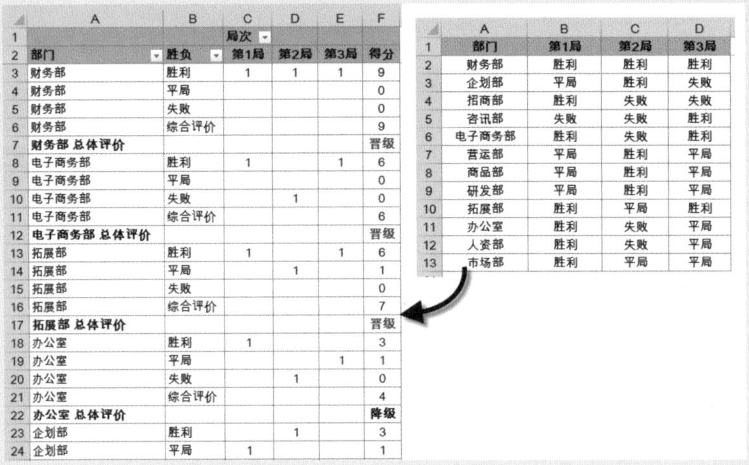

图 10-122 某公司部门间联赛成绩表

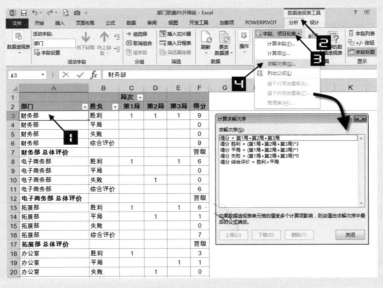

图 10-123 数据透视表【求解次序】选项

步骤② 在【计算求解次序】对话框中选中“得分胜利 =(第 1 局 + 第 2 局 + 第 3 局)*3”计算项，单击【上移】按钮，最后单击【关闭】按钮完成了求解次序的调整，数据透视表中的计算结果也相应地发生了改变，如图 10-124 所示。

用户在确定了正在处理的计算项后可以通过对话框中的【上移】或者【下移】按钮改变计算项的求解次序，也可以单击【删除】按钮将该计算项删除。

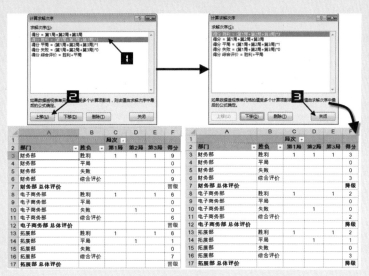

图 10-124　移动求解次序将会影响计算结果

10.5.7　列示数据透视表计算字段和计算项的公式

在数据透视表中添加完成的计算字段和计算项公式还可以通过报表的形式反映出来，以图 10-122 所示的数据透视表为例。

单击数据透视表内的任意单元格（如 F3），在【数据透视表工具】的【分析】选项卡中单击【字段、项目和集】的下拉按钮，然后在弹出的下拉菜单中选择【列出公式】命令，Excel 会自动生成一张新的工作表，列示出在数据透视表中添加的所有计算字段和计算项的公式，如图 10-125 所示。

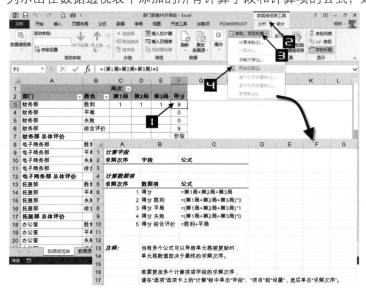

图 10-125　列示数据透视表计算字段和计算项公式

第 11 章　数据透视表函数综合应用

数据透视表是 Excel 中非常出色的功能，它具有操作灵活和数据处理快捷的特点。如果用户既希望能利用透视表出色的数据处理能力，同时又能使用自己设计的个性化表格，使用数据透视表函数是一个很好的选择。

本章将详细介绍数据透视表函数 GetPivotData 的使用方法和运用技巧，使用户对数据透视表函数有一个全面的认识，并掌握一定的运用技巧，从而设计出效率更高、更具个性的数据报表。

本章学习要点

❖ GetPivotData 函数的基础知识及语法结构。

❖ 静态、动态获取数据透视表数据。

❖ 获取自定义分类汇总的结果。

❖ 数据透视表函数与其他函数的联合使用。

❖ 数据透视表函数的具体应用。

11.1　初识数据透视表函数

数据透视表函数是为了获取数据透视表中各种计算数据而设计的，最早出现在 Excel 2000 版中，该函数的语法结构在 Excel 2003 得到了进一步改进和完善，一直沿用至 Excel 2013 版本。

11.1.1　快速生成数据透视表函数公式

数据透视表函数的语法形式较多，参数也比较多，用户在使用上可能会遇到一定的困难。好在 Excel 提供了快速生成数据透视表公式的方法，用户可以利用 Excel 提供的工具，快速生成数据透视表函数公式，很方便地获取到数据透视表中相应的数据，具体方法如下。

步骤① 选中数据透视表中的任意单元格（如 A3），在【数据透视表工具】的【分析】选项卡中单击【数据透视表】命令组中的【选项】下拉按钮。

步骤② 在【选项】下拉列表中，单击【生成 GetPivotData】选项，打开自动生成数据透视表函数公式开关，此时，当用户引用数据透视表中"值"区域中的数据时，Excel 就会自动生成数据透视表函数公式，如图 11-1 所示。

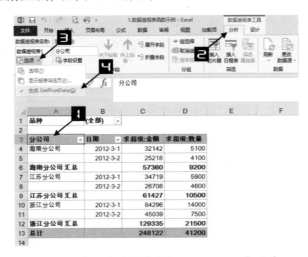

图 11-1　打开或关闭【生成 GetPivotData】开关

如果用户取消对【生成 GetPivotData】选项的选中状态，引用数据透视表"值"区域中的数据时，只能得到一个单元格引用。

此外，用户还可以通过重新设置 Excel 文档默认的设置来打开或关闭【生成 GetPivotData】开关，具体方法如下。

步骤① 在菜单中单击【文件】→【选项】命令，打开【Excel 选项】对话框。

步骤② 在【Excel 选项】对话框中，单击对话框左侧的【公式】选项命令，在对话框右侧的【使用公式】中选中或取消选中【使用 GetPivotData 函数获取数据透视表引用】的复选框，打开或关闭【生成 GetPivotData】开关，如图 11-2 所示。

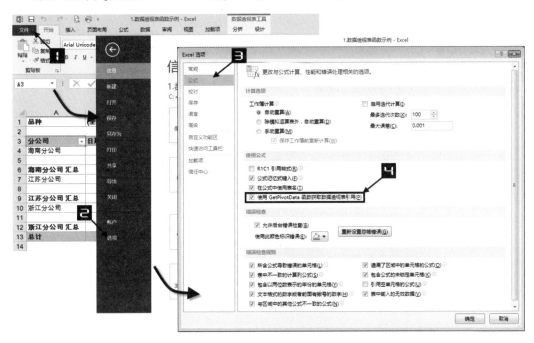

图 11-2 【使用 GetPivotData 函数获取数据透视表引用】选项

11.1.2 透视表函数公式举例

示例 11.1 数据透视表函数示例

当用户设置了打开【生成 GetPivot Data】开关后，可以通过数据透视表函数自动从数据透视表获取相关数据，如获取：

（1）海南分公司 2015 年 10 月 2 日"数量"的值 4100，数据透视表函数的公式如下，如图 11-3 所示。

=GETPIVOTDATA(" 求和项：数量 ",$A$3," 分公司 "," 海南分公司 "," 日期 ",DATE(2015, 10,2))

（2）浙江分公司汇总"金额"的值

图 11-3 数据透视表函数取值示例一

183

214475，数据透视表函数的公式如下，如图 11-4 所示。

=GETPIVOTDATA(" 求和项：金额 ",$A$3," 分公司 "," 浙江分公司 ")

（3）各分公司"数量"总计值 54700 的公式如下，如图 11-5 所示。

=GETPIVOTDATA(" 求和项：数量 ",$A$3)

	A	B	C	D
1	品种	(全部)		
2				
3	分公司	日期	求和项:金额	求和项:数量
4	海南分公司	2015-10-1	32142	5100
5		2015-10-2	25218	4100
6	海南分公司 汇总		57360	9200
7	江苏分公司	2015-10-1	34719	5900
8		2015-10-2	26708	4600
9	江苏分公司 汇总		61427	10500
10	浙江分公司	2015-10-1	142432	23200
11		2015-10-2	72043	11800
12	浙江分公司 汇总		214475	35000
13	总计		333262	54700
19	浙江分公司汇总"金额"的值			
20	=GETPIVOTDATA("求和项:金额",$A$3,"分公司","浙江分公司")			
21				

图 11-4 数据透视表函数取值示例二

	A	B	C	D
1	品种	(全部)		
2				
3	分公司	日期	求和项:金额	求和项:数量
4	海南分公司	2015-10-1	32142	5100
5		2015-10-2	25218	4100
6	海南分公司 汇总		57360	9200
7	江苏分公司	2015-10-1	34719	5900
8		2015-10-2	26708	4600
9	江苏分公司 汇总		61427	10500
10	浙江分公司	2015-10-1	142432	23200
11		2015-10-2	72043	11800
12	浙江分公司 汇总		214475	35000
13	总计		333262	54700
22	各分公司"金额"总计的公式为			
23	=GETPIVOTDATA("求和项:数量",$A$3)			
24				

图 11-5 数据透视表函数取值示例三

11.2 数据透视表函数的语法结构

11.2.1 数据透视表函数的基本语法

Excel 提供了 GETPIVOTDATA 函数来返回存储在数据透视表中的数据。如果报表中的计算或汇总数据可见，则可以使用 GETPIVOTDATA 函数从数据透视表中检索出相关数据。

该函数的基本语法如下。

```
GETPIVOTDATA(data_field,pivot_table,[field1,item1],[field2,item2 ]...)
```

（1）参数 data_field 表示包含要检索数据透视表的字段名称，其格式必须是以成对双引号输入的文本字符串或是经转化为文本类型的单元格引用。

> 当该参数是文本字符串时，必须使用成对双引号引起来；如果是单元格引用，必须使用文本类函数（如 T 函数），或直接使用文本连接符"&"连接一个空值符""""，将该参数转化成文本类型，否则会出现"#REF!"错误。

（2）参数 pivot_table 表示对数据透视表中任何单元格或单元格区域的引用，该信息用于决定哪个数据透视表包含要检索的数据。

（3）参数 field1,item1,field2,item……，为一组或多组"字段名称"和"项目名称"，主要用于描述获取数据的条件，该参数可以为单元格引用和常量文本字符串。

> （1）如果参数为数据透视表中"不可见"或"不存在"的字段，则 GETPIVOTDATA 函数将返回"#REF!"错误。
> （2）该语法结构适用于获取数据透视表各种汇总方式下的明细数据，或"自动"分类汇总方式下的分类汇总数据，但不能用于获取"自定义"分类汇总方式下的分类汇总数据。

11.2.2 数据透视表函数的第二种语法

数据透视表函数在 Excel 2000 版本中就出现了，在 Excel 2003 版本中函数的语法得到了修改和完善，并一直沿用 Excel 2013 版本，但出于兼容性的要求，同时也保留了 Excel 2000 版本下的语法用法，从而形成了另一种特殊语法用法。

```
= GETPIVOTDATA(pivot_table, name)
```

其中 pivot_table 表示对数据透视表中任何单元格或单元格区域的引用，该信息用于决定哪个数据透视表包含要检索的数据。

name 参数是一个文本字符串，它用引号括起来，描述要汇总数据取值条件，可以是：

```
<data_field field1item1field2item2 ……fielditemn>，或
<data_field field1[item1]field2[item2] ……fieldn[itemn]>
```

甚至可以进一步简化为：

```
<data_field item1item2 ……itemn>
```

整个公式可以理解为：

GETPIVOTDATA(透视表内任意单元格，"取值列字段名称组条件项 1 条件项 2 ……条件项 n"）

该语法的优点在于公式比较简捷，缺点是语法中会出现多个参数条件罗列在一起，不便使用者阅读和理解。

11.2.3 获取"自定义"分类汇总方式下汇总数据的特殊语法

当用户希望获取采用"自定义"分类汇总方式生成的数据透视表分类汇总数值时，需要使用 GETPIVOTDATA 函数的特殊语法公式，其语法结构如下。

```
GETPIVOTDATA(pivot_table,"<GroupName>[<GroupItem>;<FunctionName>]data_field ")
```

（1）参数 pivot_table，表示对数据透视表中任何单元格或单元格区域的引用，该信息用于决定哪个数据透视表包含要检索的数据。

（2）第 2 个参数，"<GroupName>[<GroupItem>;<FunctionName>]<data_field> " 是一个文本字符串，它用引号括起来，描述了要汇总数据取值条件，其中：

❖ <GroupName>，表示分组字段名称。

❖ <GroupItem>，表示分组字段对应的数据项。

❖ <FunctionName>，表示用于分类汇总的方法，包括"求和""计数"等。

❖ <data_field>，表示取值字段名称，取值字段不只一个时，各字段之间需要用空格隔开。

整个公式可以理解为：

GETPIVOTDATA(透视表内任意单元格，"分类行字段名称 [分类条件 ; 分类方式] 取值列字段名称组"）

注意 →

（1）"取值列字段名称组"部分也可以放在"分类字段名称"之间，但之间需要用空格隔开。

（2）在"自定义"分类汇总方式下，用户使用由 Excel 提供的自动生成数据透视表函数公式工具，获取分类汇总数据时，直接生成的函数公式产生的结果为"#REF!"错误。

生成的错误公式为：

```
GETPIVOTDATA(pivot_table,"<GroupName>[<GroupItem>;data,
<FunctionName>]data_field")
```

此时，需要根据正确的函数语法公式，将错误公式中的"data"部分手动删除后才能得到正确数据。

11.3 自动汇总方法下静态获取数据透视表计算数值

根据数据透视表函数公式，用户可以方便地获取到数据透视表中的计算数据。在默认情况下，数据透视表会采取“自动汇总”方式进行分类汇总。

图 11-6 是使用数据透视表汇总的 ABC 公司各分公司 2015 年 10 月份销售表，根据分析要求，现需要从数据透视表中获取有关数据。

	A	B	C	D	E	F	G	H	I	J
1	ABC公司销售汇总表									
2			品种	值						
3			A产品		B产品		C产品		金额汇总	数量汇总
4	分公司	日期	金额	数量	金额	数量	金额	数量		
5	海南分公司	2015-10-1	5976	900	3558	600	22608	3600	32142	5100
6		2015-10-2	4905	900	5241	800	15072	2400	25218	4100
7	海南分公司 汇总		10881	1800	8799	1400	37680	6000	57360	9200
8	江苏分公司	2015-10-1	14170	2600	2965	500	17584	2800	34719	5900
9		2015-10-2	13625	2500	1779	300	11304	1800	26708	4600
10	江苏分公司 汇总		27795	5100	4744	800	28888	4600	61427	10500
11	浙江分公司	2015-10-1	26160	4800			58136	9200	84296	14000
12		2015-10-2	14715	2700	3320	500	27004	4300	45039	7500
13	浙江分公司 汇总		40875	7500	3320	500	85140	13500	129335	21500
14	总计		79551	14400	16863	2700	151708	24100	248122	41200

图 11-6 ABC 公司销售汇总透视表

11.3.1 使用基本函数公式静态获取数据

1. 获取销售总金额

可以使用数据透视表函数公式自动输入工具，在 K17 单元格输入数据透视表函数公式，计算结果为 248122。

```
=GETPIVOTDATA(" 金额 ",$A$2)
```

公式解析：

第 1 个参数表示计算字段名称，本例中为“金额”，该值是由自动输入工具生成的，也可以手动删除“金额”前的空格，改为“金额”。

第 2 个参数为数据透视表中任意一个单元格，本例中为 $A$2。

GETPIVOTDATA 函数只有两个参数，没有其他条件时，表示要求获取计算字段的合计数。

2. 获取江苏分公司销售总数量

在 K18 单元格输入数据透视表函数公式，计算结果为 10500。

```
=GETPIVOTDATA(" 数量 ",$A$2," 分公司 "," 江苏分公司 ")
```

公式解析：

第 1 个参数，表示需要计算字段名称，本例中为“数量”，也可以删除空格修改为“数量”。

第 2 个参数，为数据透视表中任意一个单元格，本例中为 $A$2。

第 3、4 个参数，为分类计算条件组，由分类字段“分公司”和分类字段项“江苏分公司”组成。

3. 获取浙江分公司 2015 年 10 月 2 日销售金额

在 K19 单元格输入数据透视表函数公式，计算结果为 45039。

```
=GETPIVOTDATA(" 金额 ",$A$2," 分公司 "," 浙江分公司 "," 日期 ",DATE(2015,10,2))
```

公式解析：

第 1 个参数，表示需要计算字段名称，本例中为“金额”，也可以删除空格修改为“金额”。

第 2 个参数，表示数据透视表中任意一个单元格，本例中为 $A$2。

第 3、4 个参数，表示分类计算条件组，由分类字段"分公司"和分类字段项"浙江分公司"组成。

第 5、6 个参数，表示分类计算另一条件组，由分类字段"日期"和分类字段项 DATE(2015,10,2) 组成，这里的日期使用了 DATE 函数生成，也可以直接写成 "2015-10-2"，并用半角双引号引起来。

注意 ━━▸ 如果条件值为日期时，日期格式必须与透视表中的格式一致，或用 DATE 函数生成日期值。

4．海南分公司 2015 年 10 月 1 日 B 产品销售数量

在 K20 单元格输入数据透视表函数公式，计算结果为 600。

```
=GETPIVOTDATA(" 数量 ",$A$2," 品种 "," B 产品 "," 分公司 "," 海南分公司 "," 日期 ",
DATE(2015,10,1))
```

公式解析：

第 1 个参数，表示需要计算字段名称，本例中为" 金额"，也可以删除空格修改为"金额"。

第 2 个参数，表示数据透视表中任意一个单元格，本例中为 $A$2。

第 3、4 个参数，表示分类计算条件组，由分类字段"品种"和分类字段项"B 产品"组成。

第 5、6 个参数，表示分类计算条件组，由分类字段"分公司"和分类字段项"海南分公司"组成。

第 7、8 个参数，为分类计算另一条件组，由分类字段"日期"和分类字段项 DATE(2015,10,1) 组成，这里的日期使用了 DATE 函数生成，也可以直接写成 "2015-10-1"，并用半角双引号引起来。

从上述示例可以看出，当数据透视表函数的条件参数越多，获取得到的值越详细，反之得到将是各级分类汇总的值，计算结果如图 11-7 所示。

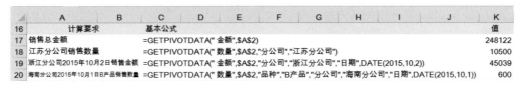

	A	B	C	D	E	F	G	H	I	J	K
16	计算要求		基本公式								值
17	销售总金额		=GETPIVOTDATA(" 金额 ",$A$2)								248122
18	江苏分公司销售数量		=GETPIVOTDATA(" 数量 ",$A$2,"分公司","江苏分公司")								10500
19	浙江分公司2015年10月2日销售金额		=GETPIVOTDATA(" 金额 ",$A$2,"分公司","浙江分公司","日期",DATE(2015,10,2))								45039
20	海南分公司2015年10月1日B产品销售数量		=GETPIVOTDATA(" 数量 ",$A$2,"品种","B产品","分公司","海南分公司","日期",DATE(2015,10,1))								600

图 11-7　透视表函数计算结果

11.3.2　使用数据透视表函数第二语法公式静态获取数据

1．获取销售总金额

在 K22 单元格输入数据透视表函数第二语法公式，计算结果为 248122。

```
=GETPIVOTDATA($A$2," 金额 ")
```

公式解析：

第 1 个参数，表示数据透视表中任意一个单元格，本例中为 $A$2。

第 2 个参数，为取值条件文本字符串，本例中只有"金额"字段名称一个条件，表示只获取"金额"的合计数。

2. 获取江苏分公司销售总数量

在 K23 单元格输入数据透视表函数公式，计算值为 10500。

```
=GETPIVOTDATA($A$2," 数量江苏分公司 ")
```

公式解析：

第 1 个参数，表示数据透视表中任意一个单元格，本例中为 $A$2。

第 2 个参数，为取值条件文本字符串，本例中为"数量　江苏分公司"，其中"数量"为计算字段名称，"江苏分公司"为具体计算条件，该条件表示要求获取江苏分公司数量合计值。

 注意 　在取值条件文本字符串中，各条件值之间需要用空格隔开，各条件值可以相互变换位置。

3. 获取浙江分公司 2015 年 10 月 2 日销售金额

在 K24 单元格输入数据透视表函数公式，计算结果为 45039。

```
=GETPIVOTDATA($A$2," 金额浙江分公司 2015-10-2")
```

公式解析：

第 1 个参数，表示数据透视表中任意一个单元格，本例中为 $A$2。

第 2 个参数，为取值条件文本字符串，本例中为"金额浙江分公司 2015-10-2"，其中"金额"为计算字段名称，"浙江分公司"和"2015-10-2"为具体计算条件，该条件表示要求获取浙江分公司 2015 年 10 月 2 日的金额合计值。

 注意 　取值条件文本字符串中，日期格式必须与透视表中的日期格式一致。

4. 海南分公司 2015 年 10 月 1 日 B 产品销售数量

在 K25 单元格输入数据透视表函数公式，计算结果为 600。

```
=GETPIVOTDATA($A$2," 数量　B产品海南分公司 2015-10-1")
```

公式解析：

第 1 个参数，表示数据透视表中任意一个单元格，本例中为 $A$2。

第 2 个参数，为取值条件文本字符串，本例中为"数量 B产品海南分公司 2015-10-1"，其中"数量"为计算字段名称，"B 产品""海南分公司""2015-10-1"为具体计算条件，该条件表示要求获取海南分公司 2015 年 10 月 1 日 B 产品的数量值。

使用数据透视表函数第二语法公式可以简化函数表达式，但条件参数排列在一起，不便于理解，计算结果如图 11-8 所示。

	计算要求	2000版公式							值
22	销售总金额	=GETPIVOTDATA($A$2,"金额")							248122
23	江苏分公司销售数量	=GETPIVOTDATA($A$2,"数量 江苏分公司")							10500
24	浙江分公司2015年10月2日销售金额	=GETPIVOTDATA($A$2,"金额 浙江分公司 2015-10-2")							45039
25	海南分公司2015年10月1日B产品销售数量	=GETPIVOTDATA($A$2," 数量 B产品 海南分公司 2015-10-1")							600

图 11-8　数据透视表函数计算结果

11.4　自动汇总方法下动态获取数据透视表数据

运用数据透视表，用户还可以使用混合单元格引用来动态获取数据透视表数据。图 11-9 是使用数据透视表汇总的 ABC 公司各分公司 2015 年 10 月份销售表，根据分析需要，现需要从数据透视表中动态获取有关数据。

			A产品		B产品		C产品		金额汇总	数量汇总
		品种 ▼	值							
分公司 ▼	日期 ▼	金额	数量	金额	数量	金额	数量		
海南分公司	2015-10-1	5976	1900	3558	600	22608	3600	32142	6100
	2015-10-2	4905	900	5241	800	15072	2400	25218	4100
海南分公司 汇总		10881	2800	8799	1400	37680	6000	57360	10200
江苏分公司	2015-10-1	14170	2600	2965	500	17584	2800	34719	5900
	2015-10-2	13625	2500	1779	300	11304	1800	26708	4600
江苏分公司 汇总		27795	5100	4744	800	28888	4600	61427	10500
浙江分公司	2015-10-1	26160	4800	3320	500	58136	9200	87616	14500
	2015-10-2	14715	2700	3321	930	27004	4300	45040	7930
浙江分公司 汇总		40875	7500	6641	1430	85140	13500	132656	22430
总计		79551	15400	20184	3630	151708	24100	251443	43130

（表标题：ABC公司销售汇总表）

扫一扫，
查看精彩视频！

图 11-9　ABC 公司销售汇总透视表

11.4.1　使用基本函数公式动态获取数据

1. 获取销售总金额

获取销售总金额的数据透视表函数公式如下，计算结果为 251443。

```
=GETPIVOTDATA(T(C5),$A$3)
```

公式解析：

第 1 个参数为计算字段名称，本例中为 C5 单元格引用值"金额"，并用 T 函数将其转换为文本类型，在这里也可以使用 C5&"" 或其他文本函数将 C5 单元格引用值转为文本类型。

第 2 个参数为数据透视表中任意一个单元格，本例为 A3 单元格的绝对引用格式。

2. 获取各分公司销售数量合计数

在 C23 单元格输入如下公式，并将公式向下拖动填充至 C25 单元格，计算得到的值如图 11-10 所示。

```
=GETPIVOTDATA(T(D$5),$A$3," 分公司 ",B23&" 分公司 ")
```

公式解析：

第 1 个参数为计算字段名称，本例引用数据透视表中 D5 单元格值"数量"，并用 T 函数转为文本类型。

第 2 个参数为数据透视表中任意一个单元格，本例为 A3 单元格的绝对引用格式。

第 3、4 个参数为取值条件组，第 3 个参数"分公司"为分类字段名称，第 4 个参数为分公司字段相应的数据项的值，即本例中的"B23&" 分公司 ""。

3. 获取各分公司 C 产品销售金额合计数

在 C29 单元格输入如下公式，并将公式向下拖动填充至 C31 单元格，计算得到的值如图 11-11 所示。

```
=GETPIVOTDATA(T($C$28),$A$3," 品种 ",$A$28," 分公司 ",B29&" 分公司 ")
```

公式解析：

第 1 个参数为计算字段名称，本例引用数据透视表中 C28 单元格值"金额"，并必须用 T 函数将其转为文本类型。

图 11-10　获取各分公司销售数量合计数　图 11-11　获取各分公司 C 产品销售金额合计数

第 2 个参数为数据透视表中任意一个单元格，本例为 A3 单元格的绝对引用格式。

第 3、4 个参数为取值条件组，第 3 个参数"品种"为分类字段名称，第 4 个参数为 $A$28 单元格的引用值"C 产品"。

第 5、6 个参数为取值条件组，第 5 个参数"分公司"为分类字段名称，第 6 个参数为分公司字段相应的数据项的值，即本例中的 B29&" 分公司 "。

4．获取各分公司 2015 年 10 月 2 日各产品销售数量

在 C36 单元格输入如下公式，并将公式向右向下拖动填充至 F38 单元格，计算得到的值如图 11-12 所示。

图 11-12　获取各分公司 2015 年 10 月 2 日各产品销售数量

```
=GETPIVOTDATA(T($B$34),$A$3," 品种 ",$B36," 分公司 ",C$35&" 分公司 "," 日期 ",$A36)
```

公式解析：

第 1 个参数为计算字段名称，本例引用数据透视表中 B34 单元格引用值"数量"，并必须用 T 函数将其转为文本类型。

第 2 个参数为数据透视表中任意一个单元格，本例为 A3 单元格的绝对引用格式。

第 3、4 个参数为第一组取值条件，第 3 个参数"品种"为分类字段名称，第 4 个参数为 $B36 单元格的混合引用，值为具体的产品名称。

第 5、6 个参数为第二组取值条件，第 5 个参数"分公司"为分类字段名称，第 6 个参数为分公司字段相应的数据项的值，即本例中的"C$35&" 分公司 ""。

第 7、8 个参数为第三组取值条件，第 7 个参数为"日期"分类字段名称，第 8 个参数为 $A36 的混合引用格式，值为具体的日期值。

注意　　当参数引用的单元格是日期型数值时，被引用的日期数值的格式不一定需要与透视表中相应日期数据项格式相一致，但如果该参数值为用双引号号引起的日期形式的文本字符串时，该日期格式必须与透视表中相应的日期数据项格式一致。

在数据透视表函数中，对有关参数使用单元格绝对引用、相对引用和混合引用格式，可以使数据透视表函数从数据透视表中动态地获取相应计算数值。

11.4.2　使用数据透视表函数第二语法公式动态获取数据

使用数据透视表函数第二语法公式同样可以实现动态获取数据透视表数据，仍以图 11-9 数

据透视表数据为例。

1.　获取销售总金额

获取销售总金额的数据透视表函数第二语法公式如下，计算结果为 251443。

```
=GETPIVOTDATA($A$3,C5)
```

公式解析：

第 1 个参数为数据透视表中任意一个单元格，本例为 A3 单元格的绝对引用格式。

第 2 个参数为计算字段名称，本例中为 C5 单元格引用值"金额"。

2.　获取各分公司销售数量合计数

在 C47 单元格输入如下公式，并将公式向下拖动填充至 C49 单元格，计算得到的值如图 11-13 所示。

```
=GETPIVOTDATA($A$3,$D$5&" "&$B47&" 分公司 ")
```

公式解析：

第 1 个参数为数据透视表中任意一个单元格，本例为 A3 单元格的绝对引用格式。

第 2 个参数为取值条件字符串，其中 $D$5 为计算字段名称，该单元格引用取值为"数量"；"$B47&" 分公司 ""，为各分公司名称，中间用文本连接符"&"连接一个空格，形成一个动态取值条件字符串，值为"数量海南分公司"。

3.　获取各分公司 C 产品销售金额合计数

在 C53 单元格输入如下公式，并将公式向下拖动填充至 C55 单元格，计算得到的值如图 11-14 所示。

```
=GETPIVOTDATA($A$3,$C$52&" "&$A$52&" "&B53&"分公司 ")
```

C47	▾	fx	=GETPIVOTDATA($A$3, $D$5&" "&$B47&"分公司")

	A	B	C	D	E	F	G
45	2、获取各分公司销售数量合计数						
46		分公司	数量				
47		海南	10200				
48		江苏	10500				
49		浙江	22430				

图 11-13　获取各分公司销售数量合计数

C53	▾	fx	=GETPIVOTDATA($A$3, $C$52&" "&$A$52&" "&B53&"分公司")

	A	B	C	D	E	F	G	H
51	3、获取各分公司C产品销售金额合计数							
52	C产品	分公司	金额					
53		海南	37680					
54		江苏	28888					
55		浙江	85140					

图 11-14　获取各分公司 C 产品销售金额合计数

公式解析：

第 1 个参数为数据透视表中任意一个单元格，本例为 A3 单元格的绝对引用格式。

第 2 个参数为取值条件字符串，其中 $C$52 为单元格引用，计算值为计算字段名"金额"。"$A$52"为单元格取值，计算值为"C 产品"；"$B53&" 分公司 ""，为各分公司名称。各条件之间还需要使用文本连接符"&"连接一个空格，形成一个动态取值条件字符串，值为"金额 C 产品海南分公司"。

4.　获取各分公司 2015 年 10 月 2 日各产品销售数量

在 C60 单元格输入如下公式，并将公式向右向下拖动填充至 F62 单元格，计算得到的值如图 11-15 所示。

```
=GETPIVOTDATA($A$3,$B$58&" "&$B60&" "&C$59&"分公司 "&" "&TEXT($A60,"yyyy-m-d"))
```

公式解析：

第 1 个参数为数据透视表中任意一个单元格，本例为 A3 单元格的绝对引用格式。

第 2 个参数为取值条件字符串计算字段名称，其中：$B$58 为单元格绝对引用，值为计算字段名称"数量"，$B60 为单元格相对引用，值为各产品名称；C$59&" 分公司 " 为各分公司名称；

TEXT($A60,"yyyy-m-d")，使用 TEXT 函数将 A60 单元格引用日期型取值转为与数据透视表中日期格式。各条件之间还需要使用文本连接符"&"连接一个空格,形成一个动态取值条件字符串,值为"数量 A 产品海南分公司 2015-10-2"。

	C60	▼ : × ✓ fx	=GETPIVOTDATA($A$3, $B$58& " "&$B60& " "&C$59& "分公司"& " "&TEXT($A60, "yyyy-m-d"))							
	A	B	C	D	E	F	G	H	I	J
57	4、获取各分公司2015年10月2日各产品销售数量									
58	请选择-->	数量								
59	日期	品种	海南	浙江	江苏	合计				
60	2015年10月2日	A产品	900	2700	2500	6100				
61	2015年10月2日	B产品	800	930	300	2030				
62	2015年10月2日	C产品	2400	4300	1800	8500				

图 11-15　获取各分公司 2015 年 10 月 2 日各产品销售数量

注意　在数据透视表函数第二语法公式中，当参数引用的单元格是日期型数值时，该日期格式必须与透视表中相应的日期数据项格式一致。

11.5　自定义汇总方法下获取数据透视表数据

当数据透视表分类汇总采用"自定义"方式，数据透视表函数则需要使用另一种特殊语法才能从数据透视表中检索出相关数据。

GETPIVOTDATA(透视表内任意单元格，"分类行字段名称 [分类条件 ; 分类方式] 取值列字段名称组")，具体应用如下。

示例 11.2　使用数据透视表函数进行银企对账单核对

图 11-16 左侧显示的是某单位 POS 机的刷卡清单，银行每天对该单位发生的所有刷卡金额汇总后，再扣除每笔 50 元的手续费，将资金汇入该单位企业账户。

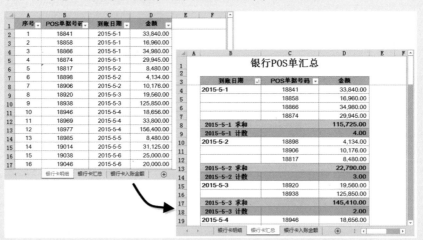

图 11-16　根据 POS 机刷卡明细数据创建的数据透视表

企业虽然每天有多笔刷卡交易，但入账金额只有一笔，为了准确、快速做好资金核对工作，确保资金安全，用户可以借助数据透视表，并使用数据透视表函数编制如图 11-17 所示的汇总表，用于与银行对账单进行核对。

银行POS刷卡入账金额汇总表

到账日期	刷卡金额	笔数	手续费	入账金额
2015-5-1	115,725.00	4	200.00	115,525.00
2015-5-2	22,790.00	3	150.00	22,640.00
2015-5-3	145,410.00	2	100.00	145,310.00
2015-5-4	208,856.00	3	150.00	208,706.00
2015-5-5	39,605.00	2	100.00	39,505.00
2015-5-6	45,000.00	2	100.00	44,900.00
2015-5-7	113,120.00	3	150.00	112,970.00
2015-5-8	193,690.00	2	100.00	193,590.00
2015-5-9	133,520.00	3	150.00	133,370.00
2015-5-10	42,590.00	3	150.00	42,440.00
2015-5-11	35,260.00	3	150.00	35,110.00
2015-5-12	37,710.00	2	100.00	37,610.00
2015-5-13	217,380.00	3	150.00	217,230.00
2015-5-14	73,520.00	3	150.00	73,370.00

银行卡明细 | 银行卡汇总 | 银行卡入账金额

图 11-17 应用透视表函数编制的“银行 POS 刷卡入账金额汇总表”

首先对 POS 机刷卡明细表创建的数据透视表，使用“求和”和“计数”两种自定义分类汇总方式，按天对 POS 机刷卡金额及笔数进行分类汇总，再应用数据透视表函数进行计算。

1. 计算刷卡金额

在“银行卡入账金额”工作表 C5 单元格输入如下公式，并复制填充至 C35 单元格，计算每天的刷卡总金额。

```
=IF(COUNTIF(银行卡汇总!$B:$B,$B5)=0,,GETPIVOTDATA(银行卡汇总!$B$3,银行卡汇总!$B$3&"["&TEXT($B5,"yyyy-m-d")&";求和]"&银行卡汇总!$D$3))
```

2. 计算刷卡笔数

在“银行卡入账金额”工作表 D5 单元格输入如下公式，并复制填充至 D35 单元格，计算每天的刷卡总笔数。

```
=IF(COUNTIF(银行卡汇总!$B:$B,$B5)=0,,GETPIVOTDATA(银行卡汇总!$B$3,银行卡汇总!$B$3&"["&TEXT($B5,"yyyy-m-d")&";计数]"&银行卡汇总!$D$3))
```

有了每天的刷卡汇总金额和刷卡笔数，就可以很容易地计算出每天刷卡手续费用合计及银行最终入账金额。

入账金额 = 每天刷卡金额合计 - 每天刷卡笔数 *50

11.6 数据透视表函数与其他函数联合使用

提取数据透视表数据，GETPIVOTDATA 函数的参数除了使用常量和单元格引用以外，还允许引用其他函数计算的结果。数据透视表函数与其他函数联合使用，可以产生更为神奇的效果。

示例 11.3 在数据透视表函数中运用内存数组

图 11-18 是某公司各个分公司 2015 年 2 月份部分销售数据所创建的数据透视表，如果用户希望了解销售量最大或最小的分公司的情况，而且结果不受数据透视表数据变动的影响，那么就需要运用到 GETPIVOTDATA 函数参数支持内存数组的特性。

为了让公式简洁，先定义名称“Corp”，其公式如下。

```
=IFERROR(GETPIVOTDATA(T(透视表!$E$1),透视表!$A$1,"分公司",透视表!$A$2:
$A$99),"")
```

	A	B	C	D	E
1	品种	分公司	金额	日期	数量
2	A产品	海南分公司	4,905.00	2015-2-2	900
3	A产品	江苏分公司	14,170.00	2015-2-1	2,600
4	A产品	江苏分公司	13,625.00	2015-2-2	2,500
5	A产品	浙江分公司	26,160.00	2015-2-1	4,800
6	A产品	浙江分公司	14,715.00	2015-2-2	2,700
7	B产品	海南分公司	3,558.00	2015-2-1	600
8	B产品	海南分公司	593.00	2015-2-2	100
9	B产品	江苏分公司	2,965.00	2015-2-1	500
10	B产品	江苏分公司	1,779.00	2015-2-2	300
11	C产品	海南分公司	22,608.00	2015-2-1	3,600
12	C产品	海南分公司	15,072.00	2015-2-2	2,400
13	C产品	江苏分公司	17,584.00	2015-2-1	2,800
14	C产品	江苏分公司	11,304.00	2015-2-2	1,800
15	C产品	浙江分公司	51,496.00	2015-2-1	8,200
16	C产品	浙江分公司	27,004.00	2015-2-2	4,300
17	D产品	海南分公司	5,976.00	2015-2-1	900
18	D产品	海南分公司	4,648.00	2015-2-2	700
19	D产品	浙江分公司	6,640.00	2015-2-1	1,000
20	D产品	浙江分公司	3,320.00	2015-2-2	500

	A	B	C	D	E
1	分公司	品种	日期	金额	数量
2	海南分公司	A产品	2015-2-2	4,905.00	900
3		A产品 汇总		4,905.00	900
4		B产品	2015-2-1	3,558.00	600
5			2015-2-2	593.00	100
6		B产品 汇总		4,151.00	700
7		C产品	2015-2-1	22,608.00	3600
8			2015-2-2	15,072.00	2400
9		C产品 汇总		37,680.00	6000
10		D产品	2015-2-1	5,976.00	900
11			2015-2-2	4,648.00	700
12		D产品 汇总		10,624.00	1600
13	海南分公司 汇总			57,360.00	9200
14	江苏分公司	A产品	2015-2-1	14,170.00	2600
15			2015-2-2	13,625.00	2500
16		A产品 汇总		27,795.00	5100
17		B产品	2015-2-1	2,965.00	500
18			2015-2-2	1,779.00	300
19		B产品 汇总		4,744.00	800
20		C产品	2015-2-1	17,584.00	2800
21			2015-2-2	11,304.00	1800
22		C产品 汇总		28,888.00	4600
23	江苏分公司 汇总			61,427.00	10500
24	浙江分公司	A产品	2015-2-1	26,160.00	4800
25			2015-2-2	14,715.00	2700
26		A产品 汇总		40,875.00	7500
27		C产品	2015-2-1	51,496.00	8200
28			2015-2-2	27,004.00	4300
29		C产品 汇总		78,500.00	12500
30		D产品	2015-2-1	6,640.00	1000
31			2015-2-2	3,320.00	500
32		D产品 汇总		9,960.00	1500
33	浙江分公司 汇总			129,335.00	21500
34	总计			248,122.00	41200

图 11-18 根据销售数据创建的数据透视表

公式中 GETPIVOTDATA 函数的第 4 个参数“透视表 !$A$2:$A$99”使用了区域引用，这样公式可以生成一个内存数组，再使用 IFERROR 函数去除错误值后，可以得到内存数组。

```
{9200;"";"";"";"";"";"";"";"";"";"";"";10500;"";"";"";"";"";"";"";"";"";
21500;"";"";"";"";"";"";"";"";"";"";"";"";"";"";"";"";"";"";"";"";"";"";"";
"";"";"";"";"";"";"";"";"";"";"";"";"";"";"";"";"";"";"";"";"";"";"";"";"";
"";"";"";"";"";"";"";"";"";"";"";"";"";"";"";"";"";"";"";"";"";"";"";"";"";"
";""}
```

用户可以使用名称“Corp”进行需要的查询与统计。

1. 计算销售量最大的分公司，计算结果为“浙江分公司”

```
=LOOKUP(2,1/(MAX(Corp)=Corp),$A$2:$A$33)
```

2. 计算销售量最小的分公司，计算结果为“海南分公司”

```
=LOOKUP(2,1/(MIN(Corp)=Corp),$A$2:$A$33)
```

3. 计算销售量最大的分公司 C 产品的销售金额，计算结果为 78500。

```
=GETPIVOTDATA(T(D1),A1,$B$1,"C产品",$A$1,LOOKUP(2,1/(MAX(Corp)=
Corp),$A$2:$A$33))
```

计算结果如图 11-19 所示。

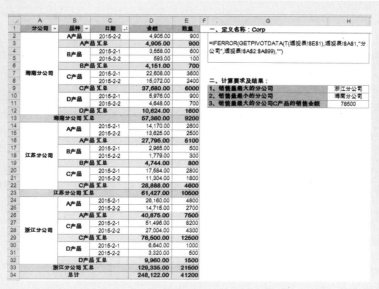

图 11-19 与其他函数联合使用的结果

> **注意➡**　虽然本技巧能够根据明细数据实时更新而动态变化，但只有在数据透视表的布局结构保持不变时，透视表函数公式才能正确地返回结果，否则将出现错误。

11.7　同时引用多个字段进行计算

当计算需要涉及数据透视表中的多个字段时，数据透视表函数还可以同时引用多个字段名称进行计算，大大简化了计算公式。

示例 11.4　多条件计算产品销售价格

仍以图 11-18 的数据为例，要求计算销售量最小的分公司 2015 年 2 月 1 日 D 产品的销售价格，具体计算公式如下。

```
=PRODUCT(GETPIVOTDATA(D1:E1&"",A1,$B$1,"D 产品 ",$A$1,LOOKUP(2,1/(MIN(Corp)=
Corp),$A$1:$A$33),$C$1,DATE(2015,2,1))^{1,-1})
```

公式解析：

（1）使用 GETPIVOTDATA 函数根据计算条件，同时获取"金额"和"数量"两个字段的值，函数公式如下。

```
GETPIVOTDATA(D1:E1&"",A1,$B$1,"D 产品 ",$A$1,LOOKUP(2,1/(MIN(Corp)=Corp),$A$1:
$A$33),$C$1,DATE(2015,2,1))
```

该公式的关键在于 GETPIVOTDATA 函数的第 1 个参数"D1:E1&"""，该参数引用了包含"金额""数量"两个计算字段名称所在的单元格区域，在其他计算条件相同的情况下，可以同时获取两个计算字段的值，计算结果为 {5976,900}。

> **注意** → 当多个计算字段相邻时，可以直接连续引用该字段所在单元格区域；如果计算字段不相邻，可以使用 OFFSET 函数、INDIRECT 函数进行间隔引用。

上述公式可以改为：

```
GETPIVOTDATA(OFFSET(D1,,,,2)&"",A1,$B$1,"D产品 ",$A$1,LOOKUP(2,1/(MIN(Corp)=Corp),$A$1:$A$33),$C$1,DATE(2015,2,1))
```

或者

```
GETPIVOTDATA(T(INDIRECT("r1c"&COLUMN(D:E),)),A1,$B$1,"D 产品 ",$A$1,LOOKUP(2,1/(MIN(Corp)=Corp),$A$1:$A$33),$C$1,DATE(2015,2,1))
```

（2）使用 PRODUCT 函数，将 GETPIVOTDATA 函数计算得到的结果与 {1,-1} 进行幂计算，形成结构相除算式，最终计算结果为 6.64。

11.8 从多个数据透视表中获取数据

当计算涉及多个分别创建在不同工作表中的数据透视表时，数据透视表函数还可以从多个数据透视表中同时获取数据进行计算。

示例 11.5 多数据透视表中取值

图 11-20 列示了某单位 2015 年 1 ～ 3 月份销售明细表，每个月包含一张销售明细表以及依据各月数据销售明细表创建的数据透视表。

图 11-20 某单位 2015 年 1 ～ 3 月份分月销售明细表及汇总数据透视表

现要求在"汇总"工作表中动态地反映 1～3 月份各月每个产品的销售数量、金额的本月数及累计数，编制如图 11-21 所示的销售汇总统计表。

由于汇总数据分别位于"1月""2月"和"3月"三个工作表中的不同数据透视表中，计算累计数就要求对多个数据透视表数据进行数据引用并计算汇总，具体公式设置如下。

销售汇总统计表				
2015年3月				
	数量		金额	
产品	本月数	累计数	本月数	累计数
甲产品	1,687.017	3,906.848	14,009,820.00	32,644,444.00
乙产品	1.824	244.297	31,395.00	2,068,939.00
丙产品	6.460	60.420	102,700.00	553,771.00
丁产品	0.672	66.648	10,710.00	565,395.00
戊产品	-	42.000		347,080.00
总计	1,695.973	4,320.213	14,154,625.00	36,179,629.00

图 11-21　销售汇总统计表

（1）在 B5 单元格设置如下公式，并将公式复制填充至 B9 单元格，对 C2 单元格进行日期选择，计算出各产品的本月数量。

=SUM(IFERROR(GETPIVOTDATA($B$3&"",INDIRECT(MONTH($C$2)&"月!G3")),"品种",$A5),))

（2）在 C5 单元格设置如下数组公式，并将公式复制填充至 C9 单元格，用于计算各产品 2015 年 1～3 月份累计数量。

=SUM(IFERROR(GETPIVOTDATA($B$3&"",INDIRECT(ROW(INDIRECT("1:"&MONTH($C$2)))&"月!H5"),"品种",$A5),))

思路分析：

1．使用 GETPIVOTDATA 函数计算累计数

GETPIVOTDATA($B$3&"",INDIRECT(ROW(INDIRECT("1:"&MONTH($C$2)))&"月!H5"),"品种",$A5)

该公式关键在于函数第 2 个参数，这一参数用于指明引用哪个数据透视表，可以是单元格引用，还可以是数组。本例中该参数根据 C2 单元所选日期，使用了多个函数计算得到一个动态数组，其中：

ROW(INDIRECT("1:"&MONTH($C$2)))

该公式动态形成一个数据，计算结果为 {1;2;3}。

ROW(INDIRECT("1:"&MONTH($C$2)))&"月!H5"

用于分别引用"1月""2月""3月"工作表中的 3 个数据透视表的 H5 单元格，用以分别指定 3 个数据透视表，计算结果为 {"1月!H5";"2月!H5";"3月!H5"}，最后用 INDIRECT 函数指定具体的引用值。

GETPIVOTDATA 函数计算结果为：{1145.169018;1074.662293;1687.016881}，分别为 1 月份、2 月份和 3 月份各产品数量的月合计数。

2．使用 IFEEOR 函数去除计算过程中的错误值，再用 SUM 函数求和

由于每月销售产品品种不同，有的月份会出现无某产品销售情况，这会导致 GETPIVOTDATA 函数取值出错，所以需要使用 IFEEOR 函数排错，即当出现错误时，取 0 值。最后用 SUM 函数求和。

注意　　该公式为数组公式，需要按 <Ctrl+Shift+Enter> 组合键结束输入。

3. "金额"的计算公式与"数量"类似，只需将 GETPIVOTDATA 函数第 1 个参数引用的 B3 单元格值"数量"改为引用 D3 单元格的值"金额"即可。

D5 单元格的公式如下。

`=SUM(IFERROR(GETPIVOTDATA($D$3&"",INDIRECT(MONTH($C$2)&"月!H5")),"品种",$A5),))`

E5 单元格的公式如下。

`=SUM(IFERROR(GETPIVOTDATA($D$3&"",INDIRECT(ROW(INDIRECT("1:"&MONTH($C$2)))&"月!H5")),"品种",$A5),))`

11.9 数据透视表函数综合应用示例

11.9.1 应用数据透视表函数为排名评定星级

数据透视表函数与其他函数相结合，可以充分发挥出数据透视表灵活和快速的优势，同时还能满足各种具体应用的需要。

示例 11.6 应用数据透视表函数为排名评定星级

图 11-22 是某企业 2015 年各月销售人员销售业绩的明细表，根据需要创建数据透视表，按月统计出销售人员的销售金额，并计算出各月销售人员的排名，现要求根据排名情况，为销售人员评定星级。星级评定标准为：月度第 1 名评为 5 星，第 2-4 名评为 4 星，第 5-7 名评为 3 星，第 8-10 名评为 2 星，第 10 名以后评为 1 星。

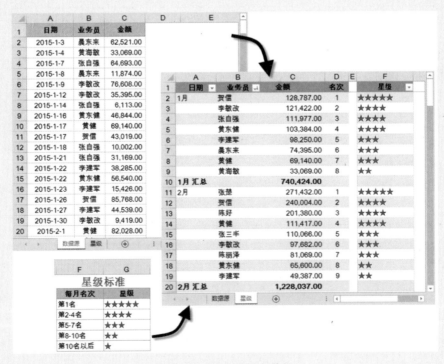

图 11-22　为名次评定星级

问题分析：

数据透视表已经计算出每月排名情况，因此只要应用 GETPIVOTDATA 函数获取每月销售人员的名次，再利用 LOOKUP 函数按星级标准返回相应的星级数即可解决问题。

在"星级"工作表中的 F2 单元格中输入如下公式，将公式复制并填充至 F136 单元格：

=IFERROR(LOOKUP(GETPIVOTDATA("名　次",$A$1,"日　期",LOOKUP("々",A2:A2),"业务员",B2),{1,2,5,8,11},{"★★★★★","★★★★","★★★","★★","★"})，"")

思路解析：

（1）用 GETPIVOTDATA 函数返回销售人员名次值。

GETPIVOTDATA("名次",$A$1,"日期",LOOKUP("々",A2:A2),"业务员",B2)

该公式中，GETPIVOTDATA 函数第 4 个参数使用了 LOOKUP 函数，动态填充"星级"工作表 A 列中"日期"字段中的空值单元格，以确保透视表函数计算正确。

（2）用 LOOKUP 函数，根据 GETPIVOTDATA 函数返回的销售人员名次的值，返回相应的星级数。

LOOKUP(星级数,{1,2,5,8,11},{"★★★★★","★★★★","★★★","★★","★"})

（3）用 IFERROR 函数进行容错处理。

11.9.2　应用数据透视表函数根据关键字汇总

数据透视表函数不能直接使用关键字作为参数，但运用其参数支持内存数组的特性，可以实现根据关键字检索数据透视表数据的目的。

示例 11.7　应用数据透视表函数根据关键字汇总

图 11-23 是一份费用凭证清单，清单中的会计科目是由总账科目和明细科目组合而成的，根据这份清单创建了一张费用汇总数据透视表，要求使用数据透视表函数直接计算出"营业费用""管理费用"和"财务费用"3 个总账科目的合计金额。

图 11-23　根据费用凭证记录创建费用汇总数据透视表

问题分析：

透视表中的会计科目是由总账科目和明细科目组合而成，常规的做法是在数据源表中添加辅助列，将总账科目与明细科目分开后，再创建数据透视表，或者是通过手动分组的方法，根据总账科目重新进行分组。

而数据透视表函数与其他函数组合应用，可以在对数据源和数据透视表不进行任何改动的情况下，方便地计算出结果。

在"透视表"工作表中的 E4 单元格，输入如下数组公式，并按 <Shift+Ctrl+Enter> 组合键结束输入，再将公式复制并填充至 E6 单元格。

```
{=SUM(IFERROR(GETPIVOTDATA(" 金额 ",$A$3,$A$3,IF(FIND($D4,$A$4:$A$40),$A$4
:$A$40)),,))}
```

该公式使用了 GETPIVOTDATA 函数，函数第 4 个参数，使用了 FIND 函数在 A4:A40 单元格区域查找"费用科目"中 D4 单元格的关键字，再用 IF 函数将查找结果转为具体会计科目及错误值组成的数组，计算结果如下。

{#VALUE!;" 营业费用 / 安全评价费 ";" 营业费用 / 仓储费 ";" 营业费用 / 港务费 ";" 营业费用 / 宣传费 ";" 营业费用 / 运杂费 ";" 营业费用 / 租赁费 ";#VALUE!;#VALUE!;#VALUE!;#VALUE!;#VALUE!;#VALUE!}

> 注意　在用 FIND 函数查找关键字时，所引用的区域的行数应该大于等于透视表的区域的行数，否则将会遗漏数据，造成计算结果不正确。

GETPIVOTDATA 函数根据这一参数计算的结果，进一步计算得到各种费用项目的金额，费用项目为错误值时，透视表函数相应返回错误值，计算结果如下。

{#REF!;18000;265629.82;8361.5;5757;321873.47;15000;#REF!;#REF!;#REF!;#REF!;#REF!;#REF!}

再用 IFERROR 函数去除错误值，最后用 SUM 函数求和计算出合计金额，计算结果如图 11-24 所示。

图 11-24　最后计算得到的各项费用总账科目的结果

11.9.3　应用数据透视表函数制作进货单

数据透视表函数还可以根据给定的条件筛选出特定数据。

示例 11.8　应用数据透视表函数制作进货单

图 11-25 是一份商品进货清单，根据进货清单创建了进货单汇总数据透视表（透视表 1），同时创建了进货单号透视表（透视表 2）。

图 11-25　根据进货记录创建数据透视表

要求：在"进货单"工作表中编制进货单，实现根据进货单号从数据透视表中筛选出相应的进货汇总记录的功能，如图 11-26 所示。

问题分析：

（1）这是一个透视表函数应用于透视表数据筛选的问题。

（2）从透视表中筛选出的记录，需要填制到特定格式的表单中。

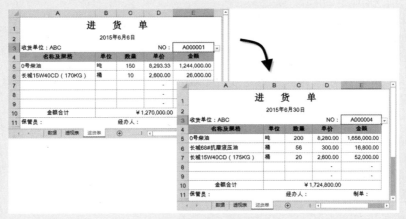

图 11-26　进货单

具体制作如下。

步骤①　定义名称 S_number，用于在"进货单"工作表的 E3 单元格中设置不重复单号数据有效性，公式如下。

=OFFSET（透视表 !$H$3,1,,COUNTA（透视表 !$H:$H)-2)

步骤② 为了简洁公式，定义名称 number，用于填充透视表"进货单号"字段中的空值单元格，形成内容连续的内存数组，公式如下。

=LOOKUP(ROW(透视表 !$A$5:$A$20),IF(透视表 !$A$5:$A$20<>"",ROW(透视表 !$A$5:
$A$20)), 透视表 !$A$5:$A$20)

步骤③ 在"进货单"工作表的 A5 单元格中设置如下公式，并将公式复制填充至 A5:E9 单元格区域。

{=INDEX(透视表 !B:B,SMALL(IF(IFERROR(GETPIVOTDATA(T(透视表 !$D$4), 透视表 !$A$3,
透视表 !$A$4,IF(number=$E$3,number)," 名称及规格 ", 透视表 !$B$5:$B$11," 单位 ", 透视
表 !$C$5:$C$20),),ROW(透视表 !$A$5:$A$20),100000),ROW(1:1)))}

公式解析：

（1）该公式使用了 INDEX(B:B,SMALL(IF(条件 ,ROW(单元格区域),100000),ROW(1:1)) 这种常用的筛选公式。

（2）IF 函数的判断条件核心是由 GETPIVOTDATA 函数返回的数组，公式如下。

GETPIVOTDATA(T(透视表 !$D$4), 透视表 !$A$3, 透视表 !$A$4,IF(number=$E$3,number)," 名称及
规格 ", 透视表 !$B$5:$B$11," 单位 ", 透视表 !$C$5:$C$20)

公式第 4 个参数，使用了 IF 函数和定义的名称 number，返回与 E3 单元格选定的单号相一致的"进货单号"的数组，具体值为：

{FALSE;FALSE;FALSE;FALSE;"A000004";"A000004";"A000004";FALSE;FALSE;FALSE;
FALSE;FALSE;FALSE;FALSE;FALSE;FALSE}

透视表函数经 IFEEROR 进行错误值处理后，返回数组如下。

{0;0;0;0;200;56;20;0;0;0;0;0;0;0;0;0}

该数组作为 IF 函数的判断条件，当条件值不为 0 时，返回 ROW(透视表 !$A$5:$A$20) 产生单元格所在行的行数值，当条件值为 0 时，返回 100000 这样一个足够大的值，用于 INDEX 返回得到一个空单元格的值，用于容错处理。

{100000;100000;100000;100000;9;10;11;100000;100000;100000;100000;100000;
100000;100000;100000;100000}

（3）SMALL 函数将 IF 函数返回的数组值从小到大排列，并逐一返回满足条件的值所在行号，再用于传递给 INDEX 函数得到最终的查找结果。

步骤④ 在 A2 单元格使用 VLOOKUP 函数返回进货单号对应的日期，在 B10 单元格用 SUM 函数求得合计金额。

至此，"进货单"中的公式全部设置完毕。当用户在 E3 单元格选定相应的进货单号后，就可以从数据透视表中筛选出相应的进货汇总记录。

11.9.4　计算分类百分比

Excel 2013 数据透视表自带了计算分类百分比的功能，所谓百分比是指每一明细分类项占其上一父级分类汇总项的百分比。而使用数据透视表函数第二语法公式也可以轻松实现这一计算功能。

示例 11.9　使用数据透视表函数计算分类汇总百分比

图 11-27 是根据某企业 2015 年第三季度销售情况制作的数据透视表，表中反映出第三季度每个月销售金额汇总情况，以及各产品在第三季度销售总金额中所占的比重。

图 11-27　根据销售数据创建数据透视表

实际上用户可能同时希望计算出每种产品销售金额占当月销售总额的比重，具体的计算方法如下。

在 G3 单元格输入如下公式，将公式复制并填充至 G15 单元格。

=PRODUCT(GETPIVOTDATA($A$2,$C$2&" "&LOOKUP(" 々 ",A$3:A3)&" "&T(OFF-SET($B3,,{0,4})))^{1,-1})

思路解析：

要计算每种产品销售金额占当月销售总金额中的比重，实际就是要计算单项占小计的比重。

根据数据透视表布局的特点，"日期"字段中包括空值，各月的汇总项名称与月汇总项对应的"品种"字段值也为"空值"。具体分析如下。

（1）使用透视表函数第二语法公式获取每种产品销售金额及相应各月分类汇总金额。

GETPIVOTDATA($A$2,$C$2&" "&LOOKUP(" 々 ",A$3:A3)&" "&T(OFFSET($B3,,{0,4})))

该公式：

第 1 个参数为数据透视表中任意单元格引用，本例中值为 $A$2。

第 2 个参数为计算条件字符串。

❖ "$C$2"为计算字段名称，计算结果为"金额"计算字段名称。

LOOKUP(" 々 "，A$3:A3)，用于填充"日期"字段中的空值。

T(OFFSET($B3,,{0,4})))，该部分公式通过 OFFSET 函数的 3 个数组参数，可以计算得到一个数组值，用于分别动态引用 B 列中的具体品种名称和空值，用于分别获取各品种和分类汇总值。

> **注意**
>
> （1）OFFSET($B3,,{0,4}))，该函数的第 3 个参数中的偏移 4，是用于取 F 列的空值，该值可以使用其他空列的对应列数代替。
>
> （2）该公式还需要使用 T 函数将 OFFSET 函数计算的数组值进行文本转换。

G3 单元格公式计算结果为 {27795,61427}，分类汇总行所在 G6 单元格公式计算结果为 {61427,61427}。

（2）用 PRODUCT 函数进行计算得到分类百分比结果。

```
=PRODUCT(GETPIVOTDATA 计算得到的内存数组
结果^{1,-1})
```

使用 PRODUCT 函数，将 GETPIVOTDATA 函数计算得到的结果与 {1,-1} 进行幂计算，形成相除结构算式，从而得到各品种销售金额除以各月销售总金额的结果，即得到分月的分类百分比结果，计算结果如图 11-28 所示。

	A	B	C	D	E	F	G
1						透视表功能	通用公式
2	日期	品种	金额	百分比	分类百分比		分类百分比
3	7月	A产品	27,795.00	45%	45.2%		45%
4		B产品	4,744.00	8%	7.7%		8%
5		C产品	28,888.00	47%	47.0%		47%
6	7月 汇总		61,427.00	25%	100%		100%
7	8月	A产品	40,875.00	百分比	31.6%		32%
8		C产品	78,500.00	值: 25%	60.7%		61%
9		D产品	9,960.00	行: 7月 汇总	7.7%		8%
10	8月 汇总		129,335.00	列: 百分比	100%		100%
11	9月	A产品	4,905.00	9%	8.6%		9%
12		B产品	4,151.00	7%	7.2%		7%
13		C产品	37,680.00	66%	65.7%		66%
14		D产品	10,624.00	19%	18.5%		19%
15	9月 汇总		57,360.00	23%	100%		100%
16	总计		248,122.00	100%			

图 11-28　分类百分比计算结果

> **提示**
>
> Excel 2013 可以在【数据透视表工具栏】的【设计】选项卡中单击【报表布局】→【重复所有项目标签】命令，用以填充日期字段的空值，这样计算分类百分比的公式可以进一步简化为：
>
> ```
> =PRODUCT(GETPIVOTDATA($A$2,$C$2&" "&A3&" "&T(OFFSET
> ($B3,,{0,4})))^{1,-1})
> ```

11.10　使用数据透视表函数应注意的问题

1．不能在关闭的数据透视表文档中获取或刷新计算数据

在使用数据透视表函数获取数据透视表中的数据时，相应的数据透视表文档必须打开，否则将无法获取正确数据或刷新数据。

当用户将使用数据透视表函数取值的文档内容复制到目标工作簿后，如果原数据透视表文档未打开或不存在的情况下，打开目标工作簿刷新数据后，所有使用数据透视表函数取到的数值会变为"#REF!"错误。

该问题的解决方案：在需要取值的数据透视表工作簿中使用数据透视表函数。

2．多个字段包含相同数据项时数据透视表函数第二语法公式不能正确取值

如果数据透视表有两个或两个以上字段包含有相同数据项时，使用数据透视表函数第二语法公式将无法获取数据透视表数据，会出现"#N/A"错误。

该问题的解决方案：使用数据透视表函数的基本语法公式取值。

3．残留数据项会影响数据透视表函数第二语法公式正确取值

当数据透视表经过多次修改后，分类字段和页字段可能会产生许多残留数据项。此时，使用数据透视表函数第二语法公式将无法正确取值，会出现"#N/A"错误。

该问题的解决方案：

（1）使用数据透视表函数的基本语法结构取值。

（2）清除残留数据项后，再使用数据透视表函数第二语法公式取值（"清除残留数据项"的方法，请参阅 3.14 节）。

4. 获取多个数据透视表数据时应注意的问题

如果数据透视表函数中的"pivot_table"参数包含两个或更多个数据透视表的区域，则只返回最新创建的数据透视表中的数据。

图 11-29 展示的是在"数据透视表"工作表中根据"数据源"工作表中数据创建的两个数据透视表，其中"A 产品"的数据透视表是先创建的，"B 产品"的数据透视表是后创建的。

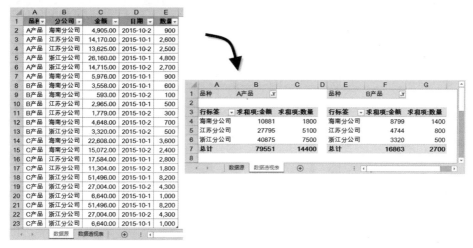

图 11-29　在同一工作表中创建的两个数据透视表

如果使用一个数据透视表函数同时获取 A、B 两个产品海南分公司的金额的合计数据，用户可能会使用以下公式。

```
=sum(GETPIVOTDATA("求和项：金额",C3:E3,"分公司","海南分公司"))
```

该公式第二参数，即"pivot_table"参数为 C3:E3，包括了"A 产品"和"B 产品"两个数据透视表的区域，此时"pivot_table"参数虽然包括两个数据透视表区域，但返回的结果仅是后创建的"B 产品"数据透视表中的海南分公司的金额为 8799。

要解决这一问题可以使用以下公式：

```
=sum(GETPIVOTDATA("求和项：金额",INDIRECT({"C3","G3"}),"分公司","海南分公司"))
```

该公式中数据透视表函数的"pivot_table"参数使用了 INDIRECT 函数，将包括两个数据透视表的区域引用的文本"C3"和"G3"转换为实际引用，并计算产生一个数组：{10881,8799}，再用 SUM 函数计算求和，结果为 19680。

第 12 章　创建动态数据透视表

用户创建数据透视表后，如果数据源增加了新的数据记录，即使刷新数据透视表，新增的数据也无法显示在已经创建好的数据透视表中，用户往往需要更改数据范围来实现数据源更新。当用户需要频繁地向数据源中增加新的数据记录时，每次都更改数据源范围就变得很麻烦，面对这种情况时，用户可以通过创建动态数据透视表来解决。

本章介绍创建动态数据透视表的 3 种方法：定义名称法、创建表格法和 VBA 代码法。通过本章的学习，用户可以掌握创建动态数据透视表的方法，从而有效地解决新增数据记录在数据透视表中更新的问题。

12.1　定义名称法创建动态数据透视表

通常，创建数据透视表是通过选择一个已知的区域来进行，这样数据透视表选定的数据源区域就会被固定。而定义名称法创建数据透视表，则是使用公式定义数据透视表的数据源，实现了数据源的动态扩展，从而创建动态的数据透视表。

示例 12.1　使用定义名称法统计动态销售记录

图 12-1 所示展示了某品牌商场的销售记录，销售记录每天都会增加，用户希望把它创建成动态的数据透视表，每天销售记录增加后，不需要更改透视表的数据范围，只需刷新即可更新报表，方法如下。

	A	B	C	D	E	F	G
1	销售日期	商场	品名	单价¥	数量	销售金额¥	
2	2015/2/1	成都王府井	卫衣	249	2	498.00	
3	2015/2/1	哈尔滨远大	T恤	199	2	398.00	
4	2015/2/1	杭州大厦	外套	559	1	559.00	
5	2015/2/1	杭州银泰	衬衣	229	1	229.00	
6	2015/2/1	南京德基	牛仔裤	499	1	499.00	
7	2015/2/1	南京金鹰	卫衣	249	1	249.00	
8	2015/2/1	上海八佰伴	T恤	199	2	398.00	
9	2015/2/1	深圳万象城	外套	559	1	559.00	
10	2015/2/1	沈阳中兴	衬衣	229	1	229.00	
11	2015/2/1	石家庄北国	牛仔裤	499	1	499.00	
12	2015/2/1	武汉广场	卫衣	249	1	249.00	

图 12-1　某品牌商场销售记录

步骤① 打开"销售记录"工作表，在【公式】选项卡中单击【名称管理器】按钮，打开【名称管理器】对话框（此外，按 <Ctrl+F3> 组合键也可以打开【名称管理器】对话框），单击【新建】按钮，弹出【新建名称】对话框，在【名称】文本框中输入"data"，在【引用位置】文本框中输入公式。

=OFFSET(销售记录 !$A$1,0,0,COUNTA(销售记录 !$A:$A),COUNTA(销售记录 !$1:$1))

单击【确定】按钮关闭【新建名称】对话框，单击【关闭】按钮关闭【名称管理器】对话框，如图 12-2 所示。

公式解析：OFFSET 是一个引用函数，第 2 个和第 3 个参数表示行、列偏移，这里是 0 意味着不发生偏移，0 在函数公式中可以省略不写，所以用户时常会看到如下写法。

=OFFSET(销售记录 !$A$1,,,COUNTA(销售记录 !$A:$A),COUNTA(销售记录 !$1:$1))

图 12-2　定义名称

　　第 4 个参数和第 5 个参数表示引用的高度和宽度，即要得到这个新区域的范围。公式中分别统计 A 列和第 1 行的非空单元格的数量作为数据源的高度和宽度。当"销售记录"工作表中新增了数据记录时，这个高度和宽度的值会自动发生变化，从而实现对数据源区域的动态引用。

> **注意**　此方法要求数据源区域中用于公式判断的行和列的数据中间（如本例中的首行和首列）不能包含空单元格，否则将无法用定义名称取得正确的数据区域。

步骤②　单击"销售记录"工作表中的任意一个单元格（如 A4），单击【插入】→【数据透视表】按钮，弹出【创建数据透视表】对话框，在【表/区域】文本框中输入定义好的名称"data"，单击【确定】按钮创建一张空白的数据透视表，如图 12-3 所示。

步骤③　向空白的数据透视表中添加字段，设置数据透视表布局，以完成统计汇总，如图 12-4 所示。

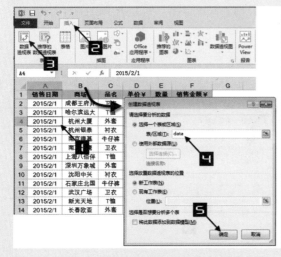

	A	B	C	D
1	商场	(全部)		
2				
3	行标签	求和项:数量	求和项:销售金额¥	
4	T恤	40	7960	
5	衬衣	35	8015	
6	牛仔裤	43	21457	
7	外套	36	20124	
8	卫衣	35	8715	
9	总计	189	66271	
10				
11				

图 12-3　用定义的名称创建数据透视表　　　　图 12-4　创建数据透视表

至此，完成了动态数据透视表的创建，用户可以向作为数据源的销售记录中添加一些新记录来检验。如新增一条"销售日期"为"2015/2/11""品名"为"休闲鞋"，"单价"为"599"，"数量"为"1"，"销售金额"为"599.00"的记录，然后在数据透视表中右击，在弹出的快捷菜单中选择【刷新】命令，即可见到新增的数据，如图 12-5 所示。

图 12-5　动态数据透视表自动增添新数据

12.2　使用"表格"功能创建动态数据透视表

在 Excel 中，利用"表格"的自动扩展功能也可以创建动态数据透视表。

示例 12.2　使用表格功能统计动态销售记录

以图 12-1 所示某品牌商场销售记录表为例，使用表格功能创建动态数据透视表方法如下。

步骤① 在"销售记录"工作表中单击任意一个单元格（如 A4），单击【插入】→【表格】按钮，弹出【创建表】对话框，如图 12-6 所示。

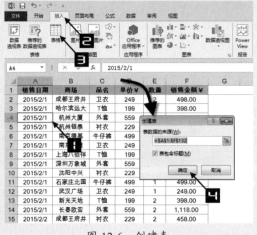

图 12-6　创建表

步骤② 单击【确定】按钮即可将当前的数据列表转换为 Excel "表格"，如图 12-7 所示。

步骤③ 单击 "表格"中的任意一个单元格（如 A4），在【插入】选项卡中单击【数据透视表】按钮，弹出【创建数据透视表】对话框，再单击【确定】按钮创建一张空白的数据透视表，如图 12-8 所示。

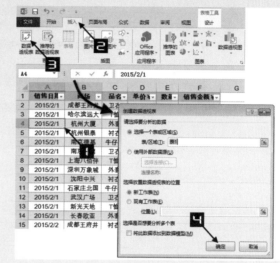

图 12-7 创建的 "表格"   图 12-8 创建数据透视表

步骤④ 向空白数据透视表中添加字段，设置数据透视表布局，如图 12-9 所示。

　　用户可以在 "表格"中添加一些新记录来检验。例如，添加一条 "品名"为 "休闲鞋"，"单价"为 "599"，"数量"为 "1"，"销售金额"为 "599.00"的记录，然后刷新刚刚创建的数据透视表，即可见新增的数据，如图 12-10 所示。

图 12-9 设置数据透视表   图 12-10 动态数据透视表自动增加数据

12.3 新字段自动进入数据透视表布局

使用定义名称法或表方法创建的动态数据透视表，对于数据源中新增的行记录，刷新数据透视表后可以自动显示在数据透视表中。对于数据源中新增的列字段，刷新数据透视表后只能显示在【数据透视表字段】列表中，需要重新布局后才可以显示在数据透视表中，如图 12-11 所示。

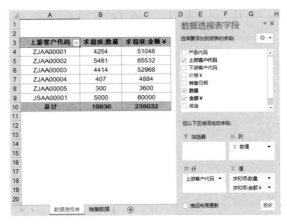

图 12-11 新增的列字段存在于【数据透视表字段】列表中

示例 12.3 动态数据透视表新增列字段

用户通过定义名称的方法创建了一个数据透视表，当数据源加入一个"奖金"字段，刷新数据透视表后，"奖金"字段虽然出现在【数据透视表字段】列表中，但是需要用户将该字段拖曳到【值】区域中方可查看其汇总情况。如果用户想要实现数据源中增加列字段可以自动在数据透视表的【值】区域显示的效果，可以借助 VBA 代码，方法如下。

步骤① 在数据透视表所在的工作表标签上右击，在弹出的快捷菜单中选择【查看代码】命令，进入 VBA 编辑窗口，在 VBA 代码窗口的代码区域中输入以下代码，如图 12-12 所示。

```
Dim strFld
Private Sub Worksheet_Activate()
    Dim pv As PivotTable, rng As Range, dfld As PivotField
    If strFld = "" Then Exit Sub
    Set pv = Sheet1.[b3].PivotTable
    pv.RefreshTable
    For Each rng In Worksheets(" 销售数据 ").Range("data").Rows(1).Cells
    If VBA.InStr(1, strFld, "," &VBA.Trim(rng)) = 0 Then _
    pv.AddDataFieldpv.PivotFields(rng.Value), " " &rng.Value, xlSum
    Next rng
    pv.ManualUpdate = False
    Application.ScreenUpdating = True
    End Sub
    Private Sub Worksheet_Deactivate()
```

```
        Dim pv As PivotTable
        Set pv = Sheet1.[b3].PivotTable
        strFld = ""
        For Each dfldInpv.PivotFields
        strFld = strFld& "," &dfld.Name
        Next
    End Sub
```

图 12-12　在 VBA 编辑器窗口中输入 VBA 代码

步骤② 按下 <Alt+F11> 组合键切换到 Excel 窗口。

从现在开始，在"销售数据"中新增行列数据后，只要激活数据透视表所在的工作表，数据透视表中就会立即自动显示新增的行列内容，如图 12-13 所示。

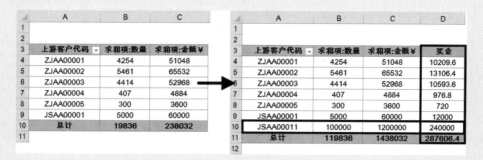

图 12-13　数据源中新增行列字段自动在数据透视表中显示

注意
当数据源的工作表名称发生变化时，用户需要在 VBA 代码中将"销售数据"修改为新的数据源名称。

第 13 章　创建复合范围的数据透视表

　　当数据源是单张数据列表时，用户可以轻松地使用数据透视表进行统计汇总。但日常工作中用户时常会遇到数据源是多个数据区域的情况，这些数据区域可能在同一个工作表的不同单元格区域，也可能存在于不同的工作表中，甚至存在于不同的工作簿中。这些数据区域之间又存在某种联系，需要进行合并处理，用户如果通过常规的数据透视表创建方法就会遇到困难。此时，用户可以通过创建多重合并计算数据区域的数据透视表来实现，即创建复合范围的数据透视表。

> **本章学习要点**
>
> ❖ 创建"多工作表数据源区域"的数据透视表。
> ❖ 创建"多工作簿数据源区域"的数据透视表。
> ❖ 创建"不规则数据源"的数据透视表。
>
> ❖ 创建动态"多重合并计算数据区域"的数据透视表。
> ❖ 关于"多重合并计算数据区域"数据透视表的字段限制及解决方案。

13.1　创建多重合并计算数据区域的数据透视表

13.1.1　创建单页字段的数据透视表

示例 13.1　创建单页字段的数据透视表——汇总客户订单

　　图 13-1 展示了同一个工作簿中的 3 张数据列表，分别记录着 3 个客户的订单明细情况，现需要将 3 张订单进行合并汇总后统一向工厂下单生产，具体步骤如下。

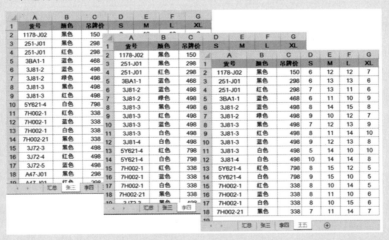

图 13-1　待合并的数据列表

步骤①　单击工作簿中的"汇总"工作表标签，激活"汇总"工作表，依次按下键盘上的 <Alt>、<D>、<P> 键，打开【数据透视表和数据透视图向导--步骤1（共3步）】对话框，选中【多重合并计算数据区域】单选按钮，单击【下一步】按钮，如图 13-2 所示。

步骤② 在弹出的【数据透视表和数据透视图向导 -- 步骤 2a（共 3 步）】对话框中保持【创建单页字段】单选按钮的默认设置，然后单击【下一步】按钮，打开【数据透视表和数据透视图向导 - 第 2b 步，共 3 步】对话框，如图 13-3 所示。

图 13-2　选中多重合并计算数据区域单选按钮　　　　图 13-3　默认创建单页字段

步骤③ 单击【选定区域】编辑框的折叠按钮，单击"张三"工作表标签，然后选中"张三"工作表的 $A1$1:$G$19 单元格区域，关闭折叠按钮，【选定区域】文本框中将出现待合并的数据区域"张三 !$A$1:$G$19"，单击【添加】按钮完成第一个待合并数据区域的添加，如图 13-4 所示。

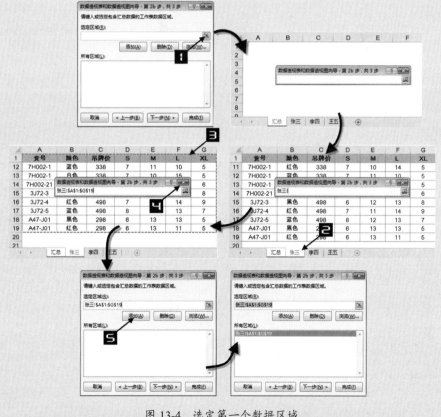

图 13-4　选定第一个数据区域

步骤④ 重复步骤3，将"李四"和"王五"工作表中的数据添加到【所有区域】列表框中，如图13-5所示。

步骤⑤ 单击【下一步】按钮，在弹出的【数据透视表和数据透视图向导 -- 步骤3（共3步）】对话框中，为所要创建的数据透视表指定存放位置"汇总 !$A$1"，单击【完成】按钮创建数据透视表，如图13-6所示。

步骤⑥ 将数据透视表的值汇总方式由"计数项：值"更改为"求和项：值"，如图13-7所示。

图 13-5 选定待合并的所有数据区域

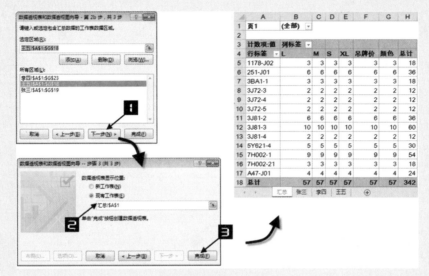

图 13-6 创建多重合并计算数据区域数据透视表

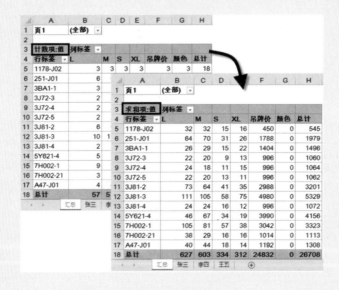

图 13-7 更改数据透视表汇总方式

步骤⑦ 单击“列标签”字段的下拉按钮，在弹出的下拉菜单中取消选中“吊牌价”“颜色”的复选框，单击【确定】按钮，对数据透视表进行字段顺序调整及美化，如图 13-8 所示。

页1	(全部)				
求和项:值	列标签				
行标签	S	M	L	XL	总计
1178-J02	15	32	32	16	95
251-J01	31	70	64	26	191
3BA1-1	15	29	26	22	92
3J72-3	9	20	22	13	64
3J72-4	11	18	24	15	68
3J72-5	13	20	22	11	66
3J81-2	41	64	73	35	213
3J81-3	58	105	111	75	349
3J81-4	16	24	24	12	76
5Y621-4	34	67	46	19	166
7H002-1	57	81	105	38	281
7H002-21	16	29	38	16	99
A47-J01	18	44	40	14	116
总计	334	603	627	312	1876

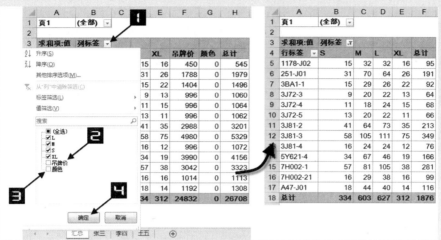

图 13-8　单页字段多重合并数据计算区域的数据透视表

在图 13-8 所展示的创建完成的数据透视表中，报表筛选字段“页 1”显示项为【（全部）】，则显示了 3 个客户的汇总订单。如果在报表筛选字段中选择其他选项，则可单独显示各个客户的订单明细，如图 13-9 所示。

页1	项1		
求和项:值	列标签		
行标签	S	M	L
1178-J02	3	8	8
251-J01	6	18	16
3BA1-1	3	7	6
3J72-3	3	8	9
3J72-4	4	7	10
3J72-5	5	8	9
3J81-2	9	16	19
3J81-3	16	33	34
3J81-4	6	10	10
5Y621-4	9	22	14
7H002-1	12	19	27
7H002-21	3	7	10
A47-J01	6	18	16
总计	85	181	188

页1	项2		
求和项:值	列标签		
行标签	S	M	L
1178-J02	6	12	12
251-J01	13	26	24
3BA1-1	6	11	10
3J81-2	17	24	27
3J81-3	29	49	50
3J81-4	10	14	14
5Y621-4	17	30	22
7H002-1	24	31	39
7H002-21	7	11	14
总计	129	208	212

页1	项3				
求和项:值	列标签				
行标签	S	M	L	XL	总计
1178-J02	6	12	12	6	36
251-J01	12	26	24	10	72
3BA1-1	6	11	10	8	35
3J72-3	6	12	13	8	39
3J72-4	7	11	14	9	41
3J72-5	8	12	13	7	40
3J81-2	15	24	27	13	79
3J81-3	13	23	27	17	80
5Y621-4	8	15	10	5	38
7H002-1	21	31	39	15	106
7H002-21	6	11	14	6	37
A47-J01	12	26	24	10	72
总计	120	214	227	114	675

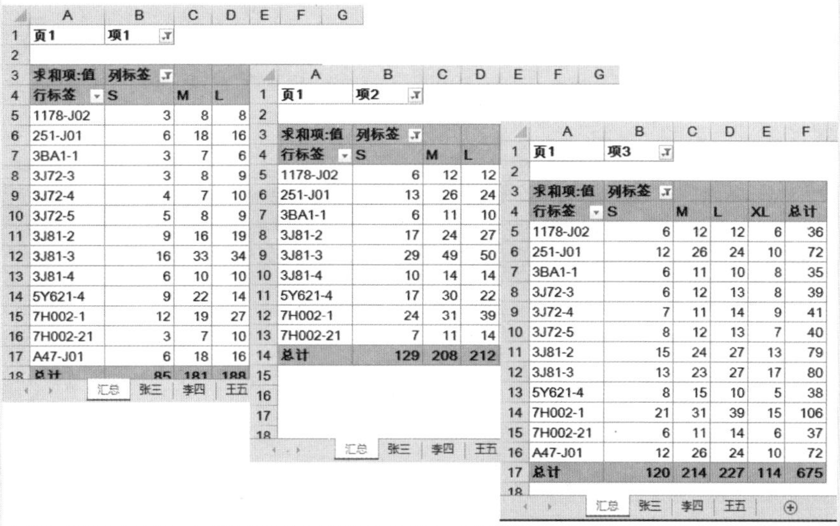

图 13-9　单独显示每个客户的订单明细

在图 13-9 中，报表筛选字段中的“项 1”“项 2”“项 3”所对应的客户与在【数据透视表和数据透视图向导 - 第 2b 步，共 3 步】中【所有区域】文本框的数据源区域的顺序一致，如图 13-10 所示。虽然通过报表筛选字段可以单独查看每个客户的订单明细，但是用户无法直观地看到该项所代表的客户，随着客户增多，报表的可读性将变得越来越差。为解决这个问题，用户可以通过“自定义页字段”的方式创建多重合并计算数据区域的数据透视表。

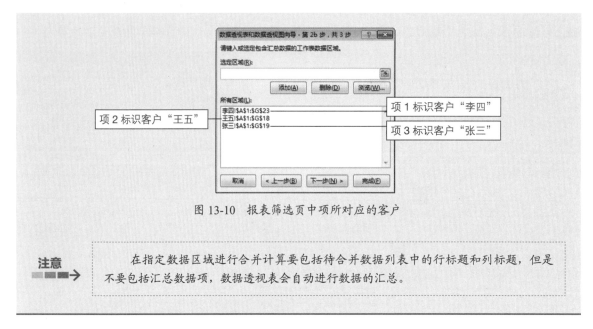

图 13-10 报表筛选页中项所对应的客户

> **注意**
>
> 在指定数据区域进行合并计算要包括待合并数据列表中的行标题和列标题，但是不要包括汇总数据项，数据透视表会自动进行数据的汇总。

13.1.2 创建自定义页字段的数据透视表

创建"自定义"的页字段就是事先为待合并的数据源区域进行标识，在将来创建好的数据透视表中，报表筛选字段的下拉列表将会出现用户已经命名的选项，自定义字段更加灵活，也使数据透视表具有良好的可读性。

示例 13.2 创建自定义页字段的数据透视表——汇总客户订单

仍以图 13-1 所示的数据列表为例，创建自定义页字段的数据透视表，方法如下。

步骤① 单击工作簿中的"汇总"工作表标签，激活"汇总"工作表，依次按下键盘上的 <Alt>、<D>、<P> 键，打开【数据透视表和数据透视图向导 -- 步骤1（共3步）】对话框，选中【多重合并计算数据区域】单选按钮，单击【下一步】按钮，如图 13-11 所示。

步骤② 在弹出的【数据透视表和数据透视图向导 -- 步骤2a（共3步）】对话框中，单击【自定义页字段】单选按钮，单击【下一步】按钮，打开【数据透视表和数据透视图向导 - 第2b步，共3步】对话框，如图 13-12 所示。

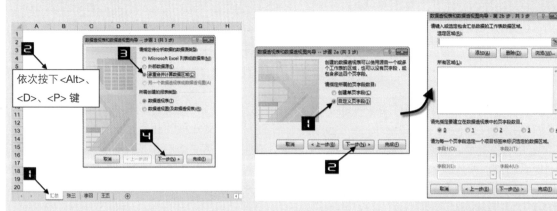

图 13-11 选中多重合并计算数据区域按钮　　图 13-12 创建自定义页字段的数据透视表

步骤③ 在弹出的【数据透视表和数据透视图向导 - 第 2b 步，共 3 步】对话框中，向【所有区域】列表框中添加"张三 !\$A\$1:\$G\$19"数据区域，同时在【请先指定要建立在数据透视表中的页字段数目】选项中选择【1】单选按钮，在【字段 1】的下拉列表中输入"张三"，完成第一个待合并区域的添加，如图 13-13 所示。

步骤④ 重复步骤 3 操作，依次添加"李四 !\$A\$1:\$G\$23"和"王五 !\$A\$1:\$G\$18"的数据区域，并将其分别命名为"李四"和"王五"，如图 13-14 所示。

图 13-13 使用自定义页字段

图 13-14 使用自定义页字段

步骤⑤ 单击【下一步】按钮，在弹出的【数据透视表和数据透视图向导 -- 步骤 3（共 3 步）】对话框中，为所要创建的数据透视表指定存放位置"汇总 !\$A\$1"，单击【完成】按钮创建数据透视表，如图 13-15 所示。

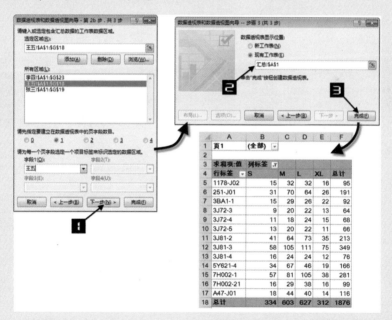

图 13-15 自定义页字段多重合并计算数据区域的数据透视表

步骤⑥ 将"计数项: 值"字段的值汇总方式更改为"求和项: 值"，去掉"列标签"中对"吊牌价""颜色"复选框的选中，调整字段顺序并美化数据透视表，如图 13-16 所示。

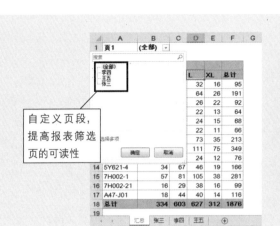

自定义页段，
提高报表筛选
页的可读性

图 13-16　最终完成的数据透视表

13.1.3　创建双页字段的数据透视表

双页字段的数据透视表就是事先为待合并的多重合并数据源做两个标识，在将来创建好的数据透视表中会现两个报表筛选字段，每个报表筛选字段的下拉列表中都会出现用户已经命名的选项。

示例 13.3　创建双页字段的数据透视表——分月汇总两个产品的销售数据

图 13-17 所示为同一个工作簿中的 6 张数据列表，分别位于"10 月""11 月"和"12 月"工作表中，这些数据列表记录了某公司每月"空调"和"热水器"的销售数据。

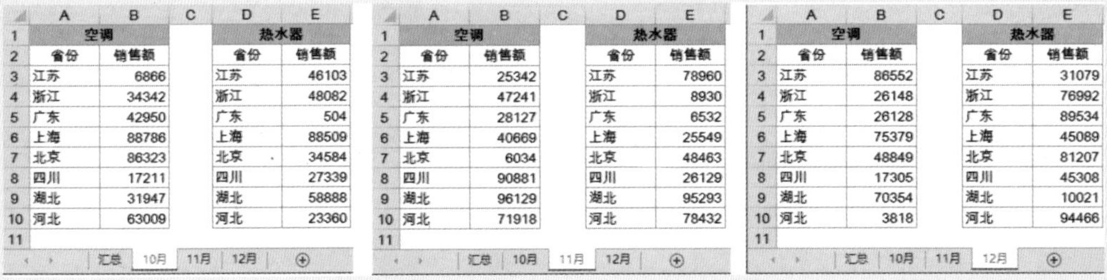

图 13-17　待合并的同一个工作簿中的 6 张数据列表

如果希望将图 13-17 所示的 6 张数据列表进行合并计算并生成双页字段的数据透视表，步骤如下。

步骤① 请参阅 13.1.2 小节中的步骤 1 和步骤 2。

步骤② 在弹出的【数据透视表和数据透视图向导 - 第 2b 步，共 3 步】对话框中，向【所有区域】列表框中添加"'10 月'!$A$2:$B$10"数据列表，同时在【请先指定要建立在数据透视表中的页字段数目】选项中选择【2】单选按钮，在【字段 1】的下拉列表中输入"10 月"，在【字段 2】的下拉列表中输入"空调"，完成第一个待合并区域的添加。使用同样的方法，添加"10 月"工作表中另外一个数据列表"'10 月'!$D$2:$E$10"，在【字段 1】的下拉列表中输入"10 月"，在【字段 2】的下拉列表中输入"热水器"，如图 13-18 所示。

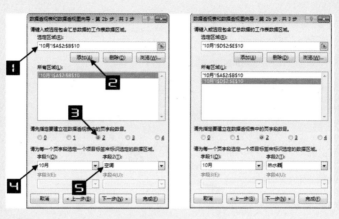

图 13-18　自定义双页字段

步骤③　重复操作步骤 2，依次添加待合并区域：

"'11 月 '!$A$2:$B$10"，【字段 1】为 "11 月"，【字段 2】为 "空调"；

"'11 月 '!$D$2:$E$10"，【字段 1】为 "11 月"，【字段 2】为 "热水器"；

"'12 月 '!$A$2:$B$10"，【字段 1】为 "12 月"，【字段 2】为 "空调"；

"'12 月 '!$D$2:$E$10"，【字段 1】为 "12 月"，【字段 2】为 "热水器"，如图 13-19 所示。

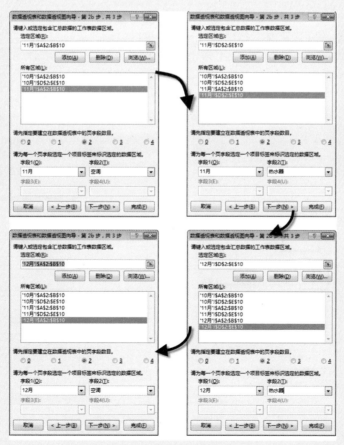

图 13-19　自定义其他双页字段

步骤④ 单击【下一步】按钮，在弹出的【数据透视表和数据透视图向导 -- 步骤 3（共 3 步）】对话框中，为所要创建的数据透视表指定存放位置 "汇总 !$A$1"，单击【完成】按钮创建数据透视表，如图 13-20 所示。

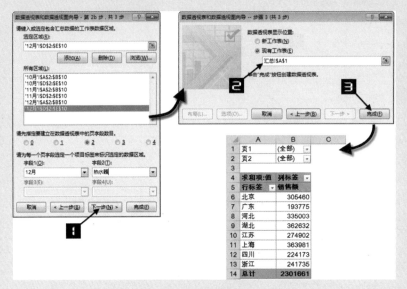

图 13-20　创建双页字段的数据透视表

步骤⑤ 去掉数据透视表中无意义的行总计并美化数据透视表，最终完成的数据透视表中将会出现两个报表筛选字段，如图 13-21 所示。

注意 　　由于【数据透视表和数据透视图向导 – 第 2b 步，共 3 步】对话框中的【请先指定要建立在数据透视表中的页字段数目】选项只有 0~4 个，所以用户最多只能自定义 4 个页字段，如图 13-22 所示。

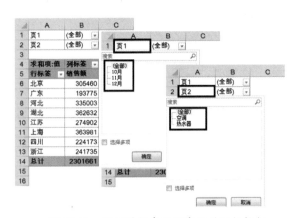

图 13-21　数据透视表双页字段的下拉按钮　　　　图 13-22　用户自定义页字段数量限制

13.2　对不同工作簿中的数据列表进行合并计算

　　"多重合并计算数据区域"不仅可以对同一个工作簿中的多组数据列表进行合并，还可以将存放于不同工作簿中结构相同的数据列表进行合并汇总分析。

示例 13.4　对不同工作簿中的数据列表进行合并计算

　　图 13-23 展示了存放于不同工作簿"1 月份商品报价"和"2 月份商品报价"中的两张数据列表。如果希望实现对 1 月份和 2 月份的商品报价进行对比，请参照以下步骤。

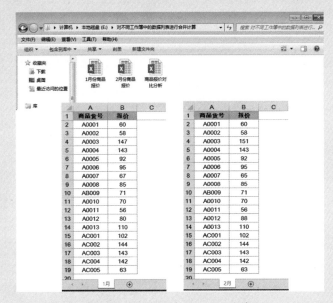

图 13-23　待合并的不同工作簿

> **提示 →**　请将"对不同工作簿中的数据列表进行合并计算"的示例文件夹移动到 E 盘根目录下再进行演示操作。

步骤① 打开 E 盘下"对不同工作簿中的数据列表进行合并计算"文件夹的 3 个工作簿，激活"商品报价对比分析"工作簿，依次按下键盘上的 <Alt>、<D>、<P> 键，打开【数据透视表和数据透视图向导 – 步骤 1（共 3 步）】对话框，选中【多重合并计算数据区域】单选按钮，单击【下一步】按钮，如图 13-24 所示。

步骤② 在弹出的【数据透视表和数据透视图向导 – 步骤 2a（共 3 步）】对话框中，单击【自定义页字段】单选按钮，单击【下一步】按钮，打开【数据透视表和数据透视图向导 – 第 2b 步，共 3 步】对话框，如图 13-25 所示。

步骤③ 在弹出的【数据透视表和数据透视图向导 – 第 2b 步，共 3 步】对话框中，单击【选定区域】文本框中的折叠按钮，单击"1 月份商品报价"工作簿，选择"1 月"工作表的 $A$1:$B$19 单元格区域，关闭折叠按钮，【选定区域】文本框中出现待合并的数据区域 "'[1 月份商品报价.xlsx]1 月 '!$A$1:$B$19"，单击【添加】按钮，同时在【请先指定要建立的数据透视表中的页字段数目】选项中选择【1】单选按钮，在【字段 1】的下拉列表中输入"1 月"，完成第一个待合并的数据区域添加，如图 13-26 所示。

图 13-24　选中多重合并计算数据区域　　　图 13-25　打开数据透视表指定合并计算数据区域对话框

步骤④　重复步骤3操作，继续添加待合并的数据区域"'[2月份商品报价.xlsx]2月'!$A$1:$B$19"，
　　　　【字段1】为"2月"，如图13-27所示。

图 13-26　添加待合并的数据区域　　　　　图 13-27　继续添加待合并的数据区域

步骤⑤　单击【下一步】按钮，在弹出的【数据透视表和数据透视图向导 – 步骤3（共3步）】对
　　　　话框中，为所要创建的数据透视表指定存放位置"商品报价对比分析!$A$1"，单击【完
　　　　成】按钮创建数据透视表，如图13-28所示。

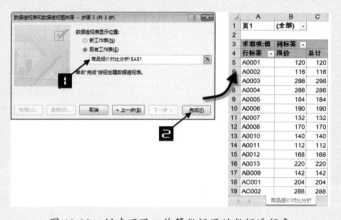

图 13-28　创建不同工作簿数据源的数据透视表

步骤⑥ 将【页1】字段拖曳至列区域，去掉无意义的"报价分类汇总"和"行总计"，并对数据透视表进行美化，如图 13-29 所示。

步骤⑦ 运用条件格式快速对比报价有差异的商品货号，选中数据透视表中的 B6 单元格，单击【开始】选项卡中的【条件格式】→【新建规则】命令，在弹出的【新建格式规则】对话框中的【规则应用于】中选择【所有为"行"和"页1"显示"求和项：值"值的单元格】，选择【规则类型】为【使用公式确定要设置格式的

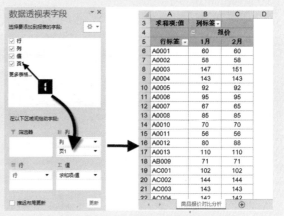

图 13-29　对数据透视表进行设置

单元格】，然后在【编辑规则说明】中输入公式"=$B6<>$C6"，设置符合此条件时单元格所显示的填充，单击【确定】按钮，完成设置，如图 13-30 所示。

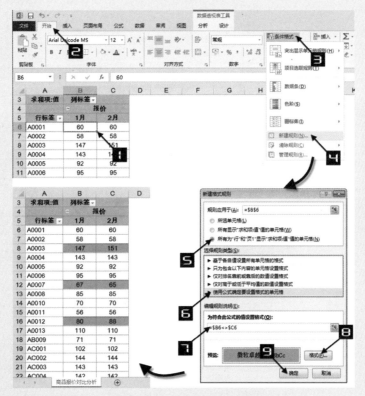

图 13-30　完成商品报价对比分析

13.3　透视不规则数据源

在前面的例子中，用户处理的多组数据都相对规范，或是结构统一的数据源。在日常工作中经常会遇到不规则的数据源，如没有标题行、含有合并单元格的表格等。一般情况下，以这样的数据

源很难创建有意义的数据透视表。

示例 13.5　透视不规则数据源——淘宝店流量来源统计

图 13-31 展示了一张反映某淘宝店铺上周和本周流量来源的数据列表，其中"来源"字段含有合并单元格。如果希望对这样的一个不规则的数据源进行数据汇总并创建数据透视表，可参照以下步骤。

图 13-31　不规则的数据源

步骤① 修改数据源中的标题行，将"上周"和"本周"表中的"浏览量"分别改为"上周浏览量"和"本周浏览量"，如图 13-32 所示。

步骤② 依次按下键盘上的 <Alt>、<D>、<P> 键打开【数据透视表和数据透视图向导 – 步骤 1（共 3 步）】对话框，选中【多重合并计算数据区域】单选按钮，单击【下一步】按钮，如图 13-33 所示。

图 13-32　修改标题行辅助名称

图 13-33　创建数据透视表

步骤③　在弹出的【数据透视表和数据透视图向导 – 步骤 2a（共 3 步）】对话框中，选择【自定义页字段】单选按钮，单击【下一步】按钮，打开【数据透视表和数据透视图向导 – 第 2b 步，共 3 步】对话框，如图 13-34 所示。

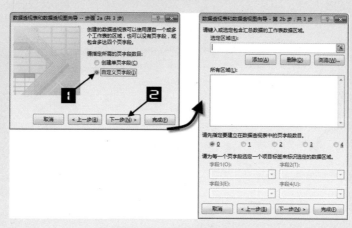

图 13-34　继续创建数据透视表

步骤④　选中"上周"工作表中的单元格区域 B1:C19，单击【添加】按钮，将待合并的数据区域"上周 !$B$1:$C$19"添加至【所有区域】列表框中，如图 13-35 所示。

图 13-35　添加待合并数据区域

步骤⑤　重复步骤 4 操作，将待合并数据区域"本周 !$B$1:$C$20"也添加至【所有区域】，如图 13-36 所示。

步骤⑥　单击【下一步】按钮，在弹出的【数据透视表和数据透视图向导 – 步骤 3（共 3 步）】对话框中，为所要创建的数据透视表指定存放位置"汇总 !$A$1"，单击【完成】按钮创建数据透视表，如图 13-37 所示。

步骤⑦　按数据源中的分组方式对数据透视表中的"详细"字段进行手动组合，并美化数据透视表，如图 13-38 所示。

图 13-36　继续添加待合并数据区域

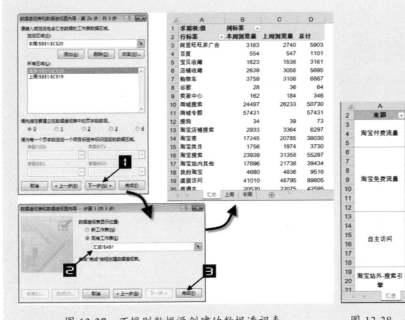

图 13-37　不规则数据源创建的数据透视表　　　　图 13-38　利用组合的方法添加来源分析

13.4　创建动态多重合并计算数据区域的数据透视表

为了让多重合并计算数据区域创建的数据透视表也具备随数据源的变化而更新的功能，可以事先将数据源都设置为动态数据列表，然后再创建多重合并计算数据区域的数据透视表。

13.4.1　运用定义名称法创建动态多重合并计算数据区域的数据透视表

示例 13.6　使用名称法动态合并统计销售记录

图 13-39 所示为 3 张各分公司分时段的销售数据列表，数据列表中的数据每天会递增。如果希望对这 3 张数据列表进行合并汇总并创建实时更新的数据透视表，可参照以下步骤。

图 13-39　数据源

步骤① 分别对"北京分公司""上海分公司""深圳分公司"工作表定义名称为"北京""上海""深圳"，如图 13-40 所示。有关定义动态名称的详细用法，请参阅示例 12.1。

北京 =OFFSET(北京分公司 !$A$1,,,COUNTA(北京分公司 !$A:$A),COUNTA(北京分公司 !$1:$1))

上海 =OFFSET(上海分公司 !$A$1,,,COUNTA(上海分公司 !$A:$A),COUNTA(上海分公司 !$1:$1))

深圳 =OFFSET(深圳分公司 !$A$1,,,COUNTA(深圳分公司 !$A:$A),COUNTA(深圳分公司 !$1:$1))

步骤② 依次按下键盘上的 <Alt>、<D>、<P> 键，打开【数据透视表和数据透视图向导 – 步骤 1（共 3 步）】对话框，选中【多重合并计算数据区域】单选按钮，单击【下一步】按钮，如图 13-41 所示。

图 13-40　定义动态名称

图 13-41　指定要创建的数据透视表类型

步骤③ 在弹出的【数据透视表和数据透视图向导 – 步骤 2a（共 3 步）】对话框中，选择【自定义页字段】单选按钮，单击【下一步】按钮，打开【数据透视表和数据透视图向导 – 第 2b 步，共 3 步】对话框，如图 13-42 所示。

步骤④ 在弹出的【数据透视表和数据透视图向导 – 第 2b 步，共 3 步】对话框中，将鼠标指针定位到【选定区域】文本框中，输入定义好的名称"北京"，单击【添加】按钮，在【请先指定要建立在数据透视表中的页字段数目】下选择【1】单选按钮，在【字段 1】下拉列表中输入"北京分公司"，完成第一个待合并区域的添加，如图 13-43 所示。

图 13-42　继续创建数据透视表

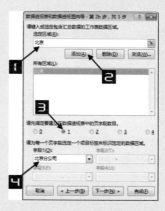

图 13-43　添加动态名称

步骤⑤ 重复步骤4操作，添加另外两个待合并区域"上海"和"深圳"，并将【字段1】分别命名为"上海分公司"和"深圳分公司"，如图13-44所示。

图 13-44　继续添加动态名称

步骤⑥ 单击【下一步】按钮，在弹出的【数据透视表和数据透视图向导 – 步骤3（共3步）】对话框中，为所要创建的数据透视表指定存放位置"汇总 !$A$1"，单击【完成】按钮创建数据透视表，如图13-45所示。

步骤⑦ 美化数据透视表，最终完成动态更新数据源的多重合并计算数据区域数据透视表的创建，如图13-46所示。

图 13-45　多重合并计算区域的数据透视表

图 13-46　使用定义名称创建动态多重合并计算数据区域的数据透视表

13.4.2　运用表格功能创建动态多重合并计算数据区域的数据透视表

示例 13.7　使用"表格"功能动态合并统计销售记录

仍以图 13-39 所示的 3 张数据列表为例。如果希望利用 Excel"表格"的自动扩展功能创建动态多重合并计算数据区域的数据透视表，请参照以下步骤。

步骤① 分别对"北京分公司""上海分公司"和"深圳分公司"创建"表格"，如图 13-47 所示。有关创建"表格"的方法，请参阅示例 12.2。

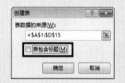

图 13-47　创建"表格"

注意

创建"表格"时，在【创建表】对话框中，必须取消选中【表包含标题】复选框，如图 13-48 所示，否则在创建数据透视表引用表名称时，将不包含标题行，造成引用失效。

图 13-48　取消选中【表包含标题】前的复选框

步骤② 打开【数据透视表和数据透视图向导－第 2b 步，共 3 步】对话框，将鼠标指针定位到【选定区域】文本框中，输入"表1"，单击【添加】按钮，在【请先指定要建立在数据透视表中的页字段数目】下选择【1】单选按钮，在【字段 1】下拉列表中输入"北京分公司"，完成第一个待合并区域的添加，如图 13-49 所示。

步骤③ 重复步骤 2 操作，继续添加待合并的数据区域"表2"和"表3"，将【字段 1】分别命名为"上海分公司"和"深圳分公司"，如图 13-50 所示。

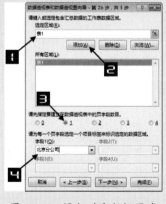

图 13-49　添加动态数据区域　　　　图 13-50　继续添加动态数据区域

步骤④ 单击【下一步】按钮，指定数据透视表存放位置"汇总 !$A$1"，单击【完成】按钮创建数据透视表，如图 13-51 所示。

步骤⑤ 美化数据透视表，最终完成以"表格"方法创建的动态多重合并计算数据区域的数据透视表，如图 13-52 所示。

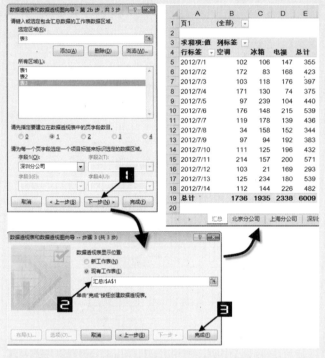

图 13-51 多重合并计算数据区域的数据透视表

图 13-52 使用"表"创建动态多重合并计算数据区域的数据透视表

13.5 创建多重合并计算数据区域数据透视表行字段的限制

在创建多重合并计算数据区域的数据透视表时，Excel 以各个待合并的数据列表中的第一列数据作为创建后的数据透视表的行字段，其他列则作为列字段显示。也就是说，即使需要合并的数据列表中有多个描述性字段，Excel 也只会选择第一列为行字段，从第二列开始将重新生成一个字段在列标签显示，这一点与 Excel 的合并计算功能类似，如图 13-53 所示。

图 13-53 多重合并计算数据区域数据透视表的限制

13.6　解决创建多重合并计算数据区域数据透视表的限制的方法

对于创建多重合并计算数据区域数据透视表在行字段方面的限制，可以通过向数据源中添加辅助列的方法加以解决。

示例 13.8　突破多重合并计算数据区域数据透视表行字段的限制

如果希望在图 13-54 所示的数据列表中，将"颜色"和"吊牌价"字段都出现在多重合并计算数据区域数据透视表的行字段中，请参照以下步骤。

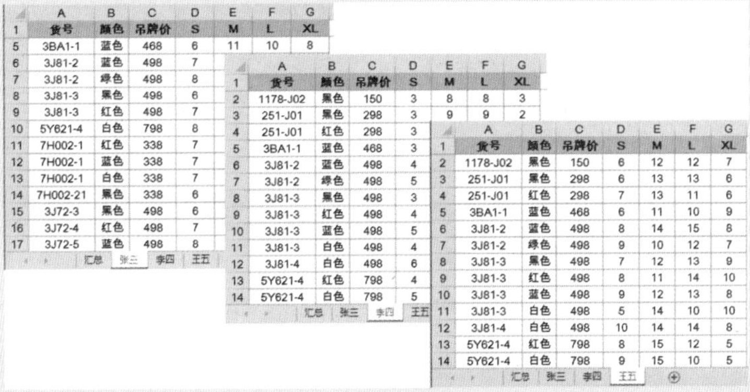

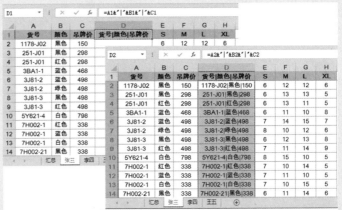

图 13-54　待合并数据源

步骤① 选中"张三"工作表中的 D 列，右击，在弹出的快捷菜单中选择【插入】命令，插入一列空数据列，如图 13-55 所示。

步骤② 在 D1 单元格输入公式并将公式复制向下填充，如图 13-56 所示。

```
"=A1&"|"&B1&"|"&C1"
```

图 13-55　在数据源中插入空列

图 13-56　复制填充公式

步骤③ 重复步骤 1 和步骤 2 操作，向"李四"和"王五"工作表中添加辅助列，如图 13-57 所示。

Excel 2013 数据透视表应用大全(全彩版)

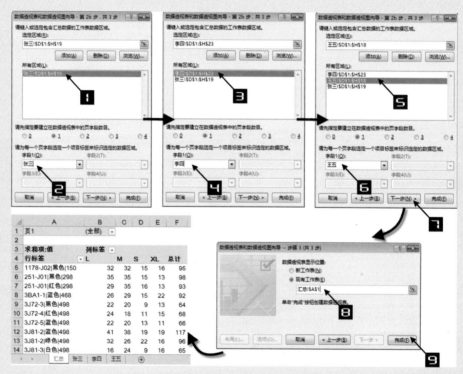

图 13-57　向"李四"和"王五"工作表中添加辅助列

步骤④ 创建【自定义页字段】的多重合并计算数据区域的数据透视表,向【所有区域】列表框中添加"张三!\$D\$1:\$H\$19""李四!\$D\$1:\$H\$23"和"王五!\$D\$1:\$H\$18"待合并数据区域,【字段1】下拉列表中分别命名为"张三""李四"和"王五",单击【下一步】按钮,直至数据透视表创建完成,如图 13-58 所示。

图 13-58　创建多重合并计算数据区域的数据透视表

步骤⑤ 将数据透视表字段标题"行标签"更改为"货号|颜色|吊牌价"并美化数据透视表,如图 13-59 所示。

232

页1	(全部)				
求和项:值	列标签				
货号|颜色|吊牌价	S	M	L	XL	总计
1178-J02|黑色|150	15	32	32	16	95
251-J01|黑色|298	15	35	35	13	98
251-J01|红色|298	16	35	29	13	93
3BA1-1|蓝色|468	15	29	26	22	92
3J72-3|黑色|498	9	20	22	13	64
3J72-4|红色|498	11	18	24	15	68
3J72-5|蓝色|498	13	20	22	11	66
3J81-2|蓝色|498	19	38	41	19	117
3J81-2|绿色|498	22	26	32	16	96
3J81-3|白色|498	9	24	16	16	65
3J81-3|黑色|498	16	32	35	22	105
3J81-3|红色|498	19	29	38	25	111
3J81-3|蓝色|498	14	20	22	12	68

图 13-59　合并多个行字段的数据透视表

13.7　利用多重合并计算数据区域将二维数据列表转换为一维数据列表

示例 13.9　利用多重合并计算将二维数据列表转换成一维数据列表

众所周知，用于创建数据透视表的数据源最好为一维的数据列表，当用户遇到需要将二维的数据列表转换为一维数据列表时，可以利用多重合并计算数据区域进行转换，如果希望进行如图 13-60 所示的尺码转换，步骤如下。

货号	颜色	吊牌价	S	M	L	XL
1178-J02	黑色	150	6	12	12	6
251-J01	黑色	298	6	13	13	5
251-J01	红色	298	6	13	11	5
3BA1-1	蓝色	468	6	11	10	8
3J81-2	蓝色	498	7	14	15	7
3J81-2	绿色	498	8	10	12	6
3J81-3	黑色	498	6	12	13	8
3J81-3	红色	498	7	11	14	9
5Y621-4	白色	798	8	15	10	5
7H002-1	红色	338	7	10	14	5
7H002-1	蓝色	338	7	11	10	5
7H002-1	白色	338	7	10	15	5
7H002-21	黑色	338	6	11	14	6

货号	颜色	吊牌价	尺码	数量
1178-J02	黑色	150	S	6
1178-J02	黑色	150	M	12
1178-J02	黑色	150	L	12
1178-J02	黑色	150	XL	6
251-J01	黑色	298	S	6
251-J01	黑色	298	M	13
251-J01	黑色	298	L	13
251-J01	黑色	298	XL	5
251-J01	红色	298	S	6
251-J01	红色	298	M	13
251-J01	红色	298	L	11
251-J01	红色	298	XL	5
3BA1-1	蓝色	468	S	6

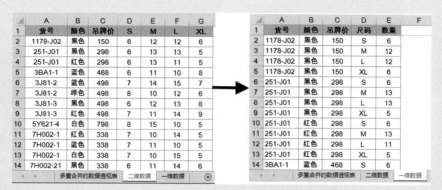

图 13-60　二维数据列表转换为一维数据列表

步骤① 在“二维数据”工作表中 C 列后添加一个空列，在该列中输入公式并向下填充，如图 13-61 所示。

```
=A1&"|"&B1&"|"&C1
```

步骤② 创建【自定义页字段】的多重合并计算数据区域的数据透视表，向【所有区域】列表框中添加“二维数据!$D$1:$H$19”数据区域，单击【下一步】按钮，直至创建完成数据透视表，如图 13-62 所示。

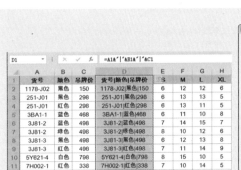

图 13-61　添加辅助列

图 13-62　创建数据透视表

步骤③ 调整"列标签"中"S""M"和"L"的顺序，双击数据透视表的最后一个单元格，本例中为"F21"单元格，此时 Excel 自动创建一个"Sheet1"工作表用来显示数据明细，如图 13-63 所示。

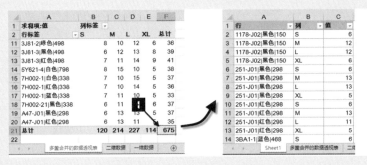

图 13-63　生成新的数据明细

步骤④ 在"Sheet1"工作表中 A 列后插入两列空列，选中 A 列，单击【数据】选项卡中的【分列】命令，弹出【文本分列向导 – 第 1 步，共 3 步】对话框，保持默认设置不变，单击【下一步】按钮，如图 13-64 所示。

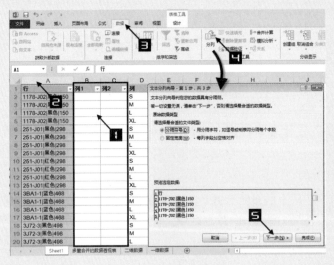

图 13-64　加工明细数据

步骤⑤ 在弹出的【文本分列向导－第2步，共3步】对话框中，选中【分隔符号】列表中【其他】的复选框，在【其他】的文本框中输入"|"，单击【完成】按钮，弹出【Microsoft Excel】对话框询问"此处已有数据。是否替换它？"单击【确定】按钮，如图13-65所示。

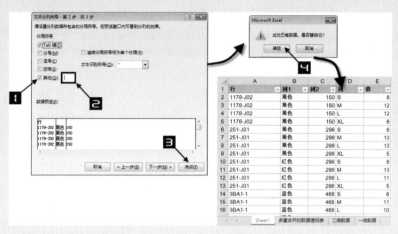

图 13-65　加工明细数据

步骤⑥ 修改标题名称，完成二维数据列表到一维数据列表的转化，如图13-66所示。

	A	B	C	D	E
1	货号	颜色	吊牌价	尺码	数量
2	1178-J02	黑色	150	S	6
3	1178-J02	黑色	150	M	12
4	1178-J02	黑色	150	L	12
5	1178-J02	黑色	150	XL	6
6	251-J01	黑色	298	S	6
7	251-J01	黑色	298	M	13
8	251-J01	黑色	298	L	13
9	251-J01	黑色	298	XL	5
10	251-J01	红色	298	S	6
11	251-J01	红色	298	M	13
12	251-J01	红色	298	L	11
13	251-J01	红色	298	XL	5
14	3BA1-1	蓝色	468	S	6

图 13-66　完成二维数据转换为一维数据

第 14 章　使用 Microsoft Query 数据查询创建透视表

Microsoft Query 是由 Microsoft Office 提供的一个查询工具。它使用 SQL 语言生成查询语句，并将这些语句传递给数据源，可以使用 SQL 的众多函数、查询特性在不影响原有数据源的情况下，对数据源数据进行提取、组合、添加数据源中所没有的字段，从而实现灵活多变的操作。实际上，Microsoft Query 承担了外部数据源与 Excel 之间的纽带作用，使数据共享变得更容易。

借助 Microsoft Query，Excel 可以从任何一个支持 ODBC 的数据库中查询数据。这里指的数据库，也包括 Excel 本身。本章主要介绍运用 Microsoft Query 数据查询，将不同工作表，甚至不同工作簿中的多个 Excel 数据列表进行合并汇总，生成动态数据透视表的方法，该方法可以避免在创建多重合并计算数据区域数据透视表时只将第一列作为行字段的限制，堪称数据透视表的又一经典用法。

14.1　Microsoft Query 查询单个数据列表创建数据透视表

图 14-1 展示了一张某公司 2011 年销售合同数据列表，该数据列表保存在 D 盘根目录下的"销售合同数据库 .xlsx"文件中。

	用户名称	合同号	合同开始	产品规格	数量	合同金额	发货时间	出库单号	销售数量	销售额	累计回款	欠款
41	内蒙古	HH3708-042	2011-7-27	ABS-QQ-128	1	235000	2011-8-8	1560	1	235,000.00	235,000.00	0.00
42	内蒙古	HH3708-043	2011-7-27	ABS-QQ-128	1	235000	2011-9-1	1911	1	235,000.00	235,000.00	0.00
43	内蒙古	HH3708-044	2011-7-25	ABS-QQ-128	1	160000	2011-8-15	1903	1	160,000.00	160,000.00	0.00
44	内蒙古	HH3708-045	2011-7-20	ABS-QQ-192	1	340000	2011-8-8	1558	1	340,000.00	300,000.00	40,000.00
45	四川	HH3708-046	2011-8-4	ABS-FQ-192	1	80000	2011-8-8	1557	1	80,000.00	80,000.00	0.00
46	吉林	HH3708-047	2011-8-15	ABS-FQ-128	1	90000	2011-8-20	1904	1	90,000.00		90,000.00
47	四川	HH3708-048	2011-8-9	ABS-FQ-128	1	80000	2011-8-11	1902	1	80,000.00	80,000.00	0.00
48	广东	HH3708-049	2011-8-25	ABS-QQ-128	1	260000	2011-8-25	1909	1	260,000.00	260,000.00	0.00
49	甘肃	HH3708-050	2011-9-10	ABS-QQ-128	1	170000	2011-9-23	1918	1	170,000.00	170,000.00	0.00
50	天津市	HH3708-051	2011-8-11	ABS-QQ-192	1	320000	2011-8-25	1908	1	300,000.00	300,000.00	0.00
51	内蒙古	HH3708-052	2011-8-27	ABS-QQ-128	1	260000	2011-9-8	1913	1	240,000.00	240,000.00	0.00
52	广东	HH3708-053	2011-8-27	ABS-FQ-256	1	128000	2011-10-7	0661	1	128,000.00		128,000.00
53	浙江	HH3708-054	2011-9-11	ABS-FQ-256	1	126000	2011-9-12	1914	1	126,000.00	126,000.00	0.00
54	江西	HH3708-055	2011-8-1	ABS-FQ-128	1	85000	2011-8-28	0910	1	85,000.00	0.00	85,000.00
55	广东	HH3708-056	2011-9-13	ABS-FQ-192	1	100000	2011-9-19	1915	1	100,000.00	100,000.00	0.00
56	山东	HH3708-057	2011-9-12	ABS-FQ-192	1	90000	2011-9-19	1916	1	90,000.00		90,000.00
57	内蒙古	HH3708-058	2011-9-1	ABS-QQ-128	1	240000	2011-9-12	1912	1	240,000.00	40,000.00	200,000.00
58	内蒙古	HH3708-059	2011-9-1	ABS-QQ-128	1	160000	2011-9-13	1912	1	160,000.00	160,000.00	0.00
59	江苏	HH3708-060	2011-10-1	ABS-FQ-256	1	128000	2011-10-1	1922	1	128,000.00	128,000.00	0.00
60	宁夏	HH3708-061	2011-6-30	ABS-QQ-192	1	210000	2011-6-30	1544	1	210,000.00	210,000.00	0.00
61	浙江	HH3708-062	2011-9-1	ABS-FQ-192	1	90000	2011-9-19	1917	1	90,000.00	90,000.00	0.00
62	浙江	HH3708-063	2011-10-1	ABS-QQ-192	1	110000	2011-9-23	1920	1	110,000.00	110,000.00	0.00
63	广东	HH3708-064	2011-11-4	ABS-FQ-256	1	115000	2011-11-7	0665	1	115,000.00	115,000.00	0.00
64	浙江	HH3708-065	2011-11-9	ABS-FQ-256	1	124800	2011-11-13	0666	1	124,800.00	124,800.00	0.00
65	黑龙江	HH3708-066	2011-10-31	ABS-FQ-256	1	123000	2011-10-31	0662	1	123,000.00	123,000.00	0.00
66	四川	HH3708-067	2011-11-18	ABS-FQ-192	1	100000	2011-11-21	0670	1	100,000.00	100,000.00	0.00
67	新疆	HH3708-068	2011-11-17	ABS-QQ-192	1	300000	2011-11-19	0667	1	300,000.00	150,000.00	150,000.00
68	新疆	HH3708-069	2011-11-16	ABS-QQ-192	1	320000	2011-11-19	0668	1	320,000.00	300,000.00	20,000.00
69	四川	HH3708-070	2011-12-1	ABS-QQ-192	1	120000	2011-11-20	0671	1	100,000.00	30,000.00	70,000.00
70	河北	HH3708-071	2011-12-4	ABS-FQ-256	1	108000	2011-12-4	0672	1	108,000.00	108,000.00	0.00

图 14-1　某公司 2011 年销售合同数据库

示例 14.1　销售合同汇总分析

如果希望对图 14-1 所示的数据列表进行汇总分析，编制按"用户名称"反映合同执行及回款情况的动态分析表，请参照以下步骤。

步骤① 在 D 盘根目录下新建一个 Excel 工作簿，将其命名为"销售合同汇总分析 .xlsx"，打开该工作簿。将 Sheet1 工作表改名为"汇总"，然后删除其余的工作表。

步骤② 在【数据】选项卡中单击【自其他来源】按钮，在弹出的下拉菜单中选择【来自 Microsoft Query】，在弹出的【选择数据源】对话框中单击【数据库】选项卡，在列表框中选中【Excel Files*】类型的数据源，并取消【使用"查询向导"创建/编辑查询】复选框的选中，如图 14-2 所示。

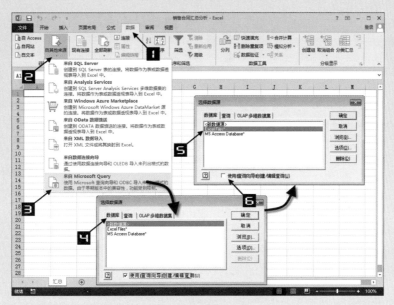

图 14-2 【选择数据源】对话框

> **注意**
>
> 必须取消【使用"查询向导"创建/编辑查询】复选框的选中，否则将进入"查询向导"模式，而不是直接进入"Microsoft Query"。

步骤③ 单击【选择数据源】对话框中的【确定】按钮，【Microsoft Query】自动启动，并弹出【选择工作簿】对话框，选择要导入的目标文件所在路径，双击"销售合同数据库.xlsx"，激活【添加表】对话框，如图 14-3 所示。

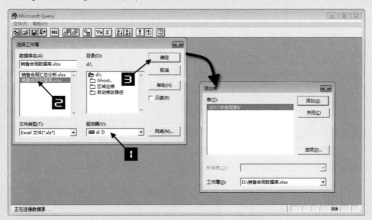

图 14-3 按路径选择数据源工作簿

步骤④ 在【添加表】对话框中的【表】列表框中选中"2011 年合同库 $"，单击【添加】按钮向【Microsoft Query】添加数据列表，如图 14-4 所示。

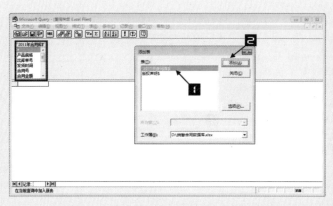

图 14-4　将数据表添加至 Microsoft Query

如果【添加表】对话框中的【表】列表框为空，说明需要调整设置。

单击【添加表】对话框中的【选项】按钮，选中【表选项】对话框中【系统表】
的复选框，最后单击【确定】按钮，待查询的数据列表即会出现在【添加表】列表框中，
如图 14-5 所示。

图 14-5　向【添加表】列表框内添加数据列表

步骤⑤　单击【关闭】按钮关闭【添加表】对话框，在"2011 年合同库 $"下拉列表框中分别双击"产
品规格""合同金额""数量""累计到款""欠款""销售额""销售数量"和"用
户名称"等字段，向数据窗格中添加数据，如图 14-6 所示。

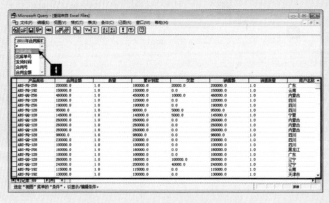

图 14-6　向数据窗格中添加数据

步骤⑥ 单击工具栏中的 按钮, 将数据返回到 Excel, 此时 Excel 窗口中将弹出【导入数据】对话框, 如图 14-7 所示。

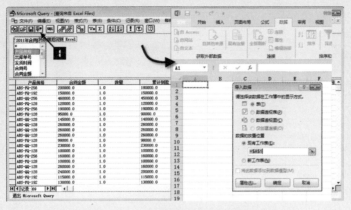

图 14-7 将数据返回到 Excel

步骤⑦ 单击【导入数据】对话框中的【数据透视表】单选按钮, 然后再单击【属性】按钮, 在弹出的【连接属性】对话框中单击【使用状况】选项卡, 选中【刷新控件】中【打开文件时刷新数据】的复选框, 如图 14-8 所示。

步骤⑧ 单击【确定】按钮返回【导入数据】对话框,【数据的放置位置】选择【现有工作表】中的 "$A$3", 单击【确定】按钮生成一张空的数据透视表, 如图 14-9 所示。

步骤⑨ 将【数据透视表字段】列表框中的 "用户名称" 和 "产品规格" 字段拖动至【行】区域内, 将 "合同金额" "累计到款" "欠款" "数量" "销售额" 和 "销售数量" 字段拖动至【值】区域内, 如图 14-10 所示。

图 14-8 【连接属性】对话框

图 14-9 生成空的数据透视表

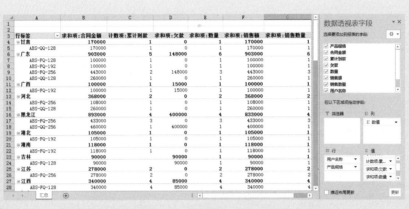

图 14-10　创建数据透视表

步骤⑩ 在"计数项：累计到款"字段标题单元格（如 C3）上右击，在弹出的快捷菜单中选择【值字段设置】命令，在弹出的【值字段设置】对话框中单击【值汇总方式】选项卡，计算类型选择【求和】，单击【确定】按钮，如图 14-11 所示。

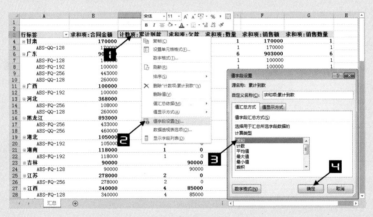

图 14-11　更改数据透视表内的字段设置

步骤⑪ 将数据透视表值字段字段标题的"求和项："字样以一个空格代替，调整数据透视表相关布局后，如图 14-12 所示。

	用户名称	产品规格	合同金额	累计到款	欠款	数量	销售额	销售数量
33		ABS-QQ-256	460000	450000	10000	1	460000	1
34	内蒙古 汇总		4390000	3970000	400000	18	4370000	18
35	宁夏	ABS-QQ-128	145000	140000	5000	1	145000	1
36		ABS-QQ-192	210000	210000	0	1	210000	1
37	宁夏 汇总		355000	350000	5000	2	355000	2
38	山东	ABS-FQ-192	90000	0	90000	1	90000	1
39	山东 汇总		90000	0	90000	1	90000	1
40		ABS-FQ-128	588000	583000	5000	6	588000	6
41	四川	ABS-FQ-192	300000	210000	70000	3	280000	3
42		ABS-FQ-256	190000	190000	0	1	190000	1
43		ABS-QQ-128	230000	230000	0	1	230000	1
44	四川 汇总		1308000	1213000	75000	11	1288000	11
45	天津市	ABS-FQ-192	260000	260000	0	2	260000	2
46		ABS-QQ-192	320000	300000	0	1	300000	1
47	天津市 汇总		580000	560000	0	3	560000	3
48	新疆	ABS-QQ-192	620000	450000	170000	2	620000	2
49	新疆 汇总		620000	450000	170000	2	620000	2
50	云南	ABS-FQ-192	265000	265000	0	2	265000	2
51	云南 汇总		265000	265000	0	2	265000	2
52	浙江	ABS-FQ-192	90000	90000	0	1	90000	1
53		ABS-FQ-256	360800	360800	0	3	360800	3
54	浙江 汇总		450800	450800	0	4	450800	4
55	总计		12173800	10435800	1618000	69	12053800	69

图 14-12　销售合同汇总分析

14.2　Microsoft Query 查询多个数据列表创建数据透视表

14.2.1　汇总同一工作簿中的数据列表

图 14-13 展示了同一个工作簿中的两个数据列表，分别位于"入库"和"出库"两个工作表中，记录了某公司某个期间产成品库按订单来统计的产成品出入库数据，该数据列表被保存在 D 盘根目录下的"产成品出入库明细表 .xlsx"文件中。

在出、入库数据列表中，每个订单号只会出现一次，而同种规格的产品可能会对应多个订单号。

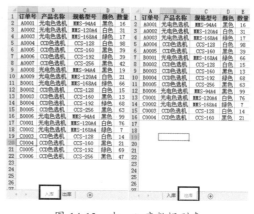

图 14-13　出、入库数据列表

示例 14.2　制作产成品收发存汇总表

要对图 14-13 所示的"入库"和"出库"2 个数据列表使用 Microsoft Query 做数据查询并创建反映产品收发存汇总的数据透视表，请参照以下步骤。

步骤① 在 D 盘根目录下新建一个 Excel 工作簿，将其命名为"制作产成品收发存汇总表 .xlsx"，打开该工作簿。将 Sheet1 工作表改名为"汇总"，然后删除其余的工作表。

步骤② 在【数据】选项卡中单击【自其他来源】按钮，在弹出的下拉菜单中选择【来自 Microsoft Query】，在弹出的【选择数据源】对话框中单击【数据库】选项卡，在列表框中选中【Excel Files*】类型的数据源，并取消【使用"查询向导"创建 / 编辑查询】复选框的选中。

步骤③ 单击【确定】按钮，【Microsoft Query】自动启动，并弹出【选择工作簿】对话框，选择要导入的目标文件所在路径，双击"产成品出入库明细表 .xlsx"，激活【添加表】对话框。

步骤④ 在【添加表】的【表】列表框中选中"出库 $"，单击【添加】按钮，然后选中"入库 $"，再次单击【添加】按钮，向【Microsoft Query】添加数据列表，如图 14-14 所示。

步骤⑤ 单击【关闭】按钮关闭【添加表】对话框，在【查询来自 Excel Files】窗口中，将"出库 $"中的"订单号"字段拖至"入库 $"中的"订单号"字段上，两表之间会出现一条连接线，如图 14-15 所示。

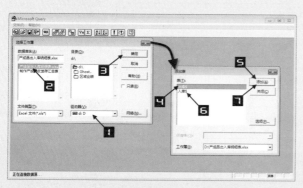

图 14-14　将数据表添加至【Microsoft Query】

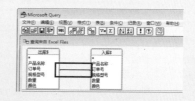

图 14-15　两表之间的连接线

> **提示** ▬▬▬→ 因为两个表中只有"订单号"字段的数据是唯一的，所以本步骤中以"订单号"字段为主键在"入库"和"出库"两个数据列表中建立关联。

步骤⑥ 双击连接线，弹出【连接】对话框，选择【连接内容】中的第 3 个单选按钮，如图 14-16 所示。

图 14-16　选择"连接内容"

> **提示** ▬▬▬→ 此操作的目的是设置两个数据列表的关联类型，即返回"入库 $"列表的所有记录以及"出库 $"列表中与之关联的记录。

步骤⑦ 单击【添加】按钮，【查询中的连接】文本框中的 SQL 语句自动更改为用于所选择连接的语句，单击【关闭】按钮关闭【连接】对话框，如图 14-17 所示。

图 14-17　添加"连接"语句

步骤⑧ 在【查询来自 Excel Files】窗口中的"入库 $"列表中依次双击"产品名称""订单号""规格型号""颜色"和"数量"字段；在"出库 $"列表中双击"数量"字段，随即出现数据集，依次双击数据集中的两个"数量"列，在弹出的【编辑列】窗口中，在【列标】中分别输入"入库数量"和"出库数量"，如图 14-18 所示。

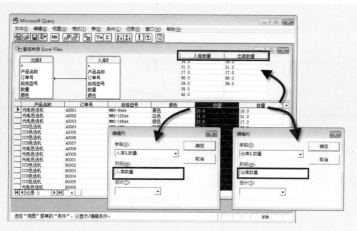

图 14-18　向【查询来自 Excel Files】查询对话框中添加数据集

> **注意**
>
> 在向【查询来自 Excel Files】对话框添加数据集时，要添加数据最为齐全的表中的非数值字段，本例中添加的是"入库 $"表中的"产品名称""订单号""规格型号""颜色""数量"等字段，"出库 $"表中只添加了"数量"字段。

步骤⑨ 单击【编辑列】对话框中的【确定】按钮关闭对话框，在菜单中单击【文件】→【将数据返回 Microsoft Excel】，弹出【导入数据】对话框。在弹出的【导入数据】对话框中单击【数据透视表】单选按钮，【数据的放置位置】选择【现有工作表】中的"$A$3"，如图 14-19 所示。

步骤⑩ 设置"打开文件时刷新数据"并创建一张空白的数据透视表，调整数据透视表字段，将"计数项:'出库数量'"的汇总方式改为"求和"，如图 14-20 所示。

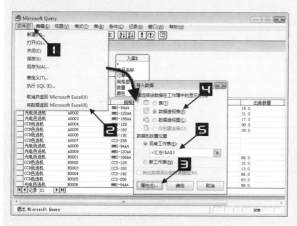

图 14-19　"导入数据"对话框

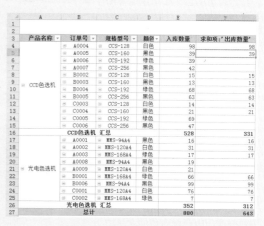

图 14-20　创建数据透视表

步骤⑪ 将"求和项:'入库数量'"字段标题更改为"入库数量"，"求和项:'出库数量'"字段标题更改为"出库数量"。插入计算字段，如图 14-21 所示。

库存数量 =' ' 入库数量 ' '-' ' 出库数量 ' '

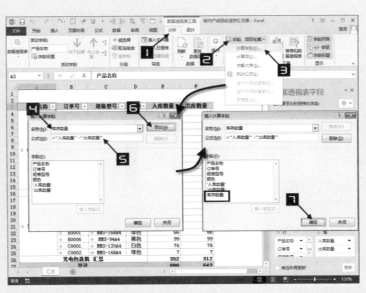

图 14-21　插入计算字段

步骤⑫ 整理字段标题，完成后的数据透视表如图 14-22 所示。

产品名称	订单号	规格型号	颜色	入库数量	出库数量	库存
CCD色选机	A0004	CCS-128	白色	98	98	
	A0005	CCS-160	黑色	39	39	
	A0006	CCS-192	绿色	39		
	A0007	CCS-256	黑色	42		
	B0002	CCS-128	白色	15	15	
	B0003	CCS-160	黑色	13	13	
	B0004	CCS-192	绿色	68	68	
	B0005	CCS-256	黑色	63	63	
	C0003	CCS-128	白色	14	14	
	C0004	CCS-160	黑色	21	21	
	C0005	CCS-192	绿色	69		
	C0006	CCS-256	黑色	47		
CCD色选机 汇总				528	331	
光电色选机	A0001	MMS-94A4	黑色	16	16	
	A0002	MMS-120A4	白色	31	31	
	A0003	MMS-168A4	绿色	17	17	
	A0008	MMS-94A4	黑色	19		
	A0009	MMS-120A4	白色	21		
	B0001	MMS-168A4	绿色	66	66	
	B0006	MMS-94A4	黑色	99	99	
	C0001	MMS-120A4	白色	76	76	
	C0002	MMS-168A4	绿色	7	7	

图 14-22　利用 Microsoft Query SQL 创建的数据透视表

14.2.2　汇总不同工作簿中的数据列表

利用 Microsoft Query 数据查询并通过 SQL 语句的连接，也可以对多工作簿中不同的数据列表进行汇总并创建数据透视表。

图 14-23 展示了 D 盘根目录下"汇总不同工作簿内的数据表"文件夹内的五个工作簿，其中"滨海司.xlsx""丽江司.xlsx""美驰司.xlsx""山水司.xlsx"是某集团内部各分公司的费用发生额流水账，"集团内部各公司各月份费用汇总.xlsx"是用于汇总分公司费用发生额流水账

图 14-23　D 盘根目录下"汇总不同工作簿内的数据表"文件夹内的五个工作簿

的工作簿。

图 14-24 展示了"滨海司"工作簿中的六张数据列表，分别位于"1 月""2 月""3 月""4 月""5 月"和"6 月"工作表中，数据列表中记录了该公司各月份费用发生额的数据。

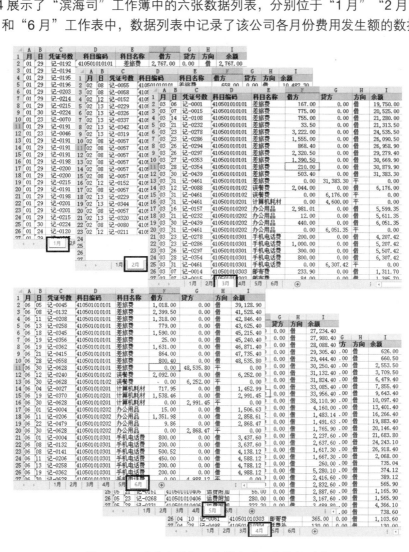

图 14-24　"滨海司"工作簿中的六张数据列表

"丽江司""美驰司""山水司"工作簿中也分别记录了各自 1 ~ 6 月份的费用数据，且数据结构与"滨海司"工作簿完全相同。

示例 14.3　集团内部各公司各月份费用汇总

"滨海司""丽江司""美驰司"和"山水司"工作簿中共有 24 个数据列表，如果希望对它们使用 Microsoft Query 做数据查询并生成汇总的数据透视表，以反映集团内部各公司各月份的费用发生额，请参照以下步骤。

步骤① 打开"集团内部各公司各月份费用汇总 .xlsx"，在【数据】选项卡中单击【自其他来源】按钮，在弹出的下拉菜单中选择【来自 Microsoft Query】，在弹出的【选择数据源】对话框中单击【数据库】选项卡，在列表框中选中【Excel Files*】类型的数据源，并取消【使用"查询向导"创建 / 编辑查询】复选框的选中。

步骤② 单击【确定】按钮，【Microsoft Query】自动启动，并弹出【选择工作簿】对话框，选择要导入的目标文件的所在路径，双击"滨海司 .xlsx"，激活【添加表】对话框。

步骤③ 在【添加表】对话框【表】列表框中选中"1 月 $"，单击【添加】按钮向【Microsoft Query】添加数据列表，如图 14-25 所示。

步骤④ 单击【关闭】按钮关闭【添加表】对话框，双击【*】将所有列添加至结果窗格。单击工具栏中的 **SQL** 图标弹出【SQL】编辑框，在【SQL】编辑框内输入 SQL 语句，如图 14-26 所示。

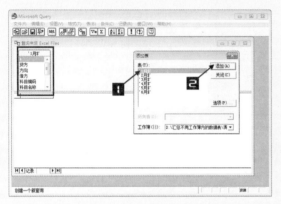

图 14-25　将数据表添加至【Microsoft Query】

图 14-26　输入 SQL 语句

SELECT * FROM 'D:\ 汇总不同工作簿内的数据表 \ 山水司 .xlsx'.'1 月 $' '1 月 $' UNION ALL

SELECT * FROM 'D:\ 汇总不同工作簿内的数据表 \ 山水司 .xlsx '.'2 月 $' '2 月 $' UNION ALL

SELECT * FROM 'D:\ 汇总不同工作簿内的数据表 \ 山水司 .xlsx '.'3 月 $' '3 月 $' UNION ALL

SELECT　* FROM 'D:\ 汇总不同工作簿内的数据表 \ 山水司 .xlsx '.'4 月 $' '4 月 $' UNION ALL

SELECT * FROM 'D:\ 汇总不同工作簿内的数据表 \ 山水司 .xlsx '.'5 月 $' '5 月 $' UNION ALL

SELECT * FROM 'D:\ 汇总不同工作簿内的数据表 \ 山水司 .xlsx '.'6 月 $' '6 月 $' UNION ALL

SELECT * FROM 'D:\ 汇总不同工作簿内的数据表 \ 滨海司 .xlsx '.'1 月 $' '1 月 $' UNION ALL

SELECT * FROM 'D:\ 汇总不同工作簿内的数据表 \ 滨海司 .xlsx '.'2 月 $' '2 月 $' UNION ALL

SELECT * FROM 'D:\ 汇总不同工作簿内的数据表 \ 滨海司 .xlsx '.'3 月 $' '3 月 $' UNION ALL

SELECT * FROM 'D:\ 汇总不同工作簿内的数据表 \ 滨海司 .xlsx '.'4 月 $' '4 月 $' UNION ALL

SELECT * FROM 'D:\ 汇总不同工作簿内的数据表 \ 滨海司 .xlsx '.'5 月 $' '5 月 $' UNION ALL

SELECT * FROM 'D:\ 汇总不同工作簿内的数据表 \ 滨海司 .xlsx '.'6 月 $' '6 月 $' UNION ALL

SELECT * FROM 'D:\ 汇总不同工作簿内的数据表 \ 美驰司 .xlsx '.'1 月 $' '1 月 $' UNION ALL

SELECT * FROM 'D:\ 汇总不同工作簿内的数据表 \ 美驰司 .xlsx '.'2 月 $' '2 月 $' UNION ALL

SELECT * FROM 'D:\ 汇总不同工作簿内的数据表 \ 美驰司 .xlsx '.'3 月 $' '3 月 $' UNION ALL

SELECT * FROM 'D:\ 汇总不同工作簿内的数据表 \ 美驰司 .xlsx '.'4 月 $' '4 月 $' UNION ALL

SELECT * FROM 'D:\ 汇总不同工作簿内的数据表 \ 美驰司 .xlsx '.'5 月 $' '5 月 $' UNION ALL

SELECT * FROM 'D:\ 汇总不同工作簿内的数据表 \ 美驰司 .xlsx '.'6 月 $' '6 月 $' UNION ALL

SELECT　* FROM 'D:\ 汇总不同工作簿内的数据表 \ 丽江司 .xlsx '.'1 月 $' '1 月 $' UNION ALL

SELECT　* FROM 'D:\ 汇总不同工作簿内的数据表 \ 丽江司 .xlsx '.'2 月 $' '2 月 $' UNION ALL

SELECT　* FROM 'D:\ 汇总不同工作簿内的数据表 \ 丽江司 .xlsx '.'3 月 $' '3 月 $' UNION ALL

```
SELECT * FROM 'D:\汇总不同工作簿内的数据表\丽江司.xlsx'.'4月$' '4月$' UNION ALL
SELECT * FROM 'D:\汇总不同工作簿内的数据表\丽江司.xlsx'.'5月$' '5月$' UNION ALL
SELECT * FROM 'D:\汇总不同工作簿内的数据表\丽江司.xlsx'.'6月$' '6月$'
```

 提示→

SQL 语句也可以通过复制、粘贴的方式进行编辑。

步骤⑤ 单击【确定】按钮关闭【SQL】编辑框，弹出【Microsoft Query】提示框，单击【确定】按钮关闭【Microsoft Query】提示框，如图 14-27 所示。

图 14-27　关闭【Microsoft Query】提示框

步骤⑥ 单击📲按钮弹出【导入数据】对话框，单击【数据透视表】单选按钮，【数据的放置位置】选择【现有工作表】中的"$A$3"，单击【确定】按钮生成一张空的数据透视表，如图 14-28 所示。

步骤⑦ 将【数据透视表字段】列表框中的"科目名称"字段拖动至【行】区域内，"月"字段拖动至【列】区域内，"借方"字段拖动至【值】区域内，如图 14-29 所示。

图 14-28　生成空白数据透视表　　　　　图 14-29　集团内部各公司各月份的费用发生额汇总表

247

14.3 数据源移动后如何修改 Microsoft Query 查询中的连接

　　由于运用 Microsoft Query 数据查询创建的数据透视表，需要指定数据源工作簿所在位置，一旦数据源表的位置发生改变，就需要修改"Microsoft Query"数据查询中的连接路径，否则无法刷新数据透视表。手动修改数据源移动后 Microsoft Query 查询中的连接路径非常烦琐，无异于重新创建数据透视表，这里不做讲解，只介绍高效的 VBA 代码解决方法。

示例 14.4　修改数据源移动后的 Microsoft Query 查询连接

　　如果希望对图 14-30 所示的数据透视表利用 VBA 代码自动修改 Microsoft Query 数据查询所连接工作簿的变更路径，请参照以下方法。

　　假设所有数据源工作簿和生成了数据透视表的工作簿都保存在 D 盘根目录下的"VBA 代码修改查询路径"文件夹中。

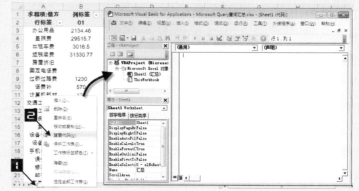

图 14-30　打开 VBA 代码窗口

步骤① 打开"Microsoft Query 查询汇总 .xlsx"工作簿，在"汇总"工作表标签上右击，在弹出的快捷菜单中单击"查看代码"打开 VBA 代码窗口，如图 14-30 所示。

步骤② 双击 ThisWorkbook，在代码窗口中输入 VBA 代码，如图 14-31 所示。

```
Private Sub Workbook_Open()
    Dim strCon As String, iPath As String, i As Integer, iFlag As String,
iStr As String
    strCon = ActiveSheet.PivotTables(1).PivotCache.Connection
    Select Case Left(strCon, 5)
    Case "ODBC;"
        iFlag = "DBQ="
    Case "OLEDB"
        iFlag = "Source="
    Case Else
        Exit Sub
    End Select
    iStr = Split(Split(strCon, iFlag)(1), ";")(0)
    iPath = Left(iStr, InStrRev(iStr, "\") - 1)
    With ActiveSheet.PivotTables(1).PivotCache
        .Connection = VBA.Replace(strCon, iPath, ThisWorkbook.Path)
            .CommandText = VBA.Replace(.CommandText, iPath, ThisWorkbook.
Path)
```

```
        End With
    End Sub
```

步骤③　按 <Alt+F11> 组合键切换到工作簿窗口，将当前工作表另存为"Excel 启用宏的工作簿"，如图 14-32 所示。

现在，如果将"VBA 代码修改查询路径"文件夹剪切到磁盘中的任何位置，打开"Microsoft Query 查询汇总 .XLSM"文件都可以自动识别 Microsoft Query 查询中所连接的工作簿路径，数据透视表可以正常刷新。

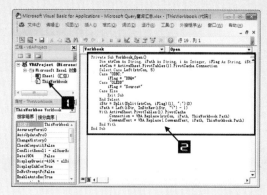

图 14-31　输入 VBA 代码

图 14-32　另存为"Excel 启用宏的工作簿"

注意→　使用此 VBA 代码自动修改 Microsoft Query 查询中数据源的连接路径，要求移动后的数据源和数据透视表仍在同一个文件夹中，否则不能自动识别数据源位置改变后的查询路径。

第 15 章　通过导入外部数据源“编辑 OLE DB 查询”创建数据透视表

OLE DB 的全称是 Object Linking and Embedding Database。其中，Object Linking and Embedding 指对象链接与嵌入，Database 是指数据库。简单地说，OLE DB是一种技术标准，目的是提供一种统一的数据访问接口。

通过在导入外部数据中编辑OLE DB查询方法，可以借助OLE技术对数据列表进行连接并存储，然后形成新的数据源来创建数据透视表。

本章学习要点

- 导入单张数据列表创建数据透视表。
- 合并汇总不同工作簿和工作表中的多张数据列表。
- 汇总不重复数据列表创建数据透视表。
- 汇总关联数据列表。
- 修改 OLE DB 查询路径。
- Excel 2013 OLE DB 的限制。

15.1　导入单张数据列表创建数据透视表

运用导入外部数据的功能，指定数据源数据列表所在位置后，可以生成动态的数据透视表。“外部数据源”是相对当前 Excel 工作簿而言，除了各种类型的文本文件或数据库文件，Excel 工作簿也可以作为“外部数据”供导入。

15.1.1　导入单张数据列表中的所有记录

图 15-1 展示了某超市的销售数据列表，此数据列表保存在 D 盘根目录下“2012 年销售电子记录 .xlsx”文件中。

	A	B	C	D	E	F	G	H	I	J	K	L
1	销售日期	交易时间	小票编号	商品编码	商品名称	单位	单价	数量	金额	折率	实收金额	营业员
633	2012/2/28	8:34:05	48609	53034	酸奶	支	1.5	4	6	8	614.7	张志辉
634	2012/2/28	9:51:50	48658	69532	毛笔	支	1.5	3	4.5	9	395.6	张志辉
635	2012/2/28	13:04:48	48677	43329	洗衣液	瓶	12	3	36		2143.7	张志辉
636	2012/2/28	13:06:14	48711	23712	纯牛奶	支	2.5	4	10	9	243.1	张志辉
637	2012/2/28	17:11:02	48722	59518	生粉	包	1.5	2	3	9	492.6	张志辉
638	2012/2/28	17:21:07	48792	82397	盐	包	1.2	1	1.2		33.3	张志辉
639	2012/2/28	18:36:00	48915	67669	牙刷	只	3.5	2	7		786.6	张志辉
640	2012/2/28	19:46:34	48984	24177	酱油	支	12	2	24		157.7	张志辉
641	2012/2/29	8:25:26	48993	59518	生粉	包	1.5	2	3		387	黄小娟
642	2012/2/29	12:25:55	49025	24177	酱油	支	12	3	36		1299.3	黄小娟
643	2012/2/29	12:44:38	49078	68313	调和油	瓶	45	4	180		45.5	黄小娟
644	2012/2/29	16:39:22	49099	82397	盐	包	1.2	1	1.2	8.5	494.3	黄小娟
645	2012/2/29	16:59:31	49157	18989	果汁橙	瓶	3.5	1	3.5		706.4	黄小娟
646	2012/2/29	17:47:02	49170	67669	牙刷	只	3.5	4	14		181.5	黄小娟
647	2012/2/29	18:40:19	49232	67669	牙刷	只	3.5	2	7		1053.9	黄小娟
648	2012/2/29	20:08:10	49235	76123	花生油	瓶	100	2	200		240.4	黄小娟
649	2012/2/29	20:11:02	49239	59518	生粉	包	1.5	2	3		131.8	黄小娟
650	2012/2/29	20:38:24	49365	69532	毛笔	支	1.5	3	4.5		645.2	黄小娟
651	2012/3/1	10:24:58	49454	90913	耗油	支	13	2	26		1859.4	张志辉

图 15-1　销售电子记录数据列表

示例 15.1　编制动态商品汇总表

如果希望对图 15-1 所示数据列表进行汇总分析，查看不同月份下所有商品的销售情况，请参照以下步骤。

步骤① 双击打开"2012 年销售电子记录 .xlsx"文件，单击"商品汇总"工作表标签，在【数据】
选项卡中单击【现有连接】按钮，弹出【现有连接】对话框，单击【浏览更多】按钮，
打开【选取数据源】对话框，如图 15-2 所示。

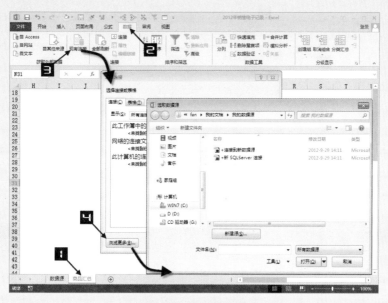

图 15-2　选取数据源

步骤② 打开 D 盘根目录中的目标文件"2012 年销售电子记录 .xlsx"，弹出【选择表格】对话框，
单击【名称】中的【数据源 $】，如图 15-3 所示。

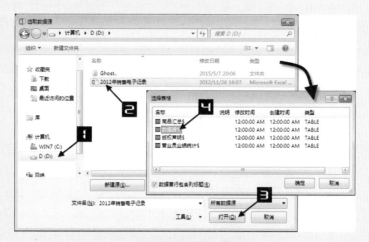

图 15-3　选择表格

步骤③ 单击【选择表格】对话框中的【确定】按钮，在弹出的【导入数据】对话框中选择【数
据透视表】单选按钮，【数据的放置位置】选择【现有工作表】单选按钮，然后单击"商
品汇总"工作表中的 A1 单元格，最后单击【确定】按钮创建一张空白的数据透视表，如
图 15-4 所示。

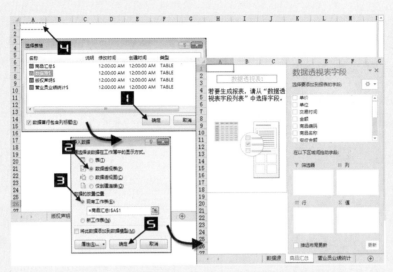

图 15-4　创建一张空白的数据透视表

步骤④ 在【数据透视表字段】列表中，将"销售日期"字段移动至【列】区域并按【步长】为【月】进行组合，"商品名称"字段移动至【行】区域，将"数量"字段移动至【值】区域，【值汇总依据】更改为【求和】；最后对数据透视表进行美化，完成后的数据透视表如图 15-5 所示。

步骤⑤ 设置该数据透视表打开文件时刷新数据，具体方法请参阅第 4 章。

提示━━▶ 　　设置数据透视表打开文件时刷新数据的目的是使通过导入外部数据创建的数据透视表再次打开时能够自动刷新，从而得到数据源实时变化的最新数据。

步骤⑥ 单击"数据源"工作表标签，在第 657 行添加一条新记录，其中："销售日期"字段为"2012/3/2"，"交易时间"字段为"8:00:00"，"小票编号"字段为"49833"，"商品名称"字段为"新商品"，其余项均留空，如图 15-6 所示。

	A	B	C	D	E
1	求和项:数量	销售日期			
2	商品名称	1月	2月	3月	总计
3	纯牛奶	49	76	5	130
4	电池	48	37		85
5	果汁橙	60	33		93
6	耗油	33	45	2	80
7	花生油	25	43		68
8	酱油	46	67		113
9	毛笔	42	71		113
10	毛巾	50	29		79
11	砂糖	39	33		72
12	生粉	45	32		77
13	酸奶	55	63		118
14	调和油	58	40	4	102
15	洗衣粉	41	45		86
16	洗衣液	43	54	3	100
17	新商品				
18	牙刷	63	43	1	107
19	盐	39	48		87
20	纸巾	66	52		118
21	总计	802	811	15	1628

图 15-5　完成后的数据透视表

	A	B	C	D	E	F	G	H	I	J	K	L
1	销售日期	交易时间	小票编号	商品编码	商品名称	单位	单价	数量	金额	折率	实收金额	营业员
641	2012-2-29	8:25:26	48993	59518	生粉	包	1.5	2	3		387	黄小娟
642	2012-2-29	12:25:55	49025	24177	酱油	支	12	3	36		1299.3	黄小娟
643	2012-2-29	12:44:38	49078	68313	调和油	瓶	45	4	180		45.5	黄小娟
644	2012-2-29	16:39:22	49099	82397	盐	包	1.2	1	1.2	8.5	494.3	黄小娟
645	2012-2-29	16:59:31	49157	18989	果汁橙	瓶	3.5	1	3.5		706.4	黄小娟
646	2012-2-29	17:47:02	49170	67669	牙刷	只	3.5	4	14		181.5	黄小娟
647	2012-2-29	18:40:19	49232	67669	牙刷	只	3.5	2	7		1053.9	黄小娟
648	2012-2-29	20:08:10	49235	76123	花生油	瓶	100	2	200		240.4	黄小娟
649	2012-2-29	20:11:02	49239	59518	生粉	包	1.5	2	3		131.8	黄小娟
650	2012-2-29	20:38:24	49365	69532	毛笔	支	1.5	3	4.5		645.2	黄小娟
651	2012-3-1	10:24:58	49454	90913	耗油	支	13	2	26		1859.4	张志辉
652	2012-3-1	14:25:26	49516	23712	纯牛奶	支	2.5	1	2.5		374	张志辉
653	2012-3-1	14:31:12	49743	67669	牙刷	只	3.5	1	3.5		229.6	张志辉
654	2012-3-1	17:47:02	49799	23712	纯牛奶	支	2.5	4	10	8.5	142	张志辉
655	2012-3-1	21:05:46	49831	68313	调和油	瓶	45	4	180		107.2	张志辉
656	2012-3-1	21:56:10	49832	43329	洗衣液	瓶	12	3	36		348.3	张志辉
657	2012-3-2	8:00:00	49833		新商品							

图 15-6　增加新的数据源记录

步骤⑦ 此时，刷新数据透视表，新增的数据记录就出现在数据透视表中，如图 15-7 所示。

图 15-7　刷新数据透视表

　　当用户保存并关闭工作簿后，如果再重新打开"2012 年销售电子记录 .xlsx"，就会出现【安全警告已禁用外部数据连接】的提示，此时单击提示中的【启用内容】按钮即可启用"数据连接"，去掉警告提示，如图 15-8 所示。

图 15-8　去掉数据连接安全警告提示

　　如果用户希望将文件所在路径设置为受信任位置，永久取消数据安全连接警告，请参照以下步骤。

步骤① 打开【Excel 选项】对话框，单击【信任中心】→【信任中心设置】，如图 15-9 所示。

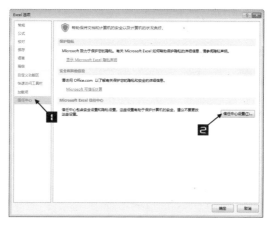

图 15-9　【Excel 选项】对话框

步骤② 单击【受信任位置】选项卡→【添加新位置】按钮，在弹出的【Microsoft Office 受信任位置】对话框中【路径】的文本框内输入"D:\"，单击【确定】按钮关闭对话框，再次单击【确定】按钮，如图 15-10 所示。

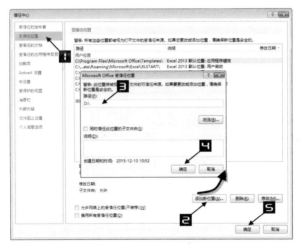

图 15-10　设置受信任位置

步骤③ 最后单击【Excel 选项】对话框中的【确定】按钮完成设置。

15.1.2　导入单张数据列表指定字段记录

示例 15.2　编制动态营业员每月业绩统计表

如果希望对图 15-1 所示数据列表进行汇总，统计每月每名营业员的业绩且不希望出现除"销售日期""数量""金额"和"实收金额"字段以外的其他字段，请参照以下步骤。

步骤① 双击打开 D 盘根目录下的"2012 年销售电子记录 .xlsx"文件，单击"营业员业绩统计"工作表标签，重复操作示例 15.1 中的步骤 1 和步骤 2。

步骤② 选择【选择表格】对话框【名称】中的"数据源 $"，单击【确定】按钮，在弹出的【导入数据】对话框中单击【属性】按钮，打开【连接属性】对话框，单击【定义】选项卡，如图 15-11 所示。

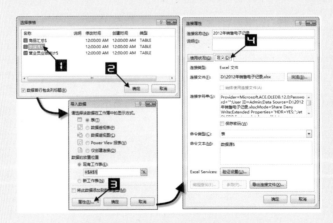

图 15-11　打开【连接属性】对话框

步骤③ 清空【命令文本】文本框中的内容，输入以下 SQL 语句。

SELECT 销售日期，数量，金额，实收金额，营业员 FROM [数据源$]

单击【确定】按钮返回【导入数据】对话框，再次单击【确定】按钮，创建一张新的空白数据透视表，如图 15-12 所示。

此语句的含义是：从"数据源"工作表中，返回"销售日期""数量""金额""实收金额"和"营业员"五个字段的所有记录。

 注意 ——■—■—■→　在 Excel 中使用 SQL 语句，需要将引用数据源表的表名称用 [] 括起来，表名后面需要添加 $。

步骤④ 对数据透视表进行相应的布局调整和美化，完成后的数据透视表如图 15-13 所示。

图 15-12　输入 SQL 语句，创建空白数据透视表

	A	B	C	D	E
1	销售日期	营业员	求和项:数量	求和项:金额	求和项:实收金额
2		黄小娟	274	2,936.60	87,032.40
3	1月	张志辉	314	4,535.30	82,342.60
4		郑笑笑	214	1,213.40	53,762.50
5	1月 汇总		802	8,685.30	223,137.50
6		黄小娟	281	3,315.80	71,000.80
7	2月	张志辉	280	2,181.20	76,126.60
8		郑笑笑	250	4,390.60	73,681.90
9	2月 汇总		811	9,887.60	220,809.30
10	3月	张志辉	15	258.00	3,060.50
11	3月 汇总		15	258.00	3,060.50
12	总计		1628	18,830.90	447,007.30

图 15-13　完成后的数据透视表

15.1.3　使用 SQL 重组数据源中不存在的特殊字段记录

示例 15.3　根据实收金额分级显示订单

如果希望对图 15-1 所示数据列表进行汇总，如果不使用组合的方式实现对销售日期按年月汇总，同时，对数据源中的"实收金额"进行分级，将 1000 元及以上的销售单划分为"VIP单"，其他划分为"普通单"，请参照以下步骤。

步骤① 重复操作示例 15.2 中的步骤 1、步骤 2 和步骤 3。

步骤② 清空【命令文本】文本框中的内容，输入以下 SQL 语句。

SELECT *,FORMAT(销售日期,"YYMM") AS 销售年月，IIF(实收金额 >=1000,'VIP 单','普通单') AS 订单级别 FROM [数据源$]

此语句的含义是：从"数据源"工作表中，返回所有字段的记录（*表示所有字段），同时增加两个新字段"销售年月"和"订单级别"。

FORMAT 函数用于对字段的显示进行格式化。此例中表示将日期类型字段格式化成

YYMM 格式，即两位年数与两位月数。

语法：

❖ FORMAT(要格式化的字段，"规定格式")。

❖ IIF 返回由逻辑测试确定的两个数值或字符串值之一。
类似于 Excel 逻辑函数 IF。

IIF(逻辑表达式,TRUE 结果表达式,FALSE 结果表达式)

如果逻辑表达式取值为 TRUE，则此函数返回 TRUE 结果表达式，否则，返回 FALSE 结果表达式，结果表达式要被冠以一对半角单引号。

步骤③ 完成数据透视表的创建、布局和美化，如图 15-14 所示。

销售年月	1202		
求和项:实收金额	订单级别		
小票编号	VIP单	普通单	总计
27250		767.70	767.70
27320		984.30	984.30
27381	2,191.30		2,191.30
27505	1,227.90		1,227.90
27538	1,388.40		1,388.40
27552		416.70	416.70
27594		534.30	534.30
27681		705.60	705.60
27686	1,240.00		1,240.00
27692		506.30	506.30
27825	1,521.50		1,521.50
27856		130.40	130.40
27897		957.10	957.10
27907	1,445.40		1,445.40

图 15-14　完成后的数据透视表

15.2　导入多张数据列表创建数据透视表

运用导入外部数据结合"编辑 OLE DB"查询中的 SQL 语句技术，可以轻而易举地对不同工作表，甚至不同工作簿中结构相同的多张数据列表进行合并汇总并创建动态的数据透视表，而不会出现多重合并计算数据区域创建数据透视表只会选择第一行作为行字段的限制。

15.2.1　汇总同一工作簿下多张数据列表记录

图 15-15 展示了某公司"一仓""二仓"和"三仓"3 张数据列表，这些数据列表存放在 D盘根目录下的"仓库入库表 .xlsx"文件中。

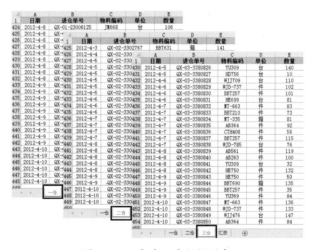

图 15-15　仓库入库数据列表

示例 15.4　仓库入库表

如果希望对图 15-15 所示 3 张仓库数据列表进行汇总分析，请参照以下步骤。

步骤① 打开 D 盘根目录下的"仓库入库表 .xlsx"文件，单击"汇总"工作表标签。

步骤② 选取目标文件"仓库入库表 .xlsx"，打开【连接属性】对话框。

步骤③ 清空【命名文本】文本框中的内容，输入以下 SQL 语句。

```
SELECT "一仓库" AS 仓库名称,* FROM [一仓$] UNION ALL
SELECT "二仓库",* FROM [二仓$] UNION ALL
SELECT "三仓库" ,* FROM [三仓$]
```

此语句的含义是：

SQL 语句第一部分“SELECT "一仓库" AS 仓库名称,* FROM [一仓$]”表示返回一仓库数据列表的所有数据记录，“"一仓库"”作为插入的常量来标记不同的记录，然后对这个插入常量构成的字段利用 AS 别名标识符进行重命名字段名称。最后通过 UNION ALL 将每个仓库的所有记录整合在一起，相当于将“一仓”“二仓”和“三仓”3 张工作表粘贴到一起。

由于 Union ALL 只以第一段的字段标题为基准，所以后面的 AS 别名可省略。

Excel 使用 SQL 在当前工作簿中引用本身的工作表时的引用规则如下。

Excel 工作表在引用时需要将其包含在方括号内“[]”，同时需要在其工作表名称后面加上“$”符号，如：SELECT * FROM [一仓$]。

如果要引用工作表中的部分区域，则可以在“$”符号后面添加区域限定。例如，下面的语句表示引用“一仓”的“A1:E448”区域。

SELECT * FROM [一仓$A1:E448]

步骤④ 完成数据透视表的创建、布局和美化，如图 15-16 所示。

仓库名称	(全部)					
求和项:数量		日期				
物料编码	单位	1月	2月	3月	4月	总计
AB263	件	1,460	1,740	1,307	327	4,834
AB364	件	1,279	1,642	1,113	333	4,367
AB561	件	1,326	1,194	1,000	421	3,941
AB565	件	1,739	1,150	1,227	530	4,646
BBT210	件	1,950	929	1,676	262	4,817
BBT257	件	1,290	1,431	2,027	451	5,199
BBT631	箱	1,738	1,650	1,639	449	5,476
BBT690	箱	1,347	1,258	1,196	809	4,610
CTH408	件	1,592	989	1,519	459	4,559
CTH650	件	1,317	1,767	939	279	4,302
HD273	件	1,350	1,073	922	250	3,595
HD756	台	2,136	1,800	769	275	4,980
HE699	台	1,087	1,278	1,573	384	4,322
HE750	件	1,628	1,082	1,102	483	4,295
JM668	台	1,288	815	1,651	443	4,197
MT-335	箱	1,779	1,246	1,468	347	4,840

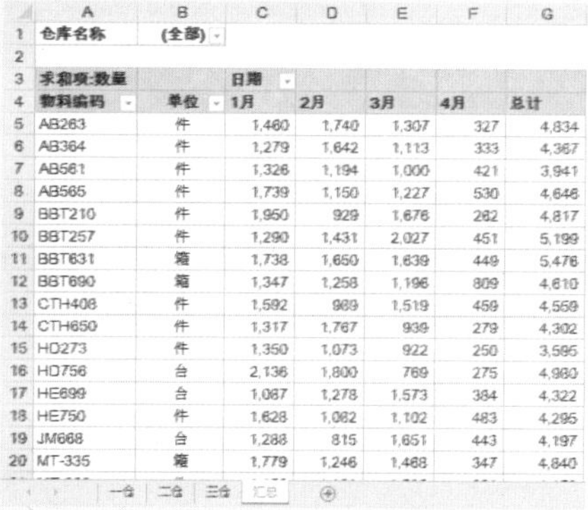

图 15-16　汇总后的数据透视表

15.2.2　汇总不同工作簿下多张数据列表记录

图 15-17 展示了 2011 年某集团“华东”“东北”和“京津”3 个区域的销售数据列表，这些数据列表保存在 D 盘根目录下的“2011 年区域销售”文件夹对应的工作簿中。

日期	单号	客户	商品	单价	数量	金额
2011-12-7	NO:95430	翠苑物业管理办公室	RJ-597	900	3	2700
2011-12-7	NO:95431	广州纸制品加工	RJ-920	800	3	2400
2011-12-9	NO:95432	阳光诚信保险	BJ-698	810	4	3240
2011-12-9	NO:95433	悦来客栈	CH-922	520	2	1040
2011-12-10	NO:95434	诚信地产	CH-845	840	1	840
2011-12-11	NO:95435	信德连锁超市	BT-417	760	2	1520
2011-12-11	NO:95436	志辉文具	RJ-577	680	2	1360
2011-12-12	NO:95437	翠苑物业管理办公室	AB-758	380	5	1900
2011-12-15	NO:95438	诚信地产	BJ-715	710	4	2840
2011-12-15	NO:95439	信德连锁超市	RJ-183	730	3	2190
2011-12-15	NO:95440	广州纸制品加工	WJD-346	430	4	1720
2011-12-17	NO:95441	黄埔建强制衣厂	BJ-658	810	5	4050
2011-12-18	NO:95442	淘宝真诚服务店	CH-887	610	3	1830
2011-12-20	NO:95443	广州纸制品加工	MT-273	490	3	1470
2011-12-21	NO:95444	悦来客栈	CH-665	300	4	1200
2011-12-22	NO:95445	长江电子厂	MT-273	490	3	1470
2011-12-22	NO:95446	天河君豪大酒店	BJ-209	570	4	2280
2011-12-23	NO:95447	黄埔建强制衣厂	RJ-597	900	5	4500
2011-12-24	NO:95448	阳光诚信保险	BJ-481	110	2	220
2011-12-25	NO:95449	悦来客栈	BJ-518	260	5	1300
2011-12-26	NO:95450	黄埔建强制衣厂	AB-598	400	2	800
2011-12-29	NO:95451	阳光诚信保险	WJD-417	150	3	450
2011-12-31	NO:95452	天河君豪大酒店	BT-770	840	4	3360
2011-12-31	NO:95453	好好喝饮料有限公司	CH-858	540	2	1080
2011-12-31	NO:95454	诚信地产	MT-302	970	3	2910

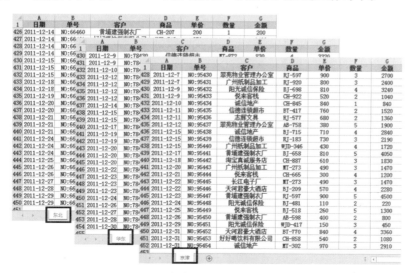

图 15-17　各区域销售数据列表

示例 15.5　编制各区域销售统计动态数据列表

步骤① 打开 D 盘根目录下"2011 年区域销售"文件夹中的"汇总 .xlsx"工作簿，单击"汇总"工作表标签。

步骤② 选择 D 盘根目录下"2011 年区域销售"文件夹中的任意工作簿作为目标文件，打开【连接属性】对话框。

步骤③ 清空【命名文本】文本框中的内容，输入以下 SQL 语句。

```
SELECT "东北" AS 区域,* FROM [D:\2011年区域销售\东北地区.xlsx].[东北$]
UNION ALL
SELECT "华东" AS 区域,* FROM [D:\2011年区域销售\华东地区.xlsx].[华东$]
UNION ALL
SELECT "京津" AS 区域,* FROM [D:\2011年区域销售\京津地区.xlsx].[京津$]
```

> **提示** →
>
> Excel 使用 SQL 在当前工作簿中引用其他工作簿中的工作表时的引用规则如下。
>
> 需要在工作表名称前面加上文件名称限定，文件名包含在方括号内，文件名与工作表之间使用"."分隔。例如，下面语句表示引用"D:\2011 年区域销售\京津地区 .xlsx"工作簿的"京津"工作表。
>
> SELECT *　FROM [D:\2011 年区域销售\京津地区 .xlsx].[京津 $]

步骤④ 完成数据透视表的创建、布局和美化，如图 15-18 所示。

图 15-18　完成后的数据透视表

15.3　导入不重复记录创建数据透视表

运用导入外部数据结合"编辑 OLE DB"查询中的 SQL 语句技术，可以轻而易举地统计数据列表所有字段的不重复记录，也可以灵活地统计数据列表指定字段组成的不重复记录，甚至还可以轻易地统计由多张数据列表汇总后的不重复记录。

15.3.1　导入单张数据列表中所有字段的不重复记录

图 15-19 展示了某公司出库商品盘点数据列表，该数据列表保存在 D 盘根目录下的“2012 年 3 月库存盘点表 .xlsx”文件中。

示例 15.6　统计库存商品不重复记录

如果希望对如图 15-19 所示的数据列表进行数据分析，统计出商品库存的不重复记录，请参照以下步骤。

步骤① 打开 D 盘根目录下的“2012 年 3 月库存盘点表 .xlsx”文件，单击“库存统计”工作表标签。

步骤② 打开 D 盘根目录下的目标文件“2012 年 3 月库存盘点表 .xlsx”，打开【连接属性】对话框。

步骤③ 清空【命名文本】文本框中的内容，输入以下 SQL 语句。

```
SELECT DISTINCT * FROM [商品库存资料$]
```

此语句的含义是忽略“商品库存资料”工作表中所有字段组成的重复记录，即重复出现的记录只返回其中的一条。

重复记录指的是当前行的所有列（字段）的值都相同，只要有一个字段不同都不成立。

步骤④ 完成数据透视表的创建、布局和美化，如图 15-20 所示。

	A	B	C	D
1	商品名称	单位	数量	分类
2	WJD-690	台	26	成品
3	MT-300	只	35	部件
4	MT-300	只	35	部件
5	BJ-280	台	55	成品
6	BT-600	支	59	部件
7	YT-760	台	97	成品
8	AJ-860	支	76	部件
9	PV-160	盒	82	部件
10	CC-660	只	32	部件
11	PV-490	盒	64	部件
12	CC-750	只	29	部件
13	WJD-780	台	37	成品
14	YT-440	台	32	成品
15	MJ-700	条	23	部件
16	MJ-990	条	74	部件
17	MT-470	只	94	部件
18	BJ-600	台	10	成品
19	PV-550	盒	83	部件
20	CC-620	只	75	部件

库存统计　商品库存资料

图 15-19　商品库存盘点数据列表

	A	B	C	D	E
1	求和项:数量		分类		
2	商品名称	单位	部件	成品	总计
3	AB-S100	个	30		30
4	AB-S1000	个	24		24
5	AB-S140	个	20		20
6	AB-S180	个	90		90
7	AB-S190	个	54		54
8	AB-S240	个	44		44
9	AB-S250	个	14		14
10	AB-S360	个	76		76
11	AB-S380	个	27		27
12	AB-S420	个	99		99
13	AB-S430	个	49		49
14	AB-S510	个	44		44
15	AB-S560	个	70		70
16	AB-S620	个	88		88
17	AB-S720	个	15		15
18	AB-S760	个	27		27
19	AB-S770	个	16		16
20	AB-S790	个	85		85

库存统计　商品库存资料

图 15-20　完成后的数据透视表

15.3.2　导入单张数据列表指定部分字段不重复记录

示例 15.7　统计各“市”“区 / 县 / 镇（乡）”中学校不重复数

图 15-21 展示了某省某届中考统考成绩数据列表，该数据列表存放在 D 盘根目录下的“中考成绩表 .xlsx”文件中。

如果希望统计各“市”“区 / 县 / 镇（乡）”中参与考试的学校个数，请参照以下 SQL 语句。

```
SELECT DISTINCT 市,[区/县/镇(乡)],学校 FROM [中考成绩表$]
```

提示

使用 DISTINCT 谓词，字段名称的书写顺序并不影响返回的结果；如果字段名称含有“#”、空格、“@”“%”等特殊符号，需要用“[]”或“""”将字段名称括起来。

完成后的数据透视表如图 15-22 所示。

	A	B	C	D	E	F	G
1	市	区/县/镇（乡）	学校	考生编号	语文	数学	英语
168	清远	清新	县中	00187	120	79	54
169	清远	英德	一中	00480	56	89	90
170	广州	白云	白云中学	00674	120	83	104
171	广州	白云	白云二中	00512	106	80	92
172	梅州	梅县	三中	00019	96	65	84
173	广州	越秀	二中	00285	89	65	116
174	清远	英德	一中	00765	81	93	87
175	广州	越秀	二中	00144	46	120	88
176	清远	清新	一中	00278	98	77	54
177	梅州	梅县	健强纪念中学	00193	60	74	52
178	广州	天河	一中	00098	94	100	45
179	梅州	梅县	梅江中学	00270	97	63	45
180	清远	英德	建中	00046	62	110	104
181	梅州	梅县	梅江中学	00832	83	91	87
182	清远	清新	一中	00264	50	46	100
183	清远	英德	建中	00680	114	109	84
184	清远	清新	一中	00975	65	90	53
185	梅州	梅县	梅江中学	00659	84	67	110
186	梅州	梅县	健强纪念中学	00249	99	112	69

中考成绩表 | 汇总

图 15-21　中考数据列表

	A	B	C
1			
2			
3	市	区/县/镇（乡）	计数项:学校
4	广州	白云	2
5		荔湾	1
6		天河	1
7		越秀	1
8	广州 汇总		5
9	梅州	梅县	4
10	梅州 汇总		4
11	清远	清新	2
12		英德	3
13	清远 汇总		5
14	总计		14

图 15-22　完成后的数据透视表

15.3.3　导入多张数据列表所有不重复记录

图 15-23 展示了某公司"A 仓""B 仓"和"C 仓"3 张物料仓存数据列表，该数据列表保存在 D 盘根目录下的"仓存表 .xlsx"文件中。

	A	B	C
1	物料编码	单位	数量
3	BBT257	件	20
4	BBT210	件	
5	BBT690	箱	
6	MT-663	件	
7	AB565	件	
8	WJJ709	台	
9	AB263	件	
10	JM668	件	
11	WJJ476	件	
12	MT-335	台	
13	WJJ323	台	
14	AB364	箱	
15	WJJ209	箱	
16	HD273	台	
17	HD756	件	
18	BBT631	件	
19	WJD-737	箱	
20	CTH650	件	
21	YU309	件	
22	HE750	箱	
23	WJD-785	台	
24	AB561	台	
25	YU369	箱	
26	HE699	台	
27	YU759	件	

A仓

	A	B	C
1	物料编码	单位	数量
5	CTH650	件	23
6	WJD-785	台	
7	YU759	件	
8	HE750	箱	
9	HD273	台	
10	AB565	件	
11	WJJ476	件	
12	MT-663	件	
13	AB364	箱	
14	WJJ709	台	
15	HD756	件	
16	YU309	件	
17	BBT210	件	
18	BBT690	箱	
19	CTH408	件	
20	WJJ323	台	
21	HE699	台	
22	BBT257	件	
23	AB561	台	
24	AB263	件	
25	BBT631	件	
26	WJD-737	箱	
27	YU369	箱	
28	GG998	箱	
29	CC238	只	

A仓 | B仓

	A	B	C
1	物料编码	单位	数量
5	CTH650	件	20
6	HY-300	台	29
7	S330	件	34
8	HL-208	台	16
9	HD273	台	45
10	AB565	件	38
11	WJJ476	件	15
12	MT-663	件	14
13	AB364	箱	27
14	WJJ709	台	19
15	HD756	件	29
16	YU309	件	24
17	BBT210	件	10
18	BBT690	箱	49
19	CTH408	件	21
20	WJJ323	台	10
21	HE699	台	38
22	BBT257	件	10
23	AB561	台	33
24	AB263	件	42
25	BBT631	件	29
26	WJD-737	箱	21
27	YU369	箱	46
28	GG998	箱	50
29	CC238	只	40

A仓 | B仓 | C仓

图 15-23　仓存数据列表

示例 15.8　统计所有仓库的不重复物料

如果希望统计"A 仓""B 仓"和"C 仓"3 张仓存数据列表中不重复物料的名称和不重复物料总数，请参照以下 SQL 语句。

```
SELECT DISTINCT 物料编码,单位 FROM
(SELECT 物料编码,单位 FROM [A仓$] UNION ALL
SELECT 物料编码,单位 FROM [B仓$] UNION ALL
SELECT 物料编码,单位 FROM [C仓$])
```

提示
■■■■→

此 SQL 语句使用的"子查询"。子查询语句是先用 UNION ALL 将所有仓库的数据列表记录汇总，再用 DISTINCT 排除重复值。

最终完成的数据透视表如图 15-24 所示。

图 15-24　完成后的数据透视表

15.4　导入数据关联列表创建数据透视表

运用导入外部数据结合"编辑 OLE DB"查询中的 SQL 语句技术，可以轻而易举地汇总关联数据列表的所有记录。

15.4.1　汇总数据列表的所有记录和与之关联的另一个数据列表的部分记录

图 15-25 展示了某公司 2011 年员工领取物品记录数据列表和该公司的部门员工资料数据列表。此数据列表保存在 D 盘根目录下的"2011 年物品领取记录 .xlsx"文件中。

图 15-25　部门 - 员工数据列表和物品领取数据列表

示例 15.9　汇总每个部门下所有员工领取物品记录

如果希望统计不同部门不同员工的物品领取情况，请参照以下 SQL 语句。

```
SELECT A.部门,A.员工,B.日期,B.领取物品,B.单位,B.数量 FROM [部门 - 员工 $]A
LEFT JOIN [物品领取 $]B ON A.员工 =B.员工
```

也可以使用以下 SQL 语句。

```
SELECT A.日期,A.领取物品,A.单位,A.数量,B.部门,B.员工 FROM [物品领取 $]A
RIGHT JOIN [部门 - 员工 $]B ON A.员工 =B.员工
```

此语句的含义是：返回"部门 - 员工"工作表中"部门"和"员工"字段的所有记录，和"物品领取"工作表中"员工"字段与"部门 - 员工"工作表中"员工"字段相同的"员工"对应的"日期""物品""单位"和"数量"的领取记录。

> **注意**→ 第一条语句使用的是 LEFT JOIN ON（左连接），意思是返回第一个表指定字段的所有记录和第二个表符合与之关联条件的指定字段的部分记录；第二条语句使用的是 RIGHT JOIN ON（右连接），意思刚好与 LEFT JOIN ON 相反，意思是返回第二个表指定字段的所有记录和第一个表符合与之关联条件的指定字段的部分记录。

图 15-26　完成后的数据透视表

完成后的数据透视表如图 15-26 所示。

15.4.2 汇总关联数据列表中符合关联条件的指定字段部分记录

图 15-27 展示了某级 "一班" 班级的学生信息数据列表和某次级考试前 20 名学生数据列表，此数据列表存放在 D 盘根目录下的 "班级成绩表 .xlsx" 文件中。

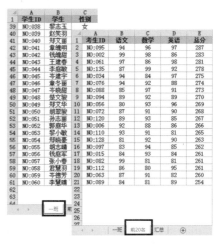

图 15-27 班级信息和前 20 名成绩数据列表

示例 15.10 汇总班级进入级前 20 名学生成绩

如果希望统计 "一班" 数据列表中，成绩进入 "前 20 名" 的学生情况，请参照以下 SQL 语句。

SELECT A.学生,A.性别,B.* FROM [一班 $]A INNER JOIN [前 20 名 $]B ON A.学生 ID=B.考生

此语句的含义是：返回 "一班" 数据列表和 "前 20 名" 数据列表中，具有相同 "学生 ID" 的部分记录。

完成后的数据透视表如图 15-28 所示。

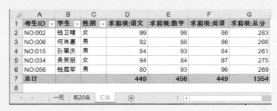

图 15-28 完成后的数据透视表

15.4.3 汇总多张关联数据列表

图 15-29 展示了某公司 2011 年订单明细数据列表，此数据列表保存在 D 盘根目录下的 "2011 年订单明细 .xlsx" 文件中。

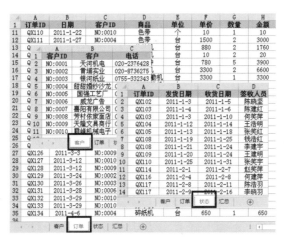

图 15-29 某公司 2011 年订单数据列表

263

示例 15.11 编制客户未完成订单汇总表

如果用户希望查看还没有完成的客户订单表，请输入以下 SQL 语句。

```
SELECT [客户$].客户,[订单$].订单ID,[订单$].日期,[订单$].商品,[订单$].单位,[订单$].单价,[订单$].数量,[订单$].金额 FROM ([订单$] LEFT JOIN [状态$] ON [订单$].订单ID=[状态$].订单ID) LEFT JOIN [客户$] ON [订单$].客户ID=[客户$].客户ID WHERE [状态$].发货日期 IS NULL
```

此语句的含义是：返回“订单”数据列表在“状态”数据列表中不存在的订单 ID 对应的订单记录及此订单 ID 对应“客户”数据列表的客户记录。

先将“订单”与“状态”根据“订单 ID”用 LEFT JOIN 左连接起来，确保可以返回所有“订单”的状态，再将连接生成的结果与“客户”之间根据“客户 ID”左连接，确保可以返回所有的客户信息。

最后通过对返回的结果用 WHERE [状态$]. 发货日期 IS NULL 返回发货日期为空的订单表。

完成后的数据透视表如图 15-30 所示。

	A	B	C	D	E	F	G
1	客户	(全部)					
2							
3	订单ID	日期	商品	单位	单价	求和项:数量	求和项:金额
4	QX101	2011/1/2	色带	台	10	1	10
5	QX106	2011/1/13	点钞机	台	3300	1	3300
6	QX107	2011/1/16	碎纸机	台	10	3	30
7	QX111	2011/1/27	色带	台	1500	2	3000
8	QX112	2011/1/28	收款机	台	880	2	1760
9	QX113	2011/1/29	传真机	台	10	2	20
10	QX115	2011/2/2	收款机	台	3300	2	6600
11	QX118	2011/2/7	色带	台	650	1	650
12	QX119	2011/2/8	传真机	台	650	1	650
13	QX120	2011/2/13	碎纸机	台	10	1	10
14	QX121	2011/2/14	收款机	台	3300	3	9900
15	QX122	2011/2/20	收款机	台	780	3	2340
16	QX123	2011/2/22	指纹机	台	380	1	380
17	QX124	2011/2/22	碎纸机	台	650	2	1300
18	QX125	2011/3/3	打印机	台	680	1	680
19	QX126	2011/3/3	传真机	台	10	3	30
20	QX127	2011/3/12	ID感应考勤机	台	780	3	2340

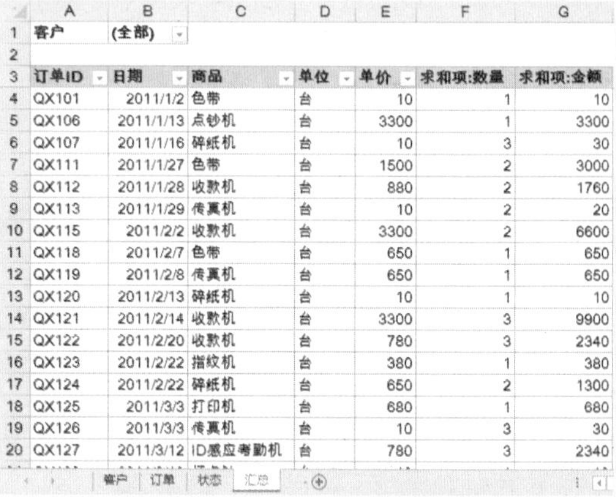

图 15-30 完成后的数据透视表

15.5 修改 OLE DB 查询路径

由于运用 Excel 导入外部数据源的功能创建数据透视表，必须要先指定数据源表所在位置，所以一旦数据源表的位置发生了变化，就要修改“OLE DB 查询”中的路径，否则无法刷新数据透视表。

15.5.1 手动修改“OLE DB”中的连接

图 15-31 展示了一张 D 盘根目录下“区域业绩”文件夹内的两张工作簿，其中“汇总 .xlsx”是以“业绩 .xlsx”工作簿为数据源通过导入外部数据功能创建的数据透视表。

	A						
1	区域						
2							
3	求和项:销售额						
4	业务员	7	8	9	10	11	12	总计
41	严晋浩	918,240	306,762	1,879,507	931,722	390,223	1,743,931	15,914,660
42	严净策	1,040,691	1,867,094	1,612,250	313,900	1,873,735	2,838,082	22,855,551
43	张翠骅	1,495,624	2,384,321	1,411,079	642,951	1,494,242	1,622,232	19,407,946
44	张大好	1,160,934	415,274	974,684	1,459,840	1,470,859	1,542,468	17,069,594
45	张富安	2,524,126	466,080	2,229,462	1,296,094	338,476	1,683,591	17,866,138
46	张家源	1,990,108	2,402,412	1,299,587	2,314,767	1,034,445	2,900,353	19,789,275
47	张晋文	887,780	669,717	964,268	967,846	2,786,994	2,836,792	18,509,662
48	张晓明	917,722	1,489,395	2,748,421	2,346,980	791,936	563,390	19,186,717
49	郑翠强	2,898,891	2,911,379	768,907	1,452,219	2,002,920	2,649,054	21,872,660
50	郑德文	2,088,308	2,830,266	1,408,698	2,837,512	2,498,715	2,063,341	22,814,429
51	朱富安	1,278,402	715,591	2,490,679	1,461,256	200,966	2,872,752	17,138,861
52	朱自豪	661,084	2,783,386	1,624,046	679,294	732,447	2,524,508	18,688,910
53	朱小豪	2,142,171	1,085,806	664,903	1,213,857	364,604	1,044,265	17,651,271
54	朱昭辉	589,424	842,917	2,666,417	2,652,251	1,692,749	1,249,475	18,939,006
55	总计	84,625,203	88,834,131	78,794,211	77,099,846	76,537,761	83,704,985	954,143,744

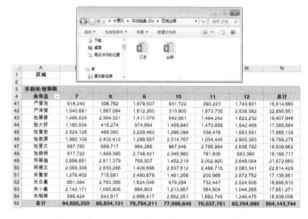

图 15-31 数据源尚未移动的数据透视表

示例 15.12 手动修改数据源移动后的“OLE DB 查询”连接

当“区域业绩”文件夹“移动”至 E 盘根目录后，如果用户希望重新打开“汇总 .xlsx”工作簿的时候数据透视表能够正常刷新，请参照以下步骤。

打开"汇总"工作表，刷新数据透视表，在弹出的【Microsoft Excel】错误提示对话框中单击【确定】按钮，接下来在弹出的【Microsoft Excel】问询对话框中单击【是】按钮关闭对话框，此时，数据透视表已经完成刷新，如图 15-32 所示。

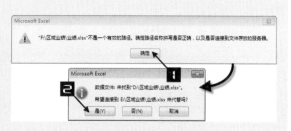

图 15-32　刷新数据透视表

此外，用户也可以通过手动修改 OLE DB 连接路径的方法实现数据透视表的正常刷新。

选中数据透视表（如 A6），在【数据透视表工具】的【分析】选项卡中依次单击【更改数据源】→【连接属性】，在弹出的【连接属性】对话框中修改【定义】选项卡下的【连接字符串】内的路径盘符，单击【确定】按钮，如图 15-33 所示。

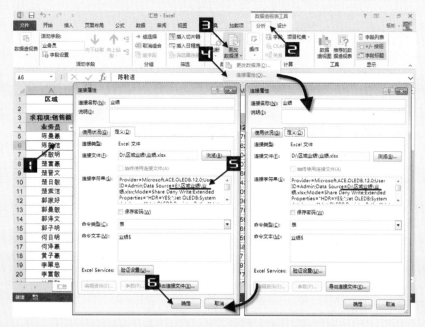

图 15-33　修改数据源移动后的"OLE DB"连接

选中数据透视表，在【数据】选项卡中单击【属性】按钮，也可以调出【连接属性】对话框，在【定义】选项卡下修改【连接字符串】内的路径盘符。

15.6　Excel 2013 OLE DB 查询的限制

15.6.1　SQL 查询语句字符的限制

在【连接属性】对话框中的【命令文本】文本框中最大容纳 30965 个字符（不含空格），超出 30965 个字符的 SQL 语句将无法输入。因此，通过导入外部数据"编辑 OLE DB 查询"创建数据透视表时，无法合并过多的数据列表，尤其是数据源工作簿的路径、工作簿的名称及数据列表的名称较长时，更容易受 SQL 查询语句字符的限制。

15.6.2　SQL 查询连接表格的限制

在【连接属性】对话框中的【命令文本】对话框中，利用 SQL 语句"UNION/UNION ALL"进行联合查询时，连接的数据列表最多不能超过 50 个，如果超过 50 个数据列表，就会出现"查询无法运行或数据库表无法打开"的错误提示，如图 15-34 所示。

图 15-34　"查询无法运行或数据库表无法打开"提示

第 16 章　利用多样的数据源创建数据透视表

用于创建数据透视表的原始数据统称为数据源，Excel 工作表是最常用最便捷的一种数据源，但是将原始数据手动输入到工作表中是一种很容易出错而且低效的数据操作方式。本章将讲述如何连接外部数据源，以及如何使用外部数据源创建数据透视表。

本章学习要点

❖ 使用文本数据源创建数据透视表。
❖ 使用 Microsoft Access 数据库创建数据透视表。
❖ 使用 SQL Server 数据库创建数据透视表。
❖ 使用 Analysis Services OLAP 数据库创建数据透视表。
❖ 使用 OData 数据馈送创建数据透视表。

16.1　使用文本数据源创建数据透视表

通常企业管理软件或业务系统所创建或导出的数据文件类型为纯文本格式（*.TXT 或者 *.CSV），如果需要利用数据透视表分析这些数据，常规方法是将它们先导入 Excel 工作表中，然后再创建数据透视表。其实 Excel 数据透视表完全支持文本文件作为可动态更新的外部数据源。

示例 16.1　使用文本文件创建数据透视表

步骤① 依次单击【开始】→【控制面板】，在弹出的【控制面板】窗口中双击【管理工具】，在弹出的【管理工具】窗口中双击【数据源（ODBC）】，打开【ODBC 数据源管理器】对话框，如图 16-1 所示。

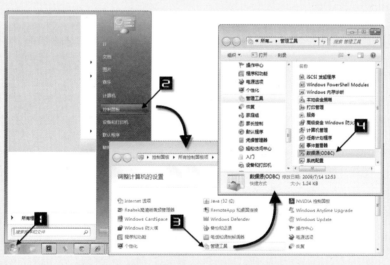

图 16-1　打开【ODBC 数据源管理器】对话框

步骤② 在【ODBC 数据源管理器】对话框中单击【添加】按钮，在弹出的【创建新数据源】对话框中，单击选中【名称】列表框中的"Microsoft Text Driver（*.txt；*.csv）"作为驱动程序，单击【完成】按钮关闭【创建新数据源】对话框。

步骤③ 在弹出的【ODBC Text 安装】对话框中的【数据源名】文本框中输入"透视表文本数据源"，在【说明】文本框中输入"客户销售信息"，取消选中【使用当前目录】复选框，然后单击【选择目录】按钮。

步骤④ 在弹出的【选择目录】对话框中选择"客户销售信息 .TXT"文件所在目录（在本示例中为 TXTDATA 目录），并单击【确定】按钮关闭【选择目录】对话框，返回到【ODBC Text 安装】对话框，单击【选项】按钮，如图 16-2 所示。

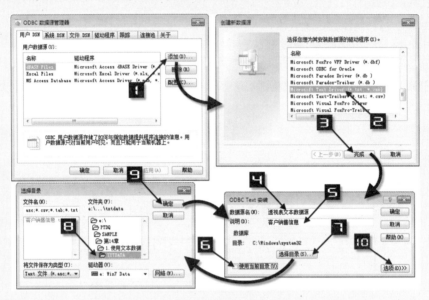

图 16-2　添加用户数据源

步骤⑤ 在展开的【ODBC Text 安装】对话框中，取消选中【默认（*.*）】复选框，在【扩展名列表】列表框中选中"*.txt"作为扩展名，然后单击【定义格式】按钮。

步骤⑥ 在弹出的【定义 Text 格式】对话框的【表】列表框中，选中"客户销售信息 .txt"，并选中【列名标题】复选框，单击【格式】组合框右侧下拉按钮，在下拉列表中选中"Tab 分隔符"作为格式分隔符。

步骤⑦ 单击【猜测】按钮，【列】列表框中将显示文本数据源的列名标题，保持【列】列表框默认选中的"客户"，单击【数据类型】组合框右侧下拉按钮，在下拉列表中选中"LongChar"作为数据类型，最后单击【修改】按钮。

注意
（1）对于文本型数据列，必须将其数据类型设置为 LongChar。
（2）步骤 6 中必须单击【修改】按钮，才能保存对数据类型的修改。

步骤⑧ 重复步骤 7 依次设置"工单号""交期"和"产品码"列的数据类型为"LongChar"，设置"数量"和"金额"列的数据类型为"Float"，然后单击【确定】按钮，关闭【定义 Text 格式】对话框，返回到【ODBC Text 安装】对话框，如图 16-3 所示。

步骤⑨ 单击【确定】按钮，关闭【ODBC Text 安装】对话框，返回到【ODBC 数据源管理器】对话框，在【用户数据源】列表框中可以看到新创建的数据源"透视表文本数据源"，单击【确定】按钮关闭【ODBC 数据源管理器】对话框，如图 16-4 所示。

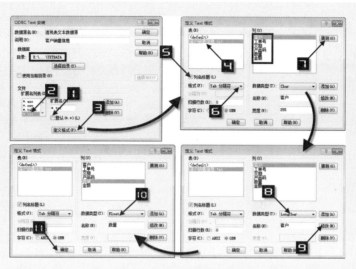

图 16-3　定义 Text 格式

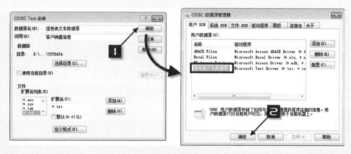

图 16-4　完成创建用户数据源

步骤⑩ 新建一个 Excel 工作簿，单击选中活动工作表的 A3 单元格，单击【插入】选项卡中的【数据透视表】按钮。

步骤⑪ 在弹出的【创建数据透视表】对话框中，单击选中【使用外部数据源】单选按钮，并单击【选择连接】按钮。在弹出的【现有连接】对话框中单击【浏览更多】按钮，如图 16-5 所示。

图 16-5　选择外部数据源连接

步骤⑫ 在弹出的【选取数据源】对话框中单击【新建源】按钮，如图 16-6 所示。

图 16-6　连接 ODBC 数据源

步骤⑬ 在弹出的【数据连接向导】对话框的【您想要连接哪种数据源】列表框中单击选中"ODBC DSN"，单击【下一步】按钮，在【ODBC 数据源】列表框中单击选中"透视表文本数据源"，单击【下一步】按钮，在窗口下部的列表框中单击选中"客户销售信息 .txt"，单击【下一步】按钮，修改【说明】和【友好名称】的内容，单击【完成】按钮关闭【数据连接向导】对话框，如图 16-7 所示。

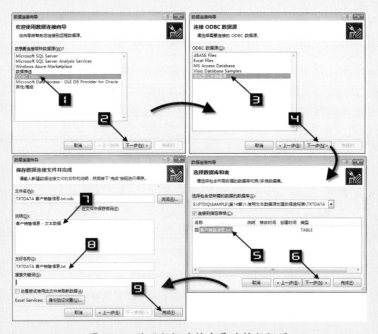

图 16-7　使用数据连接向导连接数据源

步骤⑭ 返回【创建数据透视表】对话框，【连接名称】显示为"客户销售信息文本数据"，即步骤 13 中定义的"友好名称"。单击【确定】按钮关闭【创建数据透视表】对话框，并创建一个空的数据透视表，如图 16-8 所示。

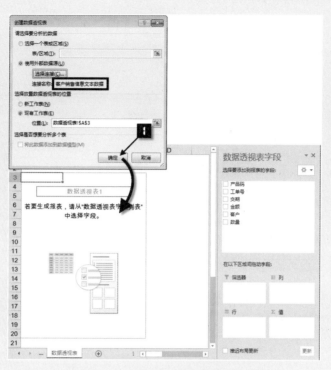

图 16-8　活动工作表中的空白数据透视表

步骤⑮ 在【数据透视表字段】对话框中分别选中"客户""金额"和"数量"字段的复选框,"客户"字段将出现在【行】区域,"金额"和"数量"字段将出现在【值】区域,最终完成的数据透视表如图 16-9 所示。

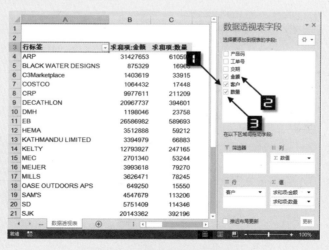

图 16-9　调整数据透视表布局

　　Excel 连接文本文件数据时,通过读取保存在目标文本文件所在目录下的 Schema.ini 文件来确定数据库中各字段(列)的数据类型和名称,使用任何文本编辑器都可以添加或编辑该文件中的参数值。

本示例生成的 Schema.ini 文件如下。

```
[ 客户销售信息 .txt]
ColNameHeader=True
Format=TabDelimited
MaxScanRows=0
CharacterSet=OEM
Col1= 客户 LongChar
Col2= 工单号 LongChar
Col3= 交期 LongChar
Col4= 产品码 LongChar
Col5= 数量 Float
Col6= 金额 Float
```

值得注意的是，修改 Schema.ini 文件只会在下次刷新数据透视表时立即有效，在本示例中步骤 7 ~ 步骤 8 修改数据类型可以通过修改配置文件 Schema.ini 来实现。

16.2 使用 Microsoft Access 数据库创建数据透视表

作为 Microsoft Office 组件之一的 Microsoft Access，是一种桌面级的关系型数据库管理系统软件，Access 数据库同样可以直接作为外部数据源用于创建数据透视表。在 Microsoft Access 中提供了一个非常好的演示数据库——罗斯文商贸数据库，本章节将以此数据库为数据源创建数据透视表。

示例 16.2   使用 Microsoft Access 数据库创建数据透视表

步骤① 新建一个 Excel 工作簿，单击选中活动工作表的 A3 单元格，在【数据】选项卡中单击【自 Access】按钮，在弹出的【选取数据源】对话框中浏览硬盘文件，选中"罗斯文 2007.accdb"，单击【打开】按钮关闭【选取数据源】对话框，如图 16-10 所示。

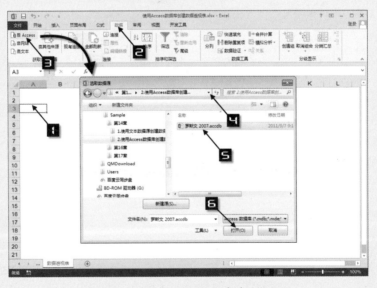

图 16-10   选取 Access 数据库作为数据源

步骤② 在弹出的【选择表格】对话框中，单击选中列表框中的"按类别产品销售"，单击【确定】
按钮，关闭【选择表格】对话框。

步骤③ 在弹出的【导入数据】对话框中选中【数据透视表】单选按钮，单击【确定】按
钮，关闭【导入数据】对话框，如图 16-11 所示。

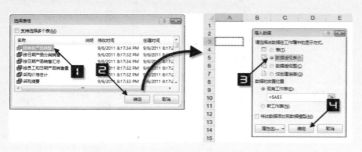

图 16-11 选择表格导入数据

在活动工作表中创建了空白数据透视表，如图 16-12 所示。

步骤④ 在【数据透视表字段】对话框中，分别选中"类别"和"总额"字段的复选框，这两个
字段将分别出现在【行】区域和【值】区域，最终完成的数据透视表如图 16-13 所示。

图 16-12 活动工作表中的空白数据透视表

图 16-13 使用 Microsoft Access 数据库创建的数据透视表

16.3 使用 SQL Server 数据库创建数据透视表

最初的 SQL Server（OS/2 版本）是由 Microsoft、Sybase 和 Ashton-Tate 三家公司
共同开发的数据库管理系统，后来 Microsoft 将 SQL Server 移植到了 Windows NT 系统上。
本节将使用 SQL Server 2005 示例数据库"AdventureWorks"创建数据透视表。

示例 16.3 使用 SQL Server 数据库创建数据透视表

步骤① 新建一个 Excel 工作簿，单击选中活动工作表的 A3 单元格，在【数据】选项卡中单击【自
其他来源】的下拉按钮，在弹出的扩展列表中单击【来自 SQL Server】命令。

步骤② 在弹出的【数据连接向导】对话框中，输入"SQL05"作为【服务器名称】，选中【使用下列用户名和密码】单选按钮，在【用户名】和【密码】文本框中分别输入登录 SQL Server 的用户名和密码，单击【下一步】按钮，如图 16-14 所示。

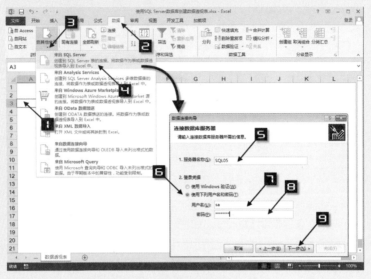

图 16-14　输入服务器名称和登录凭据

　　本步骤中的"服务器名称"既可以使用 SQL Server 服务器的主机名称，也可以使用其 IP 地址。

步骤③ 单击【选择包含您所需的数据的数据库】组合框的下拉按钮，在下拉列表中单击选中"AdventureWorks"，选中【连接到指定表格】复选框，在其下部的列表框中选中"SalesTerritory"，单击【下一步】按钮。

步骤④ 修改【说明】和【友好名称】文本框的内容，并单击【完成】按钮关闭【数据连接向导】对话框，如图 16-15 所示。

图 16-15　选择数据表格并保存数据连接

步骤⑤ 在弹出的【导入数据】对话框中，选中【数据透视表】单选按钮，单击【确定】按钮关闭【导入数据】对话框，在弹出的【SQL Server 登录】对话框中再次输入登录密码，单击【确定】按钮关闭【SQL Server 登录】对话框，如图 16-16 所示。

图 16-16　导入数据

在活动工作表中创建了空白数据透视表，如图 16-17 所示。

图 16-17　活动工作表中的空白数据透视表

步骤⑥ 在【数据透视表字段】对话框中，依次选中"Group""Name""SalesYTD"和"SalesLastYear"字段的复选框。"Group"和"Name"字段将出现在【行】区域，"SalesYTD"和"SalesLastYear"字段将出现在【值】区域，最终完成的数据透视表如图 16-18 所示。

图 16-18　使用 SQL Server 数据库创建的数据透视表

16.4 使用 SQL Server Analysis Services OLAP 创建数据透视表

16.4.1 OLAP 多维数据库简介

Microsoft SQL Server 2005 不仅是一个关系型数据库，而且是一个全面的数据库平台，在这个版本中集成了多种用于企业级数据管理的商业智能（BI）工具。SQL Server Analysis Services（SQL Server 分析服务，SSAS）作为商业智能工具之一，它不仅可以用来对数据仓库中的大量数据进行装载、转换和分析，而且是 OLAP 分析和数据挖掘的基础。

OLAP 英文全称为 On-Line Analysis Processing，其中文名称是联机分析处理。使用 OLAP 数据库的目的是提高检索数据的速度。因为在创建或更改报表时，OLAP 服务器（而不是 Microsoft Excel 或者其他客户端程序）计算报表中的汇总值，这样就只需要将较少的数据传送到 Microsoft Excel 中。相对于传统数据库形式而言，使用 OLAP 可以处理更多的数据，这是因为对于传统数据库，Excel 必须先检索所有单个记录，然后再计算汇总值。

为了便于理解 OLAP 多维数据集，这里需要讲解一些 OLAP 中的基本概念。

维（Dimension）：是数据的某一类共同属性，这些属性集合构成一个维（时间维、地理维等）。

维的层次（Level）：对于某个特定维来说，可以存在多种不同的细节程度，这些细节程度成为维的层次，如地理维可以包含国家、地区、城市和城区等不同层次。

维的成员（Member）：维的某个具体值，是数据项在某维中所属位置的具体描述，例如"2015 年 8 月 8 日"可以是时间维的一个成员。

度量（Measure）：多维数据集的取值。例如，2015 年 8 月 8 日，北京，奥林匹克运动会就可以看作一个三维数据集，包含了时间、地点和事件。

OLAP 数据库按照明细数据级别（也就是维的层次）组织数据。例如，人口统计信息数据可以由多个字段组成，分别标识国家、地区、城市和区，在 OLAP 数据库中，该信息可以按明细数据级别分层次地组织。采用这种分层的组织方法使得数据透视表和数据透视图更加容易显示较高级别的汇总数据。

本节示例文件中将使用的 OLAP 数据库（Adventure Works）作为数据源，OLAP 数据库中 Sales Territory 维度的层级结构如图 16-19 所示，图中仅列出部分成员。

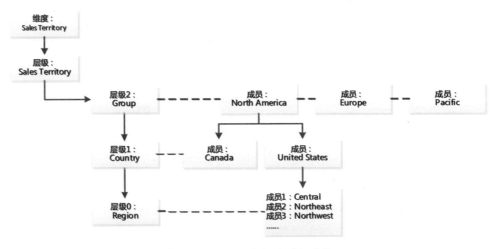

图 16-19　OLAP 数据库层级结构

Sales Territory 层级由下至上分为 3 个层级：Region、Country 和 Group。每个层级又有其所属的成员，如 Group 层级有 3 个成员：North America、Europe 和 Pacific。不同层级成员对应不同的数据粒度，层级 0 为数据的最细粒度，也就是通常所说的明细数据。

　　OLAP 数据库的多维分析操作中最常用到的就是向下钻取（Drill-down）和向上钻取（Drill - up）。

> **注意**➡ 对于上述两种操作，在某些 BI 专业书籍中分别使用"钻取"和"上卷"两个术语。

　　向下钻取指的是在某个维度的不同层次间的变化，由上层到下一层的数据解析，或者说是将汇总数据拆分到下一级的明细数据。例如，由 North America 的销售额数据向下钻取，查看 Canada 和 United States 的销售额数据；United States 销售额可以继续向下钻取，获得 Central、Northest、Northwest 等销售额数据。由于层级 Region 为 OLAP 的最底层数据，因此不能继续向下钻取。如图 16-19 可以帮助读者理解 OLAP 数据钻取的路径。

　　顾名思义，向上钻取是向下钻取的逆过程，即从细粒度明细数据向高层级汇总，如将 Canada 和 United States 的销售额数据汇总，以便于查看 North America 的销售额数据。

　　OLAP 数据库一般由数据库管理员创建并维护，此部分内容已经超出了本书的讨论范围，请参阅其他数据库管理方面的资料。

16.4.2　基于 OLAP 创建数据透视表

示例 16.4　使用 SQL Server Analysis Services OLAP 创建数据透视表

　　本示例将演示使用 Microsoft SQL Server Analysis Services 中的 OLAP 多维数据集创建数据透视表。

> **注意**➡ 使用 Excel 连接到 SQL Server 2005 Analysis Services 获取数据时将使用 Microsoft SQL Server 2005 Analysis Services 的 OLEDB 访问接口（即 Microsoft OLE DB Provider for Analysis Service 9.0）。如果读者计算机中没有这个 ODBC 驱动，请访问 Microsoft Download Center 下载安装包（文件名称为 SQL Server 2005_ASOLEDB9.msi）并进行安装，ODBC 驱动下载的网址为 http://www.microsoft.com/zh-cn/download/details.aspx?id =24793。

步骤① 新建一个 Excel 工作簿，单击选中活动工作表的 A3 单元格，在【数据】选项卡中单击【自其他来源】的下拉按钮，在弹出的扩展列表中单击【来自 Analysis Services】命令。

步骤② 在弹出的【数据连接向导】对话框中，输入"SQL05"作为【服务器名称】，选择【使用下列用户名和密码】单选按钮，在【用户名】和【密码】文本框中分别输入登录服务器的用户名和密码，单击【下一步】按钮，如图 16-20 所示。

步骤③ 单击【选择包含您所需的数据的数据库】组合框的下拉按钮，在下拉列表中单击选中"Adventure Works DW Standard Edition"。选中【连接到指定的多维数据集或表】复选框，在其下部的列表框中选中"Adventure Works"，单击【下一步】按钮。

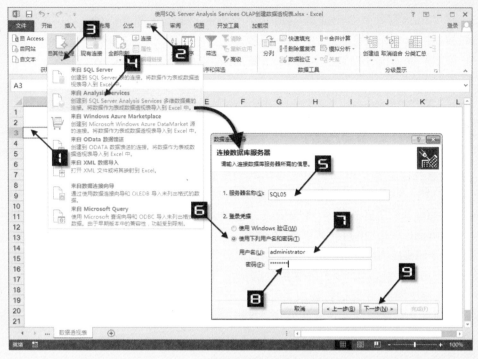

图 16-20　输入服务器名称和登录密码

步骤④ 选中【在文件中保存密码】复选框，在弹出的对话框中，单击【是】按钮返回【数据连接向导】对话框，修改【说明】和【友好名称】的内容，单击【完成】按钮关闭【数据连接向导】对话框，如图 16-21 所示。

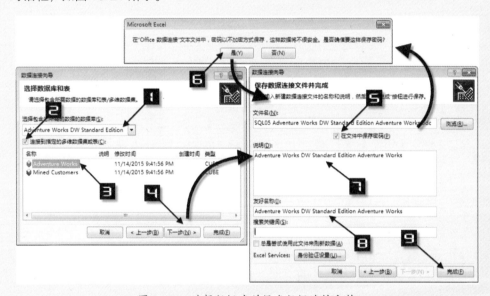

图 16-21　选择数据库并保存数据连接文件

步骤⑤ 在弹出的【导入数据】对话框中，选中【数据透视表】单选按钮，单击【确定】按钮关闭【导入数据】对话框，并创建一个空白的数据透视表，如图 16-22 所示。

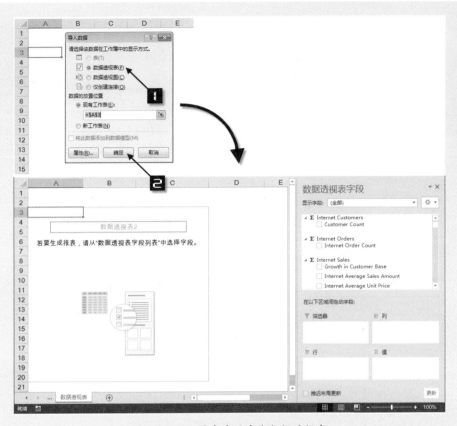

图 16-22　工作表中的空白数据透视表

【数据透视表字段】对话框的字段与普通数据透视表字段略有不同。在字段列表最顶部的是以"Σ"作为标志的"度量"字段；其下部为"KPI"字段，在 SQL Server Analysis Services 中，关键绩效指标（Key Performance Indicators）是一种用于评测业务绩效的目标式量化管理指标；最后是"维度"字段，如图 16-23 所示。

图 16-23　OLAP 数据透视表字段

　　所有这些不同类型的字段都是在 OLAP 数据模型中预先创建的，完全理解和掌握其区别需要具备一定的 OLAP 基础知识，本示例的主要目的是为读者讲解以 OLAP 为数据源的数据透视表的使用方法，因此后续章节中将统称为"字段"，不再对字段类型进行区分描述。

Excel 2013 数据透视表应用大全（全彩版）

> **注意** ━━━→ 在以 OLAP 为数据源的数据透视表中，维度字段只能添加到【行】【列】【筛选器】
> 区域或者【切片器】中，度量字段和 KPI 字段只能添加到【值】区域中。

步骤 ⑥ 在【数据透视表字段】对话框中依次选中"Sales Territory""Gross Profit""Gross
Profit Margin"和"Order Quantity"字段的复选框。"Sales Territory"字段将出现在【行】
区域，"Gross Profit""Gross Profit Margin"和"Order Quantity"字段将出现在【值】
区域。单击"Product Categories"字段，保持鼠标左键按下，将该字段拖放到【筛选器】
区域，如图 16-24 所示。

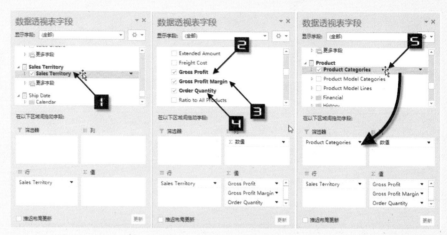

图 16-24　调整数据透视表布局

最终完成的数据透视表如图 16-25 所示。

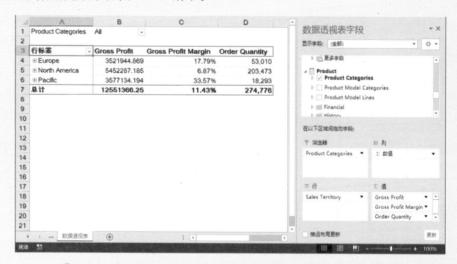

图 16-25　由 SQL Server Analysis Services OLAP 创建的数据透视表

16.4.3　在数据透视表中进行数据钻取

OLAP 基于多维模型定义了一些常见的面向分析的操作类型，使数据分析操作显得更加直观，如向上钻取和向下钻取。由于数据钻取的路径是在 OLAP 维度模型中已经创建完成，因此基于 OLAP 数据库创建的透视表中同样支持数据钻取操作。

在数据透视表中选中维度字段任意单元格（如 A7），此时【分析】选项卡中的数据钻取按钮变为可用状态，如图 16-26 所示。

【向下钻取】和【向上钻取】按钮的可用状态取决于当前选中的维度成员的层级，对于最低层级 Region 的成员，只能进行向上钻取；与之对应，对于最高层级 Group 的成员，只能进行向下钻取，如图 16-27 所示。

图 16-26　功能区中的钻取按钮

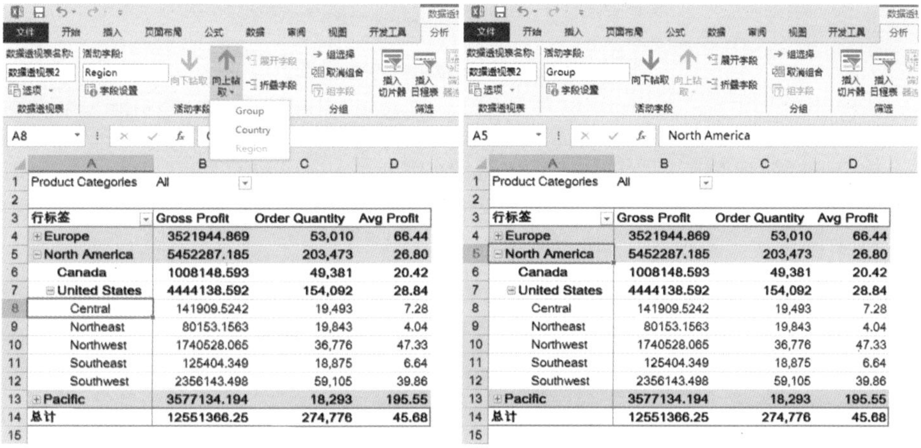

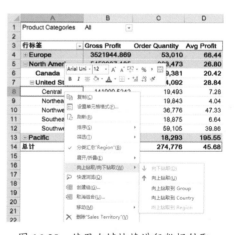

图 16-27　不同层级成员的数据钻取

向下钻取操作只能逐层进行（钻取路径为：Group → Country → Region）；但是向上钻取可以逐层进行（钻取路径为：Region → Country → Group），也可以跨层进行（钻取路径为：Region → Group）。

在数据透视表中选中维度字段任意单元格，右击，在弹出的快捷菜单中选中相应的命令，也可以进行数据钻取操作，如图 16-28 所示。

16.4.4　创建 MDX 计算度量值

MDX（Multi-Dimensional Expressions）是由 Microsoft、Hyperion（已经被 Oracle 收购）等公司研究开发的一种多维查询表达式，是所有 OLAP 高级分析所采用的核心查询语言。

图 16-28　使用右键快捷进行数据钻取

示例 16.5 创建 MDX 计算度量值

步骤① 在数据透视表中选中任意单元格（如 A6），依次单击【分析】选项卡的【OLAP 工具】下拉按钮→【MDX 计算度量值】，如图 16-29 所示。

图 16-29 创建【MDX 计算度量值】

步骤② 在【新建计算度量值】对话框的【名称】文本框中输入 "Avg Profit" 作为计算度量值名称。

步骤③ 在【字段和项目】列表框中双击【Gross Profit】字段，相应的 MDX 表达式将自动添加到【MDX】编辑框中。选中字段后单击对话框下部的【插入】按钮，也可以实现同样的效果。

步骤④ 输入【/】作为运算符号。

步骤⑤ 在【字段和项目】列表框中双击【Order Quantity】字段，相应的 MDX 表达式将自动添加到【MDX】编辑框中。也可以直接在【MDX】编辑框中输入 MDX 表达式：[Measures].[Gross Profit]/[Measures].[Order Quantity]。

步骤⑥ 单击【确定】按钮，关闭【新建计算度量值】对话框，如图 16-30 所示。

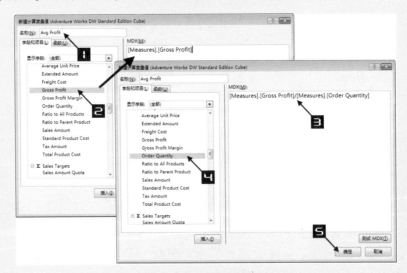

图 16-30 编辑度量值 MDX 表达式

步骤⑦ 在【数据透视表字段】对话框中选中"Avg Profit"字段的复选框，新建计算度量字段将被添加到【值】区域。包含计算度量字段的数据透视表如图 16-31 所示。

图 16-31　透视表中的计算度量字段

16.4.5　创建 MDX 计算成员

维度成员通常都是在 OLAP 数据模型中预先定义完成的，如果已有维度不能满足数据分析的需要，可以通过创建 MDX 计算成员的方法，在数据透视表中更方便高效地进行相关分析。

示例 16.6　创建 MDX 计算成员

步骤① 在数据透视表中选中任意单元格（如 A4），依次单击【分析】选项卡的【OLAP 工具】下拉按钮→【MDX 计算成员】，如图 16-32 所示。

步骤② 在【新建计算成员】对话框的【名称】文本框中输入"1st Half of Year"作为计算成员名称。

步骤③ 单击【父层次结构】下拉列表框，选中【[Delivery Date].[Calendar Quarter of Year]】。

步骤④ 在【字段和项目】列表框中双击【CY Q1】字段，相应的 MDX 表达式将自动添加到【MDX】编辑框中。选中字段后单击对话框下部的【插入】按钮也可以实现同样的效果。

步骤⑤ 输入"+"作为运算符号。

步骤⑥ 在【字段和项目】列表框中双击【CY Q2】字段，相应的 MDX 表达式将自动添加到【MDX】编辑框中。也可以直接在【MDX】编辑框中输入 MDX 表达式：[Delivery Date].[Calendar Quarter of Year].&[CY Q1]+[Delivery Date].[Calendar Quarter of Year].&[CY Q2]。

步骤⑦ 单击【确定】按钮，关闭【新建计算成员】对话框，如图 16-33 所示。

步骤⑧ 新创建的计算成员将自动显示在透视表中，如图 16-34 所示。

步骤⑨ 使用同样的方法创建计算成员"2nd of Year"，其 MDX 表达式为：[Delivery Date].[Calendar Quarter of Year].&[CY Q3]+[Delivery Date].[Calendar Quarter of Year].&[CY Q4]。最终的数据透视表如图 16-35 所示。

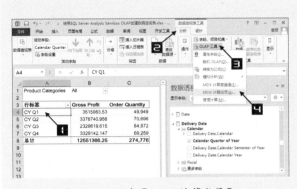

图 16-32　创建【MDX 计算成员】

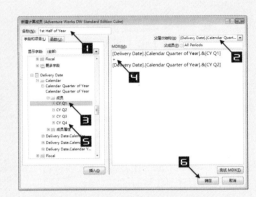

图 16-33　编辑计算成员 MDX 表达式

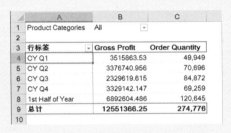

图 16-34　数据透视表中的"1st of Year"

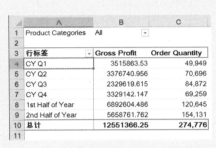

图 16-35　数据透视表中的"2nd of Year"

 注意 → 新增两个计算成员，并不影响"总计"行的汇总结果。

16.4.6　管理计算

用户可以使用【管理计算】对话框，管理"MDX 计算度量值"和"MDX 计算成员"。依次单击【分析】选项卡的【OLAP 工具】下拉按钮→【管理计算】，将弹出【管理计算】对话框，如图 16-36 所示。

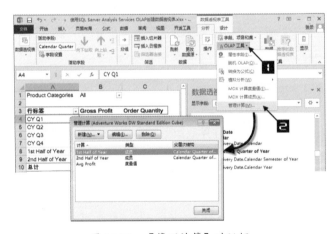

图 16-36　【管理计算】对话框

16.5　使用 OData 数据馈送创建数据透视表

开放数据协议（Open Data Protocol，OData）是一种描述如何创建和访问 Restful 服务的 OASIS 标准，它是一种用来查询和更新数据的 Web 协议。Excel 2013 提供了对于 OData 数据馈送的支持。本节将使用 OData 数据馈送创建数据透视表。

示例 16.7　使用 OData 数据馈送创建数据透视表

步骤① 新建一个 Excel 工作簿，单击选中活动工作表的 A3 单元格，在【数据】选项卡中单击【自其他来源】的下拉按钮，在弹出的扩展列表中单击【来自 OData 数据馈送】命令。

步骤② 在弹出的【数据连接向导】对话框中，在【链接或文件】文本框中输入"http://services. odata.org/Northwind/Northwind.svc/"，单击【下一步】按钮，如图 16-37 所示。

步骤③ 在【选择表格】下拉列表中，依次选中【Categories】,【Order_Details】和【Products】的复选框，单击【下一步】按钮，如图 16-38 所示。

图 16-37　设置数据馈送的位置

图 16-38　选择数据表格

步骤④ 在【数据连接向导】对话框中修改【文件名】和【友好名称】文本框的内容，并单击【完成】按钮关闭【数据连接向导】对话框。

步骤⑤ 在弹出的【导入数据】对话框中，选中【数据透视表】单选按钮，单击【确定】按钮关闭【导入数据】对话框，如图 16-39 所示。

在活动工作表中创建的空白数据透视表如图 16-40 所示。

步骤⑥ 在【数据透视表字段】对话框中，将"Category Name"字段添加到【行】区域，"Quantity"字段添加到【值】区域，创建的数据透视表如图 16-41 所示。

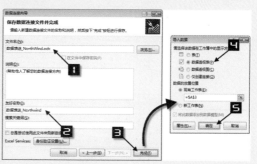

图 16-39　导入数据

285

图 16-40　活动工作表中的空白数据透视表

图 16-41　选中字段创建数据透视表

　　由于"CategoryName"字段和"Quantity"字段分别属于两个不同的数据表"Categories"和"Order_Details"，并且两个数据表之间没有关联关系，因此数据透视表中的每个 CategoryName 的数据和"总计"是完全相同的，这样的统计结果显然是不正确的。此时在【数据透视表字段】对话框的字段列表之上会显示黄色的提示条，提醒用户"可能需要表之间的关系"，如图 16-41 所示。

　　下面步骤将参考数据表模型创建关联关系，如图 16-42 所示。

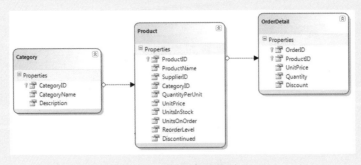

图 16-42　数据表逻辑模型

步骤⑦ 单击【分析】选项卡的【关系】按钮，在弹出的【创建关系】对话框中，单击【表】组合框下拉按钮，选中"Order_Details"；单击【列】组合框下拉按钮，选中"ProductID"。

步骤⑧ 单击【相关表】组合框下拉按钮，选中"Products"；单击【相关列】组合框下拉按钮，选中"ProductID"。

步骤⑨ 单击【确定】按钮关闭【创建关系】对话框，如图 16-43 所示。

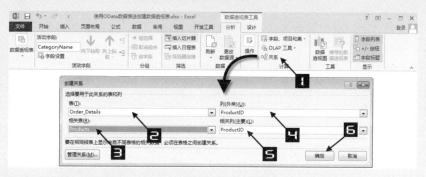

图 16-43　创建 Order_Details 和 Products 的关系

步骤⑩ 参照步骤 7 至步骤 9 创建 Products 和 Categories 的关系，如图 16-44 所示。

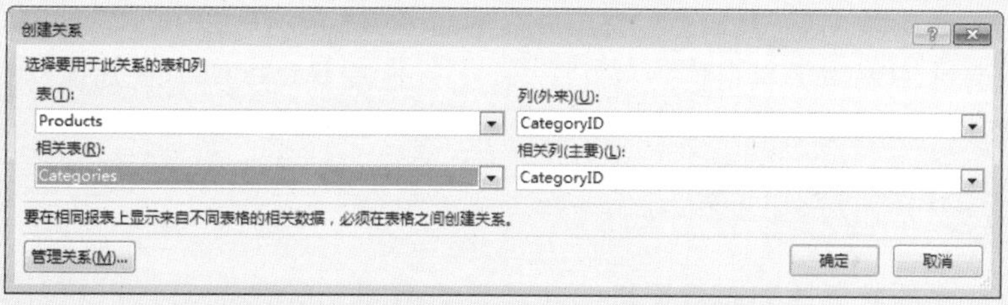

图 16-44　创建 Products 和 Categories 的关系

创建关系之后的数据透视表如图 16-45 所示。

图 16-45　创建关系后的数据透视表

第 17 章　Power BI 与数据透视表

Power BI 是微软推出的商业智能工具，而且是被整合到 Excel 2013 版本中的自助式商业智能解决方案，提供了建模、数据查询，并利用了必应在大数据、绘图映射等方面的技术，用户只需用 Excel 就能对数据进行深度挖掘和分析并取得动态的可视化报表。Power BI 包括 Power Pivot、Power View、Power Query 和 Power Map 四大组件。

Power Pivot 能在 Excel 中建立快速强大的内存数据库、定制各种数据模型，还支持 DAX 编程语言。

Power View 能在 Excel 中建立互动式的动态仪表板图表。

Power Query 原名为 Data Explorer，可用于在 Excel 中搜寻及存取公开数据资料，增强了商业智能自助服务体验。

Power Map 是 GeoFlow 的 Excel 插件，3D 的可视化工具，能够轻松绘制地图和探索地域数据并进行数据互动。

本章学习要点

- 创建模型数据透视表。
- 创建 PowerPivot 数据透视表。
- 在 PowerPivot 中使用 DAX 语言。
- 在 PowerPivot 中使用层次结构。
- 创建关键绩效指标（KPI）报告。
- 使用 PowerView 分析数据。
- 利用 Power Query 快速管理数据。
- 利用 Power Map 创建 3D 地图可视化数据。

17.1　模型数据透视表

Excel 2013 版本的数据透视表最显著的功能就是增加了多表分析，通过选中“将此数据添加到数据模型”的复选框，在创建数据透视表之初用户就可以选择是否要进行多表分析，多表分析无须运用 SQL 语句和进入 PowerPivot 界面，极大地提高了复杂数据透视表分析的易用度。

17.1.1　将数据添加到数据模型创建数据透视表

示例 17.1　利用数据模型创建数据透视表

图 17-1 展示了某公司一定时期内的经营费用发生额明细表，如果希望利用数据模型创建数据透视表，请参照如下步骤。

步骤① 单击数据源中的任意一个单元格（如 A2），在【插入】选项卡中单击【数据透视表】按钮，打开【创建数据透视表】的对话框，选中【将此数据添加到数据模型】的复选框，如图 17-2 所示。

	A	B	C	D	E
1	月	科目编码	科目名称	部门	金额
9994	12月	56012103	福利费	可对比门店	262.00
9995	12月	56012103	福利费	可对比门店	256.00
9996	12月	56012103	福利费	可对比门店	260.00
9997	12月	56012103	福利费	可对比门店	620.00
9998	12月	56012103	福利费	可对比门店	260.00
9999	12月	56012103	福利费	可对比门店	318.00
10000	12月	56012103	福利费	可对比门店	104.00
10001	12月	56012103	福利费	可对比门店	258.00
10002	12月	56012103	福利费	可对比门店	206.00
10003	12月	56012103	福利费	可对比门店	308.00
10004	12月	56012103	福利费	可对比门店	314.00
10005	12月	56012103	福利费	可对比门店	258.00
10006	12月	56012103	福利费	可对比门店	312.00
10007	12月	56012103	福利费	可对比门店	308.00
10008	12月	56012103	福利费	不可对比门店	310.00
10009	12月	56012109	福利费	不可对比门店	1,005.00
10010	12月	56012301	保险费	管理部门	14,818.97
10011	12月	56012301	保险费	管理部门	3,087.31
10012	12月	56012301	保险费	管理部门	11,902.33

图 17-1　经营费用明细表

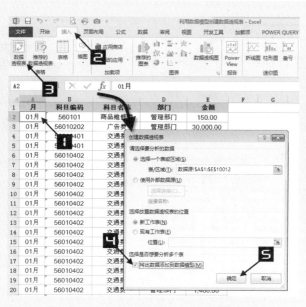

图 17-2 将数据源添加到数据模型

步骤② 单击【创建数据透视表】对话框中的【确定】按钮，创建如图 17-3 所示的数据透视表。

	A	B	C	D	E	F	G	H	I	J
3	以下项目的总和:金额	列标签								
4	行标签	管理部门	不可对比门店	可对比门店	网店	总计 *				
5	01月	1,241,869	52,754	160,037	42,353	1,497,014				
6	02月	644,508	19,940	98,261	19,003	781,712				
7	03月	824,410	188,742	405,332	33,446	1,451,931				
8	04月	683,064	57,089	147,090	25,778	913,020				
9	05月	802,124	43,759	323,988	12,076	1,181,947				
10	06月	1,205,258	59,736	242,565	24,473	1,532,031				
11	07月	726,976	77,603	439,204	21,157	1,264,939				
12	08月	862,600	54,650	298,870	36,548	1,252,667				
13	09月	1,036,689	13,674	161,132	11,198	1,222,694				
14	10月	682,064	52,998	386,353	22,352	1,143,767				
15	11月	1,070,450	29,410	353,307	18,786	1,471,952				
16	12月	1,144,307	28,754	382,809	30,431	1,586,301				
17	总计 *	10,924,320	679,108	3,398,947	297,600	15,299,975				

图 17-3 创建数据透视表

17.1.2 普通数据透视表与利用模型创建的数据透视表的区别

数据透视表中的不同之处如图 17-4 所示。

（1）普通数据透视表行列汇总字段的名称为"字段项名汇总""总计"，模型数据透视表为"字段项名汇总 *""总计 *"。

（2）普通数据透视表值汇总字段的名称为"求和项：金额"，模型数据透视表为"以下项目的总和：金额"。

（3）在模型数据透视表中，单击【快速浏览】按钮可以使用数据透视表中的其他字段实现钻取。

（4）模型数据透视表中的行列标签及筛选器的下拉列表字段项复选框前面出现"+"号。

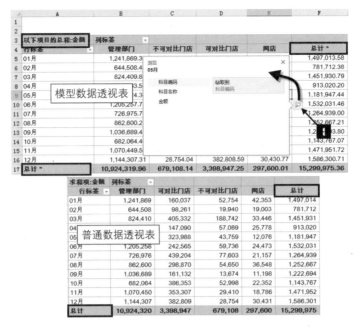

图 17-4　数据透视表的区别

【数据透视表字段】列表框的改变如图 17-5 所示。

（1）模型数据透视表【数据透视表字段】列表框多出了【活动】和【全部】的选项，【活动】选项是指正在使用的数据模型，【全部】选项是指本工作簿中的所有数据模型。

（2）模型数据透视表【数据透视表字段】列表框的"选择要添加到报表的字段"选择框中多出了"区域"来代表不同的数据模型，普通数据透视表则可以通过"更多表格"来创建模型数据透视表。

功能区选项卡下拉列表功能区别，如图 17-6 所示。

图 17-5　【数据透视表字段】列表框的区别

图 17-6　功能区选项卡下拉列表功能区别

（1）模型数据透视表【设计】选项卡中【分类汇总】下拉列表中的【汇总中包含筛选项】功能可用，普通数据透视表中该命令为灰色不可用状态。

（2）模型数据透视表【分析】选项卡中【字段、项目和集】的下拉列表中【基于行项创建集】【基于列项创建集】和【管理集】功能可用，普通数据透视表中这些命令为灰色不可用状态；模型数据透视表的【计算字段】【计算项】功能不可用，需要在 PowerPivot 界面中进行计算字段的添加。

（3）模型数据透视表【分析】选项卡中【OLAP 工具】的下拉列表中【转换为公式】功能可用，普通数据透视表【OLAP 工具】按钮为灰色不可用状态。

17.1.3　普通数据透视表转化为模型数据透视表

示例 17.2　将普通数据透视表转化为模型数据透视表

图 17-7 展示了一张普通的数据透视表，如果希望将此数据透视表快速转换为模型数据透视表，请参照以下步骤。

调出【数据透视表字段】列表框，单击【更多表格】按钮，在【创建新的数据透视表】对话框中单击【是】按钮，快速将其转换为模型数据透视表，如图 17-8 所示。

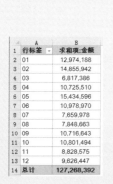

图 17-7　普通数据透视表

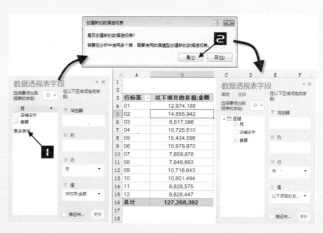

图 17-8　转换为模型数据透视表

17.1.4　数据透视表字段筛选中保持总计值不变化

普通数据透视表中，当行列字段处于筛选状态时，总计值会随着可视值数据的变化而变化。如果用户希望在筛选某一数据项时，总计保持对所有数据项的汇总，普通数据透视表很难实现，而模型数据透视表可以轻易地解决这个难题。

示例 17.3　数据透视表字段筛选中保持总计值不变化

步骤①　单击模型数据透视表中的任意单元格（如 A7），在【数据透视表工具】的【设计】选项卡中依次单击【分类汇总】→【汇总中包含筛选项】，如图 17-9 所示。

步骤②　单击列标签的下拉按钮，取消对【（全选）】复选框的选中，选中【网店】的复选框，单击【确定】按钮完成设置，如图 17-10 所示。

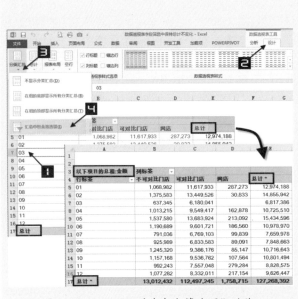

图 17-9　运用"汇总中包含筛选项"功能　　　图 17-10　汇总中包含筛选项的数据透视表

17.1.5　运用 OLAP 工具将数据透视表转换为公式

众所周知，创建完成的数据透视表中是不允许插入行列数据的，通过添加计算字段和计算项可以插入指定计算的数据，但还是略显复杂、不够灵活，运用 OLAP 工具将数据透视表转换为公式可以灵活地解决这方面的难题。

示例 17.4　利用 CUBE 多维数据集函数添加行列占比

步骤① 单击模型数据透视表中的任意单元格（如 A6），在【数据透视表工具】的【分析】选项卡中依次单击【OLAP 工具】→【转换为公式】，将数据透视表转换为多维数据集公式，如图 17-11 所示。

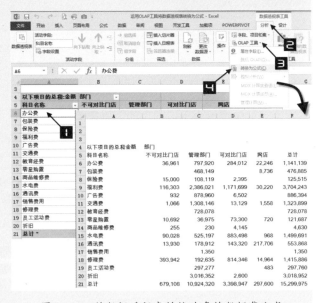

图 17-11　将数据透视表转换为多维数据集公式

提示

转换为公式后，数据值转换为 CUBEVALUE 函数，行列标签转换为 CUBEMEMBER 函数，如图 17-12 所示。

数据值公式 =CUBEVALUE ("ThisWorkbookDataModel", $A$4,$A18,C$5)

行列标签公式 =CUBEMEMBER("ThisWorkbookDataModel","[区域].[科目名称].&[包装费]")

总计标签公式 =CUBEMEMBER("ThisWorkbookDataModel","[区域].[科目名称].[All]","总计")

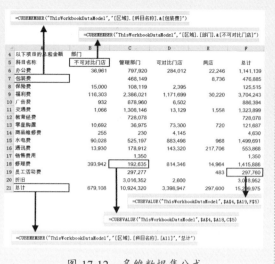

图 17-12　多维数据集公式

步骤②　转换为公式后，用户就可以根据需求随意添加辅助呈现数据，这是普通数据透视表无法做到的。

在多维数据集公式表中的 D 列插入一列辅助列，命名为"管理部门占比 %"，在 D6 单元格中输入公式"=C6/G6"，向下填充至 D21 单元格，并将数据设置为百分比单元格格式，如图 17-13 所示。

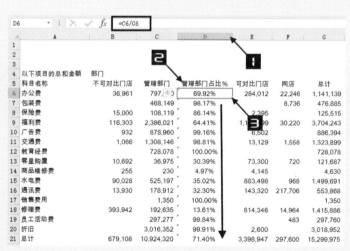

图 17-13　插入占比辅助列

步骤③　参照步骤 2 插入"固定费用占比 %"和"变动费用占比 %"辅助行并对表格进行美化，如图 17-14 所示。

（B11 单元格）固定费用占比 %=SUM(B6:B10)/B23

（B22 单元格）变动费用占比 %=SUM(B12:B21)/B23

如果用户需要调整固定和变动费用以及部门在公式表中的呈现方式，将固定费用中的"广告费"修改为"水电费"，"管理部门"修改为"可对比门店"，直接在行列标签上修改公式的参数即可，行列标签修改后公式表中的数据也将随之改变。

B10=CUBEMEMBER("ThisWorkbookDataModel","[区域].[科目名称].&[水电费]")

C5=CUBEMEMBER("ThisWorkbookDataModel","[区域].[部门].&[可对比门店]")

	A	B	C	D	E	F	G
1							
2							
3							
4	以下项目的总和金额 部门						
5	科目名称	不可对比门店	管理部门	管理部门占比%	可对比门店	网店	总计
6	办公费	36,961	797,920	69.92%	284,012	22,246	1,141,139
7	包装费		468,149	98.17%		8,736	476,885
8	保险费	15,000	108,119	86.14%	2,395		125,515
9	福利费	116,303	2,386,021	64.41%	1,171,699	30,220	3,704,243
10	广告费	932	878,960	99.16%	6,502		886,394
11	固定费用占比%	24.91%	42.47%	585.16%	43.09%	20.56%	41.40%
12	交通费	1,066	1,308,146	98.81%	13,129	1,558	1,323,899
13	教育经费		728,078	100.00%			728,078
14	零星购置	10,692	36,975	30.39%	73,300	720	121,687
15	商品维修费	255	230	4.97%	4,145		4,630
16	水电费·	90,028	525,197	35.02%	883,498	968	1,499,691
17	通讯费	13,930	178,912	32.30%	143,320	217,706	553,868
18	销售费用		1,350	100.00%			1,350
19	修理费	393,942	192,635	13.61%	814,346	14,964	1,415,886
20	员工活动费		297,277	99.84%		483	297,760
21	折旧		3,016,352	99.91%	2,600		3,018,952
22	变动费用占比%	75.09%	57.53%	861.11%	56.91%	79.44%	58.60%
23	总计	679,108	10,924,320	71.40%	3,398,947	297,600	15,299,975

图 17-14　插入占比辅助列行

17.1.6　非重复计数的值汇总方式

图 17-15 展示了某公司一定时期内 SKU 销售统计表，同一商品名称不同的颜色称为一个 SKU。

	A	B	C	D	E	F	G	H
1	品牌名称	商品名称	颜色名称	SKU	性别名称	风格名称	款式名称	数量
2	服装	万寿团男棉套	兰色	万寿团男棉套-兰色	男	中式传统	特色棉服	1
3	服装	万寿团男棉套	暗紫	万寿团男棉套-暗紫	男	中式传统	特色棉服	1
4	服装	万寿团男棉套	暗紫	万寿团男棉套-暗紫	男	中式传统	特色棉服	1
5	服装	万寿团男棉套	紫红	万寿团男棉套-紫红	男	中式传统	特色棉服	1
6	服装	万寿团男棉套	暗紫	万寿团男棉套-暗紫	男	中式传统	特色棉服	1
7	服装	万寿团男棉套	暗紫	万寿团男棉套-暗紫	男	中式传统	特色棉服	1
8	服装	丝绒棉披风	紫红	丝绒棉披风-紫红	女	中式传统	特色棉服	1
9	服装	头枕脚枕	黄色	头枕脚枕-黄色	其他	中式传统	特色棉服	1
10	服装	头枕脚枕	黄色	头枕脚枕-黄色	其他	中式传统	特色棉服	1
11	服装	如意女棉套	紫红	如意女棉套-紫红	女	中式传统	特色棉服	1
12	服装	如意女棉套	暗紫	如意女棉套-暗紫	女	中式传统	特色棉服	1
13	服装	如意女棉套	紫红	如意女棉套-紫红	女	中式传统	特色棉服	1
14	服装	平枕脚枕	黄色	平枕脚枕-黄色	其他	中式传统	特色棉服	1
15	服装	平枕脚枕	黄色	平枕脚枕-黄色	其他	中式传统	特色棉服	2
16	服装	平枕脚枕	黄色	平枕脚枕-黄色	其他	中式传统	特色棉服	1
17	服装	手绢	1号色	手绢-1号色	其他	中式传统	特色棉服	14
18	服装	手绢	白色	手绢-白色	其他	中式传统	特色棉服	1

图 17-15　服装 SKU 销售统计表

示例 17.5　统计零售行业参与销售的 SKU 数量

如图 17-16 所示，利用常规方法对商品名称字段进行 SKU 的计数统计后，得出有 60 个 SKU 参与了销售，但很多重复的 SKU 被统计了，例如，"白布套"只有一种"白色"参与了销售，因为有重复项被统计为 5 个 SKU，这显然不是用户所期望的结果。

图 17-16　常规方法统计的 SKU 数量

利用 Excel 2013 新增的"数据模型"创建数据透视表，进行"非重复计数"的统计即可解决这个难题，方法如下。

步骤①　选中数据源中的任意一个单元格（如 A2），在【插入】选项卡中单击【数据透视表】按钮，在弹出的【创建数据透视表】对话框中选中【将此数据添加到数据模型】的复选框，如图 17-17 所示。

步骤②　单击【创建数据透视表】对话框中的【确定】按钮后，创建如图 17-18 所示的数据透视表。

图 17-17　将数据源添加到数据模型　　　　　图 17-18　创建数据透视表

步骤③　在"以下项目的计数 :SKU"字段上右击，在弹出的快捷菜单中选择【值字段设置】命令，在【值字段设置】对话框的【值汇总方式】选项卡中选择【非重复计数】的计算类型，单击【确定】按钮完成设置，如图 17-19 所示。

完成 SKU "非重复计数"的数据透视表只有 30 个 SKU 参与了销售，如图 17-20 所示。

图 17-19　设置"非重复计数"的值汇总方式　　　　图 17-20　"非重复计数"的数据透视表前后对比

17.1.7　利用模型数据透视表进行多表关联

示例 17.6　在销售明细表中引入参数进行汇总分析

图 17-21 展示了某公司一定时期的销售明细表及需要引入的参数表，如果希望在销售表中依照店铺名称引入参数表中的店铺属性，请参照以下步骤。

步骤①　在销售明细表中单击任意单元格（如 B7），在【插入】选项卡中单击【表格】按钮或按下 <Ctrl+T> 组合键，在弹出的【创建表】对话框中单击【确定】按钮，完成对"表格"的创建，如图 17-22 所示。

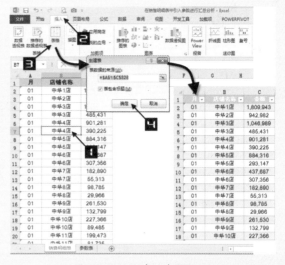

图 17-21　销售明细表及需要引入的参数表　　　　图 17-22　创建"表格"

步骤②　重复操作步骤 1 将"参数表"也设置为"表格"。

步骤③　利用"销售明细表"数据创建模型数据透视表，在【数据透视表字段】列表框内单击【全部】选项，依次单击"表 1"和"表 2"的折叠按钮展开字段，如图 17-23 所示。

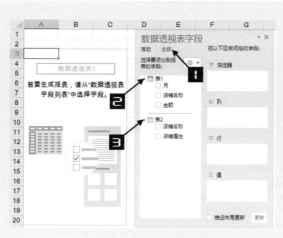

图 17-23　创建模型数据透视表

步骤④　将模型数据透视表按照如图 17-24 所示进行布局。

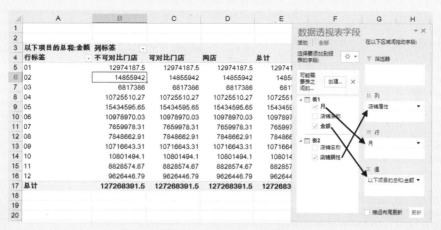

图 17-24　布局数据透视表

步骤⑤　在【数据透视表字段】列表框内单击【创建】按钮，在弹出的【创建关系】对话框内选择表和列的对应关系，"表 1"的"店铺名称"列对应"表 2"的"店铺名称"列，单击【确定】按钮完成设置，如图 17-25 所示。

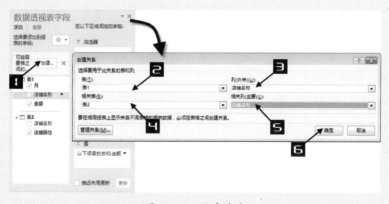

图 17-25　创建关系

17 章

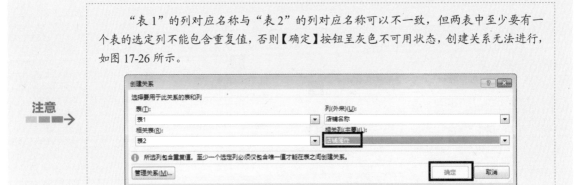

"表 1"的列对应名称与"表 2"的列对应名称可以不一致，但两表中至少要有一个表的选定列不能包含重复值，否则【确定】按钮呈灰色不可用状态，创建关系无法进行，如图 17-26 所示。

注意→

图 17-26　表和列的对应关系错误

最后完成的关联数据透视表如图 17-27 所示。

以下项目的总和:金额	列标签			
行标签	不可对比门店	可对比门店	网店	总计
01	1,068,982	11,617,933	287,273	12,974,188
02	1,375,583	13,449,526	30,833	14,855,942
03	637,345	6,180,041		6,817,386
04	1,013,215	9,549,417	162,878	10,725,510
05	1,537,580	13,683,924	213,092	15,434,596
06	1,190,689	9,601,721	186,560	10,978,970
07	791,036	6,769,103	99,839	7,659,978
08	925,989	6,833,583	89,091	7,848,663
09	1,245,320	9,386,176	85,147	10,716,643
10	1,157,168	9,536,762	107,564	10,801,494
11	992,243	7,557,048	279,284	8,828,575
12	1,077,282	8,332,011	217,154	9,626,447
总计	13,012,432	112,497,245	1,758,715	127,268,392

图 17-27　数据透视表多表关联

17.2　PowerPivot 与数据透视表

PowerPivot for Excel 2013 是针对 Excel 2013 的一个加载项，用于增强 Excel 的数据分析功能。用户可以利用【POWERPIVOT】选项卡和【PowerPivot for Excel】窗口从不同的数据源导入数据，查询和更新该数据库中的数据，可以使用数据透视表和数据透视图，还可以将数据发布到 SharePoint，甚至还可以使用 DAX 公式语言，从而使 Excel 完成更高级和更复杂的计算与分析。

PowerPivot 最显著的特性如下。

❖ 运用数据透视表工具以模型方式组织表格。

❖ PowerPivot 能在内存中存储数百万行数据，轻松突破 Excel 中 1048576 行的极限。

❖ 高效的数据压缩，庞大的数据加载到 PowerPivot 后只保留原来数据容量的 1/10。

❖ 运用 DAX 编程语言，可在关系数据库上定义复杂的表达式，完成令人惊叹的功能。

❖ 能够整合不同来源、几乎所有类型的数据。

17.2.1　加载 PowerPivot for Excel 2013

系统默认情况下 PowerPivot for Excel 2013 加载项不被加载，用户需要进行手动设置，具体参照以下步骤。

步骤① 依次单击【文件】→【选项】，在弹出的【Excel 选项】对话框中单击【加载项】选项卡，在"管理"的下拉列表中选择"COM 加载项"，单击【转到】按钮，如图 17-28 所示。

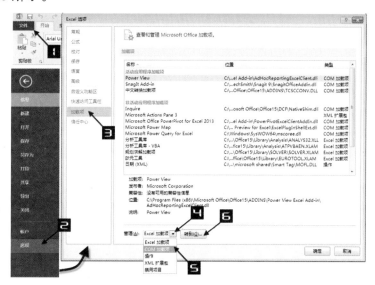

图 17-28　调出【Excel 选项】对话框

步骤② 在【COM 加载项】对话框中选中"Microsoft Office PowerPivot for Excel 2013"的复选框，单击【确定】按钮完成加载，功能区出现了【POWERPIVOT】选项卡，如图 17-29 所示。

图 17-29　加载 PowerPivot for Excel 2013

17.2.2　为 PowerPivot 准备数据

加载了 PowerPivot 加载项后，当用户在【POWERPIVOT】选项卡中单击【管理】按钮调出【PowerPivot for Excel】窗口时会发现，【数据透视表】按钮呈现灰色不可用状态，不能创建 PowerPivot 数据透视表，如图 17-30 所示。

图 17-30　PowerPivot【数据透视表】按钮呈现灰色不可用状态

要想利用 PowerPivot 创建数据透视表，用户必须先添加数据模型，为 PowerPivot 准备数据。

1. 为 PowerPivot 链接本工作簿内的数据

示例 17.7　PowerPivot 链接本工作簿内的数据

如果 Excel 工作簿内存在数据，利用已经存在的数据源和 PowerPivot 进行链接是比较简便的方法，具体步骤如下。

步骤① 打开 Excel 工作簿，单击数据源表中的任意单元格（如 C5），在【POWERPIVOT】选项卡中单击【添加到数据模型】按钮，弹出【创建表】对话框，选中【我的表具有标题】的复选框，如图 17-31 所示。

步骤② 在【创建表】对话框中单击【确定】按钮，经过几秒的链接配置后，"PowerPivot for Excel"窗口自动弹出并出现已经配置好的数据表"表 1"，此时，【数据透视表】按钮呈可用状态，如图 17-32 所示。

图 17-31　添加到数据模型

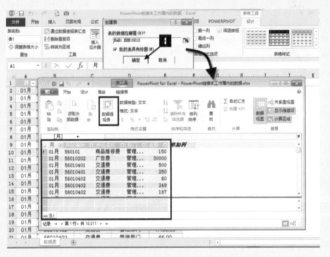

图 17-32　PowerPivot 数据表"表 1"

此外，在数据源表中选中全部数据，按下 <Ctrl+C> 组合键复制，在【POWERPIVOT】选项卡中单击【管理】按钮，调出【PowerPivot for Excel】窗口，单击【粘贴】按钮，在【粘贴预览】对话框中输入表名称为"销售表"，单击【确定】按钮将以粘贴的方式将数据添加到 PowerPivot 中，如图 17-33 所示。

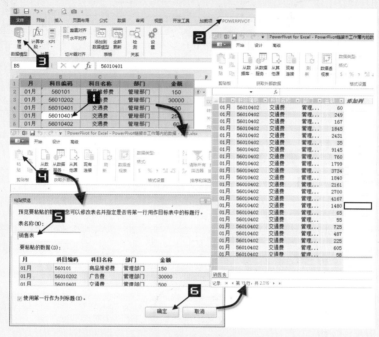

图 17-33　粘贴的 PowerPivot 数据表"销售表"

2．为 PowerPivot 获取外部链接数据

可供 PowerPivot 获取外部数据的数据源文件类型很多，本例只介绍 PowerPivot 获取".xlsx"类型外部数据的方法。

示例 17.8　PowerPivot 获取外部链接数据

步骤① 新建一个 Excel 工作簿并打开，在【POWERPIVOT】选项卡中单击【管理】按钮，在弹出的【PowerPivot for Excel】窗口中单击【从其他源】按钮，在【表导入向导】对话框中拖动右侧的滚动条，选择"Excel 文件"，单击【下一步】按钮，如图 17-34 所示。

步骤② 单击【浏览】按钮，在【打开】对话框中选择要导入的数据源"数据源为 PowerPivot 获取外部链接数据"，单击【打开】按钮，如图 17-35 所示。

步骤③ 在【表导入向导】对话框中选中【使用第一行作为列标题】的复选框，单击【下一步】按钮，单击【完成】按钮，连接成功后单击【关闭】按钮，【PowerPivot for Excel】窗口自动弹出并出现已经配置好的数据表"数据源"，如图 17-36 所示。

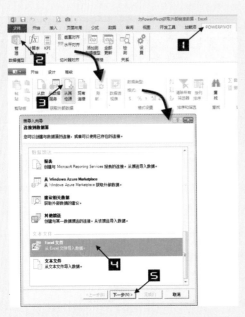

图 17-34 "PowerPivot for Excel" 窗口

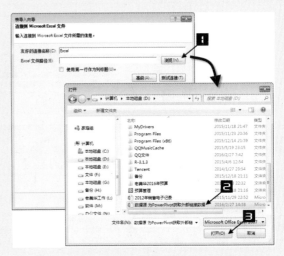

图 17-35 导入外部数据源

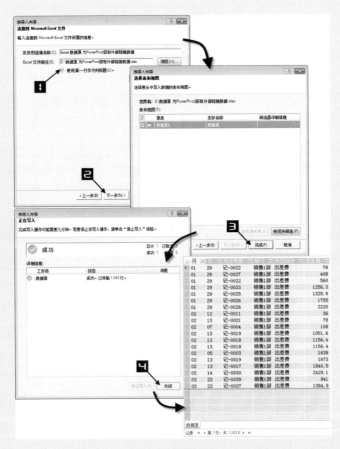

图 17-36 PowerPivot 数据表"数据源"

17.2.3 利用 PowerPivot 创建数据透视表

示例 17.9 用 PowerPivot 创建数据透视表

为 PowerPivot 添加数据模型后，用户就可以利用 PowerPivot 来创建数据透视表，具体步骤如下。

步骤① 进入【PowerPivot for Excel】窗口，单击【数据透视表】的下拉按钮，在弹出的下拉菜单中选择【扁平的数据透视表】命令，弹出【创建扁平的数据透视表】对话框，如图17-37 所示。

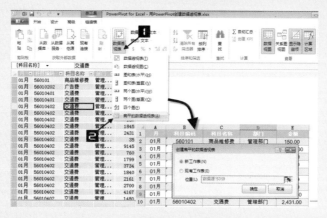

图 17-37　创建扁平的数据透视表

提示→　【创建扁平的数据透视表】与【数据透视表】命令在创建数据透视表的方法上相同，只是"扁平的数据透视表"在格式上具有"平面表"的外观，类似于以普通方法创建的"以表格形式显示"的数据透视表。

步骤② 保持【新工作表】的选项不变，单击【确定】按钮，创建一张空白的数据透视表，如图17-38 所示。

图 17-38　创建一张空白的数据透视表

步骤③ 利用【数据透视表字段】列表对字段进行调整，完成后的数据透视表如图 17-39 所示。

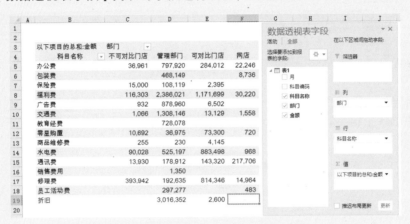

图 17-39　利用 PowerPivot 创建的数据透视表

17.2.4　利用 PowerPivot 创建数据透视图

示例 17.10　用 PowerPivot 创建数据透视图

为 PowerPivot 添加数据模型后，用户还可以利用 PowerPivot 创建数据透视图，具体步骤
如下。

步骤① 进入【PowerPivot for Excel】窗口，单击【数据透视表】的下拉按钮，在弹出的下拉菜
单中选择【数据透视图】命令，弹出【创建数据透视图】对话框，如图 17-40 所示。

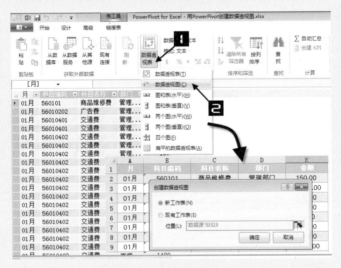

图 17-40　创建数据透视图

步骤② 保持【新工作表】的选项不变，单击【确定】按钮，创建一张空白的数据透视图，如图
17-41 所示。

步骤③ 利用【数据透视图字段】列表对字段进行调整，完成后的数据透视图如图 17-42 所示。

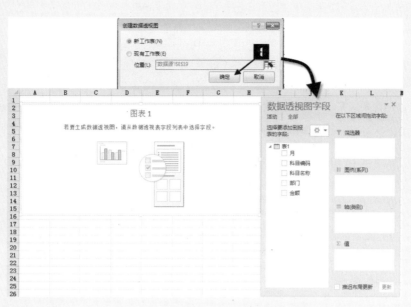

图 17-41　创建一张空白的数据透视图

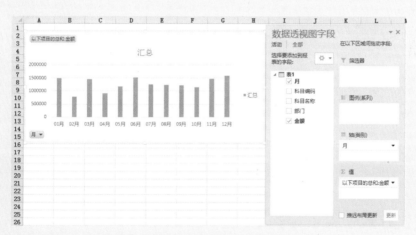

图 17-42　利用 PowerPivot 创建的数据透视图

步骤④ 对数据透视图进一步美化，如图 17-43 所示。

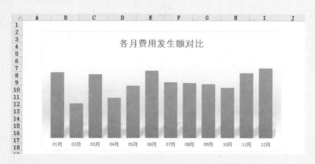

图 17-43　美化后的数据透视图

设置数据透视图的更多细节请参阅第 20 章。

17.3 在 PowerPivot 中使用 DAX 语言

DAX 是数据分析表达式语言，广泛应用于 PowerPivot 和 SQL Server 中，特别是在 Excel 2013 版本中得到加强，DAX 有很多函数与 Excel 具有相同的名称和功能，因此 DAX 更容易被 Excel 用户所接受。然而 DAX 语言与 Excel 的数据处理结构完全不同，Excel 处理数据的范围只限于单元格或者数据区域，DAX 语言使用列名和表名来指定数据坐标。

17.3.1 使用 DAX 创建计算列

DAX 中最简单的使用方法就是创建一个计算列，计算列是存储于数据模型中的列，在 PowerPivot 中通常也称为添加列。

示例 17.11 **使用 DAX 计算列计算主营业务毛利**

图 17-44 展示了一张根据收入及成本的明细数据创建的模型数据透视表，如果希望通过在 PowerPivot 中添加 DAX 计算列的方法求得主营业务利润，请参照以下步骤。

步骤① 将数据添加到数据模型后进入【PowerPivot for Excel】窗口，在【设计】选项卡中单击【添加】按钮，

图 17-44 模型数据透视表

在公式编辑栏中添加公式"=[主营业务收入]-[主营业务成本]，按下 <Enter> 键，得到 DAX 计算列"CaculatedColumn1"，如图 17-45 所示。

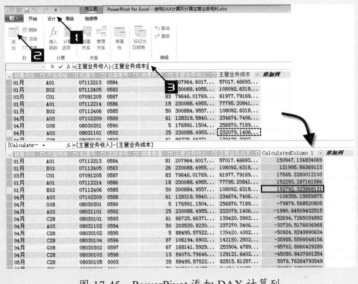

图 17-45 PowerPivot 添加 DAX 计算列

步骤② 右击列标题"CaculatedColumn1"，在出现的扩展菜单中选择【重命名列】命令，修改列名为"主营业务毛利"，如图 17-46 所示。

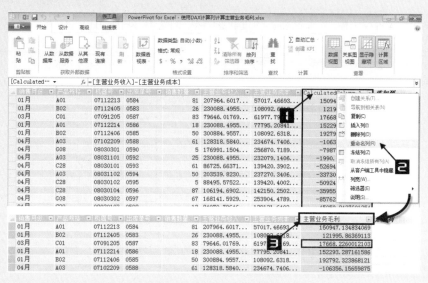

图 17-46　重新命名 DAX 计算列

步骤③ 此时，新增的 DAX 计算列出现在【数据透视表字段】列表框中，用户只需将字段移动至【值】区域即可完成设置，如图 17-47 所示。

图 17-47　新增的 DAX 计算列出现在【数据透视表字段】列表框中

17.3.2　使用 DAX 创建计算字段

DAX 计算列在表格的逐行计算上非常快捷、有价值，如通过"[主营业务收入]-[主营业务成本]"得到主营业务毛利，但是如果用户需要添加"主营业务毛利率 %"，DAX 计算列只会将逐行的主营业务毛利率相加后呈现在数据透视表中，这显然得不到正确的结果，如图 17-48 所示。

图 17-48　DAX 计算列在聚合层面得不到正确结果

此时，运用 DAX 计算字段可以轻松解决这个问题，计算字段是一个 DAX 表达式，它不是逐行计算，而是在聚合层面上进行计算，也称为"度量"。

示例 17.12　使用 DAX 计算字段计算主营业务毛利率

如果希望对图 17-48 所示的数据透视表添加正确的主营业务毛利率，请参照以下步骤。

步骤① 在【POWERPIVOT】选项卡中依次单击【计算字段】→【新建计算字段】，弹出【计算字段】对话框，如图 17-49 所示。

图 17-49　插入 DAX 计算字段

步骤② 在【计算字段】对话框的公式编辑框内输入"SUM(["，当输入"["时将弹出字段列表可供选择，此时双击选择"[主营业务利润]"字段，接下来输入完整公式，在【计算字段名称】框中输入"毛利率%"，完成 DAX 计算字段公式输入，如图 17-50 所示。

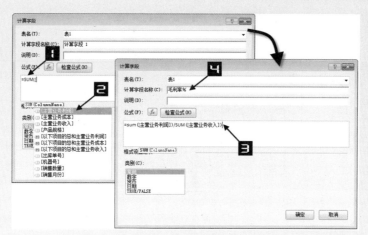

图 17-50　输入计算字段公式

毛利率 %=SUM([主营业务利润])/SUM([主营业务收入])

步骤③ 在【类别】中选择"数字"，【格式】选择"百分比"，单击【确定】按钮完成设置，得到正确计算的毛利率，如图 17-51 所示。

图 17-51　DAX 计算字段在聚合层面得到正确结果

DAX 语言输入技巧如图 17-52 所示。

输入函数：当输入函数的首字母时，会自动列示出以该字母开头的所有函数列表，供用户选择使用。

输入"["（中括号左半部）：会自动弹出 PowerPivot 工作簿中所有列字段、数据透视表所有字段及计算字段不带表名称的列表。

　　输入"'"（撇号）：会自动弹出 PowerPivot 工作簿中所有表名、列字段名称以及数据透视表所有字段及计算字段带有表名称的列表。

图 17-52　DAX 语言输入技巧

17.3.3　常用 DAX 函数应用

　　常用的 DAX 函数包括：聚合函数、逻辑函数、信息函数、数学函数、文本函数、转换函数、日期和时间函数与关系函数等。

　　聚合函数：SUM、AVERAGE、MIN 和 MAX 等函数。这些函数与 Excel 函数相同，在 Power-Pivot 中列数据格式为数值或日期格式时才能应用聚合函数，运算中的任何非数值数据都将被忽略。

　　逻辑函数：AND、FALSE、IF、IFERROR、SWITCH、NOT、TRUE 和 OR 等函数。应用于依据 PowerPivot 不同列值进行不同的计算。

　　信息函数：ISERROR、ISBLANK、ISLOGICAL、ISNONTEXT、ISNUMBER 和 ISTEXT 等函数。这些函数返回 TURE/FALSE 值，用于分析表达式的类型。

　　数学函数：ABS、EXP、FCAT、LN、LOG、LOG10、MOD、PI、POWER、QUOTIENT、SIGN 和 SQRT 等函数。这些函数与 Excel 数学函数语法和功能基本相同。

　　文本函数：CONCATENATE、EXACT、FIND、FIXED、FORMAT、LEFT、LEN、LOWER、MID、SUBSTITUTE、VALUE 和 TRIM 等函数。这些函数与在 Excel 中的用法非常相似。

　　转换函数：CURRENCY 和 INT 等函数。这些函数可用于转换数据的类型。

　　日期和时间函数：DATE、DATEVALUE、DAT、MONTH、SECOND、TIME、WEEKDAY、YEAR 和 YEARFRAC 等函数。这些函数在 PowerPivot 中主要用于处理时间和日期。

　　关系函数：RELATED 和 RELATEDTABLE 等函数。这些函数可以在 PowerPivot 中跨表格引用相关列值。

　　1．CALCULATE 函数

示例 17.13　使用 CALCULATE 函数计算综合毛利率

　　图 17-53 展示了一张由 PowerPivot 创建的数据透视表，表中已经通过 DAX 计算字段计算出了毛利率 %，但是毛利率高的产品由于形成销售的主营业务收入并不是最高，因此需要将毛利率结合销售规模综合考量，得出综合毛利率才能在现实中指导公司决策，否则没有任何意义。

通过运用 CALCULATE 函数得出每种规格产品收入占总体收入的比重，即销售规模，再与毛利率相乘可以得到综合毛利率，具体方法如下。

步骤① 在【POWERPIVOT】选项卡中依次单击【计算字段】→【新建计算字段】，调出【计算字段】对话框。

步骤② 在【计算字段】对话框的公式编辑框内输入 DAX 公式，在【计算字段名称】框中输入"销售规模"，并设置为"百分比"的数字格式，单击【确定】按钮完成设置，如图 17-54 所示。

销售规模 =[以下项目的总和主营业务收入]/CALCULATE(SUM(' 销售表 '[主营业务收入]),ALL(' 销售表 '))'

图 17-53　PowerPivot 数据透视表　　　　　　图 17-54　创建销售规模字段

CALCULATE 函数能够在筛选器修改的上下文中对表达式进行求值，语法如下。

CALCULATE(Expression,[Filter1],[Filter2] …)

Expression 是要计值的表达式，是一个强制性参数。

[Filter1],[Filter2] 用于定义筛选器，CALCULATE 只接受布尔类型的条件和以表格形式呈现的值列表两类筛选器。

步骤③ 继续新建计算字段"综合毛利率 %"，如图 17-55 所示。

综合毛利率 %=[销售规模]*[毛利率 %]

图 17-55　反映综合毛利率的数据透视表

2. SWITCH 函数

SWITCH 函数能够根据表达式的值返回不同结果，类似于 IF 嵌套函数，但更加简洁易懂，不易出错，语法如下。

SWITCH (表达式 , [值 1], [结果 1], [值 2], [结果 2] ... [False])

表达式：需要进一步进行逻辑判断的对象。

[值 1], [结果 1]: 相对于表达式中的值 1，得出判断的结果 1。

[False]: 其他的含义，相对于表达式中的值，得不到判断的结果，就返回其他。

示例 17.14 依据销售和产品年份判断新旧品

图 17-56 展示了某零售公司一定时期内的销售数据，现需要根据"销售年份 | 商品年份"来判断所售产品的新旧，利用 SWITCH 函数可以达到这一目标，请参照以下步骤。

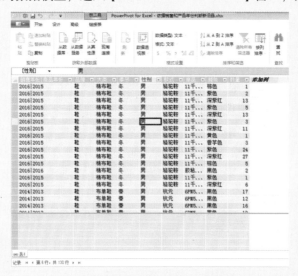

图 17-56 数据源及判断标准

步骤① 将数据源表添加到数据模型，进入【PowerPivot for Excel】窗口，如图 17-57 所示。

图 17-57 将数据源表添加到数据模型

步骤② 在【设计】选项卡中单击【插入函数】按钮，弹出【插入函数】对话框，单击【选择类别】的下拉按钮，选择"逻辑"函数 SWITCH，如图 17-58 所示。

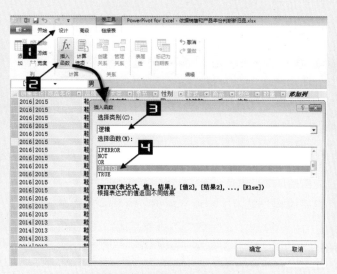

图 17-58　打开【插入函数】对话框

步骤③ 单击【插入函数】对话框中的【确定】按钮，在公式编辑栏中输入公式，按 <Enter> 键后，添加一个辅助列并重命名为"判断新旧品"，如图 17-59 所示。

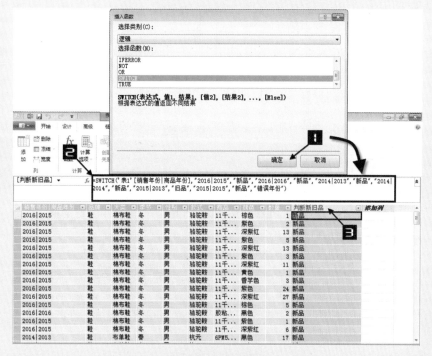

图 17-59　输入函数

判断新旧品 =SWITCH(' 表 1' [销售年份 | 商品年份],"2016|2015"," 新品 ","2016|2016"," 新品 ","2014|2013"," 新品 ","2014|2014"," 新品 ","2015|2013"," 旧品 ","2015|2015"," 新品 "," 错误年份 ")

为了让读者容易理解函数，将公式变形。

```
判断新旧品 =SWITCH(
'表1'[销售年份|商品年份],
"2016|2015","新品",
"2016|2016","新品",
"2014|2013","新品",
"2014|2014","新品",
"2015|2013","旧品",
"2015|2015","新品",
"错误年份")
```

步骤④ 在【开始】选项卡中依次单击【数据透视表】按钮→【数据透视表】，创建一张空白数据透视表，按照图 17-60 所示进行数据透视表布局，完成对新旧品的数量统计。

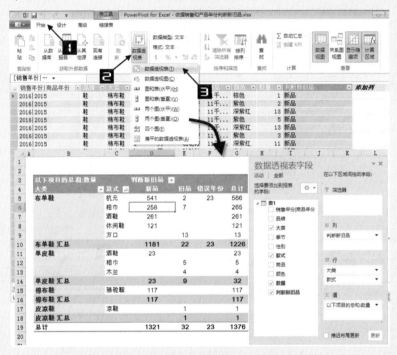

图 17-60 对新旧品进行数量统计的数据透视表

3. ALLEXCEPT 函数

ALLEXCEPT 函数可以返回表中除受指定的列筛选器影响的那些行之外的所有行，通俗地讲就是可以删除表中除已经应用于指定列的筛选器之外的所有行，语法如下。

```
ALLEXCEPT(Tablename,Columnname1,[Columnname2]...)
```

Tablename: 要删除其所有上下文筛选器的表。

Columnname: 需要保留上下文的列。

示例 17.15　解决进行前 10 项筛选父级汇总百分比动态变化的问题

图 17-61 展示了对商品名称依据数量进行前 3 项最大值筛选的前后对比，筛选后商品名称

的数量父级汇总百分比随着筛选发生了动态变化，变成前 3 项最大值的百分比，有的时候这并不是用户所期待的结果。

	性别名称	商品名称	数量	占比%
2	男	白布套	9	34.62%
3		特色真丝男棉套	7	26.92%
4		特色中山装	4	15.38%
5		万寿团男棉套	6	23.08%
6	男 汇总		26	100.00%
7	女	粉布套	6	26.09%
8		如意女棉套	3	13.04%
9		丝绒棉披风	1	4.35%
10		特色真丝葫芦女棉	2	8.70%
11		特色真丝如意女棉	1	4.35%
12		真丝连帽棉披风	3	13.04%
13		真丝女夹套	1	4.35%
14		真丝裙子	2	8.70%
15		织锦缎女棉套	4	17.39%
16	女 汇总		23	100.00%
17	其他	高档双铺双盖	2	3.77%
18		红包袱皮	25	47.17%
19		平枕脚枕	4	7.55%
20		手编	17	32.08%
21		特色双铺双盖	3	5.66%
22		头枕脚枕	2	3.77%
23	其他 汇总		53	100.00%
24	总计		102	

	性别名称	商品名称	数量	占比%
2	男	白布套	9	40.91%
3		特色真丝男棉套	7	31.82%
4		万寿团男棉套	6	27.27%
5	男 汇总		22	100.00%
6	女	粉布套	6	37.50%
7		如意女棉套	3	18.75%
8		真丝连帽棉披风	3	18.75%
9		织锦缎女棉套	4	25.00%
10	女 汇总		16	100.00%
11	其他	红包袱皮	25	54.35%
12		平枕脚枕	4	8.70%
13		手编	17	36.96%
14	其他 汇总		46	100.00%
15	总计		84	

图 17-61　前 3 项筛选父级汇总百分比动态变化

利用 ALLEXCEPT 函数先计算分类汇总的结果，再计算占比，可以轻松解决这个问题，步骤如下。

步骤① 将 "数据源" 添加到数据模型，把 PowerPivot 表名称由 "表 1" 更改为 "零售表" 并创建如图 17-62 所示的数据透视表。

步骤② 在【POWERPIVOT】选项卡中依次单击【计算字段】→【新建计算字段】，弹出【计算字段】对话框，【计算字段名称】更改为 "数量占比 %"，在【公式】编辑框内输入公式，如图 17-63 所示。

	A	B	C	D
3		性别名称	商品名称	以下项目的总和:数量
4		男	白布套	9
5			特色真丝男棉套	7
6			特色中山装	4
7			万寿团男棉套	6
8		男 汇总		26
9		女	粉布套	6
10			如意女棉套	3
11			丝绒棉披风	1
12			特色真丝葫芦女棉套	2
13			特色真丝如意女棉	1
14			真丝连帽棉披风	3
15			真丝女夹套	1
16			真丝裙子	2
17			织锦缎女棉套	4
18		女 汇总		23

图 17-62　创建数据透视表

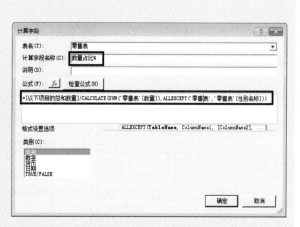

图 17-63　插入计算字段

数量占比%=[以下项目的总和数量]/CALCULATE(SUM
(' 零售表 '[数量]),ALLEXCEPT(' 零售表 ',' 零售表 '[性
别名称]))

步骤③ 插入计算字段后对数据透视表 "商品名称"
字段进行前 3 个最大项筛选，如图 17-64
所示。

图 17-64　前 3 项筛选父级汇总百分比不再变化

4. COUNTROWS、VALUES 函数

COUNTROWS 函数可以计算指定表或计算表达式自定义表中的行数，就是对表中的行数进行
计数，语法如下。

```
COUNTROWS(Table)
```

Table: 需要计算行数的表或自定义表达式。

VALUES 函数返回由一列组成的表或列中包含唯一值的表，语法如下。

```
VALUES(TableName Or ColumnName)
```

TableName: 要返回唯一值的列或表达式名称。

示例 17.16　数据透视表值区域显示授课教师名单

一般情况下，数据透视表中值区域只能显示数字，文本数据进入数据透视表值区域只能被
计数统计而无法显示文本的信息，利用 COUNTROWS 结合 VALUES 函数可以解决这个普通数
据透视表无法完成的难题，达到如图 17-65 所示的效果。

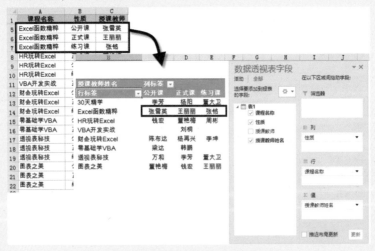

图 17-65　在数据透视表值区域显示文本信息

步骤① 将"数据源"添加到数据模型，把 PowerPivot 表名称由"表 1"更改为"授课表"并创建如图 17-66 所示的数据透视表。

步骤② 在【POWERPIVOT】选项卡中依次单击【计算字段】→【新建计算字段】，弹出【计算字段】对话框，【计算字段名称】更改为"授课教师姓名"，在【公式】编辑框内输入公式，如图 17-67 所示。

　授课教师姓名 =IF(COUNTROWS(VALUES('授课表'[授课教师]))=1,VALUES('授课表'[授课教师]))

图 17-66　创建数据透视表　　　　　　　　图 17-67　插入计算字段

步骤③ 单击【确定】按钮关闭【计算字段】对话框，"授课教师姓名"自动进入数据透视表值区域完成设置，如图 17-68 所示。

图 17-68　数据透视表值区域显示文本信息

5. DIVIDE 函数

DIVIDE 函数可以向数据模型中加入新的度量指标，还能处理数据被零除的情况，语法如下。

```
DIVIDE(分子,分母,[AlternateResult])
```

示例 17.17　计算实际与预算的差异额和差异率

　图 17-69 展示了某公司某部门一定时期的预算额和实际发生额明细数据，如果期望在两表之间建立关联，同时计算出实际和预算的差异额与差异率，请参照以下步骤。

步骤① 将"预算额"与"实际发生额"数据表添加到数据模型，把 PowerPivot 表名称改为"预算"和"实际"，添加辅助列"关联 ID"，如图 17-70 所示。

关联 ID =[月份]&[科目名称]

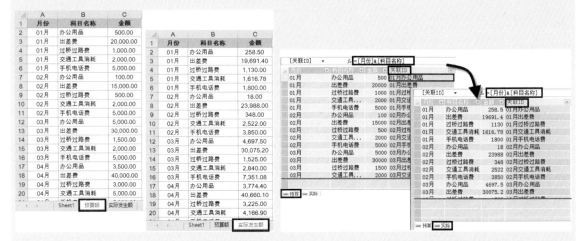

图 17-69　预算额与实际发生额数据　　　　　图 17-70　将数据表添加到数据模型

 提示 →

创建"关联 ID"辅助列的目的就是创建表间的唯一值标示符，便于在表间建立关联。

步骤② 在 PowerPivot for Excel 窗口中的【开始】选项卡中单击【关系图视图】按钮，在弹出的布局界面中，将【实际】表的"关联 ID"字段拖动到【预算】表的"关联 ID"字段上面，通过"关联 ID"字段建立两表之间的关联，如图 17-71 所示。

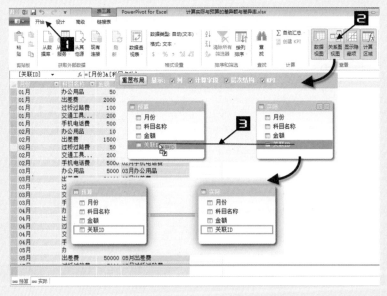

图 17-71　设置"预算"和"实际"两表关联

步骤③ 创建如图 17-72 所示的数据透视表。

步骤④ 在【POWERPIVOT】选项卡中依次单击【计算字段】→【新建计算字段】，弹出【计算字段】对话框，依次插入"实际金额""预算金额""差异额""差异率%"四个计算字段，如图 17-73 所示。

实际金额 =SUM(' 实际 '[金额])
预算金额 =SUM(' 预算 '[金额])
差异额 =[实际金额]-[预算金额]
差异率 %=DIVIDE([差异额],[预算金额])

图 17-72　创建数据透视表

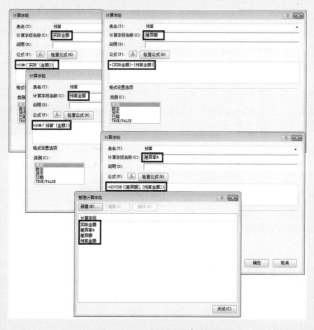

图 17-73　插入计算字段

步骤⑤ 最后完成的数据透视表，如图 17-74 所示，同时还能处理 6 月份"办公用品"预算金额为零值的情况。

行标签	办公用品				预算金额汇总	实际金额汇总	差异额汇总	差异率%汇总
	预算金额	实际金额	差异额	差异率%				
01月	500	259	-241.5	-48.30%	28,500	24,497	-4003.32	-14.05%
02月	100	18	-82	-82.00%	22,600	30,726	8126	35.96%
03月	5,000	4,698	-302.5	-6.05%	43,500	46,489	2988.78	6.87%
04月	3,500	3,774	274.4	7.84%	56,500	53,076	-3423.6	-6.06%
05月	2,000	2,285	285	14.25%	67,000	65,262	-1737.63	-2.59%
06月	0	200	200		62,000	62,186	186.02	0.30%
07月	1,500	1,502	2	0.13%	109,500	109,585	84.78	0.08%
08月	5,000	4,727	-273.3	-5.47%	68,000	75,863	7862.58	11.56%
09月	2,000	1,826	-174.1	-8.71%	61,500	65,518	4017.97	6.53%
10月	1,500	1,826	325.5	21.70%	29,500	30,876	1376.3	4.67%
11月	2,000	2,605	605.48	30.27%	112,000	122,456	10456.05	9.34%
12月	3,500	3,813	313.42	8.95%	75,500	82,306	6806.23	9.01%
总计	26,600	27,532	932.4	3.51%	736,100	768,840	32740.16	4.45%

图 17-74　预算和实际差异分析表

6. TOTALMTD、TOTALQTD、TOTALYTD 时间智能函数

TOTALMTD 函数用于计算月初至今的累计值，TOTALQTD 函数用于计算季初至今的累计值，TOTALYTD 函数用于计算年初至今的累计值，语法基本相同。

```
TOTALMTD(Expression,Dates,[filter])
TOTALQTD(Expression,Dates,[filter])
TOTALYTD(Expression,Dates,[filter],[Yearenddate])
```

在应用指定的筛选器后，针对从月份、季度和年度的第一天开始到指定日期列中的最后日期结束的间隔，对指定的表达式求值。

示例 17.18 利用时间智能函数进行销售额累计统计

扫一扫，
查看精彩视频！

图 17-75 展示了某公司 2014 年至 2016 年的每日销售数据，利用时间智能函数得到月初至今、季初至今和年初至今累计数据呈现的方法如下。

步骤① 将"每日销售数据"数据表添加到数据模型，把 PowerPivot 表名称改为"销售"。

步骤② 创建如图 17-76 所示的数据透视表。

步骤③ 在【POWERPIVOT】选项卡中依次单击【计算字段】→【新建计算字段】，弹出【计算字段】对话框，依次插入"MTD""QTD"和"YTD"计算字段，如图 17-77 所示。

```
MTD=TOTALMTD([以下项目的总和销售收入],'销售'[日期])
QTD=TOTALQTD([以下项目的总和销售收入],'销售'[日期])
YTD=TOTALYTD([以下项目的总和销售收入],'销售'[日期])
```

	A	B	C	D
1		日期	年份	月份	销售收入
2	2014/1/1	2014年	1月	150.00
3	2014/1/2	2014年	1月	30,000.00
4	2014/1/3	2014年	1月	500.00
5	2014/1/4	2014年	1月	250.00
6	2014/1/5	2014年	1月	60.00
557	2015/7/10	2015年	7月	53.40
558	2015/7/11	2015年	7月	4.00
559	2015/7/12	2015年	7月	6.00
586	2015/8/8	2015年	8月	80.00
1093	2016/12/27	2016年	12月	14.63
1094	2016/12/28	2016年	12月	14.63
1095	2016/12/29	2016年	12月	14.63
1096	2016/12/30	2016年	12月	480.00
1097	2016/12/31	2016年	12月	207.05

每日销售数据

图 17-75 销售数据

	A	B	C	D
1				
2		年份	月份	以下项目的总和:销售收入
3		2014年	1月	75,855
4			2月	2,614
5			3月	13,879
6			4月	188,218
7			5月	14,414
8			6月	17,269
9			7月	112,414
10			8月	96,944
11			9月	60,940
12			10月	272,563
13			11月	18,611
14			12月	4,323
15		**2014年 汇总**		**878,044**
16		2015年	1月	7,952
17			2月	4,553
18			3月	4,136
19			4月	39,561
20			5月	19,052

图 17-76 创建数据透视表

注意　添加计算字段后的数据透视表中 MTD、QTD 和 YTD 字段每月数据都显示出相同的值，这是因为必须要为 PowerPivot 指定一个日期表，否则所有时间智能函数都将得不到正确的结果。

图 17-77　插入计算字段

步骤④ 在 PowerPivot for Excel 窗口中的【设计】选项卡中依次单击【标记为日期表】下拉按钮→【标记为日期表】按钮，在弹出的【标记为日期表】的对话框中选择 "日期" 字段，最后单击【确定】按钮完成设置，如图 17-78 所示。

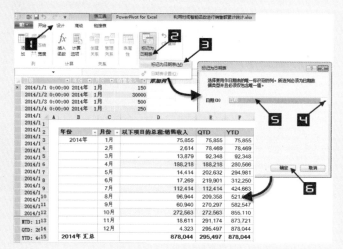

图 17-78　标记日期表

注意　　用作标记为日期表的数据必须为日期类型数据并且该列数据必须是唯一值列表，否则标记为日期表将会报错，无法成功。

步骤⑤ MTD 只有在每日级别上查看数据才会有意义，将“日期”字段放置到【行】区域后得出有意义的结果，如图 17-79 所示。

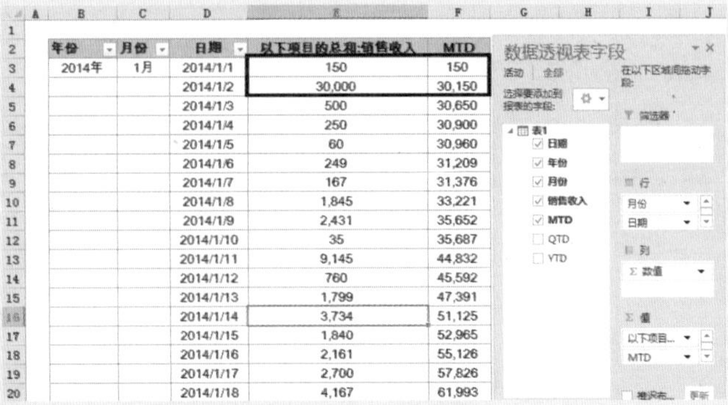

年份	月份	日期	以下项目的总和:销售收入	MTD
2014年	1月	2014/1/1	150	150
		2014/1/2	30,000	30,150
		2014/1/3	500	30,650
		2014/1/4	250	30,900
		2014/1/5	60	30,960
		2014/1/6	249	31,209
		2014/1/7	167	31,376
		2014/1/8	1,845	33,221
		2014/1/9	2,431	35,652
		2014/1/10	35	35,687
		2014/1/11	9,145	44,832
		2014/1/12	760	45,592
		2014/1/13	1,799	47,391
		2014/1/14	3,734	51,125
		2014/1/15	1,840	52,965
		2014/1/16	2,161	55,126
		2014/1/17	2,700	57,826
		2014/1/18	4,167	61,993

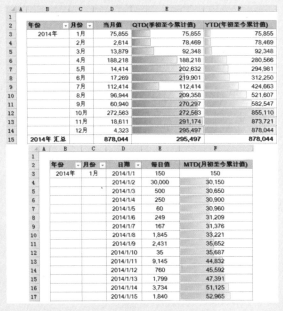

图 17-79 在每日级别上查看 MTD 数据

步骤⑥ 对数据透视表美化，MTD、QTD、YTD 字段更名并运用数据条条件格式标示数据后能够对各种累计数据进行清晰的展现，如图 17-80 所示。

年份	月份	当月值	QTD(季初至今累计值)	YTD(年初至今累计值)
2014年	1月	75,855	75,855	75,855
	2月	2,614	78,469	78,469
	3月	13,879	92,348	92,348
	4月	188,218	188,218	280,566
	5月	14,414	202,632	294,981
	6月	17,269	219,901	312,250
	7月	112,414	112,414	424,663
	8月	96,944	209,358	521,607
	9月	60,940	270,297	582,547
	10月	272,563	272,563	855,110
	11月	18,611	291,174	873,721
	12月	4,323	295,497	878,044
2014年 汇总		878,044	295,497	878,044

年份	月份	日期	每日值	MTD(月初至今累计值)
2014年	1月	2014/1/1	150	150
		2014/1/2	30,000	30,150
		2014/1/3	500	30,650
		2014/1/4	250	30,900
		2014/1/5	60	30,960
		2014/1/6	249	31,209
		2014/1/7	167	31,376
		2014/1/8	1,845	33,221
		2014/1/9	2,431	35,652
		2014/1/10	35	35,687
		2014/1/11	9,145	44,832
		2014/1/12	760	45,592
		2014/1/13	1,799	47,391
		2014/1/14	3,734	51,125
		2014/1/15	1,840	52,965

图 17-80 美化数据透视表

7. RELATED 跨表引用函数

```
RELATED(ColumnName)
```

从其他表返回相关值。

示例 17.19 PowerPivot 跨表格引用数据列

图 17-81 展示了某品牌服装一定时期的销售记录以及用于分类和价格带设置的参数表，

如果希望在 PowerPivot 中完成类似 Excel 中 VLOOKUP 函数将"分类"表中的"中类名称"和"价格带"表中的"价格带"字段带入"销售数据"中，请参照以下步骤。

步骤① 将"销售数据""分类"和"价格带"数据表添加到数据模型，把 PowerPivot 表名称改为"销售""中类"和"价格带"，如图 17-82 所示。

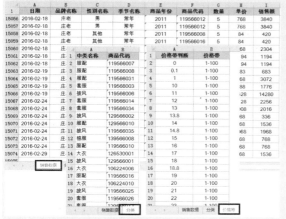

图 17-81　销售和参数数据列表

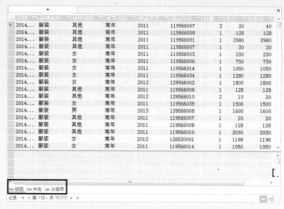

图 17-82　将数据表添加到数据模型

步骤② 在 PowerPivot for Excel 窗口中的【开始】选项卡中单击【关系图视图】按钮，在弹出的布局界面中将【中类】表的"商品代码"字段拖动到【销售】表的"商品代码"字段上面；将【价格带】表的"价格带判断"字段拖动到【销售】表的"单价"字段上面建立三表之间的关联，如图 17-83 所示。

步骤③ 单击【数据视图】按钮，在【设计】选项卡中单击【插入函数】按钮，在弹出的【插入函数】对话框中选择"筛选器"类别的函数 RELATED，单击【确定】按钮，如图 17-84 所示。

图 17-83　创建关联

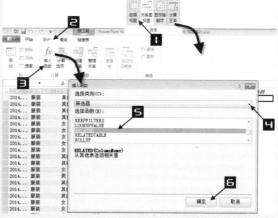

图 17-84　向 PowerPivot for Excel 中插入函数

步骤④ 在公式编辑栏中输入公式并重命名列，完成跨 PowerPivot 表格引用，如图 17-85 所示。

中类 =RELATED(' 中类 '[中类名称])

价格带 =RELATED(' 价格带 '[价格带])

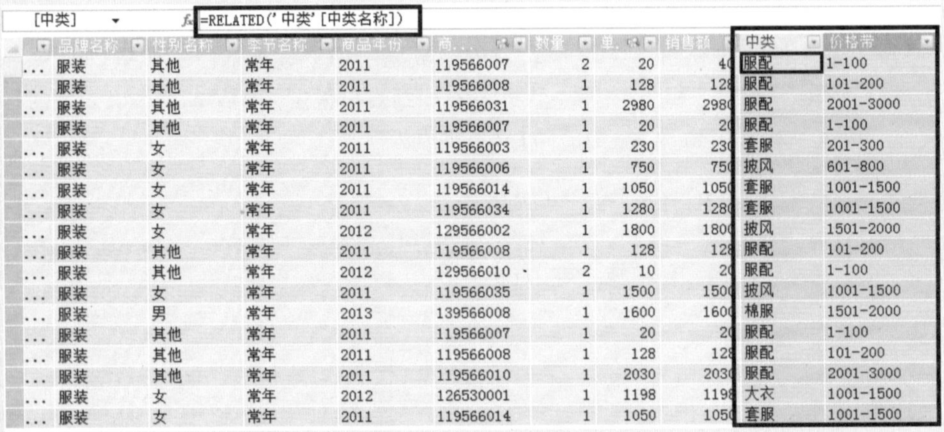

[中类] =RELATED('中类'[中类名称])

	品牌名称	性别名称	季节名称	商品年份	商...	数量	单...	销售额	中类	价格带
...	服装	其他	常年	2011	119566007	2	20	40	服配	1-100
...	服装	其他	常年	2011	119566008	1	128	128	服配	101-200
...	服装	其他	常年	2011	119566031	1	2980	2980	服配	2001-3000
...	服装	其他	常年	2011	119566007	1	20	20	服配	1-100
...	服装	女	常年	2011	119566003	1	230	230	套服	201-300
...	服装	女	常年	2011	119566006	1	750	750	披风	601-800
...	服装	女	常年	2011	119566014	1	1050	1050	套服	1001-1500
...	服装	女	常年	2011	119566034	1	1280	1280	套服	1001-1500
...	服装	女	常年	2012	129566002	1	1800	1800	披风	1501-2000
...	服装	其他	常年	2011	119566008	1	128	128	服配	101-200
...	服装	其他	常年	2012	129566010	2	10	20	服配	1-100
...	服装	女	常年	2011	119566035	1	1500	1500	披风	1001-1500
...	服装	男	常年	2013	139566008	1	1600	1600	棉服	1501-2000
...	服装	其他	常年	2011	119566007	1	20	20	服配	1-100
...	服装	其他	常年	2011	119566008	1	128	128	服配	101-200
...	服装	其他	常年	2011	119566010	1	2030	2030	服配	2001-3000
...	服装	女	常年	2012	126530001	1	1198	1198	大衣	1001-1500
...	服装	女	常年	2011	119566014	1	1050	1050	套服	1001-1500

图 17-85　向 PowerPivot for Excel 中添加列

步骤⑤ 创建如图 17-86 所示的数据透视表。

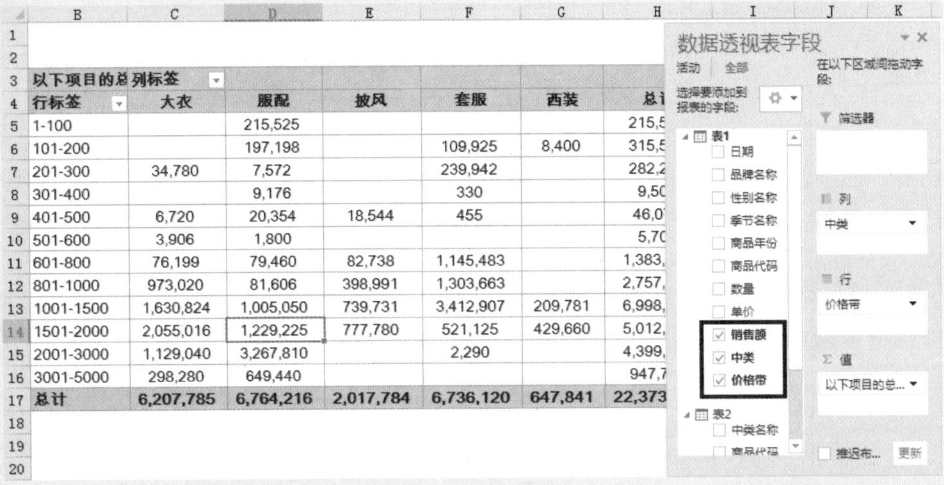

	B	C	D	E	F	G	H
3	以下项目的总	列标签					
4	行标签	大衣	服配	披风	套服	西装	总计
5	1-100		215,525				215,5
6	101-200		197,198		109,925	8,400	315,5
7	201-300	34,780	7,572		239,942		282,2
8	301-400		9,176		330		9,50
9	401-500	6,720	20,354	18,544	455		46,0
10	501-600	3,906	1,800				5,70
11	601-800	76,199	79,460	82,738	1,145,483		1,383,
12	801-1000	973,020	81,606	398,991	1,303,663		2,757,
13	1001-1500	1,630,824	1,005,050	739,731	3,412,907	209,781	6,998,
14	1501-2000	2,055,016	1,229,225	777,780	521,125	429,660	5,012,
15	2001-3000	1,129,040	3,267,810		2,290		4,399,
16	3001-5000	298,280	649,440				947,7
17	总计	6,207,785	6,764,216	2,017,784	6,736,120	647,841	22,373

图 17-86　创建数据透视表

17.4　在 PowerPivot 中使用层次结构

层次结构就是预先在 PowerPivot 中设定，创建数据透视表后只需在数据透视表字段列表中一键选择即可显示全面的分析路径，之后只需双击某个数据项到达某个层级，直至得到用户所需的明细级别，因此使用层析结构能够帮助用户迅速找到想要的字段，极大地提高了用户的工作效率。

常用的层次结构包括：从年份→季度→月份→日期的层次结构、国家→省市→城市→邮编→客户的层次结构、产品品牌→大类→风格→款式→产品的层次结构。

层次结构的级别设置要适度，单一级别的层次结构无任何意义，层次结构级别过多，超过 10 个以上也会因为过于复杂给用户带来麻烦。

层次结构的缺点是一旦用户定义了层次结构且隐藏了基本字段，将无法越级显示字段，用户不能将层次结构中的字段布局到数据透视表的不同区域。

示例 17.20　使用层析结构对品牌产品进行分析

　　图 17-87 展示了一张不同品牌产品的进货和销售明细数据，如需建立"品牌→大类→风格→款式→大色系→ SKU"的层次结构，请参照以下步骤。

	A	B	C	D	E	F	G	H	I	J	K	L
1	品牌	大类	性别	面料	款式	SKU	风格	色系	价格带	大色系	进货数量	销售数量
2	服装	T恤	男	化纤	单衣	057-L1179D12绿色	现代	绿色系	201-300	流行色	7	
3	服装	T恤	男	棉	单衣	057-H1107D12紫点	现代	紫色系	201-300	流行色	7	
4	服装	T恤	男	棉	单衣	057-L1107D12兰色	现代	蓝色系	201-300	流行色	3	1
5	服装	T恤	男	棉	单衣	057-L1107D12绿色	现代	绿色系	201-300	流行色	2	
6	服装	T恤	男	化纤	单衣	057-L1117D12黑色	现代	黑色系	201-300	基础色	13	3
7	服装	半袖衬衫	男	化纤	单衣	077-211D12白色	现代	白色系	101-200	基础色	9	2
8	服装	半袖衬衫	男	化纤	单衣	077-211D12浅灰	现代	灰色系	101-200	基础色	12	7
9	服装	半袖衬衫	男	化纤	单衣	男龙半袖白色	现代	白色系	101-200	基础色	24	12
10	服装	半袖衬衫	男	棉	单衣	057-J1138D12黑色	现代	黑色系	101-200	基础色	7	2
11	服装	半袖衬衫	男	桑蚕丝	单衣	男烤纱半袖棕色	现代	棕色系	401-500	流行色	10	6
12	服装	半袖衬衫	男	桑蚕丝	单衣	香云纱两用领男半袖	中式传统	黑色系	401-500	基础色	22	17
13	服装	半袖衬衫	男	桑蚕丝	单衣	真丝杭罗白色	现代	白色系	401-500	基础色	12	7
14	服装	半袖衬衫	女	化纤	单衣	00112-147D12黄色	现代	黄色系	101-200	流行色	8	3
15	服装	半袖衬衫	女	化纤	单衣	00112-172D121号色	现代	其他	101-200	流行色	17	3
16	服装	半袖衬衫	女	化纤	单衣	00112-174D121号色	现代	其他	101-200	流行色	33	19
17	服装	半袖衬衫	女	化纤	单衣	00112-174D122号色	现代	其他	101-200	流行色	18	9
18	服装	半袖衬衫	女	化纤	单衣	00112-79D122号色	现代	其他	101-200	流行色	18	12
19	服装	半袖衬衫	女	化纤	单衣	00112-95D121号色	现代	其他	101-200	流行色	7	6
20	服装	半袖衬衫	女	化纤	单衣	00112-95D122号色	现代	其他	101-200	流行色	13	11
21	服装	半袖衬衫	女	化纤	单衣	003-250D121号色	现代	其他	201-300	流行色	33	27

图 17-87　数据源表

步骤 1　将"数据源"表添加到数据模型，在 PowerPivot for Excel 窗口中的【开始】选项卡中单击【关系图视图】按钮进入关系图视图界面，如图 17-88 所示。

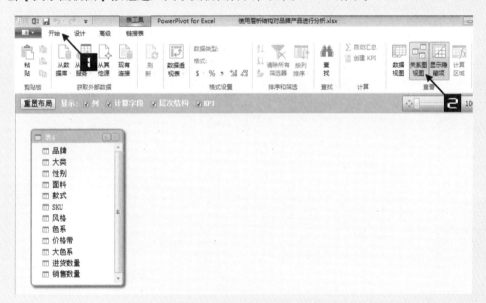

图 17-88　进入关系图视图界面

步骤 2　按住 <Ctrl> 键，将"品牌""大类""风格""款式""大色系""SKU"字段同时选中并右击→【创建层次结构】，在系统命名的层次结构名称上右击→【重命名】，将名称改为"产品品牌分析"，如图 17-89 所示。

步骤③ 层次结构创建后显示的级别顺序可能和用户期望的不一致，此时，只需在需要调整的字段上右击，在出现的扩展列表中选择【上移】【下移】命令即可调整层次结构中字段的排列顺序，如图 17-90 所示。

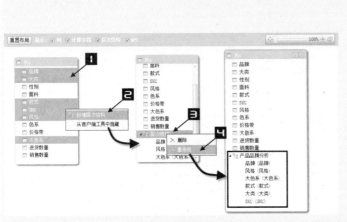

图 17-89　创建层次结构

图 17-90　调整层次结构的排列顺序

步骤④ 创建数据透视表时，在【数据透视表字段】列表框中出现了设定好的层次结构"产品品牌分析"字段，选中该字段的复选框后即可将数据展现在数据透视表中，如图 17-91 所示。

图 17-91　创建数据透视表

步骤⑤ 单击行标签字段中的"+"号可以逐层展开层次结构进行数据分析，如图 17-92 所示。

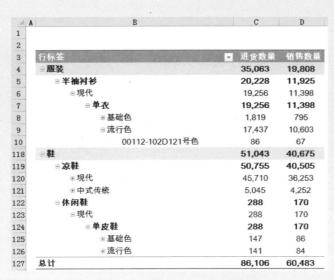

图 17-92　逐层展开层次结构分析数据

17.5　创建 KPI 关键绩效指标报告

　　KPI 是指关键绩效指标。创建交互式 KPI 报告，可以执行以目标为导向的分析，KPI 是一个非常有用的功能，是 Excel 数据模型中最重要的分析工具。用户只需确定一个目标，利用 KPI 考核实际数据偏离目标的状态，一般用于战略层面的分析，特别是 KPI 报告可以在数据透视表中使用图标集，以视觉化展现数据中的重要指标，使报表更易获得洞察力。

示例 17.21　创建 KPI 业绩完成比报告

　　图 17-93 展示了某零售公司各门店的预算和实际完成数据，如果期望利用此数据创建 KPI 业绩完成比报告，业绩完成率 100% 以上视为完成，80% 以下未完成，请参照以下步骤。

步骤① 将"数据源"表添加到数据模型并创建数据透视表。

步骤② 在【POWERPIVOT】选项卡中依次单击【计算字段】→【新建计算字段】，弹出【计算字段】对话框，依次插入"业绩完成比 %"计算字段，如图 17-94 所示。

	A	B	C	D	E	F
1	部门	核算科目	月份	科目编码	2015年预算	2015年实际
2	滨海一店	主营业务收入	01月	5001	767,775	1,080,000
3	滨海一店	主营业务收入	02月	5001	852,143	600,000
4	滨海一店	主营业务收入	03月	5001	370,960	480,000
5	滨海一店	主营业务收入	04月	5001	628,346	695,000
6	滨海一店	主营业务收入	05月	5001	1,013,406	1,110,000
7	滨海一店	主营业务收入	06月	5001	714,152	785,000
8	滨海一店	主营业务收入	07月	5001	268,280	307,000
9	滨海一店	主营业务收入	08月	5001	456,553	520,000
10	滨海一店	主营业务收入	09月	5001	651,778	735,000
11	滨海一店	主营业务收入	10月	5001	693,141	787,000
12	滨海一店	主营业务收入	11月	5001	570,328	650,000
13	滨海一店	主营业务收入	12月	5001	701,610	771,000
14	白堤路店	主营业务收入	01月	5001	373,275	518,000
15	白堤路店	主营业务收入	02月	5001	493,228	288,000
16	白堤路店	主营业务收入	03月	5001	206,338	230,000
17	白堤路店	主营业务收入	04月	5001	293,146	327,000
18	白堤路店	主营业务收入	05月	5001	444,992	492,000

图 17-93　预算和实际完成数据

业绩完成比 %=SUM(' 表 1'[2015 年实际])/SUM(' 表 1'[2015 年预算])

步骤③ 在【POWERPIVOT】选项卡中依次单击【KPI】→【新建 KPI】，弹出【关键绩效指标 (KPI)】

对话框，单击【KPI 基本字段】的下拉按钮，选择"预算完成比 %"，单击【定义目标值】中的【绝对值】单选按钮，在右侧的编辑框中输入"1"（相当于需要 100% 完成的预算目标），在【定义状态阈值】区域移动标尺上的滑块设定阈值下限为 0.8，上限为 1，阈值颜色方案选择 1，图标样式选择"三个符号"，最后单击【确定】按钮完成设置，如图 17-95 所示。

图 17-94　插入计算字段

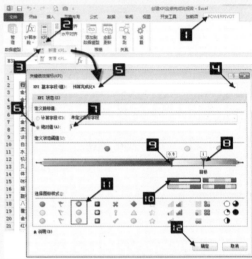

图 17-95　新建 KPI

步骤④ 数据透视表中多了一列"预算完成比 % 状态"，同时【数据透视表字段】列表中也多出了一个带有特殊标记的字段，如图 17-96 所示。

行标签	预算	实际	预算完成比%	预算完成比% 状态
金街三店	16,057,320	15,860,000	98.77%	0
金街一店	14,768,216	15,600,000	105.63%	1
金街二店	11,621,416	12,550,000	107.99%	1
滨海三店	10,845,005	11,790,000	108.71%	1
金街六店	9,854,648	9,520,000	96.60%	0
滨海一店	7,688,472	8,520,000	110.82%	1
谈山路店	4,470,973	4,750,000	106.24%	1
白堤路店	3,779,266	4,080,000	107.96%	1
水上公园店	3,719,616	3,960,000	106.46%	1
机场店	6,246,798	3,650,000	58.43%	-1
贝贝店	3,342,585	3,560,000	106.50%	1
体育场店	3,160,428	3,510,000	111.06%	1
咪咪店	3,223,283	3,490,000	108.27%	1
超市店	5,097,936	3,490,000	68.46%	-1
鼓楼店	3,168,226	3,440,000	108.58%	1
八一店	4,295,542	3,330,000	77.52%	-1
翠莲店	2,876,457	3,200,000	111.25%	1
金街四店	2,582,275	2,800,000	108.43%	1
红楼店	2,468,739	2,790,000	113.01%	1

图 17-96　创建 KPI

步骤⑤ 但是图 17-96 所示的数据透视表中并没有出现用户设定好的"三个符号"图标，这是 KPI 中的一个 BUG。在【数据透视表字段】列表中取消 KPI 字段"状态"复选框的选中后，再重新选中"状态"的复选框，即可显示定好的"三个符号"图标，如图 17-97 所示。

步骤⑥ 最终完成的 KPI 报告如图 17-98 所示。

图 17-97　调整 KPI 字段"状态"复选框的选中　　　　　　图 17-98　KPI 报告

步骤⑦ 加入月份字段后能更加清晰地反映出各个门店每个月份的业绩完成比状态，"机场店"只有 1 月份和 12 月份完成了预算销售指标，其他月份均未完成，数据展示很清晰，一目了然，如图 17-99 所示。

行标签	预算	实际	预算完成比%	预算完成比% 状态
机场店	6,246,798	3,650,000	58.43%	⊗
01月	315,517	346,722	109.89%	◎
02月	456,516	253,514	55.53%	⊗
03月	439,744	235,014	53.44%	⊗
04月	547,920	286,613	52.31%	⊗
05月	754,836	412,337	54.63%	⊗
06月	617,468	306,613	49.66%	⊗
07月	639,668	343,947	53.77%	⊗
08月	715,321	362,892	50.73%	⊗
09月	601,818	342,003	56.83%	⊗
10月	492,224	264,448	53.73%	⊗
11月	459,698	269,448	58.61%	⊗
12月	206,068	226,448	109.89%	◎
总计	6,246,798	3,650,000	58.43%	⊗

图 17-99　按月份查看单店完成比状态

17.6　使用 Power View 分析数据

Power View 是 Excel 2013 新增的一个功能强大的加载项，用于快速创建交互式仪表板报表，是微软 Power BI for Excel 的组件之一。该加载项默认自动加载到 Excel 中，使用时与其他内置功能无异。在较早版本的 Excel 中，要实现具有交互功能的动态图表，需借助控件、名称，甚至是 VBA，而利用 Power View，用户只需轻点几下鼠标便可创建功能更加丰富的交互式图表。

17.6.1　利用 Power View 制作仪表盘式报表

注意

　　使用 Power View 之前必须安装 Microsoft Silverlight，如果没有安装，系统会提示 "Power View 需要 Silverlight 的当前版本。请安装或更新 Silverlight，然后单击'重新加载'以重试。"同时系统会自动给出下载地址以供安装。

示例 17.22　利用 Power View 制作仪表盘式报表

扫一扫，
查看精彩视频！

图 17-100 展示了某水果批发公司某个时期内向全国各地区销售水果的数量列表，可以借助 Power View 快速制作仪表盘式报表，进行 BI 分析，获取有价值的信息，步骤如下。

	A	B	C
1	销售地区	商品名称	销售数量
2	天津	草莓	8,023
3	天津	西瓜	850
4	天津	青椒	1,566
5	天津	葡萄	9,088
6	天津	苹果	3,283
7	天津	南瓜	7,582
8	天津	黄瓜	2,368
9	天津	胡萝卜	1,479
10	天津	早萝卜	2,693
11	天津	番茄	9,748
12	北京	草莓	3,651
13	北京	西瓜	5,887
14	北京	青椒	573
15	北京	葡萄	9,898
16	北京	苹果	3,079
17	北京	南瓜	9,553
18	北京	黄瓜	6,519
19	北京	胡萝卜	8,651
20	北京	早萝卜	2,358

图 17-100　水果销售数据

步骤① 单击水果销售数据中的任意单元格（如 A6），在【插入】选项卡中单击【Power View】按钮，Excel 会创建一张新的 Power View 工作表，并且绘制一份数据表格，如图 17-101 所示。

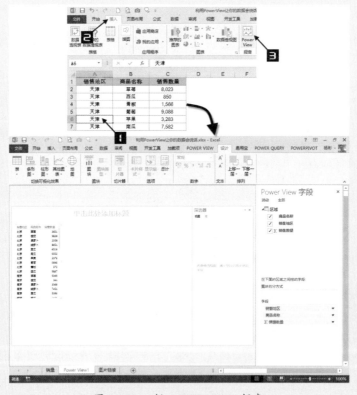

图 17-101　插入 Power View 报表

步骤② 在【Power View 字段】列表中取消对"销售地区"字段的选中，目的是按商品名称分析销售量，如图 17-102 所示。

步骤③ 单击现有的产品销量数据表格，在【设计】选项卡中依次单击【柱形图】→【簇状柱形图】，将其更改为柱形图，然后适当调整图表大小，结果如图 17-103 所示。

图 17-102　取消对"销售地区"字段的选中

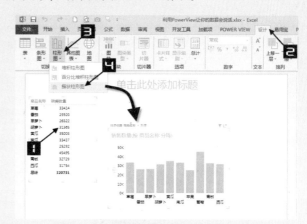

图 17-103　将数据表改为簇状柱形图

步骤④ 鼠标单击簇状柱形图以外的任意区域，在【Power View 字段】列表中分别选中"销售地区"和"销售数量"的复选框，新增一份关于不同地区销量的数据报表。在【设计】选项卡中依次单击【其他图表】→【饼图】，将其更改为饼图，如图 17-104 所示。

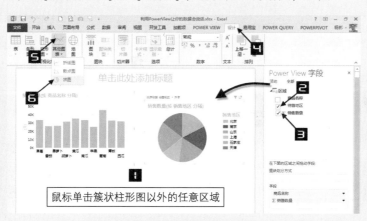

图 17-104　插入饼图

步骤⑤ 使用类似的操作方法新增一张簇状条形图，用来进行不同地区的销售排名比较，如图 17-105 所示。

步骤⑥ 单击【单击此处添加标题】，输入图表标题"销售分析一览"，调整 3 份报表的大小和位置，关闭【Power View 字段】列表，如图 17-106 所示。

步骤⑦ 在【POWER VIEW】选项卡中依次单击【主

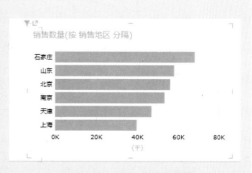

图 17-105　插入簇状条形图

题】→【Theme3】美化 Power View 仪表盘，完成后的效果如图 17-107 所示。

图 17-106　BI 动态仪表盘

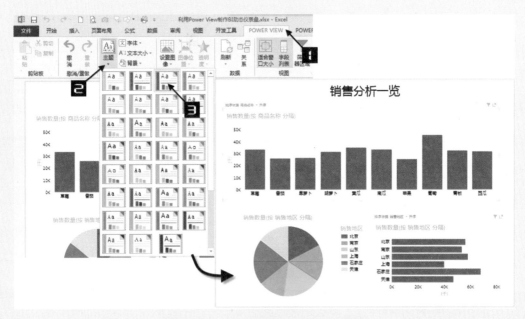

图 17-107　美化后的 Power View 仪表盘

当用户用鼠标单击任意图表中的任意系列时，整个仪表盘图表都会发生变化，突出显示与该系列相关的元素或数据。比如，单击地区销量排名图中的北京条形，其他条形会显示为较淡的颜色，其他图表也会发生类似的变化，如图 17-108 所示。

图 17-108　单击任意图表中的任意系列 BI 动态仪表盘的变化

17.6.2　在 Power View 中使用自定义图片筛选数据

Power View 不仅可以使用图块划分方式来筛选图表数据，而且允许使用自定义的图片来作为图块，下面的步骤演示了这一特性。

示例 17.23　Power View 让你的数据会说话

图 17-109 展示的是"销量"表中相关出版图书名称和存放在网站的商品图片链接地址。

图 17-109　"图片链接"表

步骤① 单击"图书销量"工作表中任意一个单元格（如 A8），在【POWERPIVOT】选项卡中单击【添加到数据模型】按钮，在弹出的【创建表】对话框中选中【我的表具有标题】的复选框，单击【确定】按钮完成"表 1"的添加，如图 17-110 所示。

有关 Power Pivot 使用的更多内容请参阅 17.2 节。

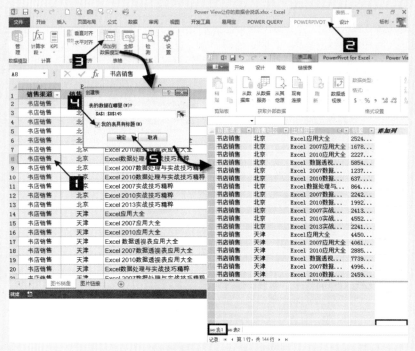

图 17-110　向 Power Pivot 中添加链接表"表1"

步骤② 单击"图片链接"工作表中的任意一个单元格，重复步骤 1 操作，向 Power Pivot 中添加链接表"表2"，如图 17-111 所示。

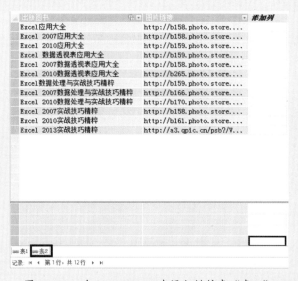

图 17-111　向 Power Pivot 中添加链接表"表2"

步骤③ 在【开始】选项卡中单击【关系图视图】按钮，在展开的视图界面中将【表2】中的"出版图书"字段拖曳至【表1】中的"出版图书"字段上，在两表间创建关系，如图 17-112 所示。

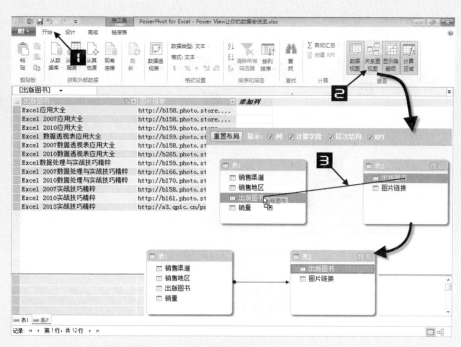

图 17-112　创建关系

步骤④ 单击【数据视图】按钮切换至数据视图，在【高级】选项卡中单击任意一个商品的图片链接地址（如 Excel 2010 数据透视表应用大全），依次单击【数据类别】→【图像 URL】，为图片链接地址指定数据类型，如图 17-113 所示。

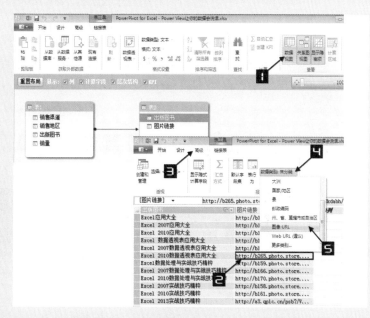

图 17-113　指定图片链接网址的"数据类型"

　　如果没有找到【高级】选项卡，可以单击【开始】选项卡左侧的下拉按钮，在弹出的下拉列表中单击【切换到高级模式】。

步骤⑤ 利用"图书销量"表插入一个 Power View 工作表，取消【表1】中对"销售渠道"的选中并修改为簇状柱形图，如图 17-114 所示。具体方法请参阅 17.6.1 小节。

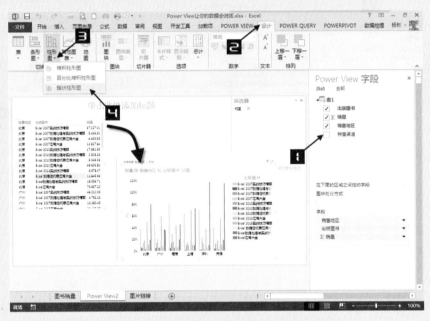

图 17-114　插入 Power View 工作表

步骤⑥ 在【Power View 字段】列表中单击【全部】选项，将【表2】中的"图片链接"字段拖曳至【图块划分方式】编辑框中，单击"安全警告"中的【启用内容】按钮得到商品的图片，如图 17-115 所示。

步骤⑦ 调整图块区域至全部显示，添加报告标题"ExcelHome 出版图书销量分析"，并在【POWER VIEW】选项卡中单击【适合窗口大小】按钮充分展示报表，关闭【Power View 字段】列表，如图 17-116 所示。

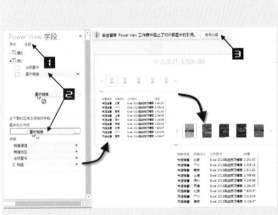

图 17-115　设置图块划分方式

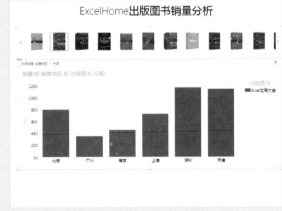

图 17-116　调整 Power View 报表

步骤⑧ 美化 Power View 报表，调整图例、数据标签和背景，如图 17-117 所示。

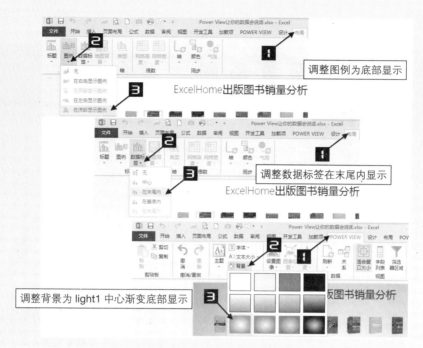

图 17-117　美化 Power View 报表

美化后的 Power View 报表，如图 17-118 所示。

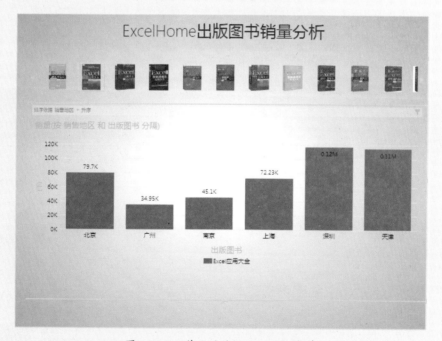

图 17-118　美化后的 Power View 报表

依次单击"Excel 2013 实战技巧精粹"和"Excel 2010 数据透视表应用大全"图片图块，将显示出不同的数据和图表信息，如图 17-119 所示。

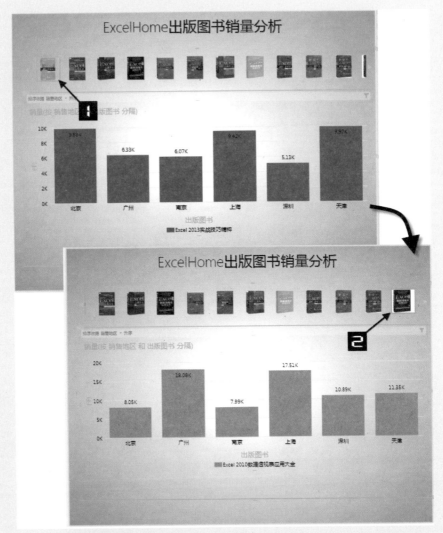

图 17-119　在 Power View 中使用自定义图片筛选数据

注意

在本例中，图片 URL 来自互联网。如果当前计算机无法正常连接互联网，将不能正常显示图块区域中的图片。

17.6.3　在 Power View 中创建可自动播放的动画报表

示例 17.24　在 Power View 中创建可自动播放的动画报表

图 17-120 列示了不同年份和地区 ExcelHome 出版图书在实体书店和网络的销售数量，如果希望通过动画的方式对不同年份不同销售渠道的销售数量进行展示，可按以下步骤操作。

	A	B	C	D	E
1	销售年份	销售地区	出版图书	书店销售	网络销售
2	2013	北京	Excel 2007实战技巧精粹	24,132	12,895
3	2011	广州	Excel 2007实战技巧精粹	30,597	15,414
4	2008	南京	Excel 2007实战技巧精粹	21,191	58,675
5	2009	上海	Excel 2007实战技巧精粹	22,340	31,630
6	2015	深圳	Excel 2007实战技巧精粹	12,744	40,782
7	2010	天津	Excel 2007实战技巧精粹	7,300	57,225
8	2013	北京	Excel 2007数据处理与实战技巧精粹	2,242	3,194
9	2013	广州	Excel 2007数据处理与实战技巧精粹	1,608	3,174
10	2015	南京	Excel 2007数据处理与实战技巧精粹	1,536	3,002
11	2011	上海	Excel 2007数据处理与实战技巧精粹	586	491
12	2015	深圳	Excel 2007数据处理与实战技巧精粹	646	423
13	2011	天津	Excel 2007数据处理与实战技巧精粹	463	2,898
14	2014	北京	Excel 2007数据透视表应用大全	1,237	3,259
15	2014	广州	Excel 2007数据透视表应用大全	3,324	10,056
16	2015	南京	Excel 2007数据透视表应用大全	6,576	5,989
17	2015	上海	Excel 2007数据透视表应用大全	6,720	3,228
18	2014	深圳	Excel 2007数据透视表应用大全	2,453	104
19	2013	天津	Excel 2007数据透视表应用大全	4,996	6,491
20	2012	北京	Excel 2007应用大全	1,679	12,149
21	2013	广州	Excel 2007应用大全	7,926	12,510

图书销量

图 17-120　ExcelHome 出版图书销售量

步骤① 利用"图书销量"表插入一个 Power View 工作表，并将默认数据表格更改为散点图，如图 17-121 所示。

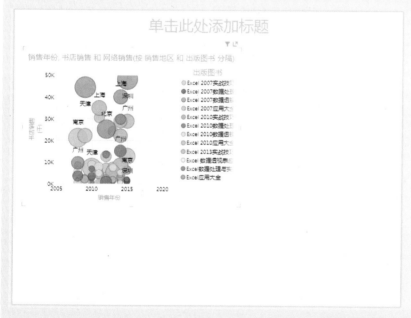

图 17-121　在 Power View 中插入"散点图"

步骤② 在【Power View 字段】列表中，分别将"网络销售"移动至【∑ X 值】编辑框，"书店销售"移动至【∑ Y 值】编辑框，将"销售地区"移动至【∑ 大小】编辑框，将"出版图书"移动至【详细信息】编辑框，将"销售年份"移动至【播放轴】编辑框，最后设置报告标题为"ExcelHome 出版图书网络和书店销售情况"，如图 17-122 所示。

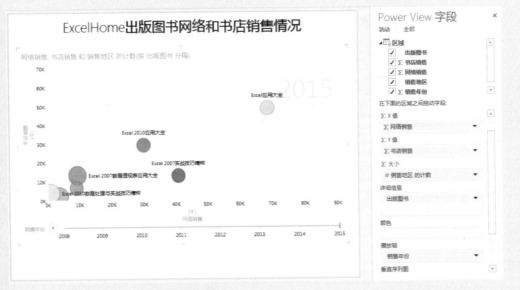

图 17-122　设置"播放轴"

步骤③ 单击【销售年份】的播放按钮，就会呈现出逐年不同图书网络销售和实体书店销售动态变化的图表，如图 17-123 所示。播放过程中可以随时暂停。

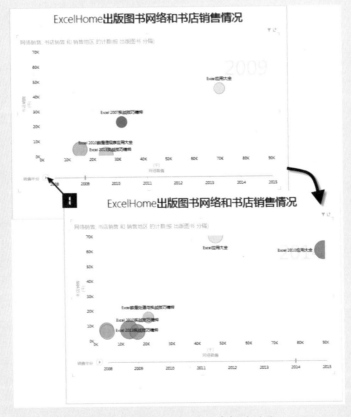

图 17-123　在 Power View 中播放动画

| 注意 → | Power View 中的散点图，可以只指定 *X*、*Y* 两个维度，此时相当于 Excel 的标准散点图。如果同时指定了"大小"这个维度，则相当于 Excel 的气泡图。 |

17.7　利用 Power Query 快速管理数据

Microsoft Power Query 是微软发布的针对 Excel 2013 的一个外接程序。利用 Power Query 可以导入、转置、合并来自各种不同数据源的数据，如 Excel 数据列表、文本、Web、SQL Server 数据库，以及 Active Directory 活动目录、Azure 云平台、Odata 开源数据和 Hadoop 分布式系统等多种来源的数据。Power Query 凭借简单迅捷的数据搜寻与访问，构成微软 Power BI for Excel 的四大组件之一，极大地提升了用户的 BI 体验。

安装 Power Query 需要 Internet Explorer 9 或更高版本。用户可以从 http://www.microsoft.com/zh-cn/download/details.aspx?id=39379 下载 Power Query 外接程序与您所安装 Office 的体系结构（x86 或 x64）相符的版本。

17.7.1　利用 Power Query 快速管理数据

示例 17.25　利用 Power Query 快速进行商品目录管理

图 17-124 展示了某公司从 ERP 系统中导出的商品目录，由于同款商品存在多种颜色，系统在"颜色明细"字段中把同款商品的所有颜色排列在了一个单元格中。由于后期数据引用和整理的需要，用户一般希望将同款商品的不同颜色分行来显示，利用 Power Query 可以轻松地解决这个难题，请参照以下步骤。

扫一扫，
查看精彩视频！

	A	B	C	D	E	F
1	商品代码	商品名称	颜色明细	季度名称	零售价	备注
2	M3114500	撞色波点上衣	17[红色],40[蓝色]	秋	239	
3	M3114501A	撞边休闲套装上衣	11[粉红],20[橙色],96[花灰]	秋	289	
4	M3114501B	撞边休闲套装裤子	11[粉红],20[橙色],96[花灰]	秋	259	
5	M3114502	高弹哈伦长裤	30[黄色],90[黑色]	秋	269	
6	M3114505	显瘦连衣裙	03[米白],100[藏青],1A[酒红]	秋	279	爆款
7	M3114510	拼色套头针织衫	100[藏青],20[橙色],91[灰色]	秋	299	
8	M3114512	休闲长裤	20[橙色],90[黑色],95[深灰]	秋	199	
9	M3114513	哈伦修身小脚裤	1A[酒红],20[橙色],90[黑色]	秋	259	
10	M3114516	撞色拼接卫衣	30[黄色],54[墨绿]	秋	249	
11	M3114518	烫钻片长上衣	01[白色]	秋	299	
12	M3114521	拼接碎花卫衣	100[藏青],30[黄色],70[杏色]	秋	249	
13	M3114522	蕾丝宽松上衣	01[白色],90[黑色]	秋	289	主推款
14	M3114525	趣味几何上衣	100[藏青]	秋	289	
15	M3114528	蕾丝背心	100[藏青],12[玫红],1G[桔红]	秋	99	
16	M3114529	波点蝴蝶结印花上衣	17[红色],90[黑色]	秋	239	主推款
17	M3114530	分割印花长裤	100[藏青],1G[桔红],90[黑色]	秋	269	主推款
18	M3114536	低档休闲小脚裤	1A[酒红],1G[桔红],54[墨绿],90[黑色]	秋	239	
19	M3114547	糖果色口袋上衣	01[白色],20[橙色],90[黑色]	秋	219	爆款
20	M3114555	趣味熊猫长裤	90[黑色],95[深灰]	秋	259	
21	M3114557	蕾丝打底衫	01[白色],90[黑色]	秋	229	

商品目录

图 17-124　商品目录原始数据

步骤①　单击"商品目录"数据区的任意单元格（如 A5），在【POWER QUERY】选项卡中单击【从表】按钮，在弹出的【从表】对话框中选中【我的表具有标题】的复选框，如图 17-125 所示。

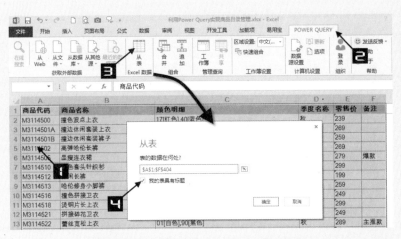

图 17-125　从表向 Power Query 导入数据

步骤② 在【从表】对话框中单击【确定】按钮进入 Power Query "查询编辑器" 界面，如图 17-126 所示。

图 17-126　Power Query "查询编辑器" 界面

步骤③ 对 "颜色明细" 字段进行分列处理。选中 "颜色明细" 列，在【主页】选项卡中依次单击【拆分列】→【按分隔符】，在弹出的【按分隔符拆分列】对话框中选择【选择或输入分隔符】的分隔符为 "逗号"，然后选择【在出现的每个分隔符处】单选按钮，最后单击【确定】按钮完成分列，如图 17-127 所示。

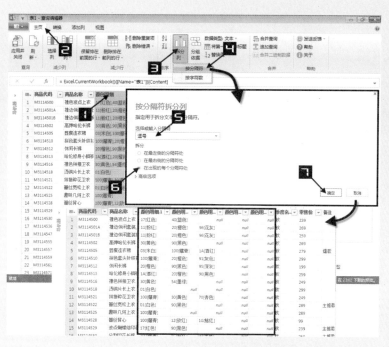

图 17-127　对"颜色明细"字段进行分列

步骤④ 对"颜色明细"字段进行逆透视。按住 <Ctrl> 键不放依次单击"颜色明细1"~"颜色明细5"
字段标题选中所有颜色列，在【转换】选项卡中依次单击【逆透视列】→【逆透视列】，
将同款商品的不同颜色分行，如图 17-128 所示。

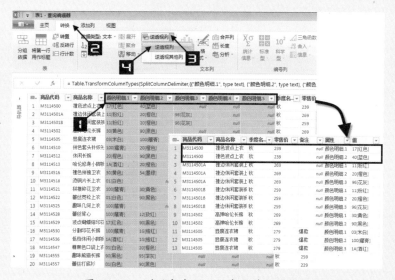

图 17-128　对"颜色明细"字段进行逆透视

步骤⑤ 再次进行分列，区分颜色代码和名称。选中"值"字段列，在【转换】选项卡中依次单
击【拆分列】→【按字符数】，在弹出的【按位置拆分列】的对话框中选择【一次，尽
可能靠左】单选按钮，在【字符数】编辑框中输入"2"，单击【确定】按钮完成拆分，
如图 17-129 所示。

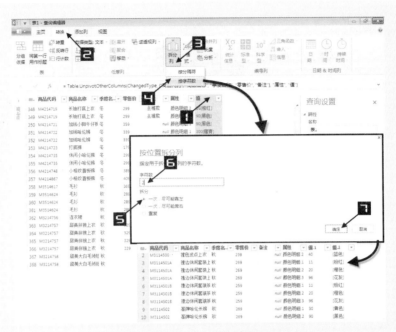

图 17-129　拆分颜色代码和名称

步骤⑥ 在"值 1"字段上右击，在弹出的扩展菜单中选择【重命名】，更改字段名称为"颜色代码"，同理，将"值 2"更改为"颜色名称"，如图 17-130 所示。

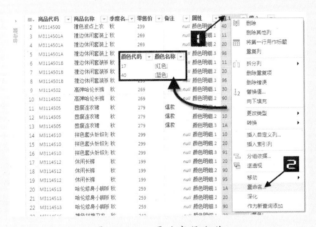

图 17-130　更改字段名称

步骤⑦ 替换"[]"。选中"颜色名称"列，在【转换】选项卡中单击【替换值】，在弹出的【替换值】对话框中的【要查找的值】文本框中输入"["，单击【确定】按钮完成替换，同理完成"]"的替换，如图 17-131 所示。

步骤⑧ 此时，基本完成了数据导入方案的设置，在右侧的【查询设置】对话框中已经记录了所有的应用步骤，如果哪些步骤操作有误，可以单击相应步骤左侧的叉号取消该步骤。最后在【主页】选项卡中单击【应用并关闭】按钮返回查询界面，如图 17-132 所示。

整合好的商品目录如图 17-133 所示。作为数据备份完全可以应用查找引用函数来取出颜色代码和明细。

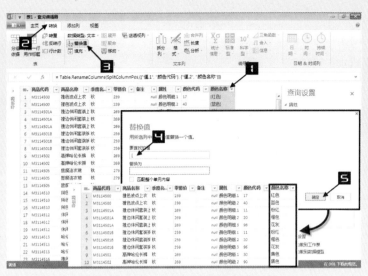

图 17-131　替换"["和"]"符号

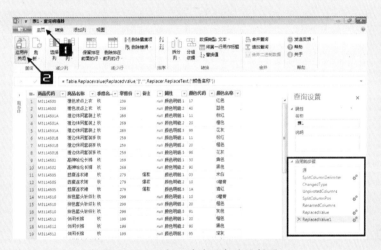

图 17-132　应用并关闭查询编辑器

商品代码	商品名称	季度名称	零售价	备注	属性	颜色代码	颜色名称
M3114500	撞色波点上衣	秋	239		颜色明细.1	17	红色
M3114500	撞色波点上衣	秋	239		颜色明细.2	40	蓝色
M3114501A	撞边休闲套装上衣	秋	269		颜色明细.1	11	粉红
M3114501A	撞边休闲套装上衣	秋	289		颜色明细.2	20	橙色
M3114501A	撞边休闲套装上衣	秋	269		颜色明细.3	96	花灰
M3114501B	撞边休闲套装裤子	秋	259		颜色明细.1	11	粉红
M3114501B	撞边休闲套装裤子	秋	259		颜色明细.2	20	橙色
M3114501B	撞边休闲套装裤子	秋	259		颜色明细.3	96	花灰
M3114502	高弹哈伦长裤	秋	269		颜色明细.1	30	黄色
M3114502	高弹哈伦长裤	秋	269		颜色明细.2	90	黑色
M3114505	显瘦连衣裙	秋	279	爆款	颜色明细.1	03	米白
M3114505	显瘦连衣裙	秋	279	爆款	颜色明细.2	10	0藏青
M3114505	显瘦连衣裙	秋	279	爆款	颜色明细.3	1A	酒红
M3114510	拼色套头针织衫	秋	299		颜色明细.1	10	0藏青
M3114510	拼色套头针织衫	秋	299		颜色明细.2	20	橙色
M3114510	拼色套头针织衫	秋	299		颜色明细.3	91	灰色
M3114512	休闲长裤	秋	199		颜色明细.1	20	橙色
M3114512	休闲长裤	秋	199		颜色明细.2	90	黑色
M3114512	休闲长裤	秋	199		颜色明细.3	95	深灰
M3114513	哈伦修身小脚裤	秋	259		颜色明细.1	1A	酒红

图 17-133　整合好的商品目录

步骤⑨ 对整合好的商品目录创建模型数据透视表后，对"商品名称"和"颜色名称"字段进行"非重复计数"的字段设置，可以快速看出冬季和秋季商品共有多少种商品和颜色，如图 17-134 所示。

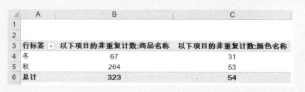

行标签	以下项目的非重复计数:商品名称	以下项目的非重复计数:颜色名称
冬	67	31
秋	264	53
总计	323	54

图 17-134　快速统计商品和颜色数量

17.7.2　利用 Power Query 快速合并文件

Power Query 除了能对数据快速进行整合外，合并文件也是另外一个重要功能。

示例 17.26　利用 Power Query 快速合并指定文件夹内的文件

图 17-135 展示了某集团公司四个子公司 1 ~ 6 月份的费用发生额明细数据，共有 4 个 Excel 工作簿，总计 24 个数据列表，每个数据列表结构相同，存放于 D 盘根目录"待汇总数据"文件夹内，如果希望将这 24 个数据列表合并，创建数据透视表，请参照以下步骤。

图 17-135　待汇总文件夹的文件

步骤① 新建一个 Excel 工作簿，双击并打开，在【POWER QUERY】选项卡中依次单击【从文件】按钮→【从文件夹】，单击【文件夹】对话框中的【浏览】按钮，在弹出的【浏览文件夹】对话框中选择目标文件所在的路径"D:\ 待汇总数据"，单击【确定】按钮，如图 17-136 所示。

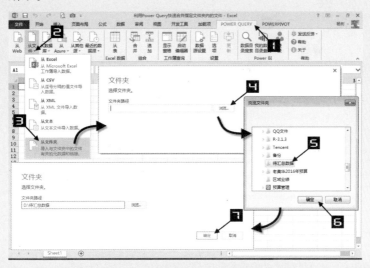

图 17-136　向 Power Query 中添加合并文件

步骤② 单击【文件夹】对话框中的【确定】按钮后弹出【查询编辑器】窗口，如图 17-137 所示。

图 17-137　【查询编辑器】窗口

步骤③ 选中不需要的数据列，在【开始】选项卡中依次单击【删除列】→【删除列】，如图 17-138 所示。

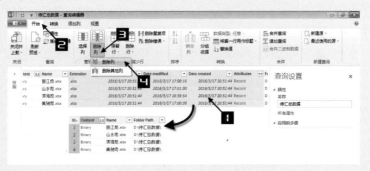

图 17-138　删除不需要的数据列

步骤④ 在【添加列】选项卡中单击【添加自定义列】按钮，在弹出的【添加自定义列】对话框中【新列名】中输入"合并"，在【自定义列公式】编辑框中输入公式，单击【确定】按钮完成自定义列的添加，如图 17-139 所示。

合并 =Excel.Workbook([Content])

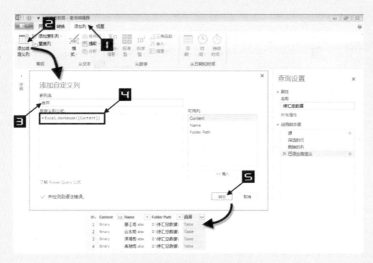

图 17-139　添加自定义列

步骤⑤ 单击"合并"字段的展开按钮，在弹出的扩展列表中保持默认选项不变，直接单击【确定】
按钮，扩展出每个工作簿的不同月份数据列表；同理，单击"合并 .data"字段的展开按钮，
扩展出不同月份数据列表中的各个字段数据，如图 17-140 所示。

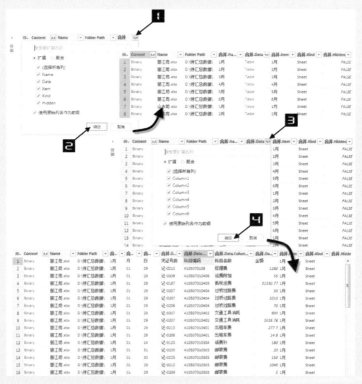

图 17-140　扩展合并的数据

步骤⑥ 在【查询编辑器】窗口中删除不需要的信息列，单击【关闭并上载】按钮，加载已经合
并的 24 个工作表数据，如图 17-141 所示。

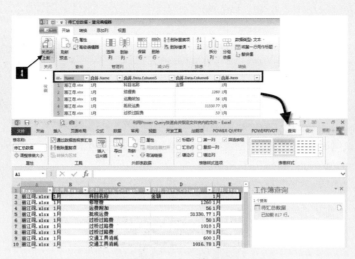

图 17-141　上载数据

> Power Query 合并文件只是将所有待合并文件简单汇总排列在一起，因此会保留各个数据列表的表头标题行，如图 17-142 所示，虽然并不影响创建数据透视表的数据准确性，但是用户如果不希望保留，也可筛选出来后予以删除。

注意 ->

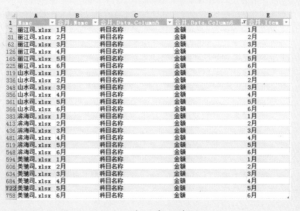

图 17-142　注意重复的表头标题行

步骤⑦　创建如图 17-143 所示的数据透视表。

图 17-143　创建数据透视表

17.8 利用 Power Map 创建 3D 地图可视化数据

Power Map 全称 Power Map Preview for Excel 2013，是微软在 Excel 2013 中推出的一个功能强大的加载项，结合 Bing 地图，支持用户绘制可视化的地理和时态数据，并用 3D 方式进行分析。同时，用户还可以使用它创建视频介绍并进行分享。

使用 Power Map 要求用户运行以下操作系统：Windows 7、Windows 8 或 Windows Server 2008 R2，并安装微软的 .NET Framework 4.0。

用户可以从微软网站下载 Power Map Preview for Excel 2013 中文版：http://www.microsoft.com/en-us/download/details.aspx?id=38395。

本知识点的详细内容已经收录在 ExcelHome 微信公众号中，请扫描二维码进行阅读。

第 18 章 数据透视表与 VBA

VBA 全称为 Visual Basic for Applications，是 Microsoft Visual Basic 的应用程序版本。Excel VBA 作为功能强大的工具，使 Excel 形成了相对独立的编程环境。由于很多 Excel 实际应用中的复杂操作都可以利用 VBA 得到简化，所以 Excel VBA 得到了越来越广泛的应用。不同于其他多数编程语言的是，VBA 代码只能"寄生"于 Excel 文件之中，并且不能被编译为可执行文件。

本章将介绍如何利用 VBA 代码处理和操作数据透视表。限于篇幅，本章对于 VBA 编程的基本概念不再进行讲述，相关的基础知识请参考《Excel 2013 应用大全》或《别怕，Excel VBA 很简单》。

18.1 数据透视表对象模型

VBA 是集成于宿主应用程序（如 Excel、Word 等）中的编程语言，在 VBA 代码中对于 Excel 的操作都需要借助于 Excel 中的对象来完成，因此理解和运用 Excel 对象模型是 Excel VBA 编程技术的核心。

Excel 的对象模型是按照层次结构有逻辑地组织在一起的，其中某些对象可以是其他对象的容器，也就是说可以包含其他对象。位于对象模型最顶端的是 Application 对象，即 Excel 应用程序本身，该对象包含 Excel 中所有其他对象。

只有充分了解某个对象在对象模型层次结构中的具体位置，才可以使用 VBA 代码方便地引用该对象，进而对该对象进行相关操作，使得 Excel 根据用户代码自动完成某些工作任务。在 VBA 帮助或者 VBE（Visual Basic Editor，VBA 集成编辑器）的对象浏览器中可以查阅 Excel 对象模型。

表 18-1 中列出了 Excel 中常用的数据透视表对象。

表 18-1 数据透视表的常用对象

对象／对象集合	描述
CalculatedMember	代表数据透视表的计算字段和计算项，该数据透视表以联机分析处理（OLAP）为数据源
CalculatedMembers	代表指定的数据透视表中所有 CalculatedMember 对象的集合
CalculatedFields	PivotField 对象的集合，该集合代表指定数据透视表中的所有计算字段
CalculatedItems	PivotItem 对象的集合，该集合代表指定数据透视表中的所有计算项
Chart	代表一个数据透视图
CubeField	代表 OLAP 多维数据集中的分级结构或度量字段
CubeFields	代表基于 OLAP 多维数据集的数据透视表中所有 CubeField 对象的集合
PivotCache	代表一个数据透视表的内存缓冲区
PivotCaches	代表工作簿中数据透视表内存缓冲区的集合
PivotCell	代表数据透视表中的一个单元格
PivotField	代表数据透视表中的一个字段
PivotFields	代表数据透视表中所有 PivotField 对象的集合，该集合包含数据透视表中所有的字段，也包括隐藏字段
PivotFormula	代表在数据透视表中用于计算的公式
PivotFormulas	代表数据透视表的所有公式的集合
PivotItem	代表数据透视表字段中的一个项，该项是字段类别中的一个独立的数据条目

对象／对象集合	描述
PivotItems	代表数据透视表字段中所有 PivotItem 对象的集合
PivotItemList	代表指定的数据透视表中所有 PivotItem 对象的集合
PivotLayout	代表数据透视图报表中字段的位置
PivotTable	代表工作表上的一个数据透视表
PivotTables	代表指定工作表上所有 PivotTable 对象的集合
Range	代表数据透视表中的一个或者多个单元格
Slicer	代表工作簿中的一个切片器
Slicers	代表 Slicer 对象的集合
SlicerCache	代表切片器的当前筛选状态
SlicerCaches	代表与指定工作簿关联的切片器缓存的集合

Excel 中数据透视表相关的对象模型如图 18-1 所示，从中可以看出对象之间的逻辑关系。

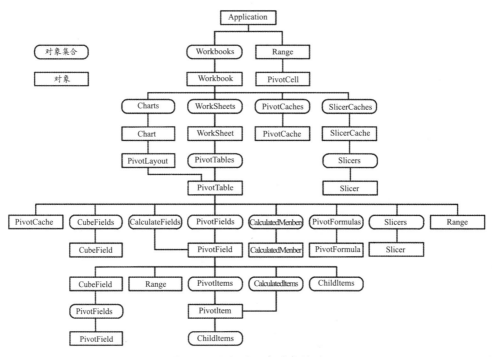

图 18-1　数据透视表对象模型

18.2　在 Excel 2013 功能区中显示【开发工具】选项卡

利用【开发工具】选项卡提供的相关功能，可以非常方便地使用与宏相关的功能。然而在 Excel 2013 的默认设置中，功能区中并不显示【开发工具】选项卡。在功能区中显示【开发工具】选项卡的步骤如下。

步骤① 单击【文件】选项卡中的【选项】命令，打开【Excel 选项】对话框。

步骤② 在打开的【Excel 选项】对话框中单击【自定义功能区】选项卡。

步骤③ 在右侧列表框中选中【开发工具】复选框,单击【确定】按钮,关闭【Excel 选项】对话框。

步骤④ 单击 Excel 窗口功能区中的【开发工具】选项卡,如图 18-2 所示。

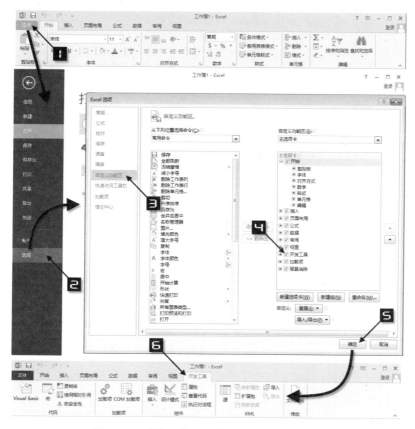

图 18-2 功能区中显示【开发工具】选项卡

低版本 Excel 中与宏相关的组合键在 Excel 2013 中仍然可以继续使用。例如,按 <Alt+F8> 组合键显示【宏】对话框,按 <Alt+F11> 组合键打开【VBA 编辑器】窗口等。

18.3 如何快速获得创建数据透视表的代码

对于没有任何编程经验的 VBA 学习者来说,如何利用代码操作相关对象实现自己的目的是一个非常棘手的问题。幸运的是 Excel 提供了"宏录制器"来帮助用户学习和使用 VBA。宏录制器是一个非常实用的工具,可以用来获得 VBA 代码。

宏录制器与日常生活中使用的录音机很相似。录音机可以记录声音和重复播放所记录的声音,宏录制器则可以记录 Excel 中的绝大多数操作,并在需要的时候重复执行这些操作。对于一些简单的操作,宏录制器产生的代码就足以实现 Excel 操作的自动化。

示例 18.1 录制创建数据透视表的宏

步骤① 打开示例文件"录制创建数据透视表的宏 .xlsm",在 Excel 窗口中单击【开发工具】选项卡的【录制宏】按钮,在弹出的【录制宏】对话框中,修改【宏名】为"Create FirstPivotTable",修改快捷键为 <Ctrl+Q>,单击【确定】按钮关闭【录制宏】对话框。

注意 ━━━━▶ 　　请勿使用 Excel 的系统快捷键作为宏代码的快捷键，例如 <Ctrl+C> 组合键，否则该快捷键将被关联到当前代码，导致原有的功能失效。

步骤② 单击"数据源"工作表标签，使该工作表成为活动工作表，单击数据区域中的任意单元格（如 B3），如图 18-3 所示。

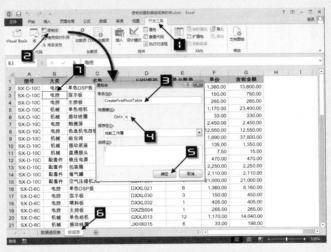

图 18-3　开始录制宏

步骤③ 单击【插入】选项卡的【数据透视表】按钮，在弹出的【创建数据透视表】对话框中，选择【现有工作表】单选按钮。

步骤④ 单击【位置】文本框右侧的折叠按钮，单击"数据透视表"工作表标签，使该工作表成为活动工作表，选中 A3 单元格，再次单击折叠按钮返回【创建数据透视表】对话框。

步骤⑤ 单击【确定】按钮关闭【创建数据透视表】对话框，如图 18-4 所示。

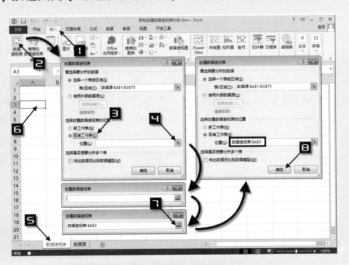

图 18-4　创建数据透视表

步骤⑥ 活动工作表中新创建的空白数据透视表如图 18-5 所示。

步骤⑦ 在【数据透视表字段】列表对话框中分别选中"大类""单台数量"和"含税金额"字段

的复选框。"大类"字段将出现在【行】区域，"单台数量"和"含税金额"字段将出现在【值】区域。将鼠标指针移至"型号"字段之上，保持鼠标左键按下拖动到【筛选器】区域，最终完成的数据透视表如图 18-6 所示。

图 18-5　新创建的空数据透视表　　　　　图 18-6　调整数据透视表布局

步骤⑧　在【开发工具】选项卡中单击【停止录制】按钮，结束当前宏的录制。单击【开发工具】选项卡的【宏】按钮，在弹出的【宏】对话框中保持默认选中的"CreateFirstPivotTable"，单击【编辑】按钮关闭【宏】对话框，如图 18-7 所示。

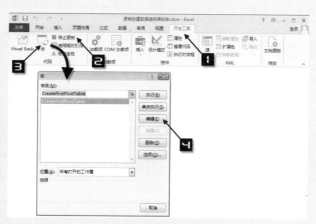

图 18-7　【宏】对话框

在弹出的 Microsoft Visual Basic 编辑界面（简称 VBE 窗口）的代码窗口中将显示录制的宏代码，如图 18-8 所示。

VBE 代码窗口中的代码如下。

```
#001  Sub CreateFirstPivotTable()
' CreateFirstPivotTable 宏
' 快捷键 : Ctrl+q
#002 ActiveWorkbook.PivotCaches.Create(SourceType:=xlDatabase, SourceData:= _
    " 数据源 !R1C1:R75C7", Version:=xlPivotTableVersion15).CreatePivotTable _
    TableDestination:=" 数据透视表 !R3C1", TableName:=" 数据透视表 1", DefaultVersion:= _
```

```
        xlPivotTableVersion15
#003 Sheets(" 数据透视表 ").Select
#004 Cells(3, 1).Select
#005 With ActiveSheet.PivotTables(" 数据透视表 1").PivotFields(" 大类 ")
#006 .Orientation = xlRowField
#007 .Position = 1
#008 End With
#009 ActiveSheet.PivotTables(" 数据透视表 1").AddDataField ActiveSheet. PivotTables(" 数据透视
表 1" _
     ).PivotFields(" 单台数量 "), " 求和项 : 单台数量 ", xlSum
#010 ActiveSheet.PivotTables(" 数据透视表 1").AddDataField ActiveSheet. PivotTa-
bles(" 数据透视表 1" _
     ).PivotFields(" 含税金额 "), " 求和项 : 含税金额 ", xlSum
#011 With ActiveSheet.PivotTables(" 数据透视表 1").PivotFields(" 型号 ")
#012 .Orientation = xlPageField
#013 .Position = 1
#014 End With
#015 End Sub
```

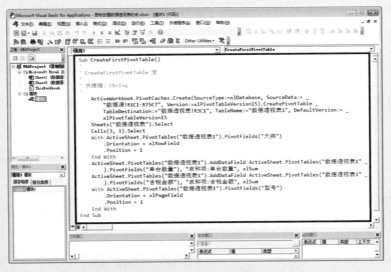

图 18-8　代码窗口中的 VBA 代码

代码解析：

第 2 行代码利用 PivotCache 对象的 CreatePivotTable 方法创建数据透视表。

第 5 行至第 14 行代码用于调整数据透视表布局，在数据透视表中添加相应字段。对于此部分代码的详细讲解请参阅后续章节。

注意 ➡ 　　　使用宏录制器产生的代码不一定完全等同于用户的操作，也就是说在录制宏过程中，某些 Excel 操作并不产生相应的代码，这是该工具的局限性，但在大多数情况下，它工作得很出色。

示例 18.2　运行录制的宏代码

运行录制宏生成的代码，将在工作簿中创建一个数据透视表。

步骤① 打开示例 18.1 的示例文件"录制创建数据透视表的宏 .xlsm"，删除"数据透视表"工作表中的数据透视表。

步骤② 单击【开发工具】选项卡的【宏】按钮，在弹出的【宏】对话框中保持默认选中的"CreateFirstPivotTable"，单击【执行】按钮，【宏】对话框将自动关闭，如图 18-9 所示。

"CreateFirstPivotTable"宏将在"数据透视表"工作表中创建一个数据透视表，如图 18-10 所示。此数据透视表与图 18-6 所示的手动创建的数据透视表完全相同。

图 18-9　执行宏代码

图 18-10　运行宏代码创建的数据透视表

示例 18.3　修改执行宏代码的快捷键

利用快捷键可以快速地执行相关代码，在工作簿窗口中按 <Ctrl+Q> 组合键，Excel 将运行 CreateFirstPivotTable 宏，创建数据透视表。如果录制宏时用户没有设置快捷键或者希望修改快捷键的设定，请按照如下步骤进行修改。

步骤① 单击【开发工具】选项卡的【宏】按钮，在弹出的【宏】对话框中保持默认选中的"CreateFirstPivotTable"，单击【选项】按钮。

步骤② 在弹出的【宏选项】对话框中，用户可以在【快捷键】文本框中进行设置和修改，单击【确定】按钮关闭【宏选项】对话框。

步骤③ 返回【宏】对话框，单击【取消】按钮关闭【宏】对话框，如图 18-11 所示。

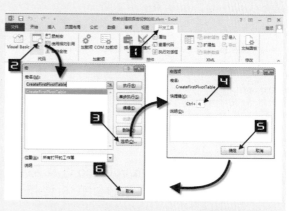

图 18-11　修改调用宏代码的快捷键

18.4　自动生成数据透视表

使用宏录制器得到的代码往往灵活性比较差，难以满足实际工作中多种多样的需要。本节将介绍如何通过 VBA 来创建数据透视表，通过学习这些知识可以更好地使用 VBA 操作数据透视表。

18.4.1　使用 PivotTableWizard 方法创建数据透视表

在代码中使用 PivotTableWizard 方法创建数据透视表是最方便简洁的方法，虽然这个方法名称的字面含义为"数据透视表向导"，但是运行代码时并不会显示 Excel 的数据透视表向导。

> **注意** → PivotTableWizard 方法对 OLE DB 数据源无效，也就是说如果需要创建基于 OLE DB 数据源的数据透视表，则只能使用 18.4.2 小节中介绍的方法。

示例 18.4　**使用 PivotTableWizard 方法创建数据透视表**

```
#001   Sub PivotTableWizardDemo()
#002     Dim objPvtTbl As PivotTable
#003     With Sheets(" 数据透视表 ")
#004         .Cells.Delete
#005         .Activate
#006         Set objPvtTbl = .PivotTableWizard(SourceType:=xlDatabase, _
                SourceData:=Sheets(" 数据源 ").Range("A1:G75"), _
                TableDestination:=.Range("A3"))
#007     End With
#008   With objPvtTbl
#009       .AddFields RowFields:=" 大类 ", PageFields:=" 型号 "
#010       .AddDataField Field:=.PivotFields(" 单台数量 "), _
                    Caption:=" 总数量 ", Function:=xlSum
#011       .AddDataField Field:=.PivotFields(" 含税金额 "), _
                    Caption:=" 总含税金额 ", Function:=xlSum
#012       .DataPivotField.Orientation = xlColumnField
#013     End With
#014   Set objPvtTbl = Nothing
#015   End Sub
```

运行 PivotTableWizardDemo 过程将在"数据透视表"工作表中创建如图 18-12 所示的数据透视表。

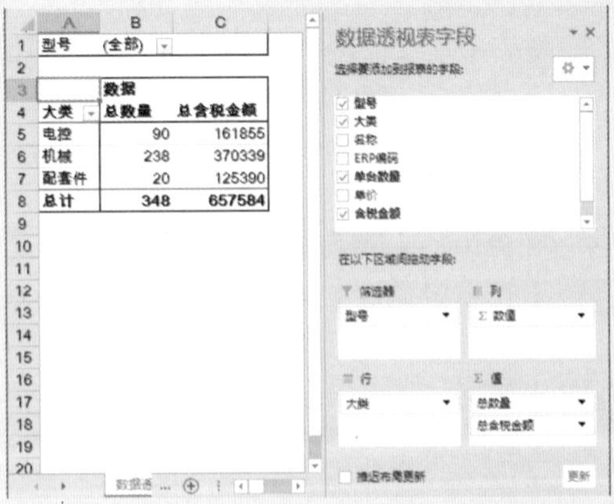

图 18-12　使用 PivotTableWizard 方法创建数据透视表

代码解析：

第 4 行代码用于清空"数据透视表"工作表。

第 5 行代码使"数据透视表"工作表成为活动工作表。

第 6 行代码使用 PivotTableWizard 方法创建数据透视表，执行完此行代码后，"数据透视表"工作表中将创建如图 18-13 所示的空数据透视表。

图 18-13　代码执行过程创建的空数据透视表

PivotTableWizard 方法拥有很多可选参数，在此仅对几个常用参数进行讲解，如果希望学习其他参数的使用方法，请大家参考 Excel VBA 帮助文件。PivotTableWizard 方法的语法格式如下。

```
expression.PivotTableWizard(SourceType, SourceData, TableDestination, TableName,
RowGrand, ColumnGrand, SaveData, HasAutoFormat, AutoPage, Reserved, BackgroundQuery,
OptimizeCache, PageFieldOrder, PageFieldWrapCount, ReadData, Connection)
```

1．SourceType 参数

SourceType 为可选参数，代表报表数据源的类型。其取值为表 18-2 中列出的 XlPivotTable SourceType 类型常量之一。

表 18-2　XlPivotTableSourceType 类型常量

常量名称	值	含义
xlConsolidation	3	多重合并计算数据区
xlDatabase	1	MicrosoftExcel 列表或数据库（默认值）
xlExternal	2	其他应用程序的数据
xlPivotTable	−4148	与另一数据透视表报表相同数据源
xlScenario	4	数据基于使用方案管理器创建的方案

如果指定了 SourceType 参数，那么必须同时指定 SourceData 参数。如果同时省略了 SourceType 参数和 SourceData 参数，Microsoft Excel 将假定数据源类型为 xlDatabase，并假定源数据来自名称为"Database"的命名区域。此时，如果工作簿中不存在该命名区域，并且选定区域所在的当前区域，即 Application.Selection.CurrentRegion 对象所代表的单元格区域中包含数据的单元格超过 10 个时，Excel 就使用该数据区域作为创建数据透视表的数据源。否则，此方法

将失败。

2. SourceData 参数

SourceData 为可选参数，代表用于创建数据透视表的数据源。该参数可以是 Range 对象、一个区域数组或是代表另一个数据透视表名称的一个文本常量。

如果使用外部数据库作为数据源，SourceData 是一个包含 SQL 查询字符串的字符串数组，其中每个元素最长为 255 个字符。对于这种数据源，可以使用 Connection 参数指定 ODBC 连接字符串。

为了和早期的 Excel 版本兼容，SourceData 可以是一个二元素数组。第一个元素是指定 ODBC 数据源的连接字符串，第二个元素是用来取得数据的 SQL 查询字符串。

如果代码中指定了 SourceData 参数，就必须同时指定 SourceType 参数。

3. TableDestination 参数

TableDestination 为可选参数，用于指定数据透视表在工作表中位置的 Range 对象。如果省略本参数，则数据透视表将被创建于活动单元格中。

> **注意**
>
> 如果活动单元格在 SourceData 区域内，则必须同时指定 TableDestination 参数，否则 Excel 将在工作簿中添加新的工作表，数据透视表将被创建于新工作表的 A1 单元格中。

4. TableName 参数

TableName 为可选参数，用于指定数据透视表的名称，省略此参数时，Excel 将使用"数据透视表 1""数据透视表 2"等顺序编号的方式进行命名。

在本示例中以"数据源"工作表中的 A1:G75 区域为源数据创建数据透视表。

第 9 行代码使用 PivotTable 对象的 AddFields 方法添加行字段"大类"和筛选器字段"型号"，此方法还可以用于向数据透视表中添加列字段。

```
expression.AddFields(RowFields, ColumnFields, PageFields, AddToTable)
```

第 10 行和第 11 行代码使用 PivotTable 对象的 AddDataField 方法将值字段"单台数量"和"含税金额"添加到数据透视表中。

```
expression.AddDataField(Field, Caption, Function)
```

如果源数据为非 OLAP 数据，使用 AddDataField 方法时则需要指定某个数据透视表字段为 Field 参数。与 AddFields 方法添加字段略有不同，此处需要指定 PivotField 对象作为 Field 参数，如代码中的 objPvtTbl.PivotFields("单台数量")返回一个 PivotField 对象。

（1）Caption 参数。

Caption 为可选参数，指定数据透视表中使用的标志，用于识别该值字段。

（2）Function 参数。

Function 为可选参数，其指定的函数将用于已添加字段。在示例中参数值为 xlSum，即求和。

第 12 行代码用于调整数据透视表布局，将值字段显示在列字段区域，其效果如图 18-14 所示。

第 14 行代码用于释放对象变量所占用的系统资源。

图 18-14　值字段横置

18.4.2 利用 PivotCache 对象创建数据透视表

无论是在 Excel 中手动创建数据透视表，还是使用 PivotTableWizard 方法自动生成数据透视表，都会用到数据透视表缓存，即 PivotCache 对象，只不过一般情况下用户察觉不到 Excel 是如何处理 PivotCache 对象的。如果使用 VBA，则可以直接使用 PivotCache 对象创建数据透视表。

PivotCache 对象代表数据透视表的内存缓冲区，每个数据透视表都有一个缓存，一个工作簿中的多个数据透视表可以共用一个数据透视表缓存，也可以分别使用不同的数据透视表缓存。

示例 18.5 利用 PivotCache 对象创建数据透视表

```
#001  Sub PvtCacheDemo()
#002      Dim objPvtTbl As PivotTable
#003      Dim objPvtCache As PivotCache
#004      With Sheets("数据透视表")
#005          .Cells.Delete
#006          .Activate
#007          Set objPvtCache = ActiveWorkbook.PivotCaches.Create( _
                  SourceType:=xlDatabase, _
              SourceData:=Sheets("数据源").Range("A1:G75"), _
                  Version:=xlPivotTableVersion15)
#008          Set objPvtTbl = objPvtCache.CreatePivotTable _
                  (TableDestination:=.Range("A3"))
#009      End With
#010      With objPvtTbl
#011          .InGridDropZones = True
#012          .RowAxisLayout xlTabularRow
#013          .AddFields RowFields:="大类", PageFields:="型号"
#014          .AddDataField Field:=.PivotFields("单台数量"), _
                  Caption:="总数量", Function:=xlSum
#015          .AddDataField
        Field:=.PivotFields("含税金额"), _
                  Caption:="总含
        税金额", Function:=xlSum
#016      End With
#017      Set objPvtTbl =
Nothing
#018      Set objPvtCache =
Nothing
#019  End Sub
```

运行过程 PvtCacheDemo 将创建如图 18-15 所示的数据透视表。

代码解析：

第 7 行代码在当前工作簿中创建一个 PivotCache 对象。Add 方法的语法格式

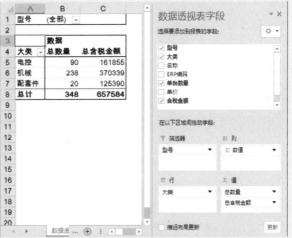

图 18-15 利用 PivotCache 对象创建数据透视表

如下。

```
expression.Add(SourceType, SourceData, Version)
```

1. SourceType 参数

SourceType 为 XlPivotTableSourceType 类型的必需参数。用于指定数据透视表缓存数据源的类型，可以为以下常量之一：xlConsolidation、xlDatabase 或 xlExternal。

> 使用 PivotCaches.Create 方法创建 PivotCache 时，不支持 xlPivotTable 和 xlScenario 常量作为 SourceType 参数。

2. SourceData 参数

SourceData 代表新建数据透视表缓存中的数据。当 SourceType 不是 xlExternal 时，此参数为必需参数。SourceData 参数可以是一个 Range 对象（当 SourceType 为 xlConsolidation 或 xlDatabase 时），或者是 Excel 工作簿连接对象（当 SourceType 为 xlExternal 时）。

本示例中指定"数据源"工作表中的单元格区域 A1:G75 为数据源。关于单元格的引用方式，此处既可以使用示例中的 A1 样式，也可以使用 RC 引用样式"R1C1：R75C7"。

3. Version 参数

Version 参数指定数据透视表的版本，如果不提供数据透视表的版本，则在 Excel 2013 中默认值为 xlPivotTableVersion15。

> PivotCaches.Create 方法是 Excel 2007 中新增的方法，Excel 2003 中需要使用 PivotCaches.Add 方法创建 PivotCache 对象。

第 8 行代码中使用 CreatePivotTable 方法创建一个基于 PivotCache 对象的数据透视表。CreatePivotTable 方法的语法格式如下。

```
expression.CreatePivotTable(TableDestination, TableName, ReadData, Default
Version)
```

其中 TableDestination 为必选参数，代表数据透视表目标区域左上角单元格，此单元格必须位于 PivotCache 所属的工作簿中。如果希望在新的工作表中创建数据透视表，那么可以将此参数设置为空字符串。

如果指定了 TableDestination 参数，并且已经成功运行，即已经在指定单元格创建了数据透视表，当再次运行此代码时，由于指定单元格位置已经存在一个数据透视表，因此将产生错误号为 1004 的运行时错误。

第 11 行和第 12 行代码设置显示为经典数据透视表布局。

第 13 行到第 15 行代码调整数据透视表布局，请参阅示例 18.4 的讲解。

第 17 行和第 18 行代码释放对象变量所占用的系统资源。

18.5　在代码中引用数据透视表

实际工作中经常需要运用代码处理工作簿中已经创建的数据透视表，这就需要引用指定的数据透视表，然后进行相关操作。对于代码中新创建的数据透视表，可以使用 Set 语句将数据透视表对象赋值给一个对象变量，以便于后续代码的引用。

Excel 中的 PivotTables 集合代表指定工作表中所有 PivotTable 对象组成的集合，在图 18-1 中可以看出 PivotTables 对象集合是 WorkSheet 对象的子对象，而不是隶属于 WorkBook 对象。

与 Excel 中的其他对象集合类似，数据透视表对象也可以通过名称或者序号进行引用。如果数据透视表的名称是固定的，在代码中则可以使用其名称引用数据透视表。

示例 18.6 数据透视表的多种引用方法

打开示例文件"数据透视表的多种引用方法 .xlsm"，"数据透视表"工作表为该工作簿中的第一个工作表，并且其中只有一个数据透视表，其名称为"PvtOnSheet1"，如图 18-16 所示。

	A	B	C	D	E	F	G	H
1	发生额	月						
2	部门	01	02	03	04	05	06	总计
3	财务部	18,461.74	18,518.58	21,870.66	19,016.85	29,356.87	17,313.71	124,538.41
4	二车间	9,594.98	10,528.06	14,946.70	20,374.62	23,034.35	18,185.57	96,664.28
5	技改办				11,317.60	154,307.23	111,488.76	277,113.59
6	经理室	3,942.00	7,055.00	17,491.30	4,121.00	28,371.90	13,260.60	74,241.80
7	人力资源部	2,392.25	2,131.00	4,645.06	2,070.70	2,822.07	2,105.10	16,166.18
8	销售1部	7,956.20	11,167.00	40,314.92	13,854.40	36,509.35	15,497.30	125,299.17
9	销售2部	13,385.20	16,121.00	28,936.58	27,905.70	33,387.31	38,970.41	158,706.20
10	一车间	31,350.57	18.00	32,026.57	5,760.68	70,760.98	36,076.57	175,993.37
11	总计	87,082.94	65,538.64	160,231.79	104,421.55	378,550.06	252,898.02	1,048,723.00

数据透视表 数据源

图 18-16 工作表中的数据透视表区域

那么下面的 4 个引用方式是完全相同的。

```
Sheets(" 数据透视表 ").PivotTables("PvtOnSheet1")
Sheets(1).PivotTables("PvtOnSheet1")
Sheets(" 数据透视表 ").PivotTables(1)
Sheets(1).PivotTables(1)
```

使用数据透视表区域内任意 Range 对象的 PivotTable 属性都可以引用该数据透视表，本例中的数据透视表区域为 A1:H11。

```
Sheets("Sheet1").Cells(1, "A").PivotTable
Sheets("Sheet1").Range("H1").PivotTable
Sheets("Sheet1").Cells(11,"H").PivotTable
```

 图 18-16 所示工作表中的 C1:H1 单元格区域虽然是空白区域，但是这些单元格仍然属于数据透视表区域，因此可以使用其 PivotTable 属性引用数据透视表。

示例 18.7 遍历工作簿中的数据透视表

在示例文件"遍历工作簿中的数据透视表 .xlsm"中已经创建了 4 个季度的数据透视表分别位于 4 个不同的工作表中，如图 18-17 所示。

如果不知道这些数据透视表的名称，那么在代码中就可以使用 For...Next 循环结构遍历

PivotTables 集合中的所有 PivotTable 对象。

```
#001   Sub AllPivotTables()
#002       Dim objPvtTbl As PivotTable
#003       Dim strMsg As String
#004       Dim objSht As Worksheet
#005       strMsg = "透视表名称" & vbTab & "工作表名称"
#006       For Each objSht In ThisWorkbook.Worksheets
#007           For Each objPvtTbl In objSht.PivotTables
#008               With objPvtTbl
#009                   strMsg = strMsg & vbCrLf & .Name & _
                   vbTab& vbTab & .Parent.Name
#010               End With
#011           Next objPvtTbl
#012       Next objSht
#013       MsgBox strMsg, vbInformation, "AllPivotTable"
#014       Set objPvtTbl = Nothing
#015       Set objSht = Nothing
#016   End Sub
```

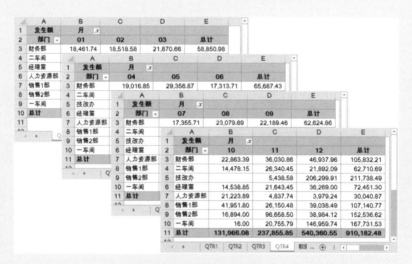

图 18-17　分季度数据透视表

示例代码将遍历当前工作簿中的所有数据透视表，并显示其名称
和所在工作表的名称，运行 AllPivotTables 过程结果如图 18-18 所示。

代码解析：

第 5 行代码利用字符串连接符"&"生成消息框中的第一行标题，
其中 vbTab 代表制表符。

第 6 行至第 12 行代码为双层 For…Each 嵌套循环。其中外层
For…Each 循环用于遍历当前工作簿中的全部工作表，内层 For…
Each 循环用于遍历指定工作表中的 PivotTable 对象。

第 9 行代码生成消息框的显示内容。其中第一个 Name 属性返回数据透视表的名称，

图 18-18　遍历数据透视表

".Parent.Name"返回工作表的名称。vbCrLf 代表回车换行符常量。

第 13 行代码显示类型为 vbInformation，标题为"AllPivotTable"的消息框，显示的内容为字符串变量 strMsg 的值。

第 14 行和第 15 行代码释放对象变量所占用的系统资源。

18.6　更改数据透视表中默认的字段汇总方式

在创建数据透视表时，Excel 可以根据数据源字段的类型和数据特征来决定数据透视表值字段的汇总方式。但是 Excel 的这种智能判断并不完美，有些时候这种默认的字段汇总方式并不一定是用户希望得到的结果。

示例 18.8　使用 Excel 默认的字段汇总方式创建数据透视表

打开示例文件"使用 Excel 默认的字段汇总方式创建数据透视表 .xlsm"，在"数据源"工作表中有如图 18-19 所示的统计数据，除 6 月份产量外，其他月份数据中都有空白单元格。

```
#001    Sub CreatPvtDefaultFunction()
#002        Dim objPvtTbl As PivotTable
#003        Dim objPvtTblCa As PivotCache
#004        Dim iMonth As Integer
#005        With Sheets(" 数据透视表 ")
#006            For Each objPvtTbl In .PivotTables
#007                objPvtTbl.TableRange2.Clear
#008            NextobjPvtTbl
#009            Set objPvtTblCa = ActiveWorkbook.PivotCaches.Add( _
                    SourceType:=xlDatabase, _
                    SourceData:=Sheets(" 数据源 ").[A1].CurrentRegion)
#010            Set objPvtTbl = objPvtTblCa.CreatePivotTable( _
                        TableDestination:=.Range("A3"))
#011            With objPvtTbl
#012                .AddFields RowFields:=" 项目 "
#013                For iMonth = 1 To 6
#014                    .AddDataField Field:= _
                        objPvtTbl.PivotFields(iMonth & " 月份产量 "), _
                        Caption:=iMonth & " 月份 "
#015                Next
#016                With .DataPivotField
#017                    .Orientation = xlColumnField
#018                    .Caption = " 产量 "
#019                End With
#020            End With
#021        End With
#022        ActiveWorkbook.ShowPivotTable FieldList = False
```

```
#023        Set objPvtTbl = Nothing
#024        Set objPvtTblCa = Nothing
#025   End Sub
```

运行 CreatPvtNoFunction 过程创建的数据透视表如图 18-20 所示。由于数据源中存在空白单元格，Excel 创建数据透视表时，对于该部分数据（1 月份至 5 月份）采用"计数"方式进行汇总，只有 6 月份数据采用"求和"方式进行汇总。

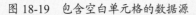

	A	B	C	D	E	F	G
1	项目	1月份产量	2月份产量	3月份产量	4月份产量	5月份产量	6月份产量
2	A001	1312	5764	9031	4235	2908	7683
3	A015	8294	7524	8037	1002	1393	4731
4	A003	8449	7788	8638	1774	2573	9166
5	A008	9511	2761	6712	7704	6148	2615
6	A009	3186	1435	777	816	4937	774
7	A006	3387	6553	1894	7342		2770
8	A013	3919	6196	8037	541	3354	7737
9	A002	8201		873	6119	2353	5272
10	A009	7484	4617	8790	7905	4697	6111
11	A006	725	5773	702		460	2459
12	A007		2416	8848	7629	7046	6921
13	A011	4744	6507		2336	7358	6367
14	A003	5262	2991	5629	741	5395	1069
15	A004	3585	90	8944	6192	8353	8296
16	A005	2951	9825	226	6638	5649	2908
17	A012	3917	2737	6875	5395	9742	9329
18	A007	1725	6697	3358	5026	4823	2299
19	A003	5992	4429	5647	2178	4636	3061
20	A014	5499	1410	9879	6216	6046	2221
21	A010	6900	735	5052	9249	8589	4380

数据透视表　数据源

图 18-19　包含空白单元格的数据源

	A	B	C	D	E	F	G
1							
2							
3		产量					
4	项目	1月份	2月份	3月份	4月份	5月份	6月份
5	A001	1	1	1	1	1	7683
6	A003	3	3	3	3	3	13296
7	A004	1	1	1	1	1	8296
8	A005	1	1	1	1	1	2908
9	A006	2	2	2	1	1	5229
10	A007	1	2	2	2	2	9220
11	A008	2	1	1	2	2	7887
12	A009	2	2	2	2	2	6885
13	A010	1	1	1	1	1	4380
14	A011	1	1		1	1	6367
15	A012	1	1	1	1	1	9329
16	A013	1	1	1	1	1	7737
17	A014	1	1	1	1	1	2221
18	A015	1	1	1	1	1	4731
19	总计	19	19	19	19	19	96169

数据透视表　数据 …

图 18-20　使用 Excel 默认的字段汇总方式

代码解析：

第 6 行至第 8 行代码使用 For…Each 循环结构，删除"数据透视表"工作表中已经存在的全部数据透视表。

第 9 行代码创建一个新的 PivotCache 对象。

第 10 行代码创建一个数据透视表。

第 12 行代码添加行字段"项目"。

第 13 行至第 15 行代码添加值字段。

第 17 行代码调整值字段的 Orientation 属性，使值字段显示在列字段区域。

第 18 行代码将值字段标题修改为"产量"。

示例 18.9　修改数据透视表的字段汇总方式

如果数据透视表中值字段非常多，手动调整字段的汇总方式将花费大量时间，使用代码可以很容易地调整相关字段的汇总方式。

```
#001   Sub ModifyFieldFunction()
#002       Dim objPvtTbl As PivotTable
#003       Dim objPvtTblFd As PivotField
#004       Dim iMonth As Integer
#005       Application.ScreenUpdating = False
#006       With Sheets(" 数据透视表 ").PivotTables(1)
#007           .ManualUpdate = True
```

```
#008              For Each objPvtTblFd In .DataFields
#009                  objPvtTblFd.Function = xlSum
#010              Next
#011              .ManualUpdate = False
#012          End With
#013          Set objPvtTblFd = Nothing
#014          Set objPvtTbl = Nothing
#015          Application.ScreenUpdating = True
#016   End Sub
```

运行 ModifyFieldFunction 过程，数据透视表中值字段的所有"计数"汇总方式都将被更改为"求和"汇总方式，其效果如图 18-21 所示。

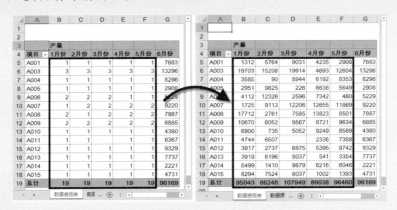

图 18-21　修改值字段的汇总方式

代码解析：

第 5 行代码关闭屏幕更新，加快代码的执行速度。

第 7 行代码设置数据透视表为手动更新方式，避免在修改透视表设置的过程中，因系统自动更新数据透视表而产生冲突。

第 8 行至第 10 行代码使用 For...Each 循环结构遍历数据透视表中的值字段，并修改其 Function 属性为 xlSum。

Function 属性用于设置或者返回数据透视表值字段汇总时所使用的函数，其取值可以是 XlConsolidationFunction 常量之一，如表 18-3 所示。

表 18-3　XlConsolidationFunction 常量

常量	数值	含义
xlAverage	−4106	平均值
xlCount	−4112	计数
xlCountNums	−4113	数值计数
xlMax	−4136	最大值
xlMin	−4139	最小值
xlProduct	−4149	乘
xlStDev	−4155	基于样本的标准偏差
xlStDevP	−4156	基于全体数据的标准偏差
xlSum	−4157	总计

18章

续表

常量	数值	含义
xlUnknown	1000	未指定任何分类汇总函数
xlVar	-4164	基于样本的方差
xlVarP	-4165	基于全体数据的方差

第 8 行代码中使用 DataFields 集合遍历数据透视表中的值字段对象。在对象模型中除了 PivotFields 集合外，还有几个常用的 PivotField 对象集合，如表 18-4 所示。正确选择使用对象集合可以提高代码的运行效率。

表 18-4　常用 PivotField 对象集合

对象集合	含义
RowFields	行字段集合
ColumnFields	列字段集合
DataFields	值字段集合
PageFields	筛选器字段集合
HiddenFields	隐藏字段集合
VisibleFields	可见字段集合

第 9 行代码修改值字段的汇总方式为"求和"。
第 13 行和第 14 行代码释放对象变量所占用的系统资源。
第 15 行代码恢复系统屏幕更新功能。

18.7　调整值字段的位置

除了在创建数据透视表时直接指定值字段的位置以外，还可以通过修改 PivotField 对象的 Orientation 属性来调整指定字段在现有数据透视表中的位置。

示例 18.10　调整数据透视表值字段项的位置

打开示例文件"调整数据透视表值字段项的位置.xlsm"，运行 Data FieldPosition 过程将创建两个数据透视表，如图 18-22 所示，左侧数据透视表的值字段项显示在列字段位置，右侧数据透视表的值字段项显示在行字段位置。

```
#001    Sub DataFieldPosition()
#002        Dim objPvtTbl As PivotTable
#003        Dim objPvtTblCa As Pivot
Cache
#004        Dim iMonth As Integer
#005        Dim i As Integer
#006        For Each objPvtTbl In Work-
```

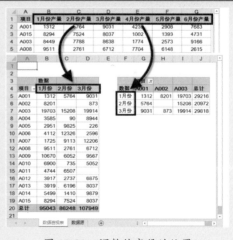

图 18-22　调整值字段的位置

```
sheets("数据透视表").PivotTables
#007                objPvtTbl.TableRange2.Clear
#008            Next
#009            Set objPvtTblCa = ActiveWorkbook.PivotCaches.Add( _
                    SourceType:=xlDatabase, _
                    SourceData:=Worksheets("数据源").[A1].CurrentRegion)
#010            Set objPvtTbl = objPvtTblCa.CreatePivotTable( _
                    TableDestination:=Worksheets("数据透视表").Range("A3"))
#011            With objPvtTbl
#012                .AddFields RowFields:="项目", ColumnFields:="Data"
#013                For iMonth = 1 To 3
#014                    .AddDataField Field:=objPvtTbl.PivotFields( _
                            iMonth & "月份产量"), _
                            Caption:=iMonth & "月份", _
                            Function:=xlSum
#015                Next
#016            End With
#017            Set objPvtTbl = objPvtTblCa.CreatePivotTable( _
                    TableDestination:=Worksheets("数据透视表").Range("F3"))
#018            With objPvtTbl
#019                .AddFields RowFields:="Data", ColumnFields:="项目"
#020                For iMonth = 1 To 3
#021                    .AddDataField Field:=objPvtTbl.PivotFields( _
                            iMonth & "月份产量"), _
                            Caption:=iMonth & "月份", _
                            Function:=xlSum
#022                Next
#023                For i = 4 To 15
#024                    .PivotFields("项目").PivotItems _
                            ("A0" &VBA.Format(i, "00")).Visible = False
#025                Next
#026            End With
#027            ActiveWorkbook.ShowPivotTableFieldList = False
#028            Set objPvtTbl = Nothing
#029            Set objPvtTblCa = Nothing
#030    End Sub
```

代码解析:

第 12 行代码用于设置第一个数据透视表的布局,将"项目"字段设置为行字段,将"Data"设置为列字段。这里的"Data"只是一个"虚拟值字段",在数据源中并没有任何一个单元格的内容为"Data",它代表当前数据透视表中的全部值字段。

第 13 行至第 15 行代码利用循环结构添加值字段,并显示在列字段区域。

第 19 行代码用于设置第二个数据透视表的布局,将"项目"字段设置为列字段,将虚拟值字段"Data"设置为行字段。

第 20 行至第 22 行代码利用循环结构添加值字段，并显示在行字段区域。

第 23 行至第 25 行代码隐藏"项目"字段中的部分条目，以便于对比两个数据透视表。

第 27 行代码隐藏数据透视表字段列表对话框。

第 28 行和第 29 行代码释放对象变量所占用的系统资源。

> 如果数据源的行标题或者列标题中包括"Data"，那么在代码中无法使用虚拟值字段。

18.8　清理数据透视表字段下拉列表

虽然数据透视表的内容可以自动或者手动进行更新，但是对于数据透视表字段下拉列表来说，更新数据透视表仅可以将数据源中新的字段添加到数据透视表字段下拉列表，而对于本已经存在于数据透视表字段下拉列表中，即使在数据源中已经删除相应条目，数据透视表也不会自动删除已经不存在的条目。如果数据源经过多次修改，那么数据透视表字段下拉列表中就可能存在大量的"垃圾条目"。

示例 18.11　清理数据透视表字段下拉列表

打开示例文件"清理数据透视表字段下拉列表 .xlsm"，在"数据透视表"工作表中已经创建了如图 18-23 所示的数据透视表，其中行字段为"型号"。

由于产品更新换代，需要将产品型号进行升级，"SX-C-6C"和"SX-C-8C"分别升级为"SX-C-6D"和"SX-C-8D"，运行 ReplaceData 过程修改数据源。

```
#001  Sub UpdateSourceData()
#002      With Sheets(" 数据源 ").Columns(1)
#003          .Replace "SX-C-6C", "SX-C-6D"
#004          .Replace "SX-C-8C", "SX-C-8D"
#005      End With
#006  Sheets(" 数据透视表 ").PivotTables(1).RefreshTable
#007  End Sub
```

代码解析：

第 3 行和第 4 行代码将数据源中的"SX-C-6C"和"SX-C-8C"分别替换为"SX-C-6D"和"SX-C-8D"。

第 6 行代码更新数据透视表。

在更新后的数据透视表中，A 列"型号"数据中已经没有了"SX-C-6C"和"SX-C-8C"，取而代之的是"SX-C-6D"和"SX-C-8D"，如图 18-24 所示。

单击行字段"型号"右侧的下拉按钮，在下拉列表中已经出现更新后的新型号"SX-C-6D"和"SX-C-8D"，但是原型号"SX-C-6C"和"SX-C-8C"仍然存在，并没有随着数据的改变而消失，如图 18-25 所示。

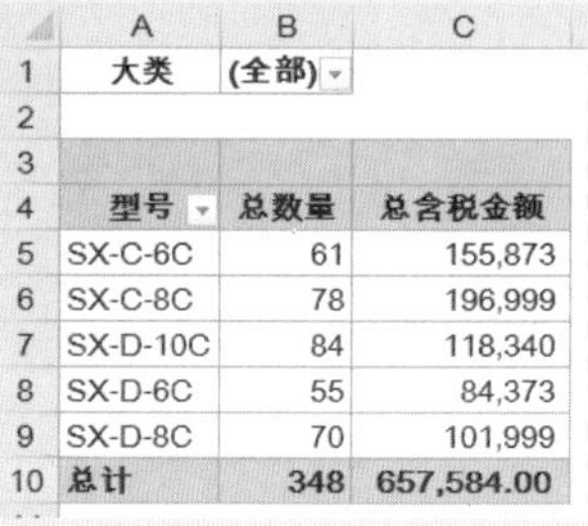

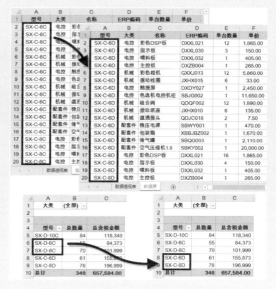

图 18-23　修改前的数据透视表

图 18-24　更新原始数据并更新数据透视表

通过修改数据透视表缓存对象的属性，在更新数据透视表时将自动删除下拉列表的"垃圾条目"。

```
#001   Sub ClearMissingItems()
#002       Dim objPvtTblCache As PivotCache
#003       For Each objPvtTblCache In ThisWorkbook.PivotCaches
#004           With objPvtTblCache
#005               .MissingItemsLimit = xlMissingItemsNone
#006               .Refresh
#007           End With
#008       Next objPvtTblCache
#009   End Sub
```

运行 ClearMissingItems 过程，单击行字段"型号"右侧的下拉按钮，下拉列表中的"SX-C-6C"和"SX-C-8C"已经被删除，如图 18-26 所示。

图 18-25　字段列表中包含旧数据

图 18-26　更新后的字段下拉列表

代码解析：

第 3 行代码循环遍历当前工作簿中的全部 PivotCache 对象。

第 5 行代码修改数据透视表缓存的 MissingItemsLimit 属性为 xlMissingItemsNone，即不保留数据透视表字段的唯一项。

第 6 行代码用于更新数据透视表缓存。

此外，也可以利用示例 3.14 讲述的方法，手动操作修改数据透视表设置来清理这些多余的条目。

18.9 利用数据透视表快速汇总多个工作簿

如果数据源保存在多个工作簿中，并且每个工作簿中又包含多个工作表，手动汇总这些数据时，需要逐个打开工作簿，将所有的原始数据汇总到一个新的工作表中，然后以此工作表为数据源创建数据表。保存原始数据的工作簿中任何数据变更之后，都需要重复上面的烦琐步骤来汇总新数据。

本示例利用数据透视表的外部连接数据源，可以实现方便快捷的汇总和数据更新。

示例 18.12 利用数据透视表快速汇总多个工作簿

在示例文件所在的目录中有四个季度明细数据工作簿（Q1.XLSX，Q2.XLSX，Q3.XLSX 和 Q4.XLSX），每个工作簿包含该季度 3 个月份的明细数据工作表，这些工作表中的数据表结构完全相同，如图 18-27 所示。

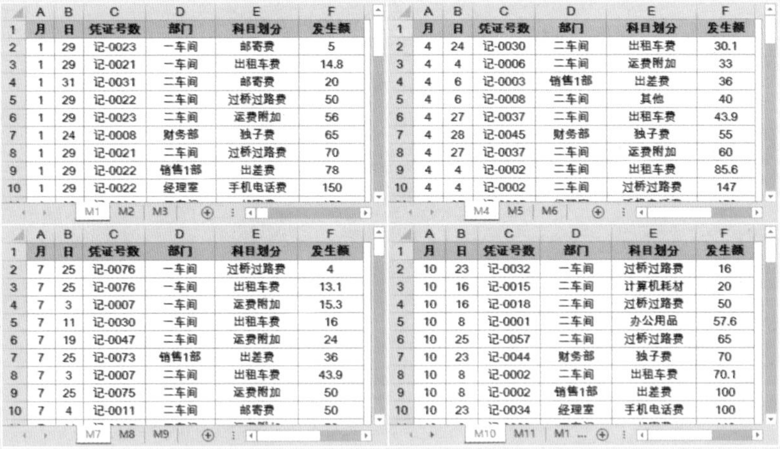

	A	B	C	D	E	F
1	月	日	凭证号数	部门	科目划分	发生额
2	1	29	记-0023	一车间	邮寄费	5
3	1	29	记-0021	一车间	出租车费	14.8
4	1	31	记-0031	二车间	邮寄费	20
5	1	29	记-0022	二车间	过桥过路费	50
6	1	29	记-0023	二车间	运费附加	56
7	1	24	记-0008	财务部	独子费	65
8	1	29	记-0021	二车间	过桥过路费	70
9	1	29	记-0022	销售1部	出差费	78
10	1	29	记-0022	经理室	手机电话费	150

M1 M2 M3

	A	B	C	D	E	F
1	月	日	凭证号数	部门	科目划分	发生额
2	4	24	记-0030	二车间	出租车费	30.1
3	4	4	记-0006	二车间	运费附加	33
4	4	6	记-0003	销售1部	出差费	36
5	4	6	记-0008	二车间	其他	40
6	4	27	记-0037	二车间	出租车费	43.9
7	4	28	记-0045	财务部	独子费	55
8	4	27	记-0037	二车间	运费附加	60
9	4	4	记-0002	二车间	出租车费	85.6
10	4	4	记-0002	二车间	过桥过路费	147

M4 M5 M6

	A	B	C	D	E	F
1	月	日	凭证号数	部门	科目划分	发生额
2	7	25	记-0076	一车间	过桥过路费	4
3	7	25	记-0076	一车间	出租车费	13.1
4	7	3	记-0007	一车间	运费附加	15.3
5	7	11	记-0030	一车间	出租车费	16
6	7	19	记-0047	二车间	运费附加	24
7	7	25	记-0073	销售1部	出差费	36
8	7	3	记-0007	二车间	出租车费	43.9
9	7	25	记-0075	二车间	运费附加	50
10	7	4	记-0011	二车间	邮寄费	50

M7 M8 M9

	A	B	C	D	E	F
1	月	日	凭证号数	部门	科目划分	发生额
2	10	23	记-0032	一车间	过桥过路费	16
3	10	16	记-0015	二车间	计算机耗材	20
4	10	16	记-0018	二车间	过桥过路费	50
5	10	8	记-0001	二车间	办公用品	57.6
6	10	25	记-0057	二车间	过桥过路费	65
7	10	23	记-0044	财务部	独子费	70
8	10	8	记-0002	二车间	出租车费	70.1
9	10	8	记-0002	销售1部	出差费	100
10	10	23	记-0034	经理室	手机电话费	100

M10 M11 M1 ...

图 18-27 数据源保存在 4 个工作簿中

打开示例文件“利用数据透视表快速汇总多个工作簿.xlsm”，运行其中的 MultiWKPivotTable 宏，在“数据透视表”工作表中将创建如图 18-28 所示的数据透视表。任何工作簿中的数据变更之后，只需要刷新数据透视表就可以获得最新的汇总结果。

	A	B	C	D	E	F	G	H	I	J
1	科目划分	(全部)								
2										
3	发生总额	月								
4	部门	1	2	4	5	7	8	10	11	总计
5	财务部	18461.74	18518.58	19016.85	29356.87	17355.71	23079.69	22863.39	36030.86	184683.69
6	二车间	9594.98	10528.06	20374.62	23034.35	21916.07	27112.05	14478.15	26340.45	153378.73
7	技改办			11317.6	154307.23	54955.4	72145		5438.58	298163.81
8	经理室	3942	7055	4121	28371.9	19747.2	10608.38	14538.85	21643.45	110027.78
9	人力资源部	2392.25	2131	2070.7	2822.07	2103.08	3776.68	21223.89	4837.74	41357.41
10	销售1部	7956.2	11167	13854.4	36509.35	70604.39	64152.12	41951.8	26150.48	272345.74
11	销售2部	13385.2	16121	27905.7	33387.31	79620.91	52661.83	16894	96658.5	336634.45
12	一车间	31350.57	18	5760.68	70760.98	4838.9	19	16	20755.79	133519.92
13	总计	87082.94	65538.64	104421.55	378550.06	271141.66	253554.75	131966.08	237855.85	1530111.53

数据透视表

图 18-28 汇总多个工作簿生成的数据透视表

```
Sub MultiWKPivotTable()
    Dim strPath As String
    Dim strFullName As String
    Dim objPvtCache As PivotCache
    Dim objPvtTbl As PivotTable
    Dim i As Integer
    Application.ScreenUpdating = False
    For Each objPvtTbl In Sheets(" 数据透视表 ").PivotTables
        objPvtTbl.TableRange2.Clear
    Next objPvtTbl
    strPath = ThisWorkbook.Path
    strFullName = ThisWorkbook.FullName
    Set objPvtCache = ActiveWorkbook.PivotCaches.Add _
                        (SourceType:=xlExternal)
    With objPvtCache
'ODBC Connection
        .Connection = Array("ODBC;DSN=Excel Files;DBQ=" & _
              strFullName& ";DefaultDir=" & strPath)
'       OLEDB Connection
        '.Connection = _
'           Array("OLEDB;Provider=Microsoft.ACE.OLEDB.12.0;" & _
'               "Data Source=" & strFullName & _
'               ";Extended Properties=""Excel 12.0;HDR=Yes"";")
        .CommandType = xlCmdSql
        .CommandText = Array("SELECT * FROM '" & strPath & _
      "\Q1.XLSX'.'M1$' UNION ALL SELECT * FROM '" & strPath & _
      "\Q1.XLSX'.'M2$' UNION ALL SELECT * FROM '" & strPath & _
      "\Q1.XLSX'.'M3$'", _
      "UNION ALL SELECT * FROM '" & strPath & _
      "\Q2.XLSX'.'M4$' UNION ALL SELECT * FROM '" & strPath & _
      "\Q2.XLSX'.'M5$' UNION ALL SELECT * FROM '" & strPath & _
      "\Q2.XLSX'.'M6$'", _
      "UNION ALL SELECT * FROM '" & strPath & _
      "\Q3.XLSX'.'M7$' UNION ALL SELECT * FROM '" & strPath & _
      "\Q3.XLSX'.'M8$' UNION ALL SELECT * FROM '" & strPath & _
```

18章

```
            "\Q3.XLSX'.'M9$'", _
            "UNION ALL SELECT * FROM '" & strPath & _
            "\Q4.XLSX'.'M10$' UNION ALL SELECT * FROM '" & strPath & _
            "\Q4.XLSX'.'M11$' UNION ALL SELECT * FROM '" & strPath & _
            "\Q4.XLSX'.'M12$'")
#019      End With
#020      Set objPvtTbl = objPvtCache.CreatePivotTable(TableDestination:= _
                Sheets(" 数据透视表 ").Cells(3, 1), _
                TableName:="MultiWKobjPvtTbl")
#021      With objPvtTbl
#022         .ManualUpdate = True
#023         .AddFields RowFields:=" 部门 ", ColumnFields:=" 月 ", _
                PageFields:=" 科目划分 "
#024         .AddDataField Field:=objPvtTbl.PivotFields(" 发生额 "), _
                Caption:=" 发生总额 ", Function:=xlSum
#025      For i = 1 To 4
#026            .PivotFields(" 月 ").PivotItems(i * 3).Visible = False
#027         Next i
#028         .ManualUpdate = False
#029      End With
#030      Application.ScreenUpdating = True
#031      Set objPvtTbl = Nothing
#032      Set objPvtCache = Nothing
#033  End Sub
```

代码解析：

第 7 行代码禁止屏幕更新，提高代码运行效率。

第 8 行至第 10 行代码清除"数据透视表"工作表的数据透视表。

第 11 行代码获取示例文件所在的目录名称。

第 12 行代码获取示例文件目录名称和文件名。

第 13 行至第 19 行代码指定 ODBC 为数据透视表缓存的外部数据源。此部分代码涉及 SQL 查询和 ODBC 数据源等相关知识，限于篇幅无法进行详细讲解。读者如果希望了解这些语句的具体含义，请参考相关书籍。

第 15 行代码设置 ODBC 连接属性。

第 16 行代码设置 OLE DB 连接属性。

注意

> 本示例中既可以使用 ODBC 连接外部数据源，也可以使用 OLE DB 连接外部数据源，但是两者的连接参数并不相同。

第 17 行代码设置 CommandType 属性为 xlCmdSql，即使用一个 SQL 查询语句返回的数据集作为创建数据透视表的数据源。

第 18 行代码创建 SQL 查询语句。

第 20 行代码在"数据透视表"工作表中创建名称为"MultiWKobjPvtTbl"的数据透视表。

第 22 行代码设置数据透视表为手动更新方式。

第 23 行代码添加数据透视表的行字段、列字段和筛选器字段。

第 24 行代码添加值字段"发生额",并设定其汇总方式为"求和",字段标题为"发生总额"。

第 25 行至第 27 行代码隐藏"月"字段的部分条目。

第 28 行代码恢复数据透视表自动更新方式。

第 30 行代码恢复屏幕更新。

第 31 行和第 32 行代码释放对象变量所占用的系统资源。

18.10　数据透视表缓存

数据透视表缓存,即 PivotCache 对象是一个非常重要的"幕后英雄",这一点在 18.4.2 小节中已经提到过,下面将更深入地介绍有关该对象的用法。

18.10.1　显示数据透视表的缓存索引和内存使用量

Excel 应用程序使用索引编号来标识工作簿中的数据透视表缓存,每个数据透视表缓存都拥有一个唯一的索引号,在创建数据透视表时系统将自动为新产生的数据透视表缓存分配索引号。

示例 18.13　显示数据透视表的缓存索引和内存使用量

打开示例文件"显示数据透视表的缓存索引和内存使用量 .xlsm",在名称为"数据透视表"的工作表中已经创建了 4 个数据透视表,如图 18-29 所示。

示例文件代码将在"结果"工作表中输出所有的数据透视表缓存信息,如图 18-30 所示。由结果可以看出,4 个数据透视表分别使用不同的数据透视表缓存,每个缓存都占用了 65596 字节的内存。

```
#001   Sub ListPvtCaches()
#002       Dim objPvtTbl As PivotTable
#003       Dim lRow As Long
#004       Dim objSht As Worksheet
#005       On Error Resume Next
#006       Application.DisplayAlerts = False
#007       Err.Clear
#008       Set objSht = Sheets("结果")
#009       If Err.Number = 9 Then
#010           Set objSht = Sheets.Add
#011           objSht.Name = "结果"
#012       Else
#013           objSht.Cells.ClearContents
#014       End If
#015       Application.DisplayAlerts = True
#016       On Error GoTo 0
#017       With objSht
#018           .Range("A1:C1").Value = Array("数据透视表名称", _
```

```
                      " 数据透视表缓存序号 ", " 内存使用量 ( 字节 )")
#019            lRow = 2
#020            For Each objPvtTbl In Worksheets(" 数据透视表 ").PivotTables
#021                .Cells(lRow, 1) = objPvtTbl.Name
#022                .Cells(lRow, 2) = objPvtTbl.CacheIndex
#023                .Cells(lRow, 3) = objPvtTbl.PivotCache.MemoryUsed
#024                lRow = lRow + 1
#025            Next
#026            .Activate
#027        End With
#028    End Sub
```

图 18-29　工作表中的 4 个数据透视表　　　　图 18-30　数据透视表缓存索引号与内存使用量

代码解析：

第 5 行代码用于忽略运行时错误，发生运行时错误时程序将继续执行。

第 6 行代码禁止系统显示错误提示信息。

第 7 行代码清除系统错误信息，这样可以确保第 9 行代码捕获的错误是由本过程产生的。

第 8 行代码为 objSht 变量赋值，如果工作簿中没有名称为"结果"的工作表，那么将产生错误号为 9 的运行时错误。

第 9 行代码判断是否产生了错误号为 9 运行时错误。

第 10 行代码在当前工作簿中添加一个新的工作表，用于保存代码执行的结果。

第 11 行代码修改新建工作表的名称为"结果"。

如果工作簿中已经存在"结果"工作表，第 13 行代码将清空该工作表中的内容。

第 15 行代码恢复系统错误提示功能。

第 16 行代码恢复系统错误处理机制。

第 18 行代码用于设置结果的标题行。

第 20 行至第 25 行代码循环遍历"数据透视表"工作表中的数据透视表。

第 21 行代码将数据透视表的 Name 属性写入"结果"工作表的第 1 列。

第 22 行代码将数据透视表的 CacheIndex 属性写入"结果"工作表的第 2 列。

第 23 行代码将数据透视表的 MemoryUsed 属性写入"结果"工作表的第 3 列。

第 26 行代码激活"结果"工作表。

18.10.2　合并数据透视表缓存

默认情况下，系统会为每个数据透视表分配数据透视表缓存，也就是每个数据透视表独占一个数据透视表缓存。如果工作簿中的数据透视表数目比较多时，将耗费大量的系统内存，甚至影响整个电脑的运行效率。在 Excel 中多个数据透视表可以共享一个数据透视表缓存，这样将会大大节省系统资源。

示例 18.14　合并数据透视表缓存

```
#001   Sub MergePvtCaches()
#002       Dim objPvtTbl As PivotTable
#003       With Worksheets("数据透视表")
#004           For Each objPvtTbl In .PivotTables
#005               objPvtTbl.CacheIndex = .PivotTables(1).PivotCache.Index
#006           Next objPvtTbl
#007       End With
#008   Call ListPvtCaches
#009   MsgBox "工作簿中共有 " & ThisWorkbook.PivotCaches.Count & _
       "个数据透视表缓存", vbInformation
#010   End Sub
```

打开示例文件"合并数据透视表缓存 .xlsm"，在名称为"数据透视表"的工作表中有 4 个数据透视表。这 4 个数据透视表分别使用不同的数据透视表缓存，其序号为 1 到 4。运行 MergePvtCaches 过程，将 4 个数据透视表全部关联到索引号为 1 的数据透视表缓存，此时整个工作簿中只有一个数据透视表缓存，应用程序释放了其余 3 个数据透视表缓存所占用的系统资源，如图 18-31 所示。

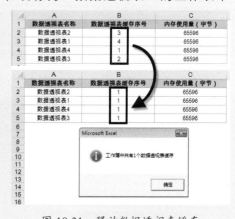

图 18-31　释放数据透视表缓存

代码解析：

第 4 行至第 6 行代码循环遍历工作表中的数据透视表，并修改其 CacheIndex 属性。

第 5 行代码中利用 PivotCache.Index 获得第一个数据透视表的数据透视表缓存索引号。

第 9 行代码使用消息框显示当前工作簿中所包含的数据透视表缓存的个数。

> **注意**
> 在 VBA 代码中既可以用 PivotTable 对象 .PivotCache.Index 获得数据透视表缓存索引号，也可以直接查询数据 PivotTable 对象的 CacheIndex 属性，但是修改数据透视表所归属的数据透视表缓存时，只能使用 CacheIndex 属性。

合并数据透视表缓存除了可以节约系统资源外，也让数据透视表更新操作更方便，使用 Pivot-Cache 对象的 Refresh 方法刷新数据透视表缓存时，所有归属于此 PivotCache 对象的数据透视表将同时被刷新。

在合并数据透视表缓存时，需要注意合理选择目标数据透视表缓存，即最终被多个数据透视表使用的数据透视表缓存。

假设需要将数据透视表 A 和数据透视表 B 所使用的数据透视表缓存进行合并，如果数据透视表 A 和数据透视表 B 中包含完全相同的字段，那么可以选择任何一个数据透视表缓存作为目标数据透视表缓存。如果数据透视表 A 中的字段是数据透视表 B 中字段的有效子集，也就是说数据透视表 B 中部分字段在数据透视表 A 中并不存在，此时只能选择数据透视表 B 所归属的数据透视表缓存作为目标数据透视表缓存，否则数据透视表 B 所拥有的不存在于数据透视表 A 中的字段将无法显示。

18.11　保护数据透视表

众所周知，Excel 的"保护工作表"功能可以防止用户修改工作表内容，包括工作表中的数据透视表。如果用户希望仅保护数据透视表，而不保护透视表以外的单元格区域，那么可以利用代码对数据透视表进行多种不同的保护。

18.11.1　限制数据透视表字段的下拉选择

一般情况下，数据透视表的行字段、列字段和筛选器字段都会提供下拉按钮，利用这个按钮可以编辑该字段中各项的显示状态。如果不希望其他用户修改这些字段项的显示状态，可以利用代码在用户界面中禁止使用下拉按钮的功能。

示例 18.15　限制数据透视表字段的下拉选择

```
#001    Sub DisableFilter()
#002        Dim objPvtTbl As PivotTable
#003        Dim objPvtFd As PivotField
#004        Set objPvtTbl = ActiveSheet.PivotTables(1)
#005        For Each objPvtFd In objPvtTbl.PivotFields
#006            objPvtFd.EnableItemSelection = False
#007        Next objPvtFd
#008    End Sub
```

打开示例文件"限制数据透视表字段的下拉选择 .xlsm"，工作表中有如图 18-32 所示的数据透视表，行字段"部门"和列字段"月"所在单元格右侧都有下拉按钮。运行 DisableFilter 宏后，数据透视表中行字段和列字段的下拉按钮都被隐藏了。

代码解析：

第 5 行至第 7 行代码循环遍历数据透视表中的字段。

图 18-32　禁用数据透视表字段的下拉选择按钮

第 6 行代码设置数据透视表字段的 EnableItem Selection 属性为 False，在用户界面中禁止使用下拉按钮的功能。

运行示例文件中的 EnableFilter 过程，可以恢复数据透视表的下拉按钮功能。

```
#001   Sub EnableFilter()
#002       Dim objPvtTbl As PivotTable
#003       Dim objPvtFd As PivotField
#004       Set objPvtTbl = ActiveSheet.PivotTables(1)
#005       For Each objPvtFd In objPvtTbl.PivotFields
#006           objPvtFd.EnableItemSelection = True
#007       Next objPvtFd
#008   End Sub
```

18.11.2　限制更改数据透视表布局

Excel 数据透视表的布局调整虽然可以在【数据透视表字段】列表对话框内通过鼠标拖放来实现，但是在提供了方便性的同时，也使得数据透视表布局很容易被用户的意外操作所破坏。为了保护数据透视表的完整性，可以禁止用户更改数据透视表布局。

示例 18.16　限制更改数据透视表布局

```
#001   Sub ProtectPivotTable()
#002       Dim myPvtFd As PivotField
#003       With Sheets(" 数据透视表 ").PivotTables(1)
#004           For Each myPvtFd In .PivotFields
#005               With myPvtFd
#006                   .DragToRow = False
#007                   .DragToColumn = False
#008                   .DragToData = False
#009                   .DragToPage = False
#010                   .DragToHide = False
#011               End With
#012           Next myPvtFd
#013           .EnableFieldList = False
#014       End With
#015   End Sub
```

打开示例文件“限制更改数据透视表布局 .xlsm”，在数据透视表中任意单元格（如 B5）上右击，在弹出的快捷菜单上可以使用【显示字段列表】命令或者【隐藏字段列表】命令来控制【数据透视表字段】列表对话框的显示状态。在【数据透视表字段】列表对话框中，用户可以非常容易地调整当前数据透视表的布局，如图 18-33 所示。

运行 ProtectPivotTable 宏将禁用数据透视表的布局调整功能，Excel 窗口中不再显示【数据透视表字段】列表对话框。在数据透视表中任意单元格（如 B6）上右击，弹出的快捷菜单上【显示字段列表】命令已被禁用，如图 18-34 所示。

图 18-33　数据透视表和【数据透视表字段】列表对话框　　图 18-34　禁用【显示字段列表】命令

代码解析：

第 4 行至第 12 行代码循环遍历数据透视表中的全部字段，分别设置其属性。

第 6 行代码禁止将该字段拖动到【行】区域位置上。

第 7 行代码禁止将该字段拖动到【列】区域。

第 8 行代码禁止将该字段拖动到【值】区域。

第 9 行代码禁止将该字段拖动到【筛选器】区域。

第 10 行代码禁止将该字段拖离数据透视表而隐藏该字段。

第 13 行代码禁止显示数据透视表字段列表。

运行示例文件中的 unProtectPivotTable 过程将恢复上述被禁用的数据透视表功能。

```
#001    Sub unProtectPivotTable()
#002        Dim myPvtFd As PivotField
#003        With Sheets(" 数据透视表 ").PivotTables(1)
#004            For Each myPvtFd In .PivotFields
#005                With myPvtFd
#006                    .DragToRow = True
#007                    .DragToColumn = True
#008                    .DragToData = True
#009                    .DragToPage = True
#010                    .DragToHide = True
#011                End With
#012            Next myPvtFd
#013            .EnableFieldList = True
#014        End With
#015    End Sub
```

18.11.3　禁用数据透视表的显示明细数据功能

在工作表中双击数据透视表值区域中的任意单元格，将在工作簿中添加一个新的工作表显示该数据透视表的明细数据，具体操作步骤请参阅示例 3.18。如果构建数据透视表的源数据意外丢失，可以利用这个功能重建数据源。

这个功能为用户带来方便的同时，也带来一个非常棘手的问题，这就是在发布数据透视表时如何保护源数据，使得用户无法随意查看数据透视表的源数据。利用 3.10.3 讲述的方法通过修改数据透视表的相关属性，可以暂时禁用"显示明细数据"功能，但是对于熟悉数据透视表的用户，可以非常容易地修改这个属性，然后获得源数据。

示例 18.17　禁用数据透视表的显示明细数据功能

利用工作表的系统事件可以实现禁用数据透视表的显示明细数据功能，即使用户修改数据透视表的相关属性，也无法通过双击数据透视表单元格获得源数据。

"数据透视表"工作表中已经创建了如图 18-35 所示的数据透视表，双击 E12 单元格，Excel 将在当前工作簿中添加一个新的工作表，并在其中显示数据透视表的全部源数据。

图 18-35　双击数据透视表单元格显示明细数据

步骤① 打开示例文件"禁用数据透视表的显示明细数据功能 .xlsm"，单击【安全警告】消息栏上的【启用内容】按钮，如图 18-36 所示。

图 18-36　启用宏功能

步骤② 双击数据透视表的 E12 单元格，将显示如图 18-37 所示的警告信息。单击【确定】按钮关闭警告信息对话框。

图 18-37　数据透视表警告信息框

```
'=== 以下代码位于 ThisWorkbook 模块中 ===
#001  Private Sub Workbook_Open()
#002      Dim objPvtTbl As PivotTable
#003      Sheets(" 数据源 ").Visible = xlSheetVisible
#004      Sheets(" 数据透视表 ").Visible = xlSheetVisible
#005      Sheets(" 提示 ").Visible = xlVeryHidden
#006      For Each objPvtTbl In Sheets(" 数据透视表 ").PivotTables
#007          objPvtTbl.EnableDrilldown = False
#008      Next
#009  End Sub
#010  Private Sub Workbook_BeforeClose(Cancel As Boolean)
#011      Sheets(" 提示 ").Visible = xlSheetVisible
#012      Sheets(" 数据源 ").Visible = xlVeryHidden
#013      Sheets(" 数据透视表 ").Visible = xlVeryHidden
#014      Me.Save
#015  End Sub
```

代码解析：

第 1 行至第 9 行代码为工作簿的 Open 事件代码。

第 3 行和第 4 行代码显示"数据源"工作表和"数据透视表"工作表。

第 5 行代码隐藏"提示"工作表。

第 6 行至第 8 行代码遍历"数据透视表"工作表中的数据透视表。

第 7 行代码修改数据透视表的 EnableDrilldown 属性，禁用显示明细数据功能。

第 10 行至第 15 行代码为工作簿的 BeforeClose 事件代码。

第 11 行代码显示"提示"工作表。

第 12 行和第 13 行代码隐藏"数据源"工作表和"数据透视表"工作表。

运行示例文件中的 EnablePvtDrilldown 过程可以恢复数据透视表的显示明细数据功能。

```
#001   Sub EnablePvtDrilldown()
#002       Dim objPvtTbl As PivotTable
#003       For Each objPvtTbl In Sheets("数据透视表").PivotTables
#004           objPvtTbl.EnableDrilldown = True
#005       Next
#006   End Sub
```

18.12 选定工作表中的数据透视表区域

如果工作表中存在多个数据透视表，只有使用鼠标进行多次操作，才能选中全部数据透视表区域。利用代码可以快捷而准确地完成这个任务。

示例 18.18 选定工作表中的数据透视表区域

打开示例文件"选定工作表中的数据透视表区域 .xlsm"，在"数据透视表"工作表中已经创建了两个数据透视表。运行 SelectPvtRange 宏，工作表中高亮显示的单元格区域被选中，如图 18-38 所示。不难发现，代码并没有选中全部的数据透视表区域，右侧数据透视表的筛选器字段区域没有被选中。

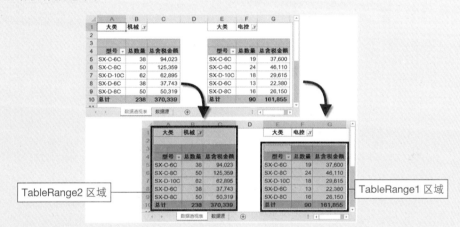

图 18-38 TableRange1 区域和 TableRange2 区域

```
#001   Sub SelectPvtRange()
#002       Dim objRng As Range
#003       With Worksheets("数据透视表")
#004           Set objRng = .PivotTables(1).TableRange1
#005           Set objRng = Application.Union(objRng, _
                       .PivotTables(2).TableRange2)
#006       End With
#007       objRng.Select
#008   End Sub
```

383

18章

代码解析：

第 4 行代码用于获取右侧数据透视表的 TableRange1 区域，并赋值给对象变量 objRng。

第 5 行代码利用 Union 方法将左侧数据透视表的 TableRange2 区域合并到 Range 类型变量 objRng 中。

第 7 行代码选中 objRng 所代表的单元格区域。

数据透视表对象的 TableRange1 属性和 TableRange2 属性的区别在于：TableRange1 属性用于返回不包含筛选器字段区域在内的数据透视表表格所在区域，而 TableRange2 属性用于返回包含筛选器字段区域在内的全部数据透视表区域。知道了这两个属性的区别，在代码中就可以根据不同需要来决定使用哪个属性返回数据透视表的相应区域。

18.13　多个数据透视表联动

在实际应用中，如果需要在一个工作簿内保存多个具有相同布局的数据透视表，为了保持位于不同工作表中的数据透视表的一致性，用户不得不逐个修改数据透视表的布局或者显示内容。利用数据透视表对象的系统事件代码，可以实现在一个数据透视表更新时，相应更新其他的多个数据透视表，进而保持所有数据透视表的一致性。

示例 18.19　多个数据透视表联动

打开示例文件"多个数据透视表联动 .xlsm"，在"数据透视表 1"和"数据透视表 2"工作表中有如图 18-39 所示的数据透视表，两个数据透视表布局和显示的内容完全相同。

图 18-39　两个数据透视表保持同步

步骤① 单击工作表"数据透视表 1"中数据透视表筛选器字段的下拉按钮，在弹出的"科目划分"下拉列表框中单击"出差费"，单击【确定】按钮关闭下拉列表。

步骤② 单击列"月"字段的下拉按钮，取消选中"01"项的复选框，单击【确定】按钮关闭下拉列表，如图 18-40 所示。

步骤③ 单击工作表标签选中"数据透视表 2"工作表，其中的数据透视表也已经进行了同步更新，如图 18-41 所示。

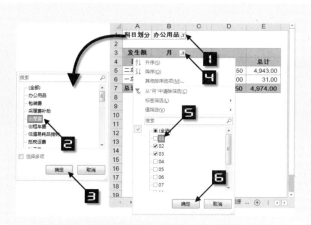

图 18-40　调整数据透视表筛选器字段和列字段

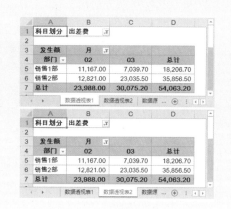

图 18-41　两个数据透视表同步更新

本示例的事件代码如下。

```
'=== 以下代码位于 ThisWorkbook 模块中 ===
#001    Private Sub Workbook_SheetPivotTableUpdate(ByVal Sh As Object, _
                              ByVal Target As PivotTable)
#002        Dim objSht As Worksheet
#003        Dim objPvtTbl As PivotTable
#004        Dim strPvtTblName As String
#005        Application.ScreenUpdating = False
#006        Application.EnableEvents = False
#007        For Each objSht In Worksheets
#008            If objSht.Name <> Sh.Name And objSht.Name <> "数据源" Then
#009                With objSht.PivotTables(1)
#010                    strPvtTblName = .Name
#011                    .TableRange2.Clear
#012                End With
#013                Target.TableRange2.Copy objSht.Range("A1")
#014                objSht.PivotTables(1).Name = strPvtTblName
#015            End If
#016        Next objSht
#017        Set objPvtTbl = Nothing
#018        Set objSht = Nothing
#019        Application.EnableEvents = True
#020        Application.ScreenUpdating = True
#021    End Sub
```

代码解析:

本示例代码利用工作簿对象的数据透视表更新事件保持两个数据透视表的同步更新,工作簿中的任意透视表被更新时都会触发此事件,执行预先定义的事件代码。

第 1 行代码用于声明工作簿对象的 SheetPivotTableUpdate 事件过程,其中 Sh 参数代表数据透视表所在的工作表对象,Target 参数代表被更新的数据透视表对象。

第 5 行代码禁止屏幕更新,提高代码的执行效率。

第 6 行代码禁止系统事件激活,防止系统事件被重复触发导致死循环。

第 7 行代码循环遍历工作簿中的全部工作表。

第 8 行代码判断 objSht 变量代表的工作表是否为"数据源"或者数据透视表所在的工作表。

第 10 行代码保存工作表中透视表的名称。

第 11 行代码清除数据透视表区域，在本行代码中需要使用 TableRange2 属性而不是 TableRange1 属性。

第 13 行代码将透视表拷贝到 objSht 变量代表的工作表中。

第 14 行代码恢复数据透视表的名称，以保证原有代码中对于该数据透视表的名称引用仍然有效。

第 17 行和第 18 行代码释放对象变量所占用的系统资源。

第 19 行代码恢复系统事件响应机制。

第 20 行代码恢复屏幕更新。

注意 →

事件代码必须放置于指定模块中才可正常运行，例如，本示例的代码是工作簿对象的 SheetPivotTableUpdate 事件，那么就必须保存于"ThisWorkbook"模块中，如图 18-42 所示。

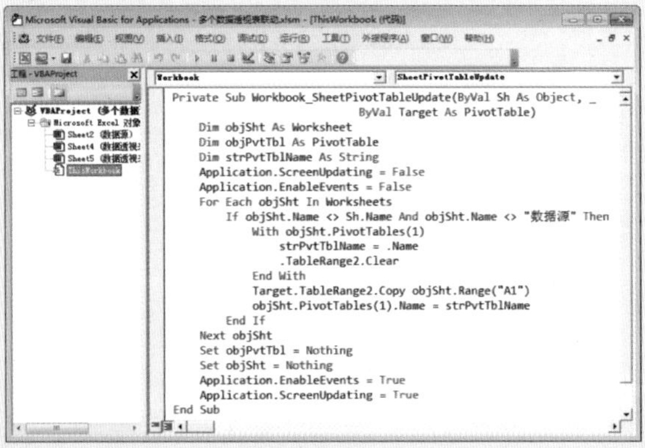

图 18-42　ThisWorkbook 模块中的事件代码

18.14　快速打印数据透视表

18.14.1　单筛选器字段数据透视表快速分项打印

本书示例 21.3 中讲解了如何通过手动操作实现单个筛选器字段数据透视表的数据项打印功能，使用 VBA 代码可以快速地实现类似效果。

示例 18.20　单筛选器字段数据透视表快速分项打印

打开示例文件"单筛选器字段数据透视表快速分项打印 .xlsm"，在"数据透视表"工作表中已经创建了如图 18-43 所示的数据透视表，其筛选器字段为"规格型号"，其中共有 7 个字段项。

图 18-43　单个筛选器字段数据透视表

按筛选器字段逐项打印数据透视表的代码如下。

```
#001   Sub PrintPvtTblByPageFields()
#002       Dim objPvtTbl As PivotTable
#003       Dim objPvtTblIm As PivotItem
#004       Dim sCurrentPvtFld As String
#005       Set objPvtTbl = Sheets(" 数据透视表 ").PivotTables(1)
#006       With objPvtTbl
#007           sCurrentPvtFld = .PageFields(1).CurrentPage
#008           For Each objPvtTblIm In .PageFields(1).PivotItems
#009               .PageFields(1).CurrentPage = objPvtTblIm.Name
#010                Sheets(" 数据透视表 ").PrintOut
                   'Sheets(" 数据透视表 ").PrintPreview
#011           Next objPvtTblIm
#012           .PageFields(1).CurrentPage = sCurrentPvtFld
#013       End With
#014       Set objPvtTblIm = Nothing
#015       Set objPvtTbl = Nothing
#016   End Sub
```

代码解析：

第 7 行代码保存筛选器字段的当前值，由于本示例中的数据透视表只有一个筛选器字段，所以可以直接使用 objPvtTbl.PageFields(1) 引用数据透视表中的筛选器字段。CurrentPage 属性将返回数据透视表的当前页名称，这个属性仅对筛选器字段有效。

第 8 行至第 11 行代码循环遍历筛选器字段中的 PivotItem 对象。

第 9 行代码修改筛选器字段的 CurrentPage 属性。

第 10 行代码打印"数据透视表"工作表。

第 12 行代码恢复筛选器字段的当前页设置。

运行 PrintPvtTblByPageFields 过程将按照筛选器字段中条目的顺序依次打印 7 个数据透视表。

　　如果读者的计算机中没有安装任何打印机，PrintOut 方法会出现运行时错误。读者可以将代码中的 PrintOut 方法改为 PrintPreview，这样可以利用 Excel 的打印预览功能查看代码的运行效果。

18.14.2 多筛选器字段数据透视表快速分项打印

在复杂的数据透视表中往往会存在多个筛选器字段，此时不同筛选器字段之间的数据项组合将按照几何级数增长。如果需要对数据透视表进行分项打印，手动操作会非常烦琐，而借助 VBA 程序可以非常轻松地实现这个要求。

示例 18.21　多筛选器字段数据透视表快速分项打印

打开示例文件"多筛选器字段数据透视表快速分项打印 .xlsm"，在"数据透视表"工作表中存在如图 18-44 所示的数据透视表，其中有 3 个筛选器字段，分别是"规格型号""颜色"和"版本号"。

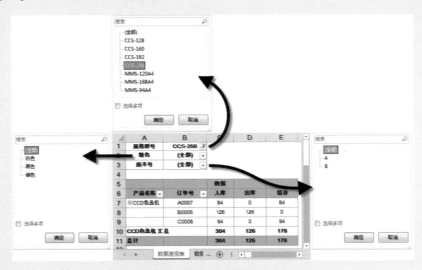

图 18-44　多筛选器字段数据透视表

按筛选器字段的不同组合来打印数据透视表的代码如下。

```
#001    Sub PrintPvtTblblByMultiPageFlds()
#002        Dim objPvtTbl As PivotTable
#003        Dim objPvtTblFld As PivotField
#004        Dim objPvtTblIm As PivotItem
#005        Dim i As Integer
#006        Dim astrCurrentPageFld() As String
#007        Set objPvtTbl = Sheets("数据透视表").PivotTables(1)
#008        With objPvtTbl
#009            If .PageFields.Count = 0 Then
#010    MsgBox "当前数据透视表中没有筛选器字段！", vbInformation, "提示"
#011                Exit Sub
#012            End If
#013            ReDim astrCurrentPageFld(1 To .PageFields.Count)
#014            For i = 1 To .PageFields.Count
#015                astrCurrentPageFld(i) = .PageFields(i).CurrentPage
#016            Next
```

```
#017            For Each objPvtTblIm In .PageFields(1).PivotItems
#018                .PageFields(1).CurrentPage = objPvtTblIm.Name
#019                If .PageFields.Count = 1 Then
#020                    .Parent.PrintOut
'                   .Parent.PrintPreview
#021                Else
#022                    Call PrintPvtTbl(objPvtTbl, 2)
#023                End If
#024            Next
#025            For i = 1 To UBound(astrCurrentPageFld)
#026                .PageFields(i).CurrentPage = astrCurrentPageFld(i)
#027            Next
#028        End With
#029    End Sub
#030    Sub PrintPvtTbl(ByVal objPvtTbl As PivotTable, _
                        ByVal iPageFldIndex As Integer)
#031        Dim objPvtTblIm As PivotItem
#032        With objPvtTbl
#033        If iPageFldIndex = .PageFields.Count Then
#034            For Each objPvtTblIm In .PageFields(iPageFldIndex).PivotItems
#035                .PageFields(iPageFldIndex).CurrentPage = objPvtTblIm.Name
#036                .Parent.PrintOut
'                  .Parent.PrintPreview
#037            Next
#038            Exit Sub
#039        Else
#040            For Each objPvtTblIm In .PageFields(iPageFldIndex).PivotItems
#041                .PageFields(iPageFldIndex).CurrentPage = objPvtTblIm.Name
#042                Call PrintPvtTbl(objPvtTbl, iPageFldIndex + 1)
#043            Next
#044        End If
#045        End With
#046    End Sub
```

代码解析：

第9行代码判断数据透视表中是否有筛选器字段，如果当前数据透视表中没有筛选器字段，第10行代码将显示如图18-45所示提示消息框，第11行代码将结束打印程序的运行。

图 18-45　提示消息框

第 13 行代码为动态数组 astrCurrentPageFld 分配存储空间，用于保存数据透视表筛选器字段的当前值。

第 14 行至第 16 行代码循环遍历数据透视表中的筛选器字段。

第 15 行代码将数据透视表筛选器字段的当前值保存到数组 astrCurrentPageFld 中。

第 17 行至第 24 行代码循环遍历数据透视表中第一个筛选器字段的 PivotItem 对象。

第 18 行代码修改筛选器字段的当前值，即 CurrentPage 属性。

第 19 行代码判断数据透视表中筛选器字段的数量，如果仅有一个筛选器字段，第 20 行代码将打印数据透视表所在的工作表，否则第 22 行代码将调用 PrintPvtTbl 过程。

第 25 行至第 27 行代码用于恢复数据透视表筛选器字段的当前值。

第 30 行至第 46 行代码为 PrintPvtTbl 过程，该过程有两个参数：objPvtTbl 参数是 PivotTable 对象，iPageFldIndex 参数是 Integer 变量，用于保存当前正在处理的筛选器字段序号。

第 33 行代码中如果 iPageFldIndex 等于数据透视表中筛选器字段的数量，那么当前正在处理的筛选器字段为数据透视表中的最后一个筛选器字段。

第 34 行至第 37 行代码循环遍历筛选器字段中的 PivotItem 对象。

第 35 行代码修改筛选器字段的当前值，即 CurrentPage 属性。

第 36 行代码将打印数据透视表所在的工作表。

第 38 行代码表示循环遍历结束后将结束当前调用过程。

如果当前正在处理的筛选器字段并不是数据透视表中的最后一个筛选器字段，第 40 行代码将遍历该筛选器字段中的 PivotItem 对象，第 42 行代码再次调用 PrintPvt 过程实现递归调用。

注意

> PrintPvt 过程是一个递归调用过程，是编程中一种特殊的嵌套调用，过程中包含再次调用自身的代码，因此第 38 行代码只是结束当前的调用过程，并不一定结束整个程序的执行。

运行 PrintAllPvtPages 过程，将根据数据透视表中筛选器字段的全部数据项组合打印数据透视表，本示例将打印 42 个（7×3×2）不同的数据透视表。

第 19 章　发布数据透视表

使用 Excel 2013 制作的数据透视表在低版本 Excel 中可能会无法直接使用，并且有些用户的计算机上可能并没有安装微软 Office 应用程序，对于已经创建完成的数据透视表，该如何发布给最终用户呢？本章将讲述两种发布数据透视表的方法。

> **本章学习要点**
>
> ❖ 将数据透视表发布为网页。　　　　❖ 将数据透视表保存到 Web。

19.1　将数据透视表发布为网页

将数据透视表发布为网页的优点在于：用户可以通过公司内部网络或者互联网，利用任何一台电脑上的 Internet 浏览器来浏览数据透视表中的数据，而无须借助 Excel 软件。

示例 19.1　将数据透视表发布为网页

打开示例文件"将 Excel 数据透视表发布为网页 .xlsx"，在名称为"数据透视表"的工作表中已经创建了一个数据透视表，如图 19-1 所示。

发生额	部门						部门
月份	财务部	二车间	销售1部	销售2部	一车间	总计	财务部
01	18,461.74	9,594.98	7,956.20	13,385.20	31,350.57	80,748.69	二车间
02	18,518.58	10,528.06	11,167.00	16,121.00	18.00	56,352.64	技改办
03	21,870.66	14,946.70	40,314.92	28,936.58	32,026.57	138,095.43	经理室
04	19,016.85	20,374.62	13,854.40	27,905.70	5,760.68	86,912.25	人力资源部
05	29,356.87	23,034.35	36,509.35	33,387.31	70,760.98	193,048.86	销售1部
06	17,313.71	18,185.57	15,497.30	38,970.41	36,076.57	126,043.56	销售2部
07	17,355.71	21,916.07	70,604.39	79,620.91	4,838.90	194,335.98	一车间
08	23,079.69	27,112.05	64,152.12	52,661.83	19.00	167,024.69	
09	22,189.46	13,937.80	16,241.57	49,964.33	14,097.56	116,430.72	
10	22,863.39	14,478.15	41,951.80	16,894.00	16.00	96,203.34	
11	36,030.86	26,340.45	26,150.48	96,658.50	20,755.79	205,936.08	
12	46,937.96	21,892.09	39,038.49	38,984.12	146,959.74	293,812.40	
总计	292,995.48	222,340.89	383,438.02	493,489.89	362,680.36	1,754,944.64	

图 19-1　示例文件中的数据透视表

如果用户希望将数据透视表发布为网页，请按照以下步骤进行操作。

步骤① 依次单击【文件】→【另存为】→【浏览】，如图 19-2 所示。

步骤② 在弹出的【另存为】对话框中，单击【保存类型】下拉按钮，在下拉列表中选中"网页（*.htm；*.html）"。在【文件名】组合框中输入"将数据透视表发布为网页 .htm"，如图 19-3 所示。

步骤③ 单击【更改标题】按钮修改 Web 页面中的数据透视表标题。

步骤④ 在弹出的【输入文字】对话框中输入"月发生额统计"作为标题。

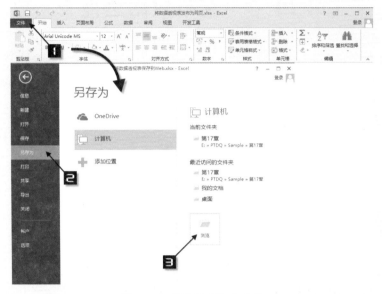

图 19-2　【另存为】选项卡

步骤⑤　单击【确定】按钮关闭【输入文字】对话框，返回【另存为】对话框，如图 19-4 所示。

图 19-3　选择保存类型

图 19-4　修改页标题

步骤⑥　单击【发布】按钮，在弹出的【发布为网页】对话框中，保持【选择】组合框中默认值【在数据透视表上的条目】。

步骤⑦　单击列表框中的"数据透视表"，Excel 将自动选中工作表中的数据透视表区域。

步骤⑧　保持默认选中【在浏览器中打开已发布网页】复选框。

步骤⑨　单击【发布】按钮关闭【发布为网页】对话框，如图 19-5 所示。

图 19-5　将数据透视表发布为网页

步骤⑩ 在弹出的 Internet Explorer 浏览器中将显示如图 19-6 所示的数据透视表报表。

月发生额统计

发生额 月份	部门 财务部	二车间	销售1部	销售2部	一车间	总计
01	18,461.74	9,594.98	7,956.20	13,385.20	31,350.57	80,748.69
02	18,518.58	10,528.06	11,167.00	16,121.00		56,352.64
03	21,870.66	14,946.70	40,314.92	28,936.58	32,026.57	138,095.43
04	19,016.85	20,374.62	13,854.40	27,905.70	5,760.68	86,912.25
05	29,356.87	23,034.35	36,509.35	33,387.31	70,760.98	193,048.86
06	17,313.71	18,185.57	15,497.30	38,970.41	36,076.57	126,043.56
07	17,355.71	21,916.07	70,604.39	79,620.91	4,838.90	194,335.98
08	23,079.69	27,112.05	64,152.12	52,661.83		167,024.69
09	22,189.46	13,937.80	16,241.57	49,964.33	14,097.56	116,430.72
10	22,863.39	14,478.15	41,951.80	16,894.00		96,203.34
11	36,030.86	26,340.45	26,150.48	96,658.50	20,755.79	205,936.08
12	46,937.96	21,892.09	39,038.49	38,984.12	146,959.74	293,812.40
总计						

部门: 财务部 二车间 技改办 经理室 人力资源部 销售1部 销售2部 一车间

图 19-6　IE 浏览器中的静态报表

注意 从 Excel 2007 版本开始已经不再支持 Microsoft Office Web Components 功能，所以使用 Excel 2013 将数据透视表发布为网页时，只能生成一张不具备交互功能的静态报表。

19章

393

19.2 将数据透视表保存到 Web

OneDrive 是微软提供的一项免费服务，用户使用 Windows Live ID 登录 OneDrive 网站后，可以在 Windows Live 服务器上存储、管理与下载文件、照片和其他文件，用户可以在任何具有 Internet 连接的计算机上访问这些文件。

示例 19.2 将数据透视表保存到 Web

打开示例文件"将数据透视表保存到 Web.xlsx"，在名称为"数据透视表"的工作表中已经创建了一个数据透视表，如图 19-7 所示。

步骤① 依次单击【文件】→【另存为】→【OneDrive】。

步骤② 在【另存为】选项卡中单击【登录】按钮，将弹出"正在与服务器联系"对话框，如图 19-8 所示。

图 19-7 示例文件中的数据透视表

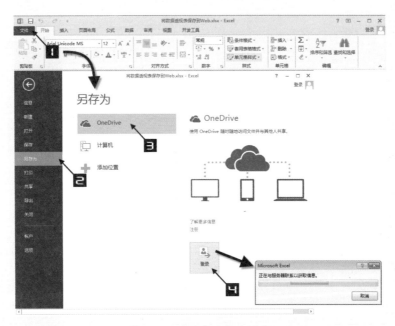

图 19-8 【另存为】选项卡

步骤③ 在【登录】对话框中输入"Microsoft 账户"和"密码",单击
【登录】按钮登录 OneDrive,如图 19-9 所示。

步骤④ 成功登录 OneDrive 之后,Excel 窗口右上角将显示 Live
ID,窗口左侧将由黑灰色变为绿色。单击【浏览】按钮将
弹出【另存为】对话框,双击"Book.Sample"目录,如
图 19-10 所示。

步骤⑤ 使用【文件名】组合框中的默认文件名,单击【保存】按钮关
闭【另存为】对话框,如图 19-11 所示。

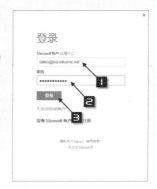

图 19-9 登录 OneDrive

图 19-10 选择目录

图 19-11 设置文件名

步骤⑥ 在 Excel 窗口底部的状态栏上将显示【正在上载到 SKYDRIVE】进度条,如图 19-12 所示。

图 19-12 正在上载到 SKYDRIVE

> 注意 ──────→ 文件上载时间取决于用户的 Internet 连接带宽和 Excel 文件大小，有时可能会需要较长时间。上载完成后，进度条将消失。

步骤⑦ 打开 Internet Explorer 浏览器，在地址栏中输入 OneDrive 登录页面的网址（https://OneDrive.live.com）并按 <Enter> 键。

步骤⑧ 在登录界面中输入"Microsoft account"和密码，单击【Sign in】按钮，如图 19-13 所示。

图 19-13　登录 OneDrive

步骤⑨ 双击【Book.Sample】文件夹，将显示文件夹中的所有文件。

步骤⑩ 在文件图标上右击，在弹出的快捷菜单中选择【Share】命令，如图 19-14 所示。

图 19-14　OneDrive 中的 Excel 文件

步骤⑪ 输入收件人电子邮件地址和邮件内容，单击【Share】按钮，该文件的 URL 链接将发送至指定的电子邮箱中，如图 19-15 所示。

用户收到的邮件内容如图 19-16 所示。

图 19-15　使用电子邮件发送文件链接

图 19-16　共享文件邮件内容

步骤⑫ 除了直接发送电子邮件外，也可以直接获取文件的 URL 链接。单击【Get a link】，单击【Choose an option】下拉按钮，选择"Edit"，即允许用户编辑该文件。

步骤⑬ 单击【Create link】按钮，将生成相应的 URL 链接，如图 19-17 所示。

图 19-17　获取文件 URL 链接

普通用户无须登录 OneDrive，就可以使用共享链接在 Internet Explorer 浏览器中查看或者编辑共享的 Excel 工作簿，如图 19-18 所示。

图 19-18　查看 OneDrive 中的数据透视表

与将数据透视表发布为网页不同的是，在浏览器中打开的 OneDrive 中的数据透视表仍然支持交互功能，如图 19-19 所示。

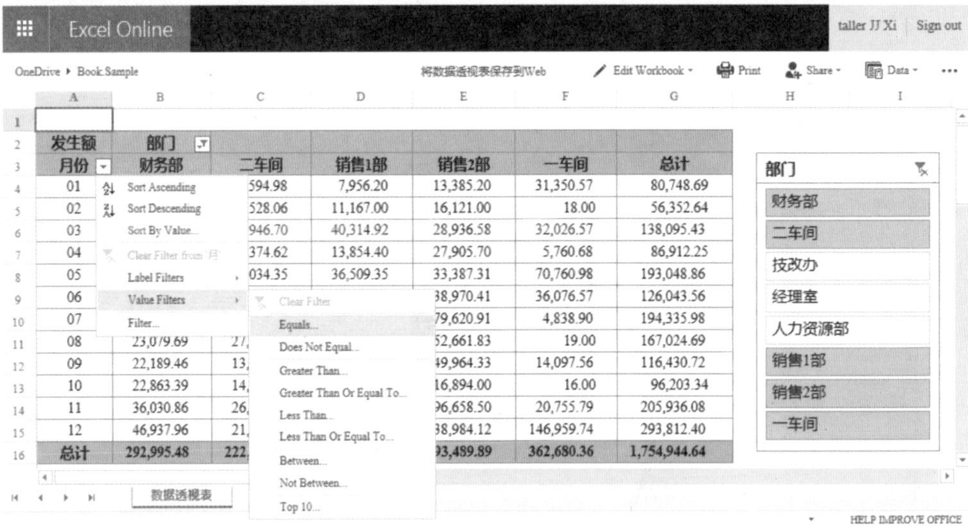

图 19-19　OneDrive 中的数据透视表支持交互功能

在浏览器中单击【切片器】中的"二车间"，透视表将自动刷新，如图 19-20 所示。

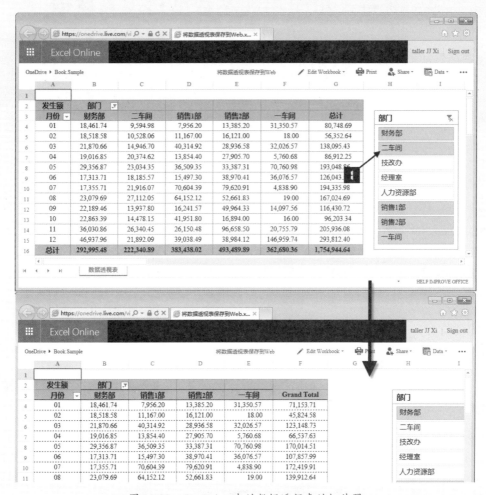

图 19-20　OneDrive 中的数据透视表的切片器

注意

用户必须使用 IE 6.0 或者更新版本的浏览器，否则无法访问 Windows Live 登录页面。使用其他浏览器（例如，Chrome 或者 Firefox）可能会导致透视表的某些功能无法使用，或者透视表无法正常显示。

第 20 章　用图形展示数据透视表数据

数据透视表为我们提供了灵活、快捷的数据计算和组织工具。而 Excel 2013 更为我们提供了多种以图形方式直观、动态地展现数据透视表数据的工具，包括数据透视图和迷你图等。

Excel 2013 中的数据透视图与普通图表完全融合，迷你图功能还可以用简捷的图形形式反映数据透视表数据的变化趋势或数据对比。本章将介绍 Excel 2013 数据透视图、迷你图的创建和使用方法。

20.1　创建数据透视图

创建数据透视图的方法非常简单，基本方法有以下三种方法。

❖ 根据已经创建好的数据透视表创建数据透视图。
❖ 根据数据源表直接创建数据透视图。
❖ 根据数据透视表创建向导创建数据透视图。

20.1.1　根据数据透视表创建数据透视图

示例 20.1　**根据数据透视表创建数据透视图**

图 20-1 是根据一张销售记录清单创建的数据透视表，如果需要根据这张数据透视表来创建数据透视图直观地分析数据，请参照以下步骤。

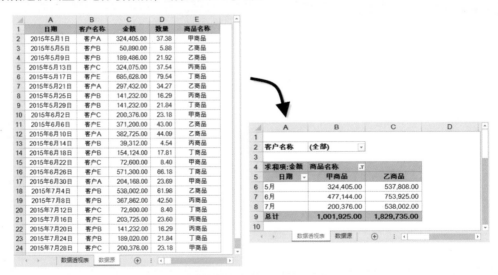

图 20-1　创建好的数据透视表

步骤① 选中数据透视表中的任意单元格（如 B6 单元格）。

步骤② 在【数据透视表工具】的【分析】选项卡中单击【数据透视图】按钮，弹出【插入图表】对话框。

步骤③ 在【插入图表】对话框中根据需要选择图表类型，本例选择【柱形图】→【簇状柱形图】，如图 20-2 所示。

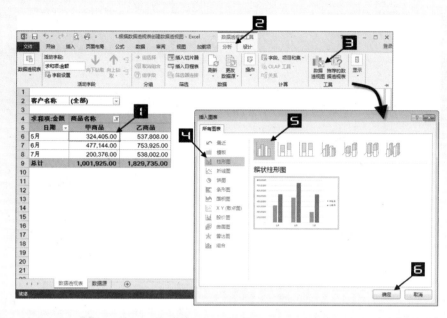

图 20-2 创建数据透视图

步骤④ 单击【确定】按钮，即可生成初步的数据透视图，如图 20-3 所示。

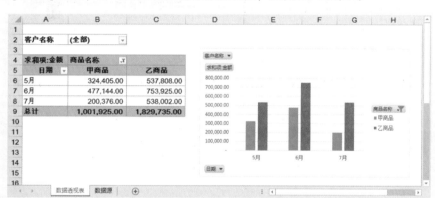

图 20-3 创建的数据透视图

20.1.2 根据数据源表创建数据透视图

当数据透视表尚未创建时，用户可以根据数据源表直接创建数据透视图。

示例 20.2 直接创建数据透视图

根据数据源表直接创建数据透视图，请参照以下步骤。

步骤① 选中数据源表中的任意一个单元格（如 A2 单元格）。

步骤② 在【插入】选项卡中单击【数据透视图】→【数据透视图】命令，打开【创建数据透视图】对话框。

步骤③ 在【创建数据透视图】对话框中，Excel 会自动选中【选择一个表或区域】选项，并在【表 /

区域】编辑框中自动添加当前数据源表的数据区域，用户也可以自己选取一个合适的数据区域作为创建数据透视图的数据区域。

步骤④ 如果用户需要将数据透视图放置在已存在的工作表中，如"数据透视表"工作表，则需要在【选择放置数据透视图的位置】选项下，选择【现有工作表】，并单击"数据透视表"工作表中放置数据透视图的单元格位置（如"数据透视表 !$A$3"），操作过程如图20-4 所示。

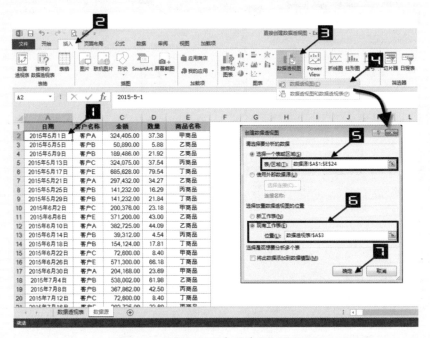

图 20-4　根据数据源表创建数据透视图

步骤⑤ 单击【确定】按钮，进入数据透视图设置状态，左侧是数据透视表区域，中间是数据透视图区域，右侧是【数据透视图字段】对话框，如图20-5 所示。

图 20-5　数据透视表图设计状态

步骤⑥　在【数据透视图字段】对话框中选中相应字段，并调整拖动字段到相应区域，即可创建出数据透视表，同时生成数据透视表相对应的默认类型的数据透视图，结果如图 20-6 所示。

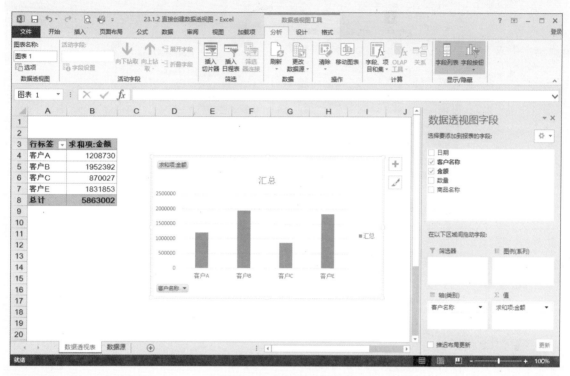

图 20-6　生成数据透视图

20.1.3　根据数据透视表向导创建数据透视图

数据透视表向导是 Excel 2003 版本创建数据透视表和数据透视图的重要工具，虽然 Excel 2013 版本提供了更为便捷的创建数据透视表和数据透视图的方法，同时它也保留了数据透视表向导。用户可以利用这一工具来创建数据透视表和数据透视图。

示例 20.3　通过数据透视表和数据透视图向导创建数据透视图

步骤①　在数据源表中单击任意单元格（如 A2 单元格），依次按下 <Alt>、<D>、<P> 键，弹出【数据透视表和数据透视图向导—步骤 1（共 3 步）】对话框。

步骤②　在【数据透视表和数据透视图向导—步骤 1（共 3 步）】对话框中，选择【数据透视图（及数据透视表）】单选按钮，单击【下一步】按钮，如图 20-7 所示。

步骤③　在弹出的【数据透视表和数据透视图向导—步骤 2（共 3 步）】对话框中的【选定区域】编辑框中 Excel 已经自动添加了数据源表区域，单击【下一步】按钮。

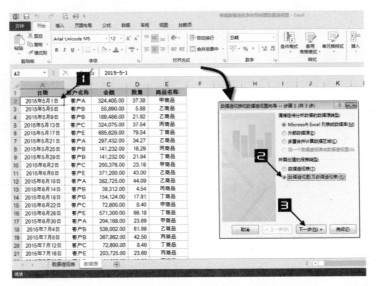

图 20-7　打开【数据透视表和数据透视图向导—步骤 1（共 3 步）】对话框

步骤④ 在弹出的【数据透视表和数据透视图向导—步骤 3（共 3 步）】对话框中，单击【现有工作表】选项，在编辑框中选取输入"数据透视表 !$A$3"，单击【完成】按钮，如图 20-8 所示。

步骤⑤ 用户可以根据实际需要，在【数据透视图字段】对话框中对数据透视表和数据透视图进行布局，最后创建的数据透视图如图 20-9 所示。

图 20-8　数据透视表和数据透视图向导—步骤 2、3

图 20-9　生成的数据透视图

20.1.4　直接在图表工作表中创建数据透视图

示例 20.4　在图表工作表中创建数据透视图

默认情况下，Excel 2013 将数据透视图与数据透视表创建在同一个工作表中。当然，数据透视图也可以直接创建在图表工作表中，请参照以下步骤。

步骤① 单击数据透视表中的任意单元格（如 B6 单元格）。

步骤② 按下 <F11> 功能键，直接将数据透视图创建在新建的图表工作表（Chart1）中，如图 20-10 所示。

图 20-10　直接在图表工作表中创建数据透视图

20.2　移动数据透视图

数据透视图与普通图表一样，可以根据用户需要移动到当前工作表之外的其他工作表中，或移动到图表专用的工作表中。移动数据透视图主要有以下几种方法。

❖ 直接通过复制、粘贴或剪切的方式移动或复制数据透视图。
❖ 通过快捷菜单将数据透视图移动到其他工作表中。
❖ 通过功能菜单移动数据透视图。
❖ 将数据透视图移动到图表专用的工作表中。

20.2.1　直接通过复制、粘贴或剪切的方式移动数据透视图

数据透视图可以如同文本对象一样，直接通过复制和粘贴的方式被复制到当前或其他的工作表中创建新的数据透视图副本，也可以通过剪切的方法将数据透视图移动到其他工作表中。

20.2.2　通过功能菜单移动数据透视图

示例 20.5　移动数据透视图

用户可以通过功能菜单移动数据透视图，请参照以下步骤。

步骤① 选中数据透视图图表区域，在【数据透视图工具】的【分析】选项卡中单击【移动图表】按钮，打开【移动图表】对话框，如图 20-11 所示。

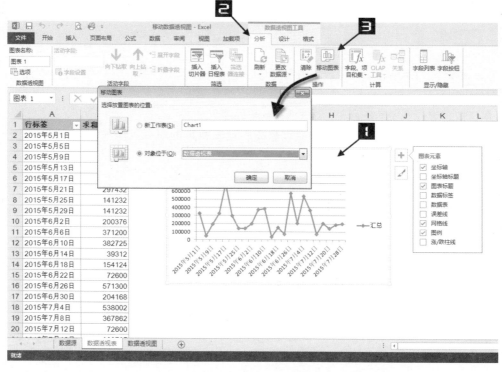

图 20-11 移动数据透视图

步骤② 在【移动图表】对话框的【对象位于】下拉列表中，选择已有的工作表名称，如"数据透视图"，如图 20-12 所示。

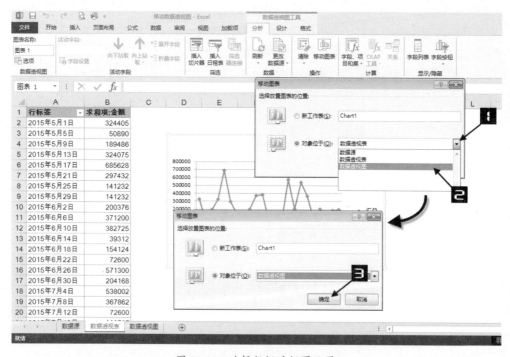

图 20-12 选择数据透视图位置

步骤③ 单击【确定】按钮，数据透视图将被移动到"数据透视图"工作表中，如图 20-13 所示。

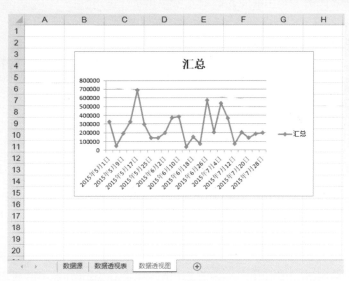

图 20-13 数据透视图移动后的结果

20.2.3 通过快捷菜单移动数据透视图

用户也可以通过右击的快捷菜单移动数据透视图，请参照以下步骤。

步骤① 在数据透视图图表区域上右击，在弹出的快捷菜单中选择【移动图表】命令，打开【移动图表】对话框，如图 20-14 所示。

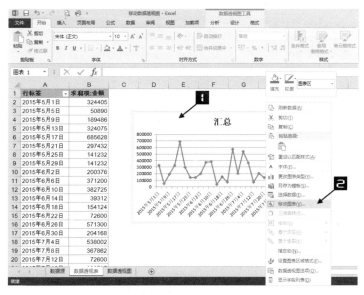

图 20-14 通过单击鼠标移动数据透视图

步骤② 在【移动图表】对话框的【对象位于】下拉列表中，选择已有的工作表名称，如"数据透视图"，单击【确定】按钮，数据透视图将被移动到"数据透视图"工作表中。

20章

20.2.4 将数据透视图移动到图表工作表中

数据透视图与普通图表一样，也可以被移动至图表工作表中。

步骤① 重复操作上例步骤1。

步骤② 在【移动图表】对话框的【新工作表】编辑框中，输入图表工作表名称，默认的工作表名称为"Chart1"，单击【确定】按钮。数据透视图立即被移动到新建的"Chart1"工作表中，如图20-15所示。

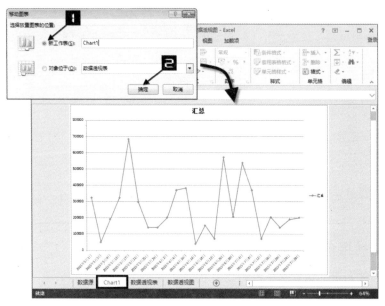

图 20-15　将数据透视图移动到图表工作表中

提示　　　如果需要将图表工作表中的数据透视图再移动到普通工作表中，只需按20.2.2小节或20.2.3小节所示方法操作即可，移动后的图表工作表将会被自动删除。

20.3　数据透视图的结构布局

数据透视图与普通图表结构十分相似，同时它的布局又受到数据透视表的制约，当数据透视表布局改变时，数据透视图的布局也将发生改变。

20.3.1 数据透视图的字段列表

数据透视表的【数据透视表字段】对话框和数据透视图的【数据透视图字段】对话框极为相似，只是数据透视表中的【列】与【行】在数据透视图中被分别称为【图例（系列）】和【轴（类别）】，如图20-16所示。

用户可以直接通过移动数据透视图字段列

图 20-16　数据透视表和数据透视图显示的字段对话框

表对话框中的字段来改变数据透视图的布局，同时也改变了相关联的数据透视表布局。

用户可以单击数据透视图，在【数据透视图工具】的【分析】选项卡中单击【字段列表】按钮，打开数据透视图的【数据透视图字段】对话框，如图 20-17 所示。

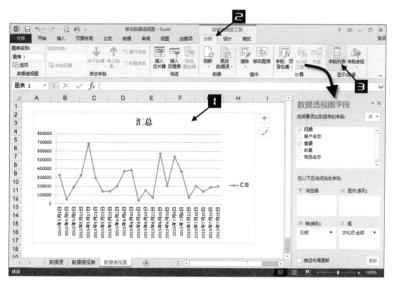

图 20-17　打开数据透视图的【数据透视图字段】对话框

用户还可以在数据透视图上右击，在弹出的快捷菜单中单击【显示字段列表】命令，打开【数据透视图字段】对话框，如图 20-18 所示。

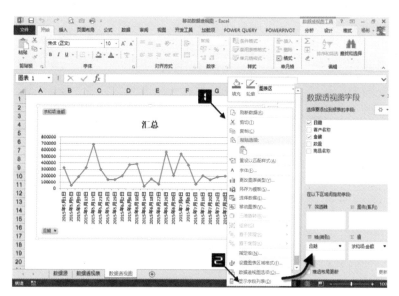

图 20-18　通过鼠标快捷菜单打开【数据透视图字段】对话框

20.3.2　显示或隐藏数据透视图字段按钮

Excel 2013 版本在数据透视图中设计了字段按钮，供用户对数据透视图进行条件选择。显示或隐藏数据透视图字段按钮的方法如下。

20章

单击数据透视图，在【数据透视图工具】的【分析】选项卡中单击【字段按钮】命令，该命令图标分为上下两个部分，上半部是一个开关键，单击一次可以显示数据透视图中的字段按钮，再次单击则隐藏数据透视图中的字段按钮；该命令的下半部为复选按钮，单击后会打开下拉菜单，在下拉菜单中选中需要显示的字段类型，数据透视图中则显示出选中的字段按钮。如果用户需要将所有的字段均隐藏起来，可以单击【全部隐藏】命令，如图 20-19 所示。

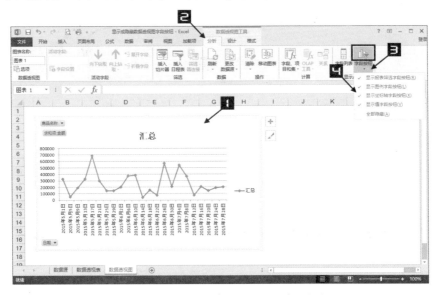

图 20-19　显示或隐藏数据透视图字段按钮

当用户只希望在数据透视图中显示部分字段按钮，可以单击【字段按钮】命令的下半部，在下拉菜单中选中需要显示的字段按钮，选中后的字段将显示在数据透视图中，未被选中的字段将不显示在数据透视图中，如图 20-20 所示。

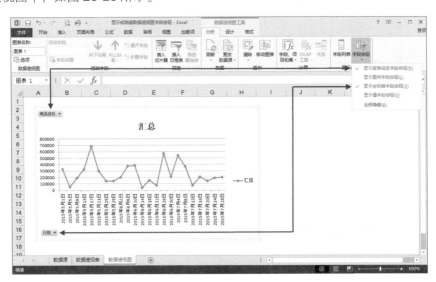

图 20-20　选中显示字段

20.3.3　数据透视图与数据透视表之间的相互影响

数据透视表与数据透视图之间存在着密切的关联，数据透视图是在数据透视表基础之上创建的，对数据透视表高度依存，在数据透视表或数据透视图中进行字段筛选都会引起两者的同时变化。下面以图 20-21 所示的数据透视表与数据透视图为例，介绍两者之间的相互影响。

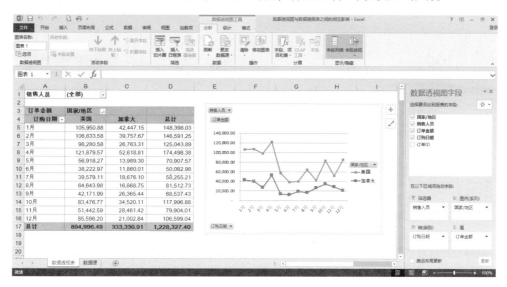

图 20-21　相互关联的数据透视表与数据透视图

1. 【筛选器】字段筛选的影响

在数据透视表筛选器字段"销售人员"的下拉列表中，选中【选择多项】复选框，同时取消对"（全部）"复选框的选中，选中"林丹"数据项，单击【确定】按钮，数据透视表和数据透视图立即同时发生改变，与此同时在数据透视图中的"销售人员"字段筛选列表中的【选择多项】和"林丹"字段项的复选框也已经被选中，如图 20-22 所示。

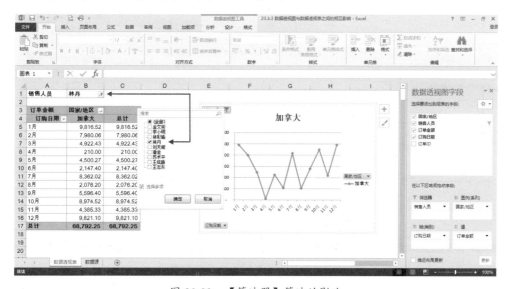

图 20-22　【筛选器】筛选的影响

2. 【图例（系列）】筛选的影响

在数据透视图中【图例字段】的下拉列表中，选中"美国"数据项的复选框，单击【确定】按钮，数据透视表和数据透视图也会同时发生相应变化，结果如图 20-23 所示。

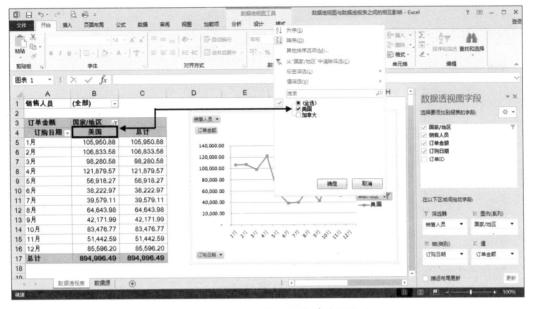

图 20-23　【图例（系列）】筛选的影响

3．【轴（类别）】筛选的影响

在数据透视图"轴（类别）"的【订购日期】字段的下拉列表中，依次选中"1月"至"6月"字段项的复选框，单击【确定】按钮，数据透视表和数据透视图会立即同时发生改变，如图 20-24 所示。

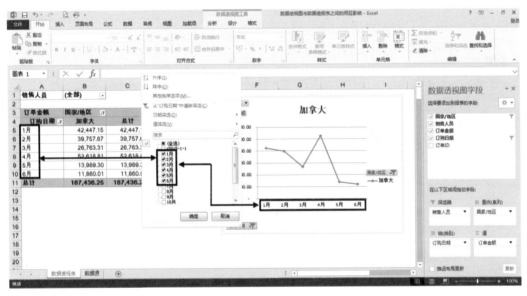

图 20-24　轴（类别）筛选的影响

4．字段位置调整的影响

如果将数据透视表【列】区域字段"国家/地区"移动至【行】区域，数据透视表将形成双"行标签"字段，此时数据透视图立即发生改变，在【数据透视图字段】对话框中，【轴（类别）】字段也变为"国家/地区"和"订购日期"两个字段，如图 20-25 所示。

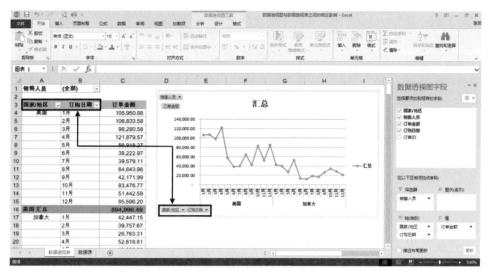

图 20-25　字段位置移动的影响

20.4　编辑美化数据透视图

初步创建的数据透视图，往往需要通过进一步的编辑美化才能达到用户展现数据的需求。图 20-26 展示了一张由"计划表"和"实绩表"创建的计划完成情况的数据透视表。

月份	实绩	计划	完成率
1月份	690.00	770.00	90%
2月份	870.00	900.00	97%
3月份	890.00	840.00	106%
4月份	980.00	630.00	156%
5月份	610.00	830.00	73%
6月份	880.00	630.00	140%
7月份	700.00	660.00	106%
8月份	940.00	690.00	136%
9月份	610.00	830.00	73%
10月份	900.00	980.00	92%
11月份	800.00	760.00	105%
12月份	1,000.00	980.00	102%

图 20-26　根据计划完成情况表创建的数据透视表

根据计划完成情况数据透视表，创建了默认图表类型的数据透视图，如图 20-27 所示。

默认情况下，创建数据透视图为"簇状柱形图"，图形不够美观；另外，"完成率"字段因数值相对过小，无法在当前数据透视图中显示出来。

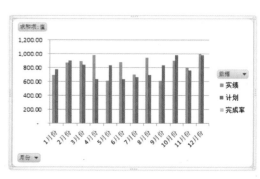

图 20-27　初步创建的数据透视图

示例 20.6 编辑美化数据透视图

1. 调整数据透视图的大小

步骤① 单击图表区域，选中整张数据透视图，在【开始】选项卡中单击"字号"的下拉按钮，在弹出的下拉列表中选取需要设置的字号（数据透视图默认字号为 10 号）。

步骤② 选中数据透视图后，将鼠标指针移动到数据透视图四个角或四个边框中间时，数据透视图上将会在这八个方向上出现操作柄，通过拖动这些操作柄可以调整图表的大小，将数据透视图调整到分类轴"月份"文字呈现正常水平横向排列，如图 20-28 所示。

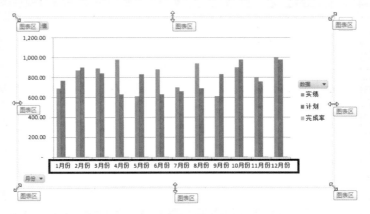

图 20-28 调整数据透视图位置及大小

2. 显示并更改不可见系列数据的图表类型

为了将"完成率"系列在数据透视图中显示出来，需要将其设置为次坐标。

步骤① 选中数据透视图，单击【数据透视图工具】的【设计】选项卡。

步骤② 单击【添加图表元素】按钮，在下拉列表中单击【坐标轴】→【更多轴选项】选项，此时数据透视图右侧打开【设置数据系列格式】对话框，在【系列选项】下拉列表中单击【系列"完成率"】选项，此时图表中"完成率"系列显示为被选中状态，如图 20-29 所示。

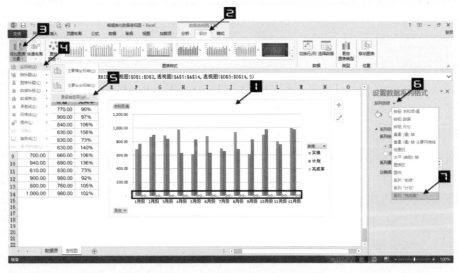

图 20-29 选取隐藏的数据系列

步骤③ 在【设置数据系列格式】对话框的【系列绘制在】选项中单击【次坐标轴】，将"完成率"绘制在次坐标轴上，单击【更改图表类型】命令，打开【更改图表类型】对话框，如图 20-30 所示。

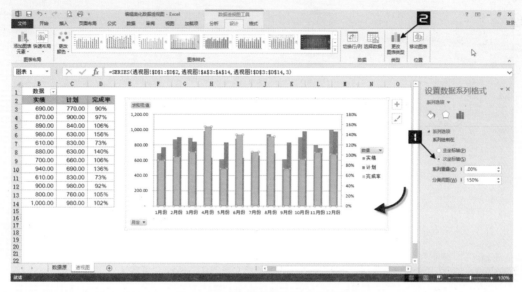

图 20-30　将序列设置在次坐标轴

步骤④ 此时，在【更改图表类型】对话框中，Excel 自动选择了【组合】图表类型，同时，在右下侧的【为您的数据系列选择图表类型和轴】组合框中，"完成率"系列的"次坐标"选项也被自动选中。单击"完成率"系列的【图表类型】列表框的下拉箭头，在打开的图表类型列表中单击【带数据标记的折线图】，单击【确定】按钮，设置操作及结果如图 20-31 所示。

3. 修改数据图形的样式

　　为了使"完成率"系列图形更为突出和醒目，可以对图形样式进行进一步的美化，包括：修改图形的数据标记的外形、填充色和改变图形线条的颜色等。

步骤① 选中"完成率"系列，右击，在弹出的快捷菜单中选择【设置数据系列格式】命令，打开【设置数据系列格式】对话框，如图 20-32 所示。

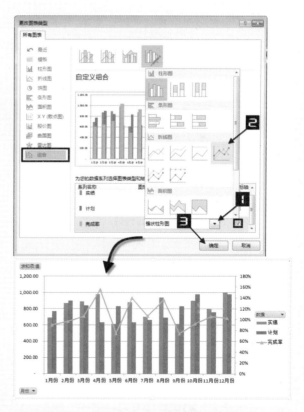

图 20-31　将次坐标轴系列图表类型改为折线图

20章

415

步骤② 在【设置数据系列格式】对话框中，单击【标记】，在【数据标记选项】区中选择【内置】，在【类型】下拉列表中选择"圆形"，将数据标记设置为圆形，如图 20-33 所示。

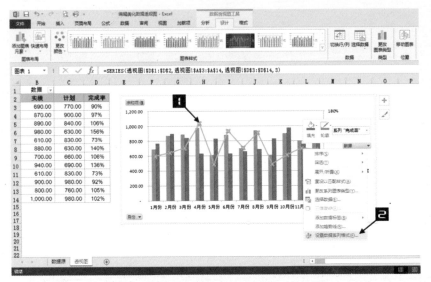

图 20-32　打开【设置数据系列格式】对话框　　　图 20-33　设置标记形状

步骤③ 在【设置数据系列格式】对话框中，向下移动滚动条至【填充】选项区，选择【纯色填充】，在【颜色】调色板中选择"白色"作为标志的底色，绘制成一个白色底色的空心圆，如图 20-34 所示。

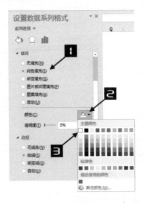
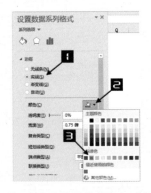

图 20-34　设置数据标记填充色　　　　　图 20-35　设置数据标记边框

步骤④ 继续向下移动滚动条至【边框】选项区，选择【实线】，在【颜色】调色板中选择"红色"作为数据标记边框的颜色，如图 20-35 所示。

步骤⑤ 在【设置数据系列格式】对话框中，单击【线条】，在【线条】选项中选择【实线】，在【颜色】调色板中选择"红色"，如图 20-36 所示。

设置完成的数据透视图中"完成率"系列变为红色折线，数据标记为白底红圈，这样，"完成率"系列线条比较醒目并且标记清晰，如图 20-37 所示。

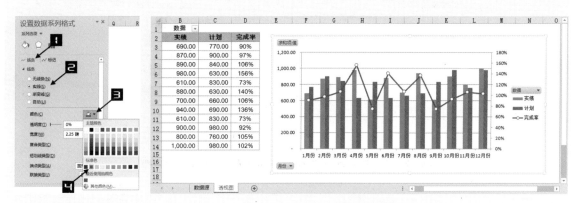

图 20-36　设置序列线条格式　　　　　　　图 20-37　修改完成后的"完成率"系列效果

步骤⑥ 选中"计划"系列，打开【设置数据系列格式】对话框，在【填充】选项区域中选择"无填充"，在【边框】选项区域中选择"实线"，颜色选择"蓝色"，【宽度】设置为"2.25磅"，如图20-38所示。

步骤⑦ 选中"实绩"系列，在【设置数据系列格式】对话框中，将图形【填充】设置为【纯色填充】中的"水绿色，强调文字颜色5，淡色60%"，如图20-39所示。

4. 设置系列重叠

在【设置数据系列格式】对话框中单击【系列选项】选项卡，将【系列重叠】设置为100%，设置后的效果如图20-40所示。

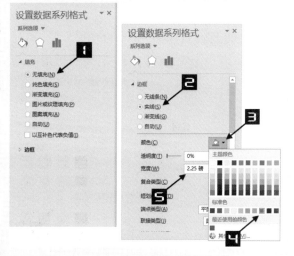

图 20-38　设置"计划"图形序列格式

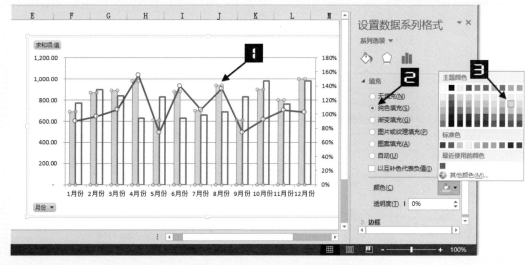

图 20-39　设置"实绩"图形序列格式

图 20-40　设置序列重叠

5．设置图表区域及绘图区域底色

用户还可以直接在功能菜单中选择 Excel 2013 预置的样式，对数据透视图进行快速格式设置。

选中数据透视图的"图表区域"，在【数据透视图工具】的【格式】选项卡的【形状样式】命令组中打开"样式库"，单击【细微效果 - 蓝色，强调颜色 1】样式，数据透视图"图表区域"底色立即发生变化，如图 20-41 所示。

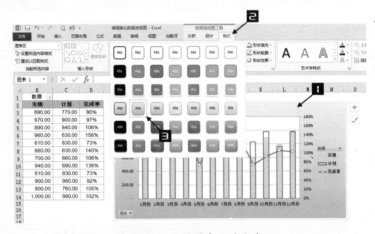

图 20-41　设置图表区域底色

数据透视图美化后的最终效果如图 20-42 所示。

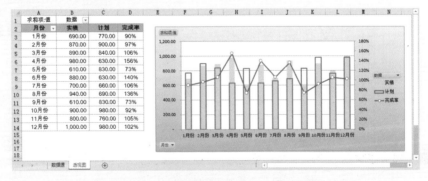

图 20-42　数据透视图美化后的最终效果

20.5　快速改变数据透视图的设置

Excel 2013 内置了 11 种图表布局，8 种图表样式，如图 20-43 所示；42 种形状样式，如图 20-44 所示。用户可以利用这些样式快速改变数据透视图的设置。

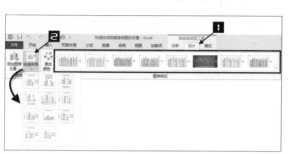

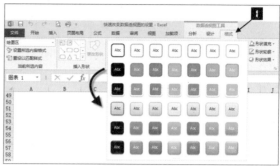

图 20-43　图表布局和样式

图 20-44　形状样式

20.5.1　快速制作带数据表的数据透视图

示例 20.7　快速制作带数据表的数据透视图

如果用户希望将初步创建的数据透视图改变成带数据表的数据透视图，请参照以下步骤。

步骤① 选中数据透视图，单击数据透视图右侧出现的 ，展开【图表元素】列表框，选中【数据表】的复选框即可，如图 20-45 所示。

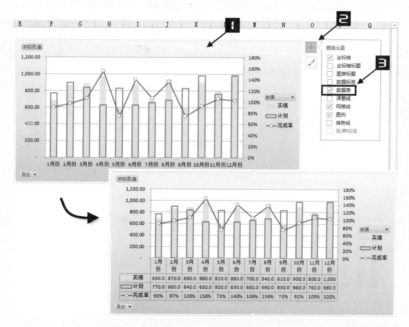

图 20-45　快速添加数据表

步骤② 用户还可以用鼠标在【图表元素】列表框中滑动到【数据表】，单击右侧的箭头，选择【无图例项标示】，去除"数据表"中的图例标示，如图 20-46 所示。

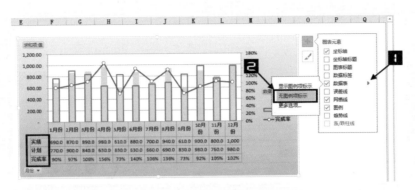

图 20-46　去除数据表中的图例标示

20.5.2　快速设置数据透视图的图形样式

图 20-47 上半部分展示的是一张初步创建的数据透视图，用户可以使用 Excel 2013 内置的数据透视图"图表样式"和"形状样式"来快速设置数据透视图的样式，使数据透视图更具表现力。

选中数据透视图，在【数据透视图工具】的【设计】选项卡中选取"样式 8"，将数据序列设置为三维立体样式，如图 20-47 下半部分所示。

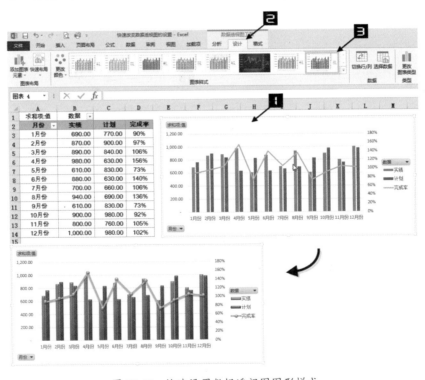

图 20-47　快速设置数据透视图图形样式

20.5.3　使用主题快速改变数据透视图的设置

图 20-48 上半部分是已经创建的数据透视图，用户可以使用"主题"对数据透视图进行快

速修改，具体步骤如下。

步骤① 在【页面布局】选项卡中单击【主题】按钮，打开主题库。

步骤② 在打开的主题库中选择自己需要的主题，如选择内置主题【基础】，数据透视图立即发生改变，如图 20-48 所示。

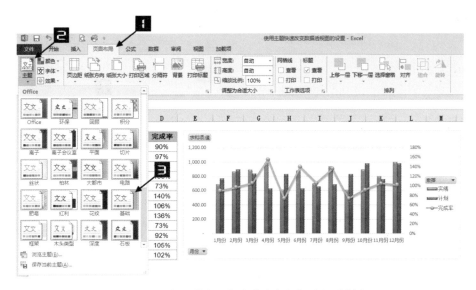

图 20-48 使用【主题】快速改变数据透视图样式

设置主题后，数据透视图中的图表样式会随之发生改变，如图 20-49 所示。

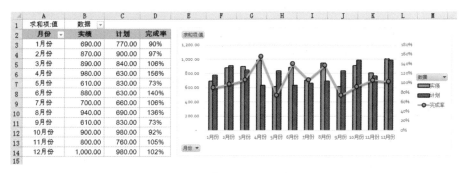

图 20-49 修改后的数据透视图

> **提示** → "主题"的设定不仅对数据透视图产生作用，同时也对数据透视表产生影响。

20.6 刷新和删除数据透视图

20.6.1 刷新数据透视图

当创建数据透视图的数据源中的数据发生变动后，数据透视图需要经过刷新才会得到最新的数据信息。刷新数据透视图有以下三种方法。

方法一：选中数据透视图，在【数据透视图工具】的【分析】选项卡中单击【刷新】按钮，如图 20-50 所示。

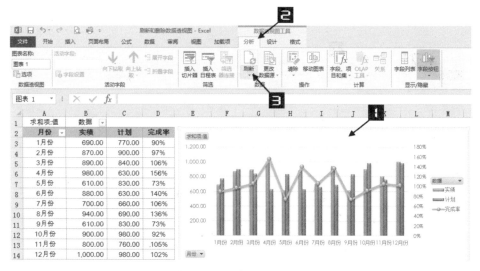

图 20-50　刷新数据透视图

方法二：选中数据透视图，右击，在弹出的快捷菜单中选择【刷新数据】命令，如图 20-51 所示。

用户也可以在数据透视表中右击，在弹出的快捷菜单中选择【刷新】命令，刷新数据透视表，同样也可以实现刷新数据透视图的目的。

方法三：选中数据透视图，按下 <Alt+F5> 组合键也可以刷新数据透视图。

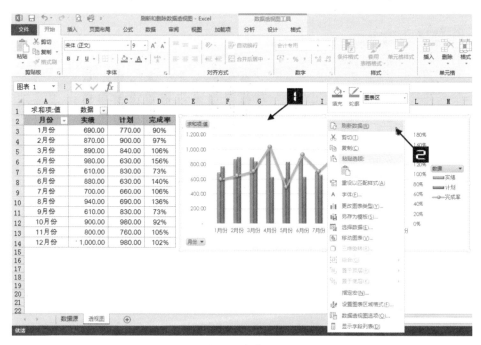

图 20-51　通过快捷菜单刷新数据透视图

20.6.2　删除数据透视图

用户如果需要删除数据透视图，可以选中数据透视图，在【数据透视图工具】的【分析】选项卡中依次单击【清除】按钮→【全部清除】命令，如图 20-52 所示。

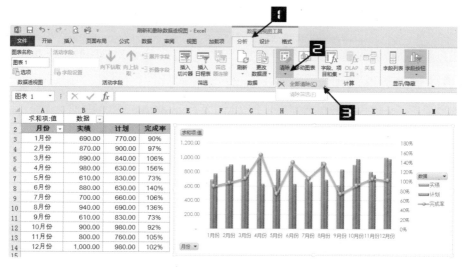

图 20-52　删除数据透视图

采用这种方式删除数据透视图后，相对应的数据透视表也一同被删除，只保留了一个空的"数据透视表"和"图表区"，结果如图 20-53 所示。

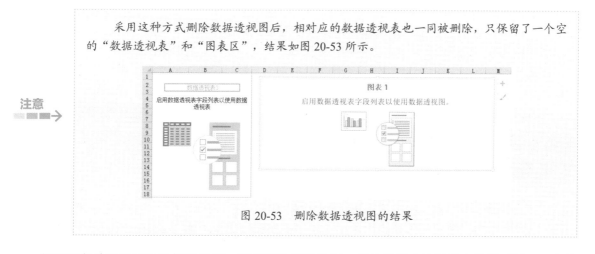

图 20-53　删除数据透视图的结果

如果用户希望只删除数据透视图，而保留数据透视表，最快捷的方法是选中数据透视图，直接按 <Delete> 键进行删除。

20.7　将数据透视图转为静态图表

数据透视图是基于数据透视表创建的，数据透视表的变动会直接在数据透视图中反映出来。但用户有时可能更需要一张静态的数据透视图，不受数据透视表变动的影响，具体方法有以下几种。

20.7.1　将数据透视图转为图片形式

将数据透视图转为静态图表最直接的方法是将数据透视图转为图片形式。

步骤① 选中数据透视图，右击，在弹出的快捷菜单中选择【复制】命令。

步骤② 在需要存放图片的单元格上右击，在弹出的快捷菜单中选择【选择性粘贴】命令。

步骤③ 在打开的【选择性粘贴】对话框中的【方式】中选择所需的图形格式，然后单击【确定】按钮，关闭对话框。

此时数据透视图已转为图片形式，形成静态图表样式。

此方法的优点是：操作方便，可以快速将数据透视图以图片的形式复制到 Word 文档，或通过 QQ 等网络上传递。

缺点是：此时图片形式的"数据透视图"已不再是图表，不能对其图表系列进行直接修改。

20.7.2 直接删除数据透视表

另一种方法是，全部选中数据透视表，直接按下 <Delete> 键，删除数据透视表，此时数据透视图仍然存在，但数据透视图的系列数据被转为常量数组形式，从而形成静态的图表。

该方法的优点是：保留了数据透视图的图表形态，操作同样便捷。

缺点是：与数据透视图相关的数据透视表被删除，破坏了数据透视表数据的完整性。

20.7.3 将数据透视表复制成普通数据表

如果用户希望在将数据透视图转为静态图表后，仍然保留相对应的数据透视表的数据，可以按如下方法操作。

步骤① 选中整张数据透视表。

步骤② 右击，在弹出的快捷菜单中依次进行【复制】→【选择性粘贴】→【数值】的操作，将数据透视表复制、粘贴成普通数据表。

步骤③ 选中整张数据透视表，按下 <Delete> 键，删除数据透视表。

相关联的数据透视图的系列数据被转为常量数组形式，从而形成静态的图表。

该方法的优点是：保留了数据透视表数据的完整性，同时实现了将数据透视图转为静态图表的目的。

缺点是：数据透视图转为静态的同时，数据透视表也转为静态，丧失了数据透视表的功能。

20.7.4 真正实现断开数据透视图与数据透视表之间的链接

如果用户希望在保留数据透视表功能的同时，将相应的数据透视图转为静态图表，请参照以下步骤。

步骤① 选中整张数据透视表，将其复制到另一个单元格区域，制作一个新的数据透视表副本。

步骤② 删除与数据透视图相关联的数据透视表，将数据透视图转为静态图表。

步骤③ 将数据透视表与静态图表调整到合适的位置。

该方法的优点是：既保留了数据透视表数据及相应的功能，同时又将数据透视图转为静态图表，真正实现了断开数据透视图与数据透视表之间的链接的目的。

20.8 数据透视图的使用限制

Excel 2013 数据透视图较之以前的版本已有了很大改进，数据透视图与普通图表的功能基本一致，但仍然存在一些限制。

无法创建图表类型为 XY（散点）图、气泡图和股价图的数据透视图。当用户试图在数据透视图中创建 XY（散点）图等特定类型的图表时，系统会弹出如图 20-54 所示的提示信息。

在数据透视图中，无法调整图形系列的位置顺序。用户打开【选择数据源】对话框，其中的【系列】位置调整按钮均呈现为灰色不可用状态，如图 20-55 所示。

图 20-54　在数据透视图中试图创建 XY（散点）
图等特定图表类型

图 20-55　【选择数据源】对话框

如果在数据透视图中添加了趋势线，那么当在它所基于的数据透视表中添加或删除字段时，这些趋势线可能会丢失。

由于数据透视图完全依赖于数据透视表，因此在不改变数据透视表布局的情况下，无法删除数据透视图中的图形系列，也无法直接通过修改数据透视图系列公式的参数值来修改图形，而在普通图表中，可以通过这一方法来直接修改图形。

20.9　数据透视图的应用技巧

虽然 Excel 2013 的数据透视图存在一些限制，但用户可以使用一些特殊技巧来突破这些限制，制作出满足需要的数据透视图。

20.9.1　处理多余的图表系列

在图 20-56 中，左侧是根据销售数据创建的数据透视表，右侧是根据数据透视表创建的数据透视图。在数据透视表中"数量""销价"和"金额"三个字段的数值差异很大，在数据透视图中也反映出图形系列之间的反差很大，"销价"系列甚至因数值太小而无法显示出来。

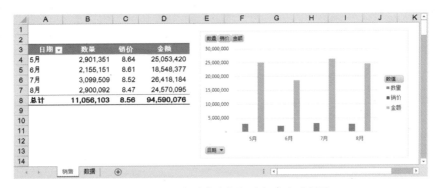

图 20-56　初步创建的数据透视表和透视图

示例 20.8　处理多余的图表系列

为了更好地反映数量和价格之间的关系，需要将"金额"系列从数据透视图中删除，但这样一来数据透视表就不能完整地反映量、价和金额的数据关系。用户可以通过采用隐藏的方法来处理多余的图表系列，请参照以下步骤。

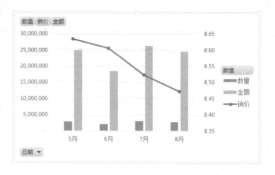

步骤① 将"销价"系列设置在"次坐标轴"上，并将图表类型改为"带数据标记的折线图"，效果如图 20-57 所示。

步骤② 选中"金额"系列，将【系列重叠】设置为"100%"，并将系列的【填充】设置为"无填充"，【边框颜色】设置为"无线条"，设置后的效果如图 20-58 所示。

图 20-57　设置"销价"图形系列

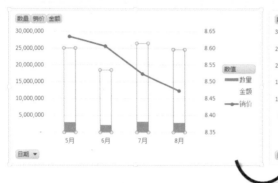

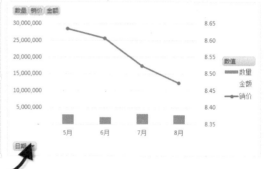

图 20-58　隐藏"金额"系列

步骤③ 选中"纵坐标"，在【设置坐标轴格式】对话框中，将【坐标轴选项】中的【最小值】设置为固定"500000"，将【最大值】设置为"3500000"，设置后的效果如图 20-59 所示。

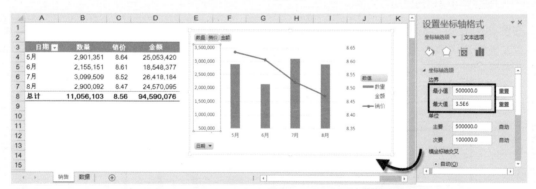

图 20-59　修改"垂直坐标轴"的最小值和最大值

步骤④ 在"图例"中删除"金额"系列的图例，最终得到的量价图形结果如图 20-60 所示。

图 20-60 "量价"透视图结果

本例是在不改变透视表布局和不删除数据透视图系列的情况下，采用将多余系列设置成全透明的方法，处理掉数据透视图中多余的图表系列。

20.9.2 定义名称摆脱数据透视图的限制

如果要彻底摆脱数据透视图的限制，而又能发挥数据透视表快速灵活的特点，用户可以通过定义名称引用数据透视表数据序列的方法来实现动态图表的创建。

示例 20.9 南欣石油公司销售分析

图 20-61 所示是南欣石油公司 SAP 系统生成的 2015 年 12 月份销售明细数据表（数据为虚拟数据），要求按部门和品种进行量价分析生成动态图表，并将最高价和最低价圈示出来，请参照以下步骤。

	A	B	C	D	E	F	G	H	I
1	销售办事处	物料号	物料名称	发票日期	销售单价	含税金额	数量	税额	不含税金额
1188	南欣白桥站	20000361	-10号柴油	2015-12-30	5.02	8,228.29	1,637.95	1,195.57	7,032.72
1189	南欣本部	20000361	-1号柴油	2015-12-30	5.35	42,800.00	8,000.00	6,218.80	36,581.20
1190	南欣本部	20000361	-10号柴油	2015-12-30	5.10	153,000.00	30,000.00	22,230.77	130,769.23
1191	南欣公园站	20000361	-10号柴油	2015-12-30	5.02	3,272.06	651.35	475.43	2,796.63
1192	南欣公园站	20000361	-10号柴油	2015-12-30	5.02	3,070.85	611.30	446.19	2,624.66
1193	南欣南天站	20000361	-10号柴油	2015-12-30	5.02	49,269.05	9,807.66	7,158.74	42,110.31
1194	南欣南天站	20000361	-10号柴油	2015-12-30	5.02	14,755.47	2,937.28	2,143.96	12,611.51
1195	南欣长海站	20000361	-10号柴油	2015-12-30	5.02	24,635.64	4,904.05	3,579.55	21,056.09
1196	南欣长海站	20000361	-10号柴油	2015-12-30	5.02	3,783.37	753.13	549.72	3,233.65
1197	南欣安门站	20000361	-10号柴油	2015-12-31	5.02	15,269.99	3,039.73	2,218.72	13,051.27
1198	南欣安门站	20000361	-10号柴油	2015-12-31	5.02	8,241.01	1,640.48	1,197.41	7,043.60
1199	南欣白桥站	20000361	-10号柴油	2015-12-31	5.02	24,109.57	4,799.33	3,503.10	20,606.47
1200	南欣白桥站	20000361	-10号柴油	2015-12-31	5.02	4,978.44	991.02	723.36	4,255.08
1201	南欣公园站	20000361	-10号柴油	2015-12-31	5.02	5,394.98	1,073.94	783.89	4,611.09
1202	南欣公园站	20000361	-10号柴油	2015-12-31	5.02	2,776.21	552.65	403.38	2,372.83
1203	南欣南天站	20000361	-10号柴油	2015-12-31	5.02	19,084.30	3,798.98	2,772.93	16,311.37
1204	南欣南天站	20000361	-10号柴油	2015-12-31	5.02	10,176.03	2,025.67	1,478.57	8,697.46
1205	南欣长海站	20000361	-10号柴油	2015-12-31	5.02	5,686.45	1,131.96	826.24	4,860.21
1206	南欣长海站	20000361	-10号柴油	2015-12-31	5.02	1,204.75	239.81	175.05	1,029.70

图 20-61 南欣石油公司销售数据表

步骤① 根据销售数据表，在已更名为"透视图"的工作表中插入空白数据透视表。

步骤② 添加计算字段，将原以"公斤"表示的"数量"改为以"吨"表示的"销量"，"销量 = 数量 /1000"；另将以"公斤"为单位的"单价"转为以"吨"为单位的"销价"，并保留 2 位小数，"销价 =ROUND(含税金额 / 销量 ,2)"，如图 20-62 所示。

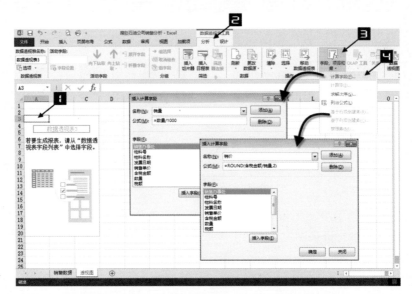

图 20-62　创建数据透视表并添加计算字段

步骤③ 设置透视表布局，创建完成的数据透视表如图 20-63 所示。

图 20-63　创建完成的数据透视表

步骤④ 对数据透视表进行必要的美化，再选中透视表中的 C5:C27 单元格区域，利用【项目选取规则】设置条件格式，标注出"销价"中的最大值和最小值，如图 20-64 所示。

步骤⑤ 在当前窗口的【公式】选项卡中单击【名称管理器】按钮，打开【名称管理器】对话框，分别定义名称 date、num、DJ、L_price、S_price，分别动态引用"日期""销量""销价""最高销价""最低销价"等相应单元格区域，公式如下。

日期：

```
date=OFFSET( 透视图 !$A$4,1,,COUNT( 透视图 !$A$5:$A$100))
```

销量：

num=OFFSET（透 视 图 !\$A\$4,1,1,COUNT
（透视图 !\$A\$5:\$A\$100))

销价：

DJ=OFFSET（透视图 !\$A\$4,1,2,COUNT（透
视图 !\$A\$5:\$A\$100))

最高销价：

L_price=IF(MAX(DJ)=DJ,DJ,NA())

最低销价：

S_price=IF(MIN(DJ)=DJ,DJ,NA())

图 20-64　标注最高价和最低价

步骤⑥ 单击数据透视表以外的任意单元格，在【插入】选项卡的【图表】命令组中单击【柱形图】按钮，在弹出的扩展菜单中选择【簇状柱形图】，插入一张空白图表。

步骤⑦ 在空白图表中右击，在弹出的快捷菜单中选择【选择数据】命令，打开【选择数据源】对话框，按图 20-65 所示方法添加"销量"图表系列。

图 20-65　添加"销量"图形系列

步骤⑧ 按步骤 7 的方法添加"销价"图表系列，如图 20-66 所示。

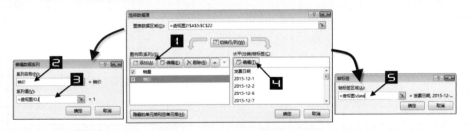

图 20-66　添加"销价"图形系列

步骤⑨ 选中"销价"图表系列，右击，在弹出的快捷菜单中单击【更改系列图表类型】命令，在打开的【更改图表类型】对话框中，将"销价"序列的图表类型改为"带数据标志的折线图"，并选中右侧的"次坐标轴"复选项，修改后的效果如图 20-67 所示。

步骤⑩ 选中"横坐标轴"，右击，在打开的快捷菜单中单击【设置坐标轴格式】命令，打开右侧的【设置坐标轴格式】对话框，将【坐标轴类型】设置为【文本坐标轴】，如图 20-68 所示。

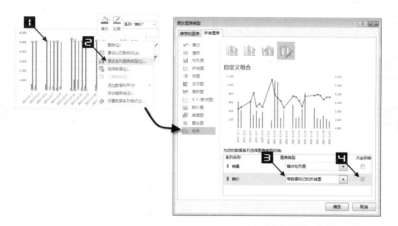

图 20-67　修改"销价"图形系列

步骤⑪ 对数据透视图做进一步美化，如图 20-69 所示。

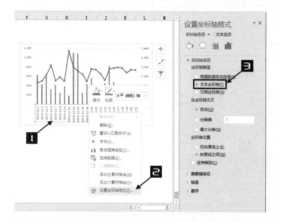

图 20-68　修改"水平（类别）坐标轴"类型

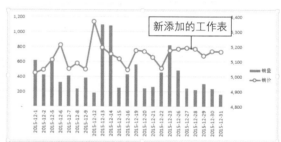

图 20-69　美化图形后的效果

步骤⑫ 向数据透视图中添加"最高价"和"最低价"图形系列，如图 20-70 所示。

步骤⑬ 修改"最高价"系列，将【数据标记类型】选为【内置】的"圆形"，【大小】为"18"，【数据标记填充】设为"无填充"，【线条颜色】设为"无线条"，【标记线颜色】设为"实线"、【颜色】为"红色"，【标记线样式】的【宽度】设为"1.75"，形成空心的红色大圆环。

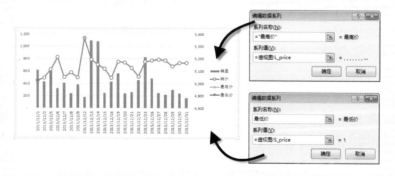

图 20-70　添加"最高价""最低价"图形系列

步骤⑭ 修改"最低价"系列，将【数据标记类型】选为【内置】的"方形"，【大小】为"14"，【数据标记填充】设为"无填充"，【线条颜色】设为"无线条"，【标记线颜色】设为"实线"、【颜色】为"红色"，【标记线样式】的【宽度】设为"1.75"，形成空心的红色小方框。

　　设置后的效果如图 20-71 所示。

步骤⑮ 选中"最高价"图表系列，单击图表右侧的 ➕，在打开的【图表元素】列表框中选中【数据标签】的复选项，添加"最高价"数据标签，如图 20-72 所示。

图 20-71　添加"最高价""最低价"后的效果

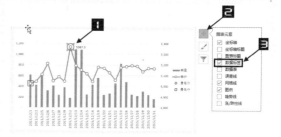

图 20-72　添加数据标签

步骤⑯ 选中"最高价"图表系列的数据标签，在设置【设置数据标签格式】对话框中的【标签选项】中选中【系列名称】和【值】；在【分隔符】下拉列表中选择【（分行符）】，在【标签位置】选择【靠上】。

步骤⑰ 在【填充】选项中选择【纯色填充】，【颜色】选择"白色"；【边框】选择"实线"，【颜色】选择"黑色"，如图 20-73 所示。

步骤⑱ 使用步骤 16 和步骤 17 的方法，设置"最低价"系列的数据标签格式，调整横坐标日期格式，设置结果如图 20-74 所示。

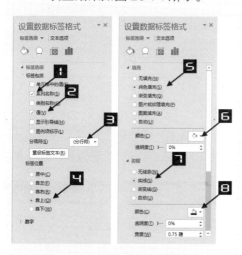

图 20-73　设置数据标签格式

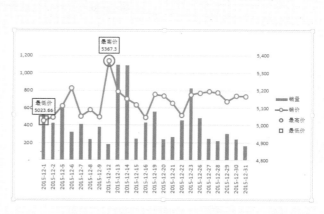

图 20-74　设置数据标签后的效果

步骤⑲ 为主要纵坐标轴添加标题"吨"，并为次要纵坐标添加标题"元 / 吨"，删除图例中的"最高价"和"最低价"，最后添加图表标题，对图表位置进行进一步调整，如图 20-75 所示。

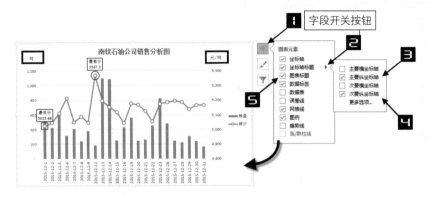

图 20-75　添加纵坐标标题

用户可以对不同的部门的具体品种进行筛选，如部门选为"南欣本部"、油品名称选择"-10号柴油"，筛选后的数据透视表和数据透视图如图 20-76 所示。

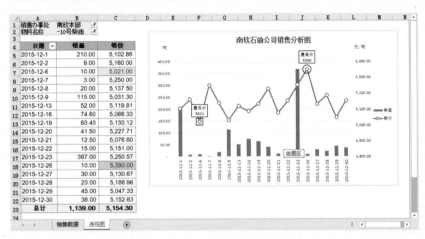

图 20-76　重新筛选后的图表变化

20.10　使用切片器控制数据透视图

切片器是 Excel 最具特色的功能之一，用户可以使用切片器功能对数据透视图进行有效的控制。

示例 20.10　使用切片器功能多角度图形展示数据透视表数据

图 20-77 中的"数据源"工作表中展示了某公司 2015 年 5 月、6 月、7 月三个月销售情况数据，并在"数据透视表"工作表中按客户和产品两个角度创建了同源数据透视表，最后在"数据透视图"工作表中分别创建了数据透视图。

用户可以在"数据透视图"工作表中使用切片器功能对数据透视图实施联动控制，具体方法如下。

步骤① 在"数据透视图"工作表中选中"销售分析图（按客户）"数据透视图，在【插入】选项卡的【筛选器】命令组中单击【切片器】命令，打开【插入切片器】对话框，如图 20-78

所示。

步骤② 在【插入切片器】对话框中选中"日期"的复选项，单击【确定】按钮关闭对话框，生成"日期"字段的切片器，如图 20-79 所示。

步骤③ 选中"切片器"，右击，在弹出的快捷菜单中单击【报表连接】命令，打开【数据透视表连接（日期）】对话框，选中"数据透视表 2"，单击【确定】按钮创建"数据透视表 1"与"数据透视表 2"之间的连接，如图 20-80 所示。

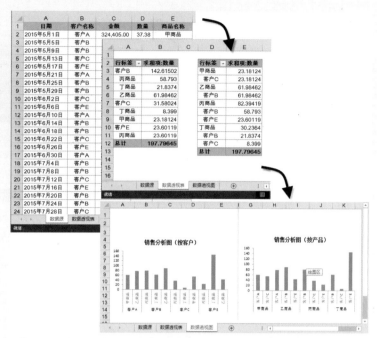

图 20-77　多角度创建数据透视图

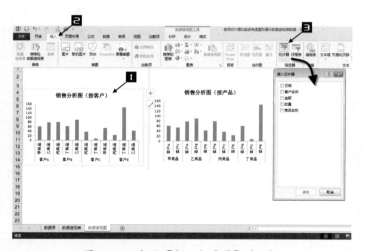

图 20-78　打开【插入切片器】对话框

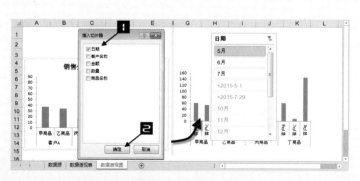

图 20-79　生成"日期"字段的切片器

图 20-80　创建多个数据透视图之间的连接

步骤④ 选中"日期"切片器，右击，在弹出的快捷菜单中单击【大小和属性】命令，在弹出的【格式切片器】对话框中，单击【位置和布局】选项，在【框架】设置项中将【列数】设置为"3"，单击【关闭】按钮完成设置，如图 20-81 所示。

图 20-81　设置切片器显示列数

步骤⑤ 设置"日期"切片器的大小及显示外观，完成的效果如图 20-82 所示。

步骤⑥ 当在"日期"切片器中单击"6月"选项，两个数据透视图同时发生相应的联动变化，当在"日期"切片器中再单击"7 月"选项，两个数据透视图再次同时发生相应的联动变化，变化效果如图 20-83 所示。

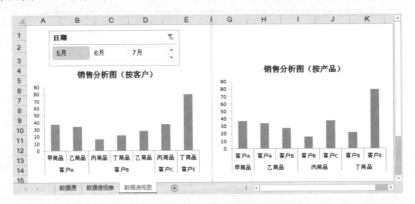

图 20-82　完成切片器设置后的效果

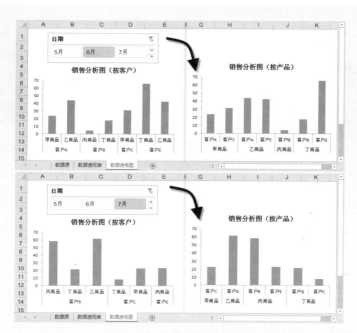

图 20-83　选择不同日期后两个数据透视图发生的变化

20.11　在数据透视表中插入迷你图

迷你图可以在工作表的单元格中创建出一个微型图表，用于展示数据序列的趋势变化或用于一组数据的对比。迷你图主要包括折线图、柱形图和盈亏图。用户可以将迷你图插入数据透视表内，以图表形式展示数据透视表中的数据。

示例 20.11　利用迷你图分析数据透视表数据

图 20-84 展示了南欣公司 2015 年 12 月各油站销售情况数据，并根据数据创建了分析用的数据透视表。用户可以在这张数据透视表中插入迷你图，更形象地反映 12 月份全月各种油品销售的趋势变化情况，具体设置步骤如下。

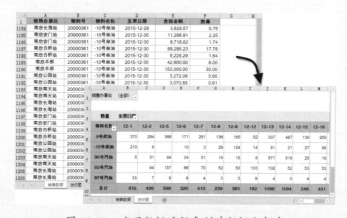

图 20-84　应用数据透视表创建数据分析表

步骤① 在"迷你图"工作表中，选中数据透视表 B3 单元格的"发票日期"字段名称，在"发票日期"字段中插入一个计算项，计算项名称设置为"分析图"，公式设置为空，如图 20-85 所示。

步骤② 将插入的空白计算项"分析图"移动到 B 列，用于存放迷你图，如图 20-86 所示。

步骤③ 选中数据透视表的 B5:B10 单元格区域，在【插入】选项卡中单击【迷你图】命令组中的【折线图】命令，在打开的【创建迷你图】对话框中，设置【数据范围】为 C5:Y10，如图 20-87 所示。

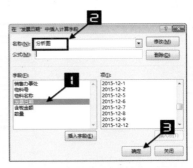

图 20-85 在"发票日期"字段中插入空计算项

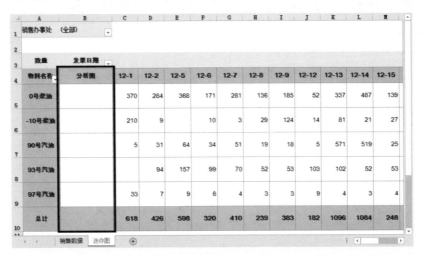

图 20-86 调整插入的空计算项"分析图"的排列顺序

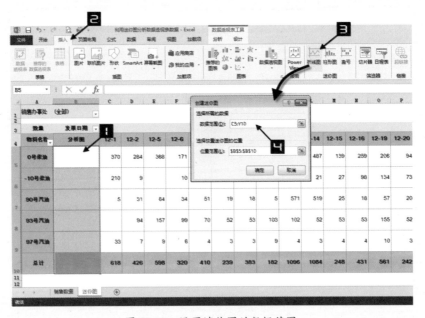

图 20-87 设置迷你图的数据范围

步骤④ 在【创建迷你图】对话框中单击【确定】按钮完成设置，如图 20-88 所示。

销售办事处 (全部)

数量 物料名称	分析图	12-1	12-2	12-5	12-6	12-7	12-8	12-9	12-12	12-13	12-14	12-15	12-16
0号柴油		370	284	368	171	281	136	185	52	337	487	139	259
-10号柴油		210	9		10	3	29	124	14	81	21	27	98
90号汽油		5	31	64	34	51	19	18	5	571	519	25	18
93号汽油			94	157	99	70	52	53	103	102	52	53	53
97号汽油		33	7	9	6	4	3	3	9	4	3	4	4
总计		618	426	598	320	410	239	383	182	1096	1084	248	431

销售数据　迷你图

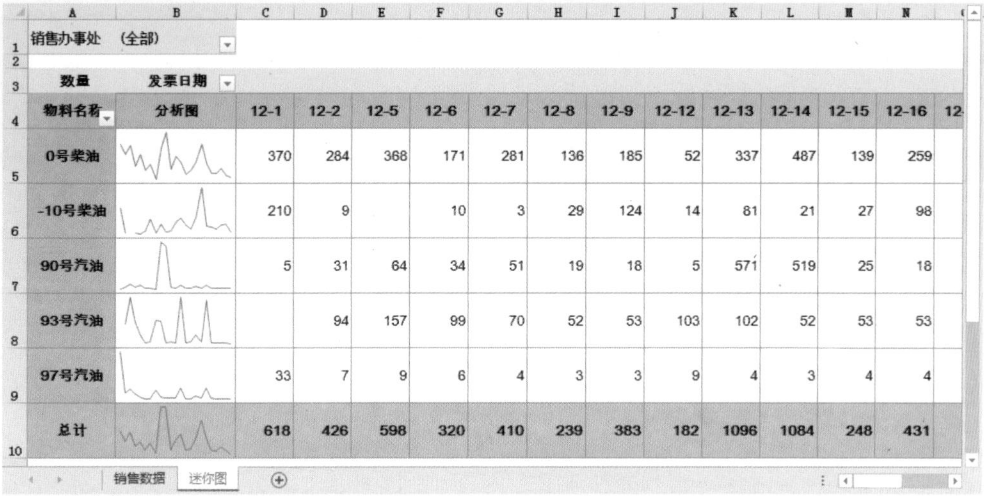

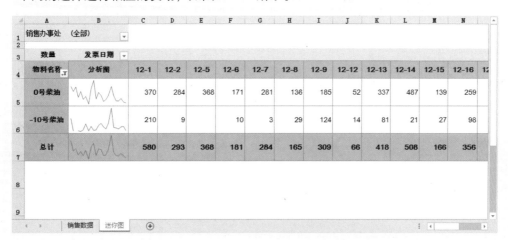

图 20-88　完成迷你图的创建

步骤⑤ 在数据透视表中选择“物料名称”字段不同的字段项，迷你图也会随“物料名称”字段不同的选择进行相应的变动，如图 20-89 所示。

销售办事处 (全部)

数量 物料名称	分析图	12-1	12-2	12-5	12-6	12-7	12-8	12-9	12-12	12-13	12-14	12-15	12-16
0号柴油		370	284	368	171	281	136	185	52	337	487	139	259
-10号柴油		210	9		10	3	29	124	14	81	21	27	98
总计		580	293	368	181	284	165	309	66	418	508	166	356

销售数据　迷你图

图 20-89　重新选择数据透视表后迷你图的变化结果

第 21 章 数据透视表打印技术

在日常工作中数据透视表并不是总以电子表格的方式存在，通常需要将制作好的数据透视表打印出来，以纸质报表的形式供上级部门审阅或进行资料存档。本章将介绍数据透视表的打印技术。

本章学习要点

- 设置数据透视表的打印标题。
- 数据透视表分页打印。
- 报表筛选字段分页快速打印。

21.1 设置数据透视表的打印标题

当一张数据透视表的打印区域过大时，很难在一页全部打印完整，需要打印多页，但是多页打印的页面中可能会造成表头的缺失，本章就来探讨一下如何解决这个问题。

21.1.1 利用数据透视表选项设置打印表头

示例 21.1 打印各部门工资统计表

图 21-1 所示是一张由数据透视表创建的某公司各事业部工资表，在对这张数据透视表进行打印时，如何让数据透视表的行列标题固定成为每页打印标题的方法如下。

选中数据透视表中的任意一个单元格（如 A4），右击，在弹出的快捷菜单中选择【数据透视表选项】命令，在【数据透视表选项】对话框中单击【打印】选项卡，选中【设置打印标题】的复选框，最后单击【确定】按钮完成设置，如图 21-2 所示。

	A	B	C	D	E	F	G	H
1	xx公司1-4月工资表							
2								
3	求和项:月工资(元)			月份				
4	事业部	岗位	姓名	1月	2月	3月	4月	总计
5	B事业部	品牌经理	王华	8,800	8,800	8,800	8,800	35,200
6			于洋	8,360	8,360	7,980	8,360	33,060
7			张朝阳	9,240	9,240	8,820	8,400	35,700
8		销售客服	李增波	1,364	1,364	1,364	1,364	5,456
9			刘惠	1,533	1,387	1,460	1,460	5,840
10			温荣荣	2,814	2,814	1,608	3,082	10,318
11		运营	韩函	4,026	4,026	3,843	3,843	15,738
12			刘鸣	3,916	3,560	3,916	3,738	15,130
13			齐秀波	3,916	2,670	3,916	3,560	14,062
14	B事业部 汇总			43,969	42,221	41,707	42,607	170,504
15	C事业部	品牌经理	许宏涛	6,600	6,300	5,100	6,600	24,600
16			张晓静	6,720	6,720	6,720	6,720	26,880
17		销售客服	靳玉静	1,870	1,870	1,700	1,615	7,055
18			吴昊	2,684	2,684	2,440	2,684	10,492
19			吴维	1,092	1,092	1,144	988	4,316

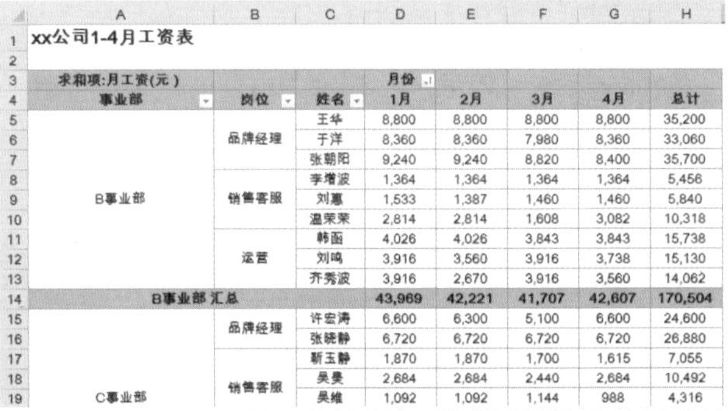

图 21-1 某公司各事业部工资表

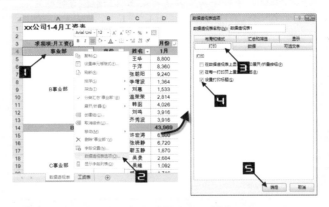

图 21-2 设置打印标题

打印预览的效果如图 21-3 所示。

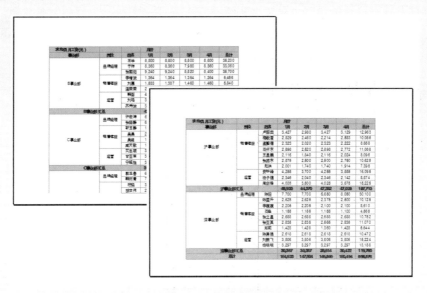

图 21-3 打印预览效果

此时，在【页面布局】选项卡中单击【打印标题】按钮，则会看到在【页面设置】对话框中自动设置了【顶端标题行】和【左端标题列】，如图 21-4 所示。

图 21-4 【页面设置】对话框

21.1.2 "在每一打印页上重复行标签"的应用

示例 21.2 打印成本明细表

当数据透视表中的某一行字段占用页面较长并形成跨页时，即便设置了【顶端标题行】打印，这个行字段项的标签还是不能在每个页面上都被打印出来，如图 21-5 所示。

如果希望行字段项的标签能够在每个页面上都打印出来，方法如下。

选中数据透视表中的任意一个单元格（如 B5），右击，在弹出的快捷菜单中单击【数据透视表选项】命令，在弹出的【数据透视表选项】对话框中单击【打印】选项卡，选中【在每一打印页上重复行标签】的复选框，最后单击【确定】按钮完成设置，如图 21-6 所示。

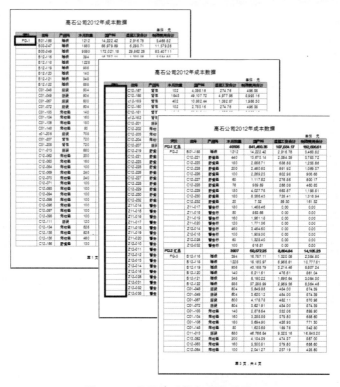

图 21-5　设置前的打印预览效果

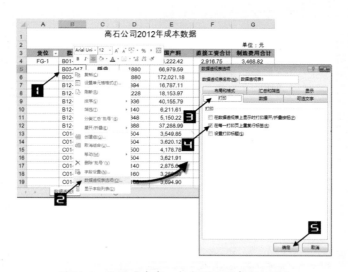

图 21-6　设置【在每一打印页上重复行标签】

设置好的数据透视表打印预览效果如图 21-7 所示。

图 21-7　设置后的打印预览效果

21.1.3　利用页面设置指定打印标题

以示例 21.2 为例，如果用户希望将数据透视表区域以外的行、列也包含在每页打印的标题中，可以将【顶端标题行】设置为 "$1:$4"，【左端标题列】设置为 "$A:$C"，如图 21-8 所示。

图 21-8　利用页面布局指定打印标题行列

打印预览效果如图 21-9 所示。

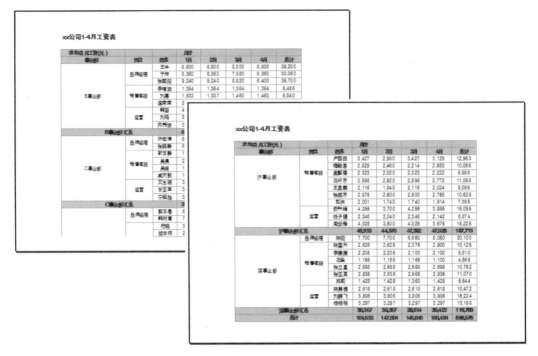

图 21-9　打印预览效果

21.2　为数据透视表每一分类项目分页打印

数据透视表还允许为每一分类项目分页打印，使得每一分类项目可以单独打印成一张报表。

以图 21-1 中的数据为例，将数据透视表每一个事业部分开打印，方法如下。

步骤① 选中"事业部"字段，右击，在弹出的快捷菜单中选择【字段设置】命令，打开【字段设置】对话框，单击【布局和打印】选项卡，选中【每项后面插入分页符】的复选框，单击【确定】按钮完成设置，如图 21-10 所示。

图 21-10　为每个分类项插入分页符

步骤② 选中数据透视表中的任意一个单元格（如 A4），右击，在弹出的快捷菜单中选择【数据透视表选项】命令，在【数据透视表选项】对话框中单击【打印】选项卡，选中【设置打印标题】的复选框，最后单击【确定】按钮完成设置，如图 21-11 所示。

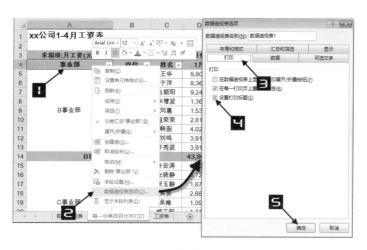

图 21-11　设置打印标题

打印预览效果如图 21-12 所示。

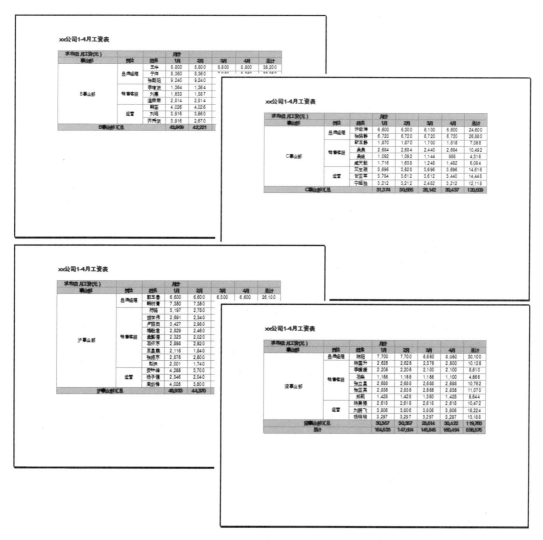

图 21-12　打印预览效果

21.3　根据报表筛选字段数据项快速分页打印

利用数据透视表报表筛选字段的"分页显示"功能，可以快速地按照项目名称分别创建多个工作表，用以呈现不同项目选择下的数据透视表的结果，利用这一功能可以实现快速分页打印。

示例 21.3　分片区打印品种覆盖率表

图 21-13 展示了一张分片区的品种覆盖率的数据透视表，如果希望按照不同片区将数据透视表进行分页打印，方法如下。

片区	(全部)						
求和项:覆盖率	品种						
城市	af	ffa	ppl	xgc	xkc	xzk	zkj
扬州	37.82%	16.46%	30.11%	22.40%	4.05%	0.98%	29.85%
阳江	21.20%	1.89%	35.29%	5.33%	0.22%		5.22%
宜宾	31.91%	4.76%	14.97%	6.34%	3.27%	4.26%	12.78%
云浮	47.25%	2.75%	32.77%	20.06%	1.05%	2.27%	18.04%
湛江	65.37%	0.82%	19.20%	13.95%	0.16%		3.13%
肇庆	42.83%	0.47%	20.23%	38.50%	2.30%	5.95%	13.67%
镇江	36.04%	12.45%	28.17%	23.75%	9.91%	1.56%	25.96%
中山	43.57%	8.18%	46.22%	38.11%	1.64%	2.42%	19.33%
舟山	19.78%	5.42%	30.46%	26.48%	4.94%	5.58%	17.86%
珠海	38.29%	8.96%	47.05%	31.57%	3.26%	1.63%	28.72%
资阳	69.85%	3.37%	11.47%	5.62%	2.36%	24.97%	13.27%
自贡	30.30%	1.52%	16.16%	10.35%		0.76%	3.54%
总计	2280.24%	457.59%	1622.50%	1293.99%	272.95%	136.11%	1114.04%

图 21-13　设置了"报表筛选"字段的品种覆盖率表

选中数据透视表中的任意一个单元格（如 A4），在【数据透视表工具】的【分析】选项卡中依次单击【选项】的下拉按钮→【显示报表筛选页】命令，在弹出的【显示报表筛选页】对话框中，选择一个需要分页的字段，本例中默认选择"片区"字段，单击【确定】按钮完成设置，如图 21-14 所示。

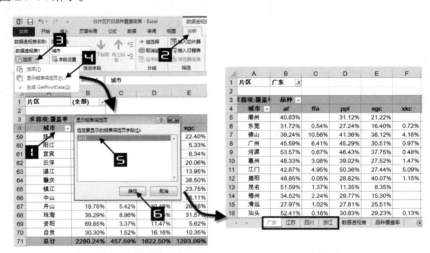

图 21-14　设置数据透视表【显示报表筛选页】

设置完成后即可打印每个片区的数据透视表。

第 22 章　数据透视表技术综合运用

在前面的章节中，读者已经学习了数据透视表的基础知识，并且掌握了一些基本的操作，本章将结合实际案例具体介绍如何对数据透视表技术进行综合运用，使读者在实战中加深对数据透视表技术的理解，更好地在工作中学以致用，每个案例中涉及的知识点均来自本书的其他章节。

　本章示例默认的执行路径为：D 盘根目录。

22.1　利用再透视法根据平均进价和平均售价计算产品利润

示例 22.1　利用再透视法根据平均进价和平均售价计算产品利润

图 22-1 中 A1:F19 单元格区域展示的是某女装店铺的产品进货表，每种产品不同批次下的订货数量是固定的，但不同批次的产品进价随市场波动，图中创建的数据透视表统计了各种产品进货的总数量、平均售价和平均进价，需要计算产品的利润，即（售价 - 进价）× 数量。

	A	B	C	D	E	F
1	产品名称	产品批次	货号	数量	售价	进价
2	T恤	第1批	TX-0001	100	49	23
3	T恤	第2批	TX-0001	100	49	24
4	T恤	第3批	TX-0001	100	49	25
5	连衣裙	第1批	LYQ-0001	500	249	133
6	连衣裙	第2批	LYQ-0001	500	249	134
7	连衣裙	第3批	LYQ-0001	500	249	135
8	毛衣	第1批	MY-0042	100	169	87
9	毛衣	第2批	MY-0042	100	169	88
10	毛衣	第3批	MY-0042	100	169	90
11	卫衣	第1批	WY-0003	200	69	35
12	卫衣	第2批	WY-0003	200	69	35
13	卫衣	第3批	WY-0003	200	69	35
14	羽绒服	第1批	YRF-0003			
15	羽绒服	第2批	YRF-0003			
16	羽绒服	第3批	YRF-0003			
17	针织衫	第1批	ZZS-0002			
18	针织衫	第2批	ZZS-0002			
19	针织衫	第3批	ZZS-0002			

	A	B	C	D
1				
2				
3	产品名称	求和项:数量	平均值项:售价	平均值项:进价
4	T恤	300	49.00	24.00
5	连衣裙	1500	249.00	134.00
6	毛衣	300	169.00	88.33
7	卫衣	600	69.00	35.00
8	羽绒服	600	579.00	233.00
9	针织衫	900	279.00	153.00
10				

图 22-1　店铺产品进货表

如果直接在数据透视表中插入计算字段"利润"会导致错误的计算结果，如图 22-2 所示。正确的解决方案如下。

步骤①　单击"再透视"工作表，选择 A3 单元格，在【插入】选项卡中单击【数据透视表】按钮，在弹出的【创建数据透视表】对话框中单击【表 / 区域】文本框，如图 22-3 所示。

步骤②　在文本框中单击"数据透视表"工作表，选择【数据透视表 !$A$3:$D$9】单元格区域作为数据源，单击【确定】按钮，如图 22-4 所示。

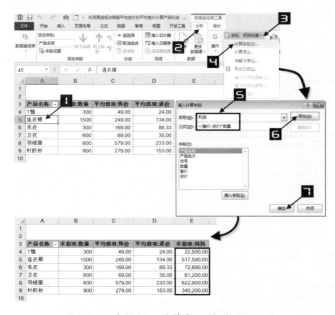

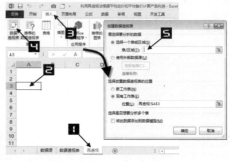

图 22-2　直接插入计算字段得到错误结果　　　　图 22-3　再透视创建数据透视表

图 22-4　选择再透视数据源区域

步骤③　在"再透视"工作表中创建数据透视表，调整行、列字段布局，如图 22-5 所示。

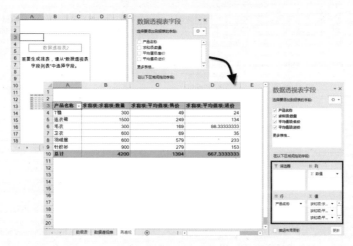

图 22-5　创建再透视数据透视表并调整布局

步骤④ 设置数据透视表值区域的数字格式，编辑字段名为易于识别的名称，如图 22-6 所示。

步骤⑤ 在再透视数据透视表中插入计算字段，如图 22-7 所示。

利润 = (' 平均值项：售价 ' － ' 平均值项：进价 ') * ' 求和项：数量 '

步骤⑥ 在数据透视表中删除总计行，完成设置，如图 22-8 所示。

	A	B	C	D
1				
2				
3	产品名称	数量	平均售价	平均进价
4	T恤	300	49.00	24.00
5	连衣裙	1500	249.00	134.00
6	毛衣	300	169.00	88.33
7	卫衣	600	69.00	35.00
8	羽绒服	600	579.00	233.00
9	针织衫	900	279.00	153.00
10	总计	4200	1394.00	667.33
11				

图 22-6　设置数据透视表格式及字段名称

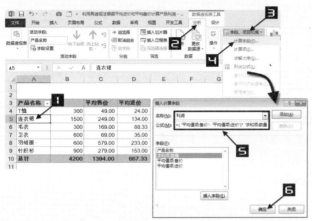

图 22-7　创建再透视计算字段

图 22-8　删除数据透视表总计行

由此方案统计得到的各产品利润为正确结果。

注意 本案例中各产品的不同批次进货量是固定的，可以采用再透视法统计利润。如果产品的每批进货量不同，由于数据透视表计算进价平均值的时候是按照算术平均值统计，所以会导致计算的利润结果出现偏差，需要在数据透视表的数据源中创建辅助列，先计算出加权平均进价，再创建数据透视表。

再提供一种较为便捷的解决方案：利用 PowerPivot 中创建计算字段来计算产品的利润，如图 22-9 所示。

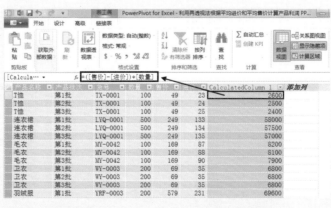

图 22-9　在 PowerPivot 中创建计算字段

注意

创建数据透视表如图 22-10 所示。

	A	B	C	D	E
1					
2					
3	产品名称	数量	售价	进价	CalculatedColumn 1
4	T恤	300	147	72	7500
5	连衣裙	1500	747	402	172500
6	毛衣	300	507	265	24200
7	卫衣	600	207	105	20400
8	羽绒服	600	1737	699	207600
9	针织衫	900	837	459	113400

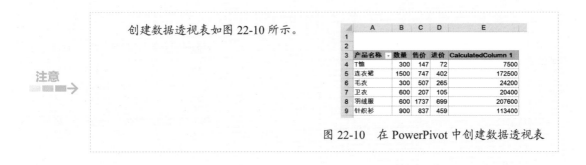

图 22-10 在 PowerPivot 中创建数据透视表

22.2 按星期和小时双维度透视查看淘宝女包上下架分布

示例 22.2 按星期和小时双维度透视查看淘宝女包上下架分布

图 22-11 中展示的是淘宝女包类目下部分产品的上下架日期和时间的记录表，为了便于运营人员查看和分析数据，需要将其按照星期和小时双维度展示女包产品的上下架分布情况。

本案例的关键解决思路如下。

- 在数据源创建辅助列，根据日期计算星期。
- 在数据透视表中创建组，以小时为单位。
- 创建条件格式，使用数据条显示数据。

具体操作步骤如下。

步骤① 单击数据源中任意单元格（如 A5），按 <Ctrl+T> 组合键创建表。

步骤② 在弹出的【创建表】对话框中，Excel 会自动选择连续数据区域 $A$1:$D$212 作为表数据的来源，单击【确定】按钮，如图 22-12 所示。

	A	B	C	D
1	宝贝ID	类目	下架日期	下架时间
2	523972529207	包袋	2016/1/25	9:26:37
3	523853739067	包袋	2016/1/24	21:47:12
4	524283842591	包袋	2016/1/23	21:19:14
5	521740255578	包袋	2016/1/23	12:00:00
6	523411308093	包袋	2016/1/19	17:25:08
7	521907543314	包袋	2016/1/19	15:02:37
8	524435864880	包袋	2016/1/19	19:00:00
9	524550830455	包袋	2016/1/21	10:00:00
10	523058372021	包袋	2016/1/21	17:18:08
11	521080722931	双肩背包	2016/1/20	22:27:16
12	524253521327	包袋	2016/1/20	10:46:53
13	523034885459	双肩背包	2016/1/21	0:31:37
14	524406712388	包袋	2016/1/20	17:27:55
15	524393175912	包袋	2016/1/21	15:49:52
16	44485312432	包袋	2016/1/23	12:37:27
17	524146767051	包袋	2016/1/19	15:31:50
18	522811923955	双肩背包	2016/1/20	16:03:16
19	45269338915	包袋	2016/1/21	23:44:16
20	522615032086	包袋	2016/1/20	20:00:00

图 22-11 按星期和小时双维度透视查看淘宝女包上下架分布

图 22-12 将数据源转换为表

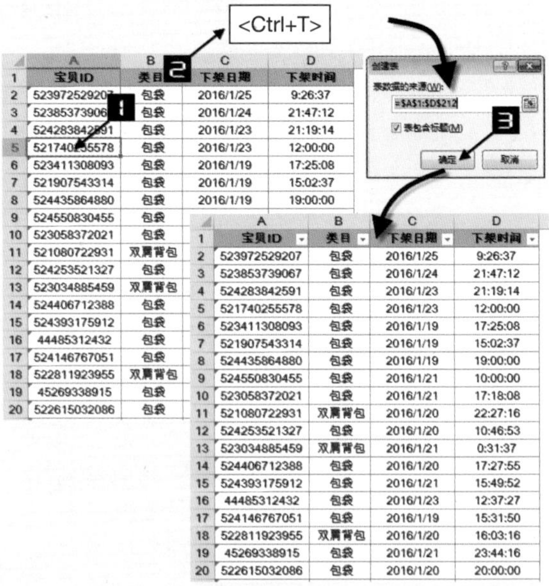

步骤③　单击数据源区域的 E1 单元格，输入"星期"作为字段名称。

步骤④　在单元格 E2 输入以下公式，按 <Enter> 键。Excel 会利用表特性自动填充公式，如图 22-13 所示。

```
=TEXT(C2,"aaa")
```

步骤⑤　单击数据源中任意单元格（如 E3），在【插入】选项卡中单击【数据透视表】按钮，在弹出的【创建数据透视表】对话框中单击【确定】按钮。

步骤⑥　在【数据透视表字段】列表中选中"下架时间"的复选框，Excel 会将该字段添加至行标签区域内，如图 22-14 所示。

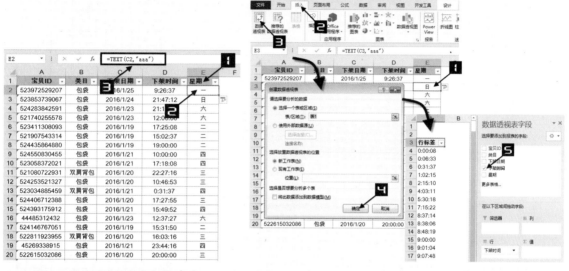

图 22-13　创建"星期"辅助列　　　　　图 22-14　将下架时间设置为行标签

步骤⑦　在任意行字段（如 A5）上右击，在弹出的快捷菜单中单击【创建组】命令，在弹出的【组合】对话框中【步长】中取消对"月"的选择，选中"小时"，单击【确定】按钮，创建以小时为单位的字段项，如图 22-15 所示。

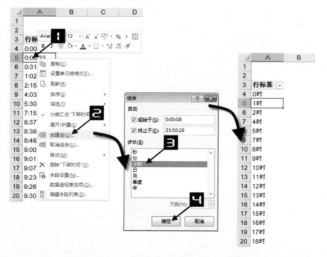

图 22-15　创建组合以小时为步长

步骤⑧ 将"星期"设置为数据透视表的列字段，将"宝贝ID"设置为值字段计数，美化数据透视表，如图 22-16 所示。

计数项:宝贝ID	星期							
下架时间	日	一	二	三	四	五	六	总计
0时		1			1	1		3
1时						1		1
2时					1			1
4时				1				1
5时			1					1
7时				1				1
8时		1	1				1	3
9时	1	3	1	1	2	1	1	10
10时	2		1	2	1	2	3	11
11时				1	1	1		3
12时	2		1		3		3	9
13时	1	2	1			2		6
14时		2	2	2	4	1	3	14
15时	2	3	5	4	2	2	1	19
16时	2		1	2	2	2	1	10
17时				2	2	2		11
18时		1	2	2		1		6
19时	3	3	2	1		2		14
20时	3	1	2	7	1	1	1	16
21时	3	7		5	5	2	5	31

图 22-16 调整数据透视表样式及布局

默认生成的列字段"星期"的顺序是从周日开始到周六，为了便于查看，将其调整为从周一开始到周日，如图 22-17 所示。

步骤⑨ 为了便于直观查看数据，在数据透视表中使用条件格式的数据条功能，如图 22-18 所示。

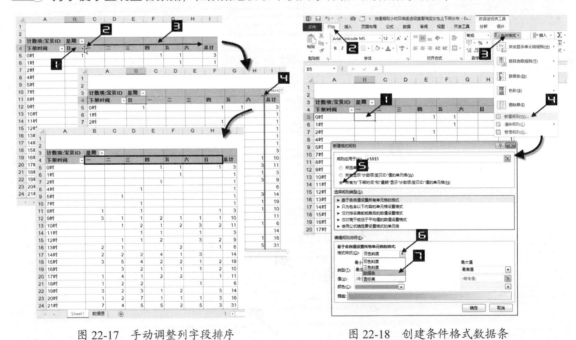

图 22-17 手动调整列字段排序 　　　　图 22-18 创建条件格式数据条

单击【填充】下拉按钮，设置数据条的填充方式为【渐变填充】，单击【确定】按钮，如

图 22-19 所示。

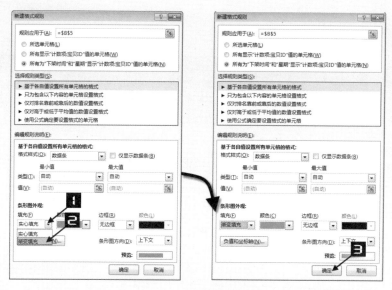

图 22-19　设置数据条格式

完成数据透视表中条件格式的设置后，可以直观、清晰地查看淘宝女包按星期和小时双维度的分布情况。效果如图 22-20 所示。

计数项:宝贝ID	星期							
下架时间	一	二	三	四	五	六	日	总计
0时				1	1		1	3
1时					1			1
2时				1				1
4时			1					1
5时		1						1
7时			1					1
8时	1		1				1	3
9时	3	1	1	2	1	1	1	10
10时		1	2	1	2	3	2	11
11时			1				1	3
12时			1			3	2	9
13时	2	1			2		1	6
14时	2	2	2	4	1	3		14
15时	3	5	4	2	1	2	2	19
16时		3	2	1	1		2	10
17时	1	4	1	2			1	11
18时	1	2	2			1		6
19时	3	2	3				3	14
20时	1	2	7		1	1	3	16
21时	7	4	5	5	2	5		31
22时	3	5	7	2	1	5	2	25
23时	3	2	2	2	2	2	2	15
总计	30	36	43	28	21	27	26	211

图 22-20　数据条显示上下架分布

22.3 使数据透视表的多级切片器选项根据上级切片器选择做相应更新

示例 22.3 使数据透视表的多级切片器选项根据上级切片器选择做相应更新

图 22-21 展示的是某企业产品分区域和年度的销售情况，已创建的数据透视表可以按产品和年度查看销售额。为了便于管理者快速查看多层级分区下各产品的销售分布，需要创建多个分区筛选器联动筛选，每个筛选器中只显示其他筛选器指定条件下的有效选项。

本案例的关键解决思路如下。

- 在数据透视表中插入每级分区的切片器。
- 设置切片器隐藏没有数据的项。
- 调整切片器布局。

具体操作步骤如下。

	A	B	D	E	F
1	年份	产品名称	2级分区	3级分区	销售额
2	2015	A产品	R国	R-3区	263433
3	2015	A产品	R国	R-2区	998234
4	2015	A产品	R国	R-4区	74971
5	2015	A产品	R国	R-1区	917119
6	2015	A产品	R国	R-5区	55096
7	2015	A产品	R国	R-6区	823119
8	2015	A产品	M国	M-5区	956755
9	2015	A产品	M国	M-4区	438386
10	2015	A产品	M国	M-2区	285760
11	2015	A产品	M国	M-1区	56875
12	2015	A产品			
13	2015	A产品			
14	2015	A产品			
15	2015	A产品			
16	2015	A产品			
17	2015	A产品			
18	2015	A产品			
19	2015	A产品			
20	2015	A产品			

	A	B	C	D
1				
2				
3	求和项:销售额	年份		
4	产品名称	2014	2015	总计
5	A产品	15,936,689	16,915,010	32,851,699
6	B产品	4,196,546	3,683,293	7,879,839
7	C产品	7,121,275	7,800,771	14,922,046
8	D产品	8,109,264	7,914,662	16,023,926
9	E产品	10,805,439	11,335,995	22,141,434
10	总计	46,169,213	47,649,731	93,818,944

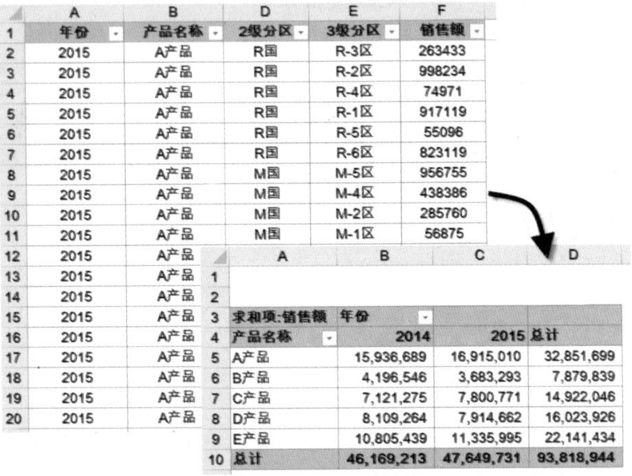

图 22-21　某企业产品分区销售表

步骤 1 单击数据透视表中任意单元格（如 A5），在【数据透视表工具】的【分析】选项卡中单击【插入切片器】按钮，在弹出的【插入切片器】对话框中分别选中“1 级分区”“2 级分区”和“3 级分区”的复选框，单击【确定】按钮，如图 22-22 所示。

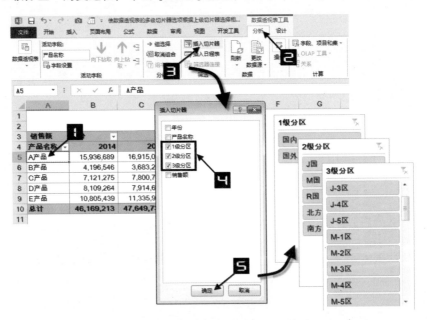

图 22-22　在数据透视表中插入切片器

步骤② 在切片器【1级分区】上右击，在弹出的快捷菜单中选择【切片器设置】命令，在【切片器设置】对话框中选中【隐藏没有数据的项】的复选框，单击【确定】按钮，如图22-23所示。对切片器【2级分区】和【3级分区】进行同样的操作。

步骤③ 选择切片器【3级分区】，单击【切片器工具】→【选项】，设置切片器为合适大小，本例设置列数为6，高度为0.8厘米，宽度为2.4厘米，如图22-24所示。

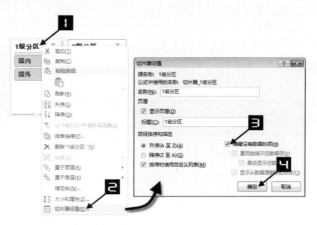

图 22-23　设置切片器隐藏没有数据的项

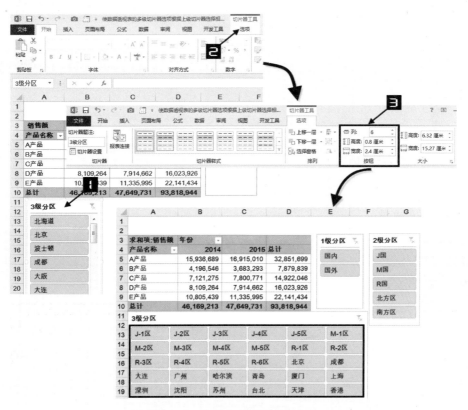

图 22-24　调整切片器列数和大小

　　由于三个切片器的报表连接都指向同一个数据透视表，可以实现联动筛选。至此，多级切片器设置完成。当用户单击其中一个切片器进行筛选时，其他切片器的项目会自动对应更新，显示满足条件的有数据的项。如在切片器【1级分区】中选择"国内"，则其他切片器自动隐藏国外的选项，仅显示对应"国内"有数据的项，如图22-25所示。

　　当在【2级分区】切片器中选择"南方区"时，可见【3级分区】切片器中仅显示满足条件的项，如图22-26所示。

图 22-25　单击 1 级分区切片器选择"国内"　　图 22-26　单击 2 级分区切片器选择"南方区"

22.4　按年份、季度、月份、旬分层级查看产品销售额

示例 22.4　**按年份、季度、月份、旬分层级查看产品销售额**

图 22-27 展示的是某淘宝店铺的销售订单表，为了便于运营人员快捷查看不同时期的销售情况，需要按年份、季度、月份、旬分层级查看店铺的销售额。为了更清晰地显示销售额数值，要求在报表中以万为单位显示销售额数值。

本案例的关键解决思路如下。

❖ 在数据源中创建辅助列，用函数判断上、中、下旬。

❖ 在数据透视表中利用分组创建年、季度、月份组合。

❖ 在数据透视表中设置数字格式，使金额以万元为单位显示。

具体操作步骤如下。

步骤① 将数据源设置为"表格"，选中 G1 单元格，输入"旬"作为字段名称。在 G2 单元格中输入以下公式，按 <Enter> 键自动填充公式，如图 22-28 所示。

图 22-27　某淘宝店铺销售订单表　　图 22-28　利用函数判断上、中、下旬

=TEXT(DAY(A2)-11,"[>9] 下旬 ; 上旬 ; 中旬 ")

步骤② 单击数据源中任意单元格（如 G2），单击【插入】选项卡下的【数据透视表】按钮，在

弹出的【创建数据透视表】对话框中保持【表/区域】文本框中的"表1"不变，单击【确
定】按钮，如图 22-29 所示。

步骤③ 在【数据透视表字段】列表框中选中"日期"的复选框，将其作为行字段。选中行标签
下任意单元格（如 A5），右击，在弹出的快捷菜单中单击【创建组】命令，在弹出的【组合】
对话框中选中"月""季度"和"年"三选项，单击【确定】按钮。数据透视表将会按年、
季度、月分级展示数据，如图 22-30 所示。

图 22-29　插入数据透视表

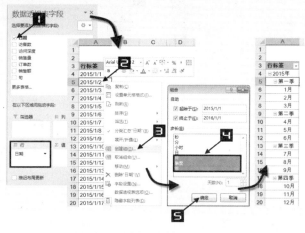

图 22-30　创建年、季度、月组合

步骤④ 将数据透视表设置为"以表格形式显示"，并对数据透视表进行布局，如图 22-31 所示。

求和项:销售		旬				
年	季度	日期	上旬	下旬	中旬	总计
2015年	第一季	1月	952043.78	2433568.3	1222739.26	4608351.34
		2月	698786.86	1794964.04	1089028.52	3582779.42
		3月	2699659.32	3122910	3020898	8843467.32
	第二季	4月	3240810	2589690	2906434	8736934
		5月	3124806	2973011.6	2590832	8688649.6
		6月	2984864	5124562	3107436	11216862
	第三季	7月	2576295.6	3024274	2595440	8196009.6
		8月	2579792	3557966.32	2744107.6	8881865.92
		9月	2113194	2611102	2117618.02	6841914.02
	第四季	10月	2002091	2708360	2315087.6	7025538.6
		11月	1953544	2009678	20273120	24236342
		12月	1440624	3283390	5797492.04	10521506.04
总计			26366510.56	35233476.26	49780233.04	111380219.9

图 22-31　设置数据透视表字段布局

步骤⑤ 选中数据透视表值区域中任意单元格（如 D5），右击，在弹出的快捷菜单中单击【数
字格式】命令，在弹出的【设置单元格格式】对话框中的【分类】列表中单击【自定义】
项，在【类型】下的文本框中输入"0!.0,万"，单击【确定】按钮，如图 22-32 所示。
　　至此，数据透视表中实现了按年、季度、月以及旬分层级查看销售额，并且销售额以万元
为单位显示的需求。

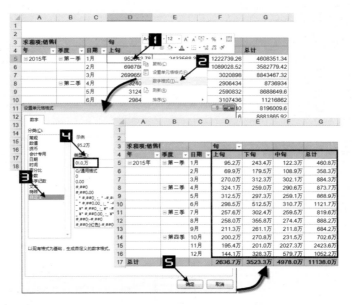

图 22-32　设置数值以万元为单位显示

22.5　根据打卡明细提取员工的最早、最晚打卡时间

示例 22.5　**根据打卡明细提取员工的最早、最晚打卡时间**

图 22-33 展示的是某企业的员工打卡明细表。为了便于考勤管理员快捷查看员工的出勤情况，需要根据打卡明细提取员工的最早、最晚打卡时间，并屏蔽无效打卡（当天只打 1 次卡）记录。

本案例的关键解决思路如下。

❖ 在数据透视表中分别设置值汇总依据为最小值和最大值，来提取员工的最早打卡和最晚打卡时间。

❖ 统计打卡时间的计数项，来获取员工的打卡次数。

❖ 在数据透视表标题行增加自动筛选功能，仅显示打卡次数大于 1 的明细以屏蔽无效打卡明细。

具体操作步骤如下。

图 22-33　某企业员工打卡明细表

步骤①　创建并布局数据透视表，将"姓名"和"打卡日期"拖动至行区域，将"打卡时间"拖动至值区域 3 次，数据透视表的值区域列表中会显示"计数项：打卡时间""计数项：打卡时间 2"和"计数项：打卡时间 3"，如图 22-34 所示。

456

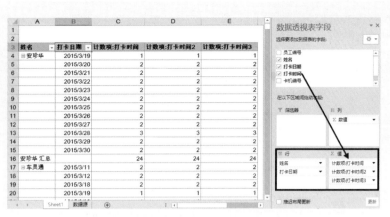

图 22-34　设置数据透视表字段布局

步骤② 选中 C3 单元格的"计数项:打卡时间",右击,在弹出的快捷菜单中单击【值汇总依据】→【最小值】,如图 22-35 所示。使用同样的方法设置"计数项:打卡时间 2"的值汇总依据为【最大值】。

步骤③ 为了便于查看,将数据透视表字段名称改为易于理解的名称。分别将"最小值项:打卡时间""最大值项:打卡时间 2"和"计数项:打卡时间 3"改为"最早打卡""最晚打卡"和"打卡次数",如图 22-36 所示。

图 22-35　设置值汇总依据

步骤④ 选中值区域中任意单元格(如 C5),右击,在弹出的快捷菜单中单击【数字格式】命令,在弹出的【设置单元格格式】对话框中的【分类】列表中选择【时间】项,在【类型】列表中单击"*13:30:55"项,单击【确定】按钮,如图 22-37 所示。

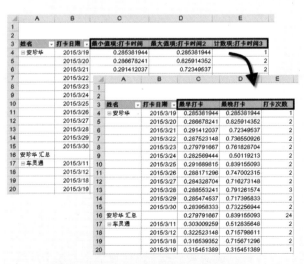

图 22-36　修改数据透视表字段名称

图 22-37　设置数字格式为时间格式

步骤⑤ 选中数据透视表标题行右侧紧邻的单元格 F3，单击【数据】选项卡下的【筛选】按钮，在数据透视表的值区域标题行添加自动筛选功能，如图 22-38 所示。

步骤⑥ 单击数据透视表字段"打卡次数"的筛选按钮→【数字筛选】→【大于】，在弹出的【自定义自动筛选方式】对话框中设置显示打卡次数大于 1 的行，单击【确定】按钮，如图 22-39 所示。

至此，数据透视表的结果实现了根据打卡明细提取员工的最早、最晚打卡时间，并屏蔽员工只有 1 次打卡的无效打卡记录的需求。

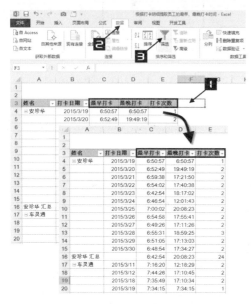

图 22-38　在数据透视表标题行添加筛选功能　　　图 22-39　利用筛选仅显示有效打卡明细

22.6　将数据按明细归类并放置在列字段下方排列

示例 22.6　　**将数据按明细归类并放置在列字段下方排列**

图 22-40 中的 Excel 报表的 A:B 列是数据源，放置的数据为人物名和对应的著作，现在需要将人物名按著作归类放置在列字段下方，如图 22-40 所示。

本案例的关键解决思路如下。

❖ 在数据透视表中按人物名和著作的二维表布局统计人物名的计数项。

❖ 利用定位功能结合函数公式，将数值区域中的数字批量填充为对应的人物名。

❖ 利用定位功能批量删除空值，使人物名连续排列在列字段下方。

具体操作步骤如下。

步骤① 根据数据源创建数据透视表，将"人物名"拖动至行区域，将"著作"拖动至列区域，再将"人物名"拖动至值区域统计人物名的计数项，如图 22-41 所示。

步骤② 选中数据透视表中任意单元格（如 F2），在【数据透视表工具】的【设计】选项卡中依次单击【总计】→【对行和列禁用】命令，如图 22-42 所示。

图 22-40　将数据按明细归类并放置在列字段下方排列　　　图 22-41　设置数据透视表字段布局

步骤③ 选中 A1 单元格，按 <Ctrl+A> 组合键选中连续的表格区域（A1:E36），按 <Ctrl+C> 组合键复制已选中区域，选中 G1 单元格，右击，在弹出的快捷菜单中单击【粘贴选项】下的【值】按钮，如图 22-43 所示。

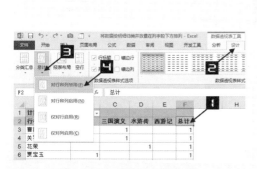

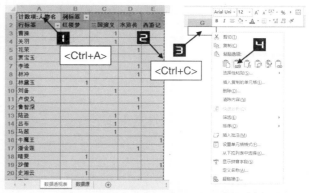

图 22-42　删除行和列总计　　　　　　　　图 22-43　将数据透视表粘贴值

步骤④ 选中 G1:K36 单元格区域，按 <Ctrl+G> 组合键，在弹出的【定位】对话框中单击【定位条件】按钮，在弹出的【定位条件】对话框中，单击【常量】单选按钮，选中【公式】选项中【数字】的复选框，单击【确定】按钮，如图 22-44 所示。

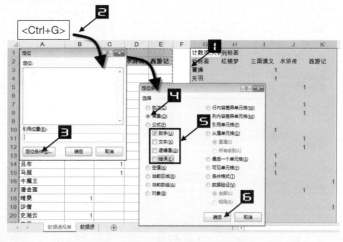

图 22-44　定位报表中的数值

步骤⑤ 批量定位区域中的数字后光标停在 I3 单元格上，在编辑栏输入以下公式后按 <Ctrl+Enter> 组合键，批量填充公式，如图 22-45 所示。

=$G3

图 22-45 批量填充公式

区域中的数字会批量填充为 G 列对应的人物名，效果如图 22-46 所示。

步骤⑥ 将 G1:K36 单元格区域的公式结果转化为值。删除"人物名"所在的 G 列单元格，清空 G1 单元格。按 <Ctrl+G> 组合键，在弹出的【定位】对话框中单击【定位条件】按钮，在弹出的【定位条件】对话框中单击【空值】单选按钮，单击【确定】按钮，如图 22-47 所示。

图 22-46 填充公式结果

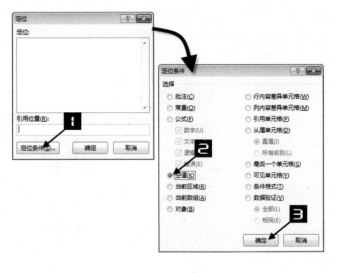

图 22-47 定位空值

步骤⑦ 在活动单元格 I3 上右击，在弹出的快捷菜单中单击【删除】命令，在弹出的【删除】对话框中单击【下方单元格上移】，单击【确定】按钮，如图 22-48 所示。

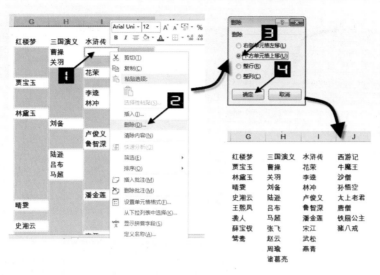

图 22-48　删除空值后下方单元格上移

至此，实现了将人物名按著作批量归类放置在列字段下方的需求。

22.7　将位于同列的出入库数据按产品拆分为出库和入库分列显示

示例 22.7 **将位于同列的出入库数据按产品拆分为出库和入库分列显示**

图 22-49 中左侧展示的是某企业的出入库记录表，按日期和产品登记了出入库数量，其中用正数表示入库数量，负数表示出库数量，现在需要统计每种产品在不同日期下的入库和出库信息并分成两列显示。

本案例的关键解决思路如下。

❖ 在数据透视表中创建组来拆分出库和入库。

❖ 根据需求设置分组条件和步长。

❖ 调整数据透视表字段布局，将分组拖动至列区域。

具体操作步骤如下。

步骤① 根据出入库记录创建数据透视表，将"出入库"字段拖动至行区域，如图 22-50 所示。

步骤② 单击行标签下任意单元格（如 A2），右击，在弹出的快捷菜单中单击【创建组】，在弹出的【组合】对话框中设置参数，【起始于】设置为"0"，【终止于】设置一个很大的数字（如 9999），步长也设置为同样这个很大的数字（如 9999），单击【确定】按钮，如图 22-51 所示。

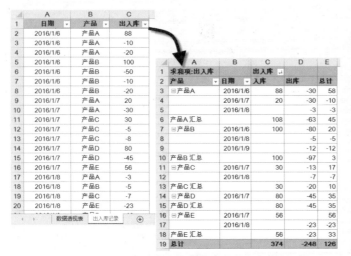

图 22-49　将位于同列的出入库数据按产品拆分为
出库和入库分列显示

图 22-50　拖动"出入库"字段至行区域

步骤③ 编辑组合名称为易于识别的名称，分别单击 A2 和 A3 单元格，输入"出库"和"入库"，如图 22-52 所示。

步骤④ 创建好组合并设置好组合名称后，设置数据透视表字段的布局，将"产品"和"日期"拖动至行区域，将"出入库"拖动至列区域和值区域，如图 22-53 所示。

步骤⑤ 设置以"表格形式显示"数据透视表并调整"出库"和"入库"字段列的显示顺序，如图 22-54 所示。

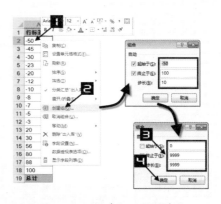

图 22-51　创建组及设置步长

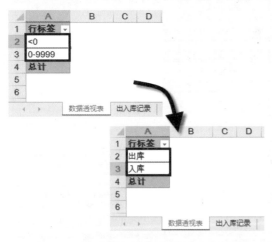

图 22-52　编辑组名称

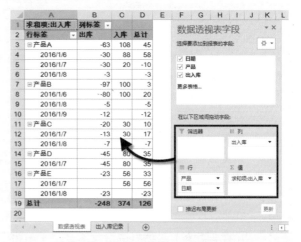

图 22-53　设置数据透视表字段布局

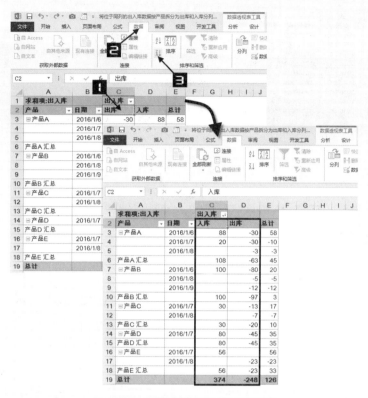

图 22-54　调整出库和入库显示顺序

至此，实现了将位于同一列的出入库数据按产品拆分为出库和入库数据并分列显示。

22.8　根据多工作表数据统计进销存且支持自适应路径及文件名更改

示例 22.8　**根据多工作表数据统计进销存且支持自适应路径及文件名更改**

图 22-55 展示的是某企业的进销存信息，在启用宏的工作簿中的数据源包含期初、入库和出库三张工作表，分别放置了期初、入库和出库数据，要求在数据透视表中按条形码统计进销存信息。为了便于不同部门的人员查看数据，还需要具有文件所在路径及文件名更改时，不影响数据透视表的跨表提取数据的功能。

本案例的关键解决思路如下。

❖　利用 SQL 语句创建数据透视表实现从多工作表中提取数据。

❖　创建计算字段统计主库结存和中转库结存。

❖　利用 VBA 使数据透视表支持自适应路径及文件名更改后的统计。

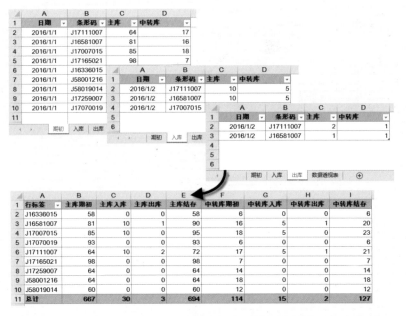

图 22-55　根据多工作表数据统计进销存且支持自适应路径及文件名更改

具体操作步骤如下。

步骤① 单击"数据透视表"工作表的 A1 单元格，单击【数据】选项卡下的【现有连接】按钮，如图 22-56 所示。

步骤② 在弹出的【现有连接】对话框中单击【浏览更多】按钮，在弹出的【选取数据源】对话框中选择文件所在位置（如桌面），选择文件，单击【打开】按钮，如图 22-57 所示。

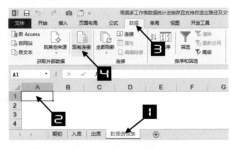

图 22-56　选择创建数据透视表位置

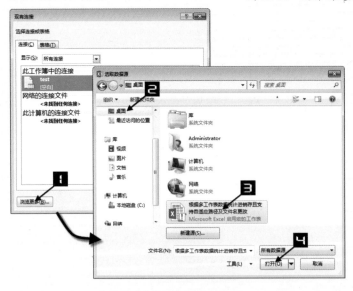

图 22-57　选择文件所在位置

步骤③ 在弹出的【选择表格】对话框中单击【确定】按钮，在弹出的【导入数据】对话框中单击【数据透视表】单选框，保持数据的放置位置为现有工作表的"$A$1"，单击【属性】按钮，如图 22-58 所示。

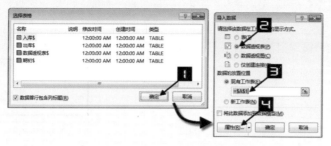

图 22-58 设置导入数据选项和位置

步骤④ 在弹出的【连接属性】对话框中单击【定义】选项卡，清空命令文本中的内容并输入如下 SQL 代码，单击【确定】按钮，如图 22-59 所示。

select * from(select 日期, 条形码, 主库 as 主库期初,0 as 主库入库,0 as 主库出库, 中转库 as 中转库期初,0 as 中转库入库,0 as 中转库出库 from [期初$]   union all

  select 日期, 条形码,0, 主库 as 主库入库,0,0, 中转库 as 中转库入库,0 from [入库$]

  union all

  select 日期, 条形码,0,0, 主库 as 主库出库,0,0, 中转库 as 中转库出库 from [出库$])

  where 条形码 is not null

图 22-59 输入 SQL 命令

提示 →

此 SQL 语句的含义如下。

先使用子查询语句用 union all 将所有工作表的数据列表记录汇总，再提取其中"条形码"不为空的记录。

由于不同工作表下相同字段名代表的含义不同，如字段名"主库"在入库表和出库表中的数量分别代表入库数量和出库数量，所以用 as 别名标识符将字段重命名为易于识别的名称。

由于 union all 只以第一段的字段标题为基准，所以后面的 as 别名可省略。

Excel 工作表在引用时需要将其包含在方括号内"[]"，同时需要在其工作表名称后面加上"$"符号，如：select * from [期初$]。

步骤⑤ 设置数据透视表的字段布局，将"主库期初""主库入库""主库出库""中转库期初""中转库入库""中转库出库"字段拖动至值区域，如图 22-60 所示。

步骤⑥ 在数据透视表中插入"主库结存"和"中转库结存"计算字段。

主库结存 = 主库期初 + 主库入库 – 主库出库

中转库结存 = 中转库期初 + 中转库入库 – 中转库出库

图 22-60　设置数据透视表的字段布局

步骤⑦ 调整数据透视表中的字段顺序，将值区域中的"求和项：主库结存"向上拖动至"求和项：主库出库"下方。

步骤⑧ 替换字段标题中的"求和项："，设置数据透视表的列宽为合适列宽。

步骤⑨ 为了使数据透视表支持自适应路径及文件名更改，添加 VBA 代码。单击【开发工具】选项卡下的【Visual Basic】按钮，在弹出的【Microsoft Visual Basic for Applications】对话框中，单击【插入】→【模块】，如图 22-61 所示。

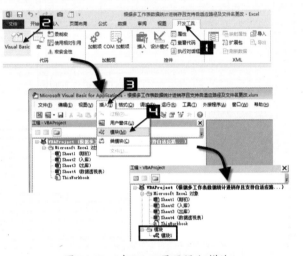

图 22-61　在 VBE 界面添加模块

步骤⑩ 双击【模块】，在代码框中输入以下代码，如图 22-62 所示。

```
Sub SQL自适应路径和文件名更改()
    Dim strCon As String, iPath As String '定义变量
    Dim iT As Integer, jT As Integer, iFlag As String, iStr As String
    Dim sht As Worksheet
    iPath = ThisWorkbook.FullName        '获取本工作簿的完全路径
    On Error Resume Next         '防错语句，当执行代码遇到错误时继续运行后面的代码
    For Each sht In ThisWorkbook.Worksheets   '遍历工作簿中的每张工作表
        iT = sht.PivotTables.Count   '统计数据透视表的个数
        If iT > 0 Then
            For jT = 1 To iT       '遍历工作簿中的每张工作表
                strCon = sht.PivotTables(jT).PivotCache.Connection
'将数据透视表中缓存连接信息赋值给变量 strCon
```

```
                    Select Case Left(strCon, 5)    '利用 select case 语句判断缓存
连接信息中的数据连接方式是 ODBC 还是 OLEDB,判断方法为从 strCon 变量左侧截取 5 个字符
                        Case "ODBC;"                        '判断缓存连接信息中的数据连接方式,
如果是 ODBC 方式
                        iFlag = "DBQ="              '将 "DBQ=" 赋值给变量 iFlag
                        Case "OLEDB"                        '判断缓存连接信息中的数据连接方
式,如果是 OLEDB 方式
                        iFlag = "Source="     '将 "Source=" 赋值给变量 iFlag
                    Case Else              '没有引入外部数据或其他方式,不予处理
                        Exit Sub
                    End Select
                    iStr = Split(Split(strCon, iFlag)(1), ";")(0)    '利用
split 函数,分隔符分别取 iFlag 变量和 ";" 为分隔符取得数据源和路径在变量 strCon 中截取文件
路径信息
                    With sht.PivotTables(jT).PivotCache        '替换数据透视表缓存
信息中的文件完全路径
                        .Connection = VBA.Replace(strCon, iStr, iPath)    '利用
Connection 属性把连接属性里前面的文件夹路径设置成当前工作簿的路径
                        .CommandText = VBA.Replace(.CommandText, iStr, iP-
ath)    '利用 CommandText 属性修改 SQL 语句的文件路径为当前工作簿的文件路径
                    End With
                Next
            End If
        Next
    End Sub
```

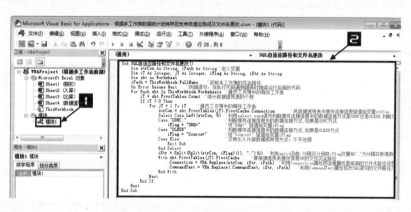

图 22-62　编辑模块中的 VBA 代码

步骤⑪　双击【ThisWorkbook】,输入以下代码,如图 22-63 所示。

```
    Private Sub Workbook_Open()
```

```
        Call SQL自适应路径和文件名更改
End Sub
```

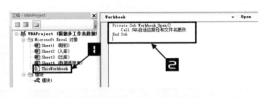

如果用户发现当输入 VBA 代码后，Excel 文件无法保存，请将文件另存为"Excel 启用宏的工作簿"类型。

图 22-63　编辑 ThisWorkbook 的 VBA 代码

至此，实现了数据透视表根据多工作表数据统计进销存且支持自适应路径及文件名更改的需求。为了使 VBA 代码能够顺利执行，当开启文件时遇到"安全警告部分活动内容已被禁用。单击此处了解详细信息。"时需要单击【启用内容】按钮，如图 22-64 所示。

行标签	主库期初	主库入库	主库出库	主库结存	中转库期初	中转库入库	中转库出库	中转库结存
J16336015	58	0	0	58	6	0	0	6
J16581007	81	10	1	90	16	5	1	20
J17007015	85	10	0	95	18	5	0	23
J17070019	93	0	0	93	6	0	0	6
J17111007	64	10	2	72	17	5	1	21
J17165021	98	0	0	98	7	0	0	7
J17259007	64	0	0	64	14	0	0	14
J58001216	64	0	0	64	18	0	0	18
J58019014	60	0	0	60	12	0	0	12
总计	667	30	3	694	114	15	2	127

图 22-64　开启工作簿时需启用内容

22.9　利用方案生成数据透视表盈亏平衡分析报告

示例 22.9　利用方案生成数据透视表盈亏平衡分析报告

图 22-65 展示了一张某公司甲产品的盈亏平衡的试算表格。此表格的上半部分是销售及成本等相关指标的数值，下半部分则是根据这些数值用公式统计出的总成本、收入及利润和盈亏平衡的状况，这些公式分别为：

B8=B4*B5

B9=B6+B8

B10=B3*B4

B11=B10-B9

B12=B6/(B3-B5)

B13=B12*B3

甲产品盈亏平衡试算表	
	A	B
销售单价	350
销量	6000
单位变动成本	70
固定成本	550,000
总变动成本	420,000
总成本	970,000
销售收入	2,100,000
利润	1,130,000
盈亏平衡销量	1964
盈亏平衡销售收入	687,500

图 22-65　甲产品盈亏平衡试算表

在这个试算模型中，单价、销量和单位变动成本都直接影响着盈亏平衡销量，如果要对比分析理想状态、保守状态和最差状态的盈亏平衡销量并最终形成方案数据透视表报告，请参照以下步骤。

步骤① 选定 A3:B13 单元格区域，在【公式】选项卡中单击【根据所选内容创建】按钮，在弹出的【以选定区域创建名称】对话框中选中【最左列】的复选框，单击【确定】按钮，将试算表的计算指标定义成名称，单击【名称管理器】按钮，在弹出的【名称管理器】对话框中可以查看定义好的名称，如图 22-66 所示。

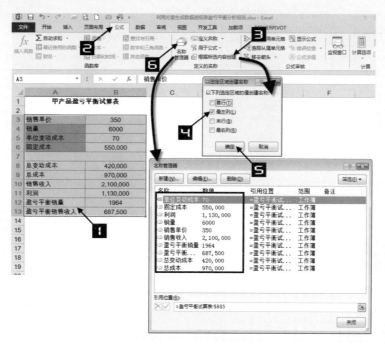

图 22-66　批量定义名称

步骤② 在【数据】选项卡中单击【模拟分析】的下拉按钮，在弹出的下拉菜单中选择【方案管理器】命令，弹出【方案管理器】对话框，如图 22-67 所示。

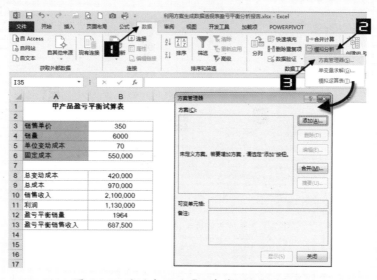

图 22-67　初次打开的【方案管理器】对话框

步骤③ 在【方案管理器】对话框中单击【添加】按钮，在弹出的【编辑方案】对话框中设置【方案名】为"理想状态"，【可变单元格】区域为"$B$3:$B$5"，单击【确定】按钮后，在【方案变量值】对话框中输入在"理想状态"下每个变量期望的具体数值，输入完毕后单击【确定】按钮，完成第一个方案的添加，如图 22-68 所示。

步骤④ 重复操作步骤 3，添加另外两个方案，如图 22-69 所示。

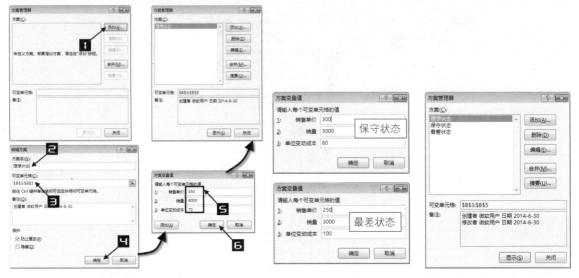

图 22-68　添加理想状态方案　　　　　图 22-69　方案列表

步骤⑤ 在【方案管理器】对话框中单击【摘要】按钮，在弹出的【方案摘要】对话框的【报表类型】中选择【方案数据透视表】选项，在【结果单元格】编辑框内输入"B3,B4,B5,B9,B10,B11,B12"，单击【确定】按钮生成一张"方案数据透视表报告"，如图 22-70 所示。

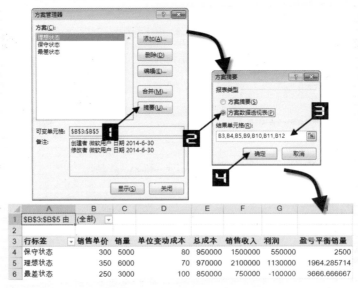

图 22-70　方案数据透视表报告

步骤⑥ 整理数据透视表布局并美化数据透视表，最终的结果如图 22-71 所示。

图 22-71　方案数据透视表报告

注意 ━━━▶

如果希望生成的方案透视表报告，在保存后仍保留完整的数据透视表功能，在保存文件前，应打开【数据透视表选项】对话框，在【数据】选项卡中选中【保存文件及源数据】的复选项，如图 22-72 所示。

图 22-72　选中【保存文件及源数据】的复选项

本例通过运用【假设分析】中的【方案管理器】功能生成方案数据透视表报告，来轻松解决盈亏平衡试算过程中的复杂问题。

22.10　制作带有本页小计和累计的数据表

在实际工作中，如果需要打印的表格有多页，并且希望在每页上都打印出本页小计，在最后一页上打印出累计数，可以利用数据透视表快捷地完成这样的任务。

示例 22.10　利用数据透视表制作带有本页合计和累计的多页数据表

图 22-73 展示了一张固定资产明细表，包含了 160 项固定资产记录，需要使用 3 ~ 4 张 A4 纸打印。如果要实现在每页上都打印出"本页小计"项，并在最后一页上打印"累计"项，

请参照以下步骤。

	A	B	C	D	E	F	G	H
1				固定资产明细表				
2	单位名称：	山东分公司						
3	序号	资产编号	资产名称	规格型号	数量	购置日期	原值	净值
148	145	85250000823	固定资产	-	1	2005-12-10	1,052,538.92	882,378.43
149	146	86080000838	固定资产	联想透日2000	1	2005-5-9	8,000.00	240.00
150	147	86080000836	固定资产	EOSON670K	1	2005-5-9	4,000.00	120.00
151	148	86040000553	固定资产	400A	1	2009-8-11	1,980.00	1,755.93
152	149	85080000083	固定资产	1723	1	2004-11-10	44,500.00	24,653.07
153	150	85080000383	固定资产	东富	10	2006-12-5	29,914.53	26,045.60
154	151	85040000042	固定资产	0	1	2003-12-9	2,079.29	1,154.81
155	152	85040000098	固定资产	0	1	2004-11-10	2,400.00	1,624.00
156	153	85040000092	固定资产		6	2004-11-10	20,034.00	13,556.37
157	154	85220000080	固定资产	-	1	2005-8-3	104,405.60	80,822.08
158	155	85220000079	固定资产	-	1	2005-12-10	8,600,000.00	7,057,733.37
159	156	85220000805	固定资产	-	1	2007-11-29	294,564.96	261,230.03
160	157	85220000243	固定资产	-	1	2008-10-15	8,272.95	7,704.52
161	158	85220000244	固定资产	-	1	2008-10-15	67,000.00	62,396.54
162	159	85220000245	固定资产	-	1	2008-10-15	76,079.55	70,852.25
163	160	86080000267	固定资产	联想开天4600	1	2006-5-6	7,500.00	376.58

图 22-73　固定资产明细表

步骤① 在 I3 单元格输入"序号 1"，并在 I4:I163 单元格区域填充数字 1 到 160 作为顺序号，从而新建一个辅助字段。

步骤② 为了能够动态引用数据源，定义名称"Data"，公式如下。

```
Data =OFFSET( 数据源 !$A$3,,,COUNTA( 数据源 !$A:$A)-2,COUNTA( 数据源 !$3:$3))
```

步骤③ 使用名称"Data"作为数据源创建数据透视表，在对数据透视表布局时将"序号 1"字段设置为"行"的第 1 个字段，结果如图 22-74 所示。

	A	B	C	D	E	F	G	H	I
1									
2							值		
3	序号1	序号	资产编号	资产名称	规格型号	购置日期	数量	原值	净值
4	1	1	85080000086	固定资产1	0	2002-8-5	1	1,540.00	621.96
5	2	2	85040000069	固定资产2	0	2004-9-10	1	20,715.47	15,156.13
6	3	3	85040000848	固定资产3	0	2004-12-28	1	16,080.00	12,154.61
7	4	4	85070000002	固定资产4	0	1984-12-11	1	186,531.00	92,297.76
8	5	5	85890000003	固定资产5	0	1984-12-11	1	45,484.00	20,376.83
9	6	6	85890000004	固定资产6	0	1984-12-11	1	419,729.00	120,287.80
10	7	7	85890000007	固定资产7	8KW	1997-9-22	1	7,200.00	2,740.06
11	8	8	85890000036	固定资产8	0	2002-12-10	1	21,984.00	15,232.18
12	9	9	85890000802	固定资产9	钢筋混凝土	2004-9-10	1	78,983.88	65,363.46
13	10	10	85890000389	固定资产10	地下卧式样	1988-11-10	1	114,000.00	3,752.32
14	11	11	85890000390	固定资产11	地下卧式	1997-12-10	1	38,000.00	17,696.13
15	12	12	85220000256	固定资产12	0	2008-10-15	6	221,160.00	205,964.46
16	13	13	85220000287	固定资产13	0	2008-11-19	0	500,000.00	467,666.67
17	14	14	85220000288	固定资产14	0	2008-11-19	0	335,920.00	314,197.17
18	15	15	85220000289	固定资产15	0	2008-11-19	1	99,133.41	92,722.78
19	16	16	85220000290	固定资产16	0	2008-11-19	5	123,200.00	115,233.07
20	17	17	85220000298	固定资产17	0	2008-11-19	1	46,690.00	43,670.71

图 22-74　创建的数据透视表

步骤④ 对"序号 1"字段进行组合，根据每页可容纳的数据记录数量设置组合步长。如果每页需要容纳 45 行记录，则设置组合步长为 45，组合后的结果如图 22-75 所示。

图 22-75　对"序号 1"字段进行组合

步骤⑤ 将"序号 1"字段的【分类汇总】方式设置为【自动】，并在【布局和打印】选项卡中的【打印】中选中【每项后面插入分页符】的复选框，为每一分类汇总项进行分页打印，如图 22-76 所示。

图 22-76　为"序号 1"字段设置自动分类汇总并插入分页符

步骤⑥ 将数据透视表的【布局】设置为【合并且居中排列带标签的单元格】，然后【启用选定内容】功能批量选中所有汇总合计行，添加"橙色"填充颜色，最后隐藏 A 列，结果如图 22-77 所示。

序号	资产编号	资产名称	规格型号	购置日期	数量	原值	净值
31	86080000623	固定资产31		2008-11-19	1	6,128.00	4,146.61
32	86080000667	固定资产32	联想启天4700	2009-8-11	1	4,820.00	4,138.17
33	86040000457	固定资产33		2008-10-15	0	3,700.00	2,683.11
34	86040000458	固定资产34		2008-10-15	0	3,800.00	2,755.64
35	85080000408	固定资产35		2006-11-30	1	26,919.34	23,437.77
36	85080000409	固定资产36	0	2006-11-30	4	116,000.00	100,997.33
37	85040000267	固定资产37		2006-11-30	6	8,400.00	7,313.60
38	85070000063	固定资产38		2006-11-30	1	116,061.07	101,050.50
39	85890000539	固定资产39		2006-11-30	1	21,751.86	18,938.63
40	85220000080	固定资产40		2006-11-30	1	3,750,000.00	3,277,804.00
41	86080000398	固定资产41	开天2010	2006-12-6	1	4,547.00	871.50
42	86040000578	固定资产42	400A	2009-8-11	1	1,980.00	1,755.93
43	86070000805	固定资产43	0	2009-4-10	1	14,400.00	13,119.60
44	85080000328	固定资产44	东富	2006-12-5	4	11,965.82	10,418.25
45	85040000087	固定资产45	飞利浦	2004-11-10	4	6,320.00	4,276.44
1-45 汇总					110	18,902,207.77	16,358,931.70

图 22-77　设置分类汇总合计

步骤⑦ 在【页面布局】选项卡中单击【打印标题】按钮，在【页面设置】对话框中单击【工作表】选项卡，设置【打印区域】为"A3:I168"；【顶端标题行】为"$3:$3"；并在【打印】中选中【网格线】的复选框，最后单击【确定】按钮结束设置，如图 22-78 所示。

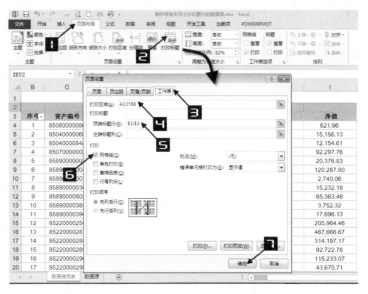

图 22-78　设置打印选项

步骤⑧ 在【页面设置】对话框中，单击【页眉/页脚】选项卡，分别设置【自定义页眉】和【自定义页脚】，通过设置【自定义页眉】和【自定义页脚】为数据透视表添加表头和页码。设置方法如图 22-79 所示。

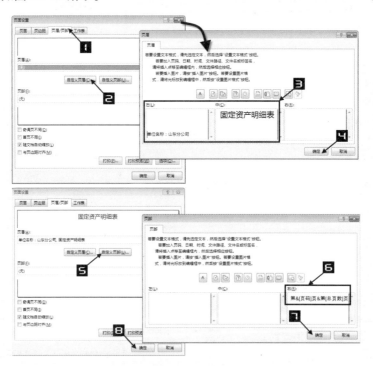

图 22-79　设置"页眉"和"页脚"

步骤⑨　对数据透视表各列的宽度进行优化,设置完成后的"打印预览"效果如图 22-80 所示。

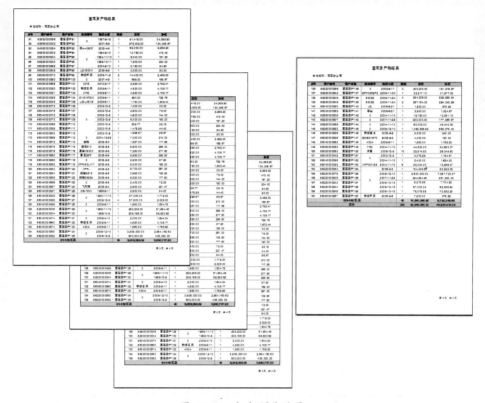

图 22-80　打印预览效果

本例利用数据透视表的组合功能控制每页显示的数据行数,通过对组合字段汇总实现每页小计,运用【每项后面插入分页符】命令实现分页打印,再通过数据透视表美化和打印设置,最终完成带有本页小计和累计的多页数据表的制作。

22.11　利用数据透视表进行销售综合分析

示例 22.11　多角度的销售分析表和销售分析图

图 22-81 展示的"销售数据"工作表中记录了某公司一定时期内的销售及成本明细数据。

面对这样一个庞大而且经常增加记录的数据列表进行数据分析,首先需要创建动态的数据透视表并通过对数据透视表的重新布局得到按"销售月份""销售部门"和"销售人员"等不同角度的分类汇总分析表,再通过不同的数据透视表生成相应的数据透视图得到一系列的分析报表,具体请参照以下步骤。

步骤①　新建一个 Excel 工作簿,将其命名为"利用数据透视表进行销售综合分析 .xlsx",打开该工作簿,将 Sheet1 工作表改名为"销售分析"。

步骤② 在【数据】选项卡中单击【现有连接】按钮，在弹出的【现有连接】对话框中单击【浏览更多】按钮，打开【选取数据源】对话框，如图 22-82 所示。

	A	B	C	D	E	F	G	H	I	J	K	L
1	客户代码	销售月份	销售部门	销售人员	发票号	工单号	ERPCO号	产品名称	款式号	数量	金额	成本
2	C000002	1月	销售三部	刘辉	H00012769	A12-086	C014673-004	睡袋	00583207LR	16	19,270	18,983
3	C000002	1月	销售三部	刘辉	H00012769	A12-087	C014673-005	睡袋	00583707RL	40	39,465	40,893
4	C000002	1月	销售三部	刘辉	H00012769	A12-088	C014673-006	睡袋	00583707LL	20	21,016	22,294
5	C000002	1月	销售三部	刘辉	H00012769	A12-089	C014673-007	睡袋	00583107RL	20	23,710	24,318
6	C000002	1月	销售三部	刘辉	H00012769	A12-090	C014673-008	睡袋	00583107LL	16	20,015	20,257
7	C000002	1月	销售三部	刘辉	H00012769	A12-091	C014673-009	睡袋	00584507RR	200	40,014	43,538
8	C000002	1月	销售三部	刘辉	H00012769	A12-092	C014673-010	睡袋	00584507LR	100	21,424	22,917
9	C000002	1月	销售三部	刘辉	H00012769	A12-093	C014673-011	睡袋	00584607RR	200	40,014	44,258
10	C000002	1月	销售三部	刘辉	H00012769	A12-094	C014673-012	睡袋	00584307RL	400	84,271	92,391
11	C000002	1月	销售三部	刘辉	H00012769	A12-095	C014673-013	睡袋	00584307LL	212	48,706	51,700
12	C000002	1月	销售三部	刘辉	H00012769	A12-096	C014673-014	睡袋	00584407RL	224	47,192	50,558
13	C000002	1月	销售三部	刘辉	H00012769	A12-097	C014673-015	睡袋	00584407LL	92	21,136	22,115
14	C000002	1月	销售三部	刘辉	H00012769	A12-098	C014673-016	睡袋	00584806LL	100	27,500	30,712
15	C000002	1月	销售三部	刘辉	H00012769	A12-101	C014673-019	睡袋	00584607LR	140	29,994	32,727
16	C000002	1月	销售三部	刘辉	H00012774	A11-155	C015084-001	睡袋	00581307RL	108	34,683	35,739
17	C000002	1月	销售三部	刘辉	H00012774	A11-156	C015084-002	睡袋	0058150700	72	12,493	11,099
18	C000002	1月	销售三部	刘辉	H00012774	A12-083	C014673-001	睡袋	00583807RR	32	30,449	29,398
19	C000002	1月	销售三部	刘辉	H00012774	A12-084	C014673-002	睡袋	00583807LR	12	12,125	11,642

图 22-81　销售数据明细表

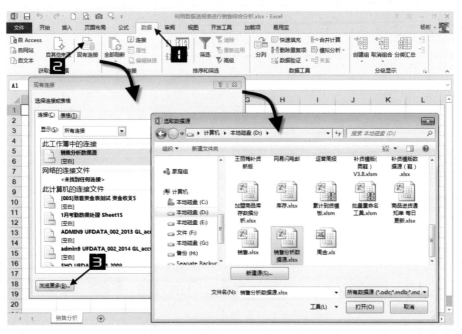

图 22-82　激活【选取数据源】对话框

步骤③ 在【选取数据源】对话框中，选择要导入的目标文件的所在路径，双击"销售分析数据源 .xlsx"，打开【选择表格】对话框，如图 22-83 所示。

步骤④ 保持【选择表格】对话框中对名称的默认选择，单击【确定】按钮，激活【导入数据】对话框，单击【数据透视表】选项按钮，指定【数据的放置位置】为现有工作表的"$A$1"，单击【确定】按钮生成一张空白的数据透视表，如图 22-84 所示。

图 22-83　打开【选择表格】对话框

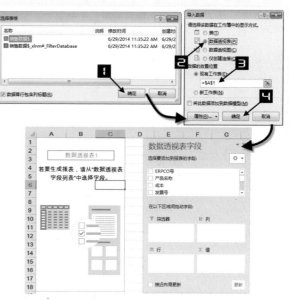

图 22-84　生成空白的数据透视表

步骤⑤　向数据透视表中添加相关字段，并在数据
透视表中插入计算字段"毛利"，计算公
式为"毛利 = 金额 - 成本"，如图 22-85
所示。

步骤⑥　单击数据透视表中的任意单元格（如
A3），在【数据透视表工具】的【分析】
选项卡中单击【数据透视图】按钮，在弹
出的【插入图表】对话框中选择【折线图】
选项卡中的"折线图"图表类型，单击【确
定】按钮创建数据透视图，如图22-86所示。

行标签	金额	成本	毛利
1月	13,879,466.41	12,220,359.69	1,659,106.73
2月	8,234,095.70	7,142,040.44	1,092,055.26
3月	2,355,833.87	1,933,252.26	422,581.61
4月	13,854,727.58	11,763,719.16	2,091,008.42
5月	12,469,612.31	10,939,728.23	1,529,884.09
6月	298,392.88	304,045.74	-5,652.86
7月	3,818,984.37	3,499,676.80	319,307.57
8月	15,160,033.95	11,323,762.35	3,836,271.61
9月	3,962,590.03	3,289,422.75	673,167.28
10月	6,322,667.91	5,867,749.00	454,918.91
11月	1,670,214.71	1,537,529.11	132,685.61
12月	2,632,032.77	2,265,277.44	366,755.32
总计	84,658,652.50	72,086,562.96	12,572,089.54

图 22-85　按销售月份汇总的数据透视表

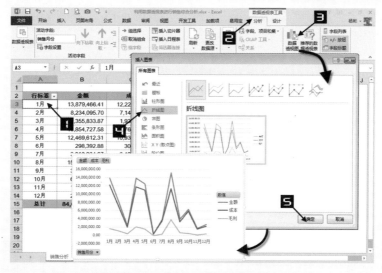

图 22-86　按月份的收入及成本利润走势分析图

步骤⑦ 对数据透视图进行格式美化后效果如图 22-87 所示。

步骤⑧ 复制如图 22-85 所示的数据透视表，对数据透视表重新布局，创建数据透视图，图表类型选择"簇状条形图"，得到销售人员销售金额汇总表和销售对比图，如图 22-88 所示。

步骤⑨ 再次复制如图 22-85 所示的数据透视表，对数据透视表重新布局，创建数据透视图，图表类型选择"堆积柱形图"，得到按销售部门反映的收入及成本利润汇总表和不同部门的对比分析图，如图 22-89 所示。

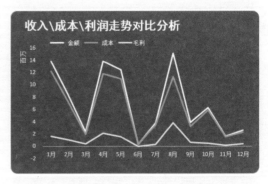

图 22-87　美化数据透视图

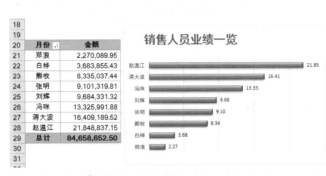

图 22-88　销售人员完成销售占比分析图

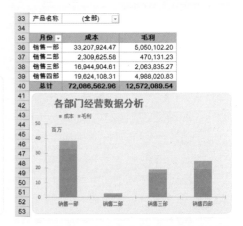

图 22-89　销售部门分析图

通过对报表筛选字段"产品名称"的下拉选择，还可以针对每种产品进行销售部门的分析。

本例通过对同一个数据透视表的不同布局得到各种不同角度的销售分析汇总表并通过创建数据透视图来进行销售走势、销售占比和部门对比等各种图表分析，完成图文并茂的多角度销售分析报表，可以满足不同用户的分析要求。

22.12　利用 PowerPivot for Excel 综合分析数据

在 Excel 2013 中，PowerPivot 成为 Excel 的内置功能，无须安装任何加载项即可使用。运用 PowerPivot，用户可以从多个不同类型的数据源将数据导入 Excel 的数据模型中并创建关系。数据模型中的数据可供数据透视表、 Power View 等其他数据分析工具所用。

示例 22.12　利用 PowerPivot for Excel 综合分析数据

图 22-90 展示了某公司一定时期内的"销售数量"和"产品信息"数据列表，如果用户希望利用 PowerPivot 功能将这两张数据列表进行关联生成图文并茂的综合分析表，可以参照以下步骤。

步骤① 单击"销售数量"工作表中的任意单元格（如 A2），在【PowerPivot】选项卡中单击【添加到数据模型】按钮，弹出【创建表】对话框，选中【我的表具有标题】的复选框，单击【确定】按钮关闭对话框，弹出【PowerPivot for Excel】窗口，显示已经创建了"销售数量"工作表对应的 PowerPivot 链接表"表 1"，如图 22-91 所示。

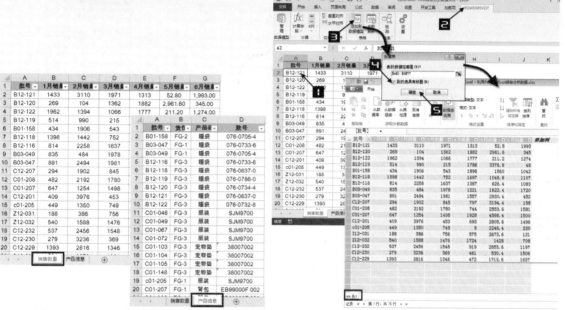

图 22-90 "销售数量"和"产品信息"数据列表 图 22-91 创建 PowerPivot 链接表"表 1"

步骤② 重复操作步骤 1，为"产品信息"工作表创建对应的 PowerPivot 链接表"表 2"。

步骤③ 在【PowerPivot for Excel】窗口的【开始】选项卡中单击【关系图视图】按钮，调出【关系图视图】界面，将【表 1】列表框中的"批号"字段移动至【表 2】列表框中的"批号"字段上，完成 PowerPivot"表 1"和"表 2"以"批号"为基准关系的创建，如图 22-92 所示。

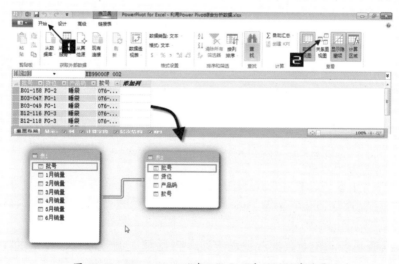

图 22-92 PowerPivot "表 1"和"表 2"创建关系

步骤④ 在【开始】选项卡中依次单击【数据透视表】→【图和表（垂直）】命令，弹出【创建数据透视图和数据透视表（垂直）】对话框，如图 22-93 所示。

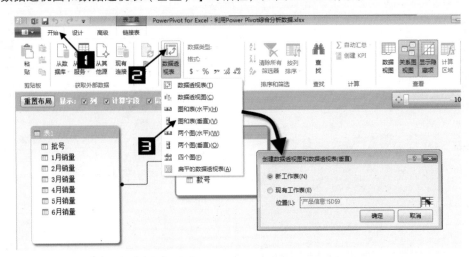

图 22-93　创建数据透视图和数据透视表

步骤⑤ 单击【确定】按钮后，Excel 中创建了一张空白的数据透视表和数据透视图，如图 22-94 所示。

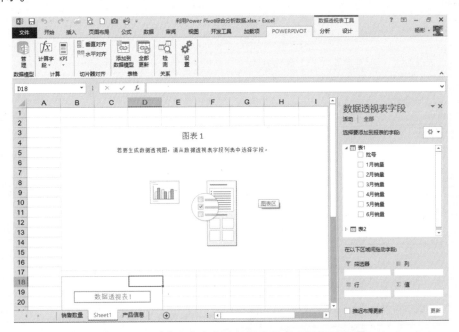

图 22-94　创建一张空白的数据透视表和数据透视图

步骤⑥ 单击【图表 1】区域，在【PowerPivot 字段列表】对话框中依次对"表 1"项下"1月销量"～"6月销量"的复选框进行选中，创建系统默认的"簇状柱形图"，如图 22-95 所示。

步骤⑦ 单击数据透视表，在【数据透视表字段】对话框中调整数据透视表的字段，创建如图 22-96 所示的数据透视表。

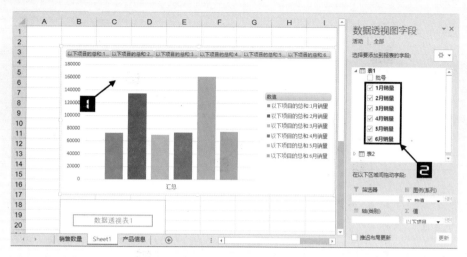

图 22-95　设置数据透视图

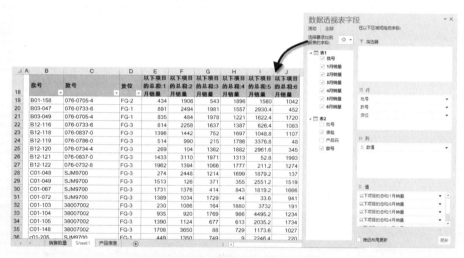

图 22-96　设置数据透视表

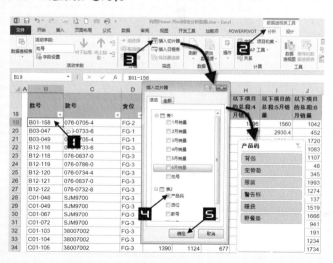

图 22-97　在数据透视表中插入切片器

步骤⑧　单击数据透视表中的任意单元格（如 B19），在【数据透视表工具】的【分析】选项卡中单击【插入切片器】按钮，弹出【插入切片器】对话框，选中 "表2" 中 "产品码" 的复选框，创建的【产品码】切片器如图 22-97 所示。

步骤⑨　单击切片器，在【切片器工具】的【选项】选项卡中单击【报表连接】按钮，在弹出的【数据透视表连接（产品码）】对话框中选中【图表1】的复选框，单击【确定】按钮，如图 22-98 所示。

图 22-98　设置切片器的连接

步骤⑩　在【PowerPivot for Excel】窗口中单击"表1"中的"添加列"中的任意单元格，在编辑栏中输入公式，"CalculatedColumn1"用于计算6个月的平均销量，"CalculatedColumn2"为插入迷你图预留空间，如图 22-99 所示。

CalculatedColumn1=('表1'[1月销量]+'表1'[2月销量]+'表1'[3月销量]+'表1'[4月销量]+'表1'[5月销量]+'表1'[6月销量])/6

CalculatedColumn2=0

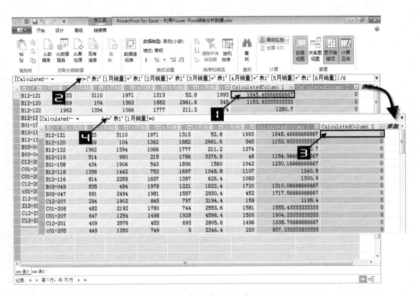

图 22-99　在"表1"中添加列

步骤⑪　将 CalculatedColumn1 和 CalculatedColumn2 字段添加到数据透视表中，如图 22-100 所示。

步骤⑫　将数据透视表中的"CalculatedColumn2 的总和"字段标题更改为"销售走势"并插入"柱形图"迷你图，柱形图中的起点"平均销量"设置为红色，对整张工作表设置单元格零值不显示，依次修改数据透视表中的其他字段标题，如图 22-101 所示。

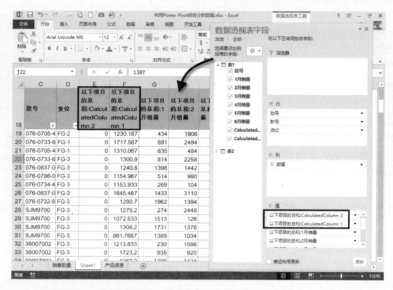

图 22-100　向数据透视表中添加字段

图 22-101　在数据透视表中插入迷你图

步骤⑬ 对步骤 5 中创建的数据透视图的数据进行行列切换，更改图表类型为"带数据标记的折线图"，复制、粘贴数据透视图并设置为"饼图"，最后进行数据透视图的美化，如图 22-102 所示。

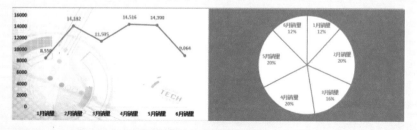

图 22-102　美化数据透视图

步骤⑭ 将数据透视图和切片器进行组合，进一步美化和调整数据透视表，最终完成的综合分析表如图 22-103 所示。

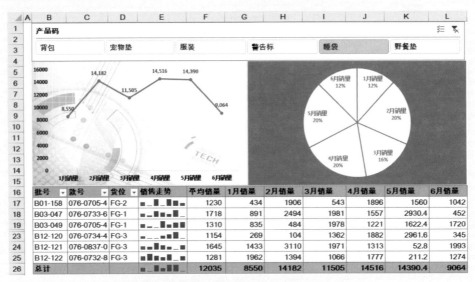

图 22-103 利用 PowerPivot for Excel 综合分析数据

本例利用 PowerPivot for Excel 对数据源中的两张数据列表进行关联后，创建动态的数据透视表和数据透视图，并通过插入切片器和在数据透视表中添加迷你图完成了比较高级和复杂的综合计算与分析。

第 23 章　数据透视表常见问题答疑解惑

本章针对用户在创建数据透视表过程中比较容易出现的问题，列举应用案例进行分析和解答。通过本章学习，用户可以快速地解决在创建数据透视表过程中遇到的常见问题。

23.1　为什么创建数据透视表时提示"数据透视表字段名无效"

当用户创建数据透视表时，有时会弹出"Microsoft Excel"的提示框，提示"数据透视表字段名无效"，无法再继续创建数据透视表，如图 23-1 所示。

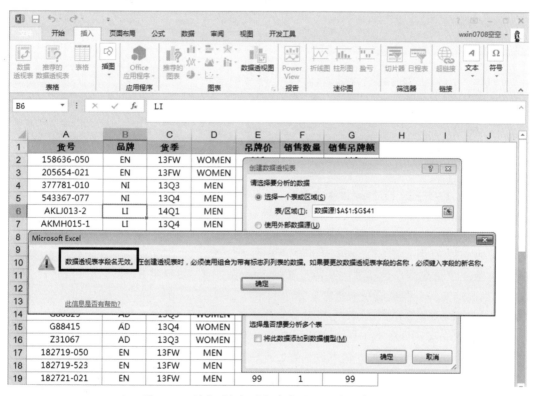

图 23-1　弹出"数据透视表字段名无效"对话框

解答：此问题是由数据源中存在字段名为空的情况所导致，即数据源中标题行不能有空白单元格或者合并单元格，如图 23-1 中将单元格 D1 中的标题补充完整，即可成功创建数据透视表。

23.2　为什么在早期版本的 Excel 中无法正常显示 Excel 2013 版本创建的数据透视表

用 Excel 2013 版本创建的数据透视表，为什么在 Excel 2003、Excel 2007 和 Excel 2010 版本软件中无法正常显示，如图 23-2 所示。

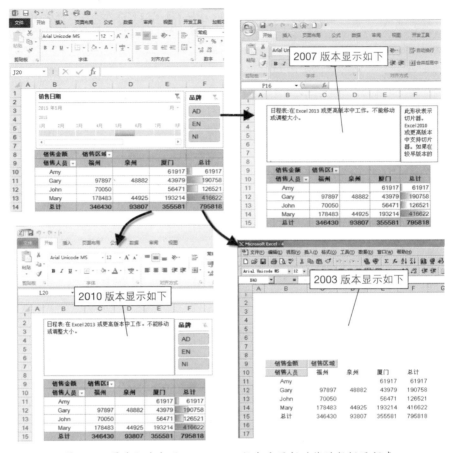

图 23-2　早期版本打开 Excel 2013 版本应用新功能的数据透视表

　　解答：此问题是由于不同 Excel 版本间的兼容性问题所致。Excel 2013 创建的数据透视表无论是在容量上还是应用条件格式的功能上都做了很多改进，如果用 Excel 2003 版本打开 Excel 2013 版本创建的文件，数据透视表缓存、对象和格式都会丢失，得到的只是数据透视表样式的基础数据。同时 Excel 2013 中的"切片器"功能也不能在 Excel 2007 版本中显示；新增的"日程表"功能也不能在 Excel 2010 版本中显示。高版本可以向下兼容，正常显示 Excel 数据透视表，在低版本中打开用高版本创建的 Excel 数据透视表，则新增的功能应用是无法正常显示的。

23.3　为什么在 Excel 2013 中切片器、日程表等功能不可用，按钮呈灰色状态

　　有的时候，用户打开 Excel 工作表后【插入切片器】和【插入日程表】按钮为灰色不可用状态，无法在数据透视表中应用，如图 23-3 所示。

　　解答：此 Excel 文件是"Excel 97-2003 工作簿"类型的文件，由低版本的 Excel 所创建，Excel 文件扩展名为".xls"格式，虽然在 Excel 2013 兼容模式下可以打开，如图 23-4 所示，但是无法使用 Excel 2013 中的新增功能，这些功能按钮均为灰色不可用状态。用户如果想使用 Excel 2013 版本中的新增功能，需将此文件另存为"Excel 工作簿"类型的文件，文件扩展名为".xlsx"格式，即可应用新增功能。

图 23-3　切片器、日程表按钮呈灰色状态

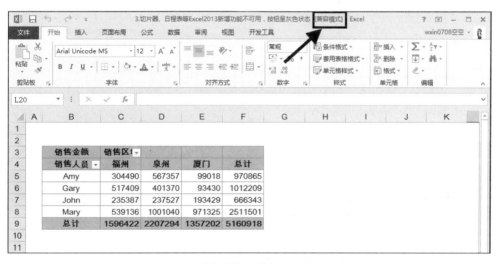

图 23-4　兼容模式下打开的 Excel 文件

23.4　为什么刷新数据透视表时会提示"数据透视表不能覆盖另一个数据透视表"

当用户刷新数据透视表或向数据透视表中添加字段时，有时会出现"数据透视表不能覆盖另一个数据透视表"错误提示，导致数据透视表无法更新或更新不彻底，如图 23-5 所示。

解答：此数据透视表的存放空间不够，在此例中数据透视表下方还存在另一个数据透视表，当向上方数据透视表添加字段时，数据透视表需要更多的行显示内容，此时需要插入足够多的行给上方的数据透视表存放，或者将下方的数据透视表移动到其他位置。

图 23-5 "数据透视表不能覆盖另一个数据透视表"错误提示

23.5 如何将值区域中的数据汇总项目由纵向变为横向显示

向数据透视表值区域中添加多个数据项时，数据显示一般是默认的在列字段区域横向显示，有的时候这并不是用户所期望的结果，如何将数据汇总项目纵向显示在行字段区域，如图 23-6 所示。

	A	B	C	D	E	F
1	货号	颜色	求和项:S	求和项:M	求和项:L	求和项:XL
2	1178-J02	黑色	6	12	12	6
3	251-J01	黑色	6	13	13	5
4		红色	6	13	11	5
5	3BA1-1	蓝色	6	11	10	8
6	3J72-3	黑色	6	12	13	5
7	3J72-4	红色	7	11	14	4
8	3J72-5	蓝色	8	12	13	7
9	3J81-2	蓝色	7	14	15	7
10		绿色	8	10	12	6
11	3J81-3	黑色	6	12	13	4
12		红色	7	11	14	9
13	5Y621-4	白色	8	15	10	6
14	7H002-1	白色	7	10	15	5
15		红色	7	10	14	5
16		蓝色	7	11	10	5
17	7H002-21	黑色	6	13	13	4
18	A47-J01	黑色	6	13	13	5
19		红色	6	13	11	5
20	总计		120	214	227	114

	A	B	C	D
1	货号	颜色	值	
2	1178-J02	黑色	求和项:S	6
3			求和项:M	12
4			求和项:L	12
5			求和项:XL	6
6	251-J01	黑色	求和项:S	6
7			求和项:M	13
8			求和项:L	13
9			求和项:XL	5
10		红色	求和项:S	6
11			求和项:M	13
12			求和项:L	11
13			求和项:XL	5
14	3BA1-1	蓝色	求和项:S	6
15			求和项:M	11
16			求和项:L	10
17			求和项:XL	8
18	3J72-3	黑色	求和项:S	6
19			求和项:M	12
20			求和项:L	13

图 23-6 值区域汇总项目纵向显示

解答：在【数据透视表字段】列表中，单击【数值】的下拉按钮，在弹出的快捷菜单中单击【移动到行标签】命令，即可将值区域汇总项目纵向显示，如图 23-7 所示。

23.6　如何像引用普通表格数据一样引用数据透视表中的数据

　　很多时候，用户在引用数据透视表中数据的时候总是出现数据透视表函数 GetPivotData，而且下拉公式得到的都是相同的结果，如图 23-8 所示。如何像引用普通表格数据那样引用数据透视表中的数据？

　　解答：选中数据透视表中的任意一个单元格（如 B5），在【数据透视表工具】的【分析】选项卡中单击【选项】的下拉按钮，在弹出的下拉菜单中单击【生成 GetPivotData】命令，关闭生成数据透视表函数，如图 23-9 所示。

图 23-7　设置值区域汇总项目纵向显示

图 23-8　引用数据透视表中的数据

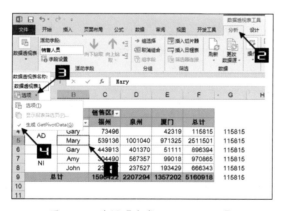

图 23-9　关闭【生成 GetPivotData】

23.7　如何像在 Excel 2003 版本中一样使用数据透视表的字段拖曳功能

　　用户使用 Excel 2013 创建数据透视表后，向数据透视表中添加字段需要在【数据透视表字段】

列表中进行操作，如图 23-10 所示。如何像在 Excel 2003 中一样，直接通过鼠标拖曳放到数据透视表中？

图 23-10　禁止向数据透视表用拖曳的方法添加字段

解答：选中数据透视表中的任意一个单元格（如 B5），右击，在弹出的快捷菜单中选择【数据透视表选项】命令，在弹出的【数据透视表选项】对话框中单击【显示】选项卡，选中【经典数据透视表布局（启用网格中的字段拖放）】前的复选框，单击【确定】按钮完成设置，如图 23-11 所示。

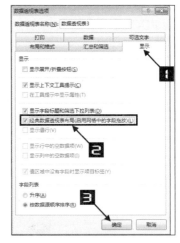

图 23-11　设置【经典数据透视表布局（启用网格中的字段拖放）】功能

23.8　为什么添加计算项功能命令为灰色不可用状态

有的时候当用户在数据透视表中插入计算项时，时常会遇到插入【计算项】按钮呈灰色不可用的情况，如图 23-12 所示。

图 23-12　插入计算项为灰色不可用状态

解答：插入计算项，是数据透视表一个字段中的项与项之间发生的运算。在插入计算项前，数据透视表中所选中的活动单元格非常关键，哪一个字段要进行插入计算项的操作，鼠标应该选中该字段中项，在本例中应该选中"实际发生额"或"预算额"所在单元格，如图 23-13 所示。

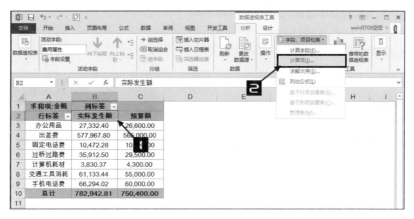

图 23-13　选中"实际发生额"后【计算项】可使用

23.9　为什么批量选中分类汇总项时失效

在数据透视表中无法批量选中分类汇总，如图 23-14 所示。

解答：查看【启用选定内容】命令是否被关闭。选中数据透视表中的任意一个单元格（如 B4），在【数据透视表工具】的【分析】选项卡中单击【选择】命令，在弹出的下拉列表中单击【启用选定内容】命令，如图 23-15 所示。

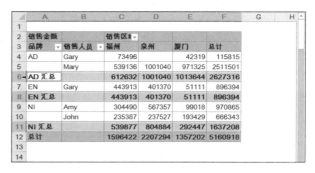

图 23-14　批量选中分类汇总

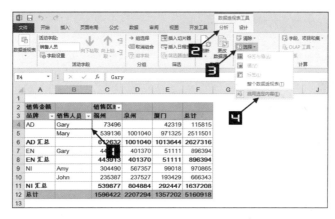

图 23-15　开启【启用选定内容】命令

23.10　如何利用现有数据透视表得到原始数据源

数据透视表创建好后，当数据源被删除，如何还能通过现有的数据透视表，得到数据源，如

图 23-16 所示。

解答：可以通过双击数据透视表中的某个单元格，得到对应的明细数据。如果想得到原始数据源，需要双击数据透视表中总计行的最后一个单元格，在本例中双击 F12 单元格即可得到原始明细数据源，如图 23-17 所示。

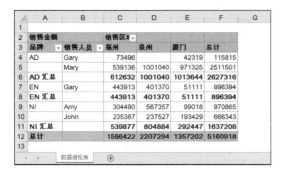

图 23-16　工作簿中仅有数据透视表　　　　　　　　图 23-17　原始数据源

23.11　为什么数据透视表所在工作表更改名称后再打开，数据透视表无法正常刷新

用户是可以根据需要将数据透视表所在的工作簿更改名称的，但有的时候，更改名称后再打开数据透视表会出现无法刷新的情况，如图 23-18 所示。

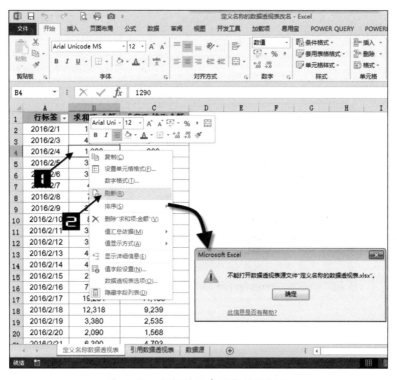

图 23-18　数据透视表刷新错误提示

解答：一般情况下当数据透视表以被定义名称的数据源创建后，保存并关闭数据透视表再打开，数据透视表的数据源就会变化为工作簿名称＋定义名称的格式，如图 23-19 所示。

现在用户只需在【分析】选项卡中依次单击【更改数据源】→【更改数据源】，在弹出的【更改数据透视表数据源】对话框中的【表／区域】编辑框内将其修改为更名后的工作表名称即可实现对数据透视表的刷新，如图 23-20 所示。

图 23-19　创建定义名称的数据透视表关闭后再打开前后对比

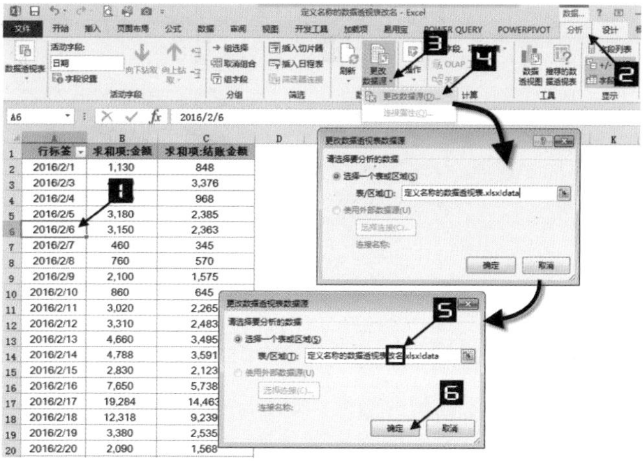

图 23-20　更改数据透视表数据源

23.12　如何在数据透视表中插入批注

解答：数据透视表不支持对选中的单元格，通过右击打开快捷菜单的方法插入批注。如果希望在数据透视表内的单元格中插入批注，可以单击数据透视表中要插入批注的单元格（如 B2），在【审阅】选项卡中单击【新建批注】按钮，如图 23-21 所示。

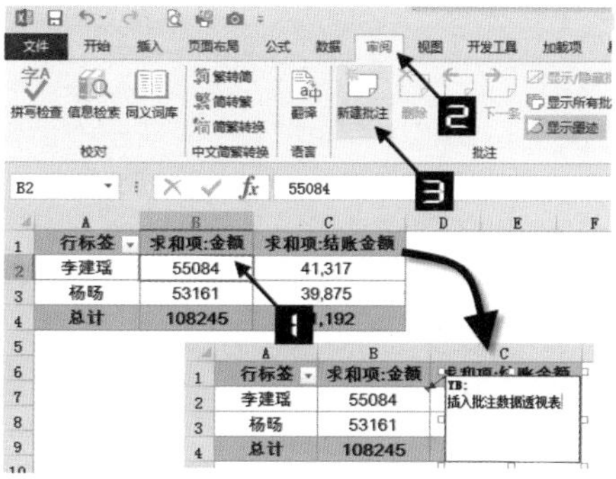

图 23-21　在数据透视表中插入批注

23.13　为什么无法显示在数据透视表中插入的图片批注

在数据透视表中插入图片批注后，鼠标指针移动到批注标记上也无法显示图片批注，如图 23-22 所示。

解答：单击数据透视表的任意单元格（如 A3），在【分析】选项卡中依次单击【操作】→【选择】→【启用选定内容】，鼠标滑向需要显示图片批注的单元格右上方的批注标记，即可显示图片批注，如图 23-23 所示。

图 23-22　数据透视表中无法显示图片批注

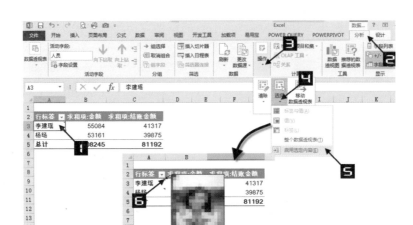

图 23-23　在数据透视表中显示图片批注

23.14　如何不显示数据透视表中的零值

数据透视表创建完成后，数据源中的零值数据会在数据透视表中显示为"0"，空白的数据在数据透视表中显示为空白，如图 23-24 所示。在数据透视表中显示"0"会混淆数据的视觉展现，有时会给用户带来困扰，如何使"0"不在数据透视表中显示？

解答：调出【Excel 选项】对话框，单击【高级】选项卡，取消【在具有零值的单元格中显示零】复选框的选中，即可使数据透视表中不再显示"0"，如图 23-25 所示。

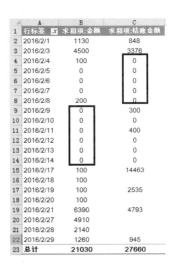

图 23-24　数据透视表中的零值

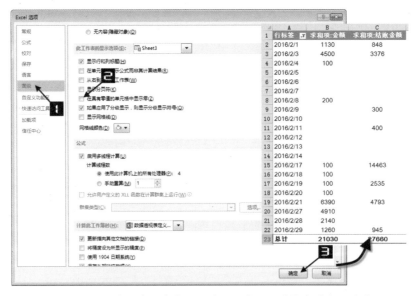

图 23-25　取消【在具有零值的单元格中显示零】复选框的选中

23.15 数据透视表进行组合后再复制一个数据透视表，如何解决一个数据透视表取消分组，另一个数据透视表也会取消分组的问题

当用户利用数据透视表进行多角度分析时，往往会将其中的数据透视表进行复制粘贴后再按分析要求重新布局，如果数据透视表进行了组合，复制粘贴后的数据透视表会出现同步现象，一个数据透视表取消分组，另一个也会取消分组，这显然不是用户所期望的，如图 23-26 所示。

图 23-26 复制粘贴后的数据透视表会出现同步现象

解答：这是由于这两个数据透视表共享缓存所致，单击数据透视表的任意单元格（如 H9），在【分析】选项卡中依次单击【更改数据源】→【更改数据源】，在弹出的【更改数据透视表数据源】对话框中将原数据透视表数据源名称"DATA"更改为"数据源!$A$1:$H$1112"，单击【确定】按钮完成设置即可解决数据透视表同步问题，如图 23-27 所示。

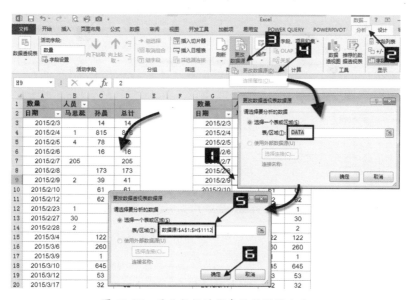

图 23-27 更改数据透视表的数据源名称

如果之前创建的数据透视表没有定义名称，本例也可以将粘贴后数据透视表的数据源以定义名称的方式进行修改。具体操作请参阅：示例 12.1。

23.16 如何在数据透视表的左侧显示列字段的分类汇总

一般情况下数据透视表列字段分类汇总默认在数据信息的右侧显示，如图 23-28 所示。如果用户希望在数据透视表的左侧显示列字段的分类汇总，又如何做到呢?

求和项:销售金额￥	列标签							
	北京					北京 汇总	杭州	
行标签	按摩椅	跑步机	微波炉	显示器	液晶电视		按摩椅	跑步机
李兵		442,200	2,500			444,700		
苏珊	10,400			384,000	505,000	899,400		
赵琦	70,400		32,500	253,500	475,000	831,400		
白丁	58,400		60,000		385,000	503,400		
张春艳							67,200	
高永	76,800	424,600	19,000	250,500	430,000	1,200,900		
杨庆								
晨光								
林山								391,600
总计	216,000	866,800	114,000	888,000	1,795,000	3,879,800	67,200	391,600

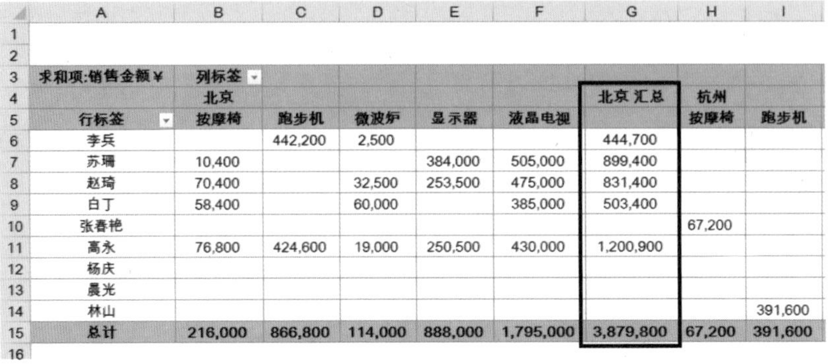

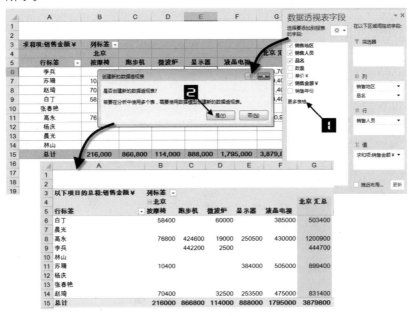

图 23-28　数据透视表列字段分类汇总在右侧显示

解答：通过调整“基于列项创建集”的行显示顺序可以实现。

步骤① 在【数据透视表字段】列表中单击【更多表格】，在弹出的【创建新的数据透视表】对话框中单击【是】按钮，系统会自动在另一张工作表中生成一张模型数据透视表，如图 23-29 所示。

图 23-29　将普通数据透视表变为模型数据透视表

步骤② 选中数据透视表，在【分析】选项卡中依次单击【字段、项目和集】→【基于列项创建集】，弹出【新建集合】对话框，如图 23-30 所示。

步骤③ 在【新建集合】对话框中单击【销售地区】“北京”，【品名】“全部”的行，然后单击向上调整按钮，将其上移到分类的顶端，同理，将其他地区的“全部”行上移到各自分类的顶端，最后单击【确定】按钮完成设置，如图 23-31 所示。

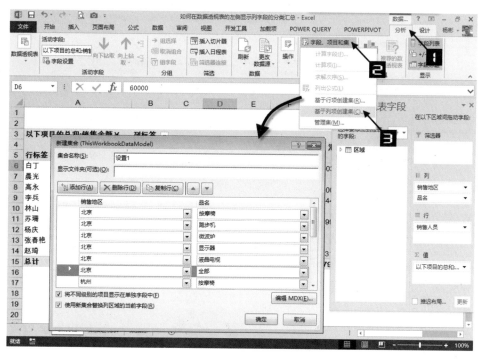

图 23-30　调出【新建集合】对话框

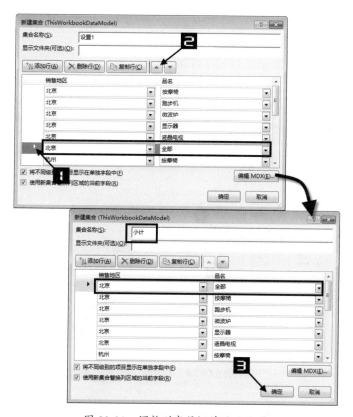

图 23-31　调整列字段汇总显示位置

最后完成的数据透视表如图 23-32 所示。

	A	B	C	D	E	F	G	H
1								
2								
3	销售金额	销售地区	品名					
4		北京 汇总						杭州 汇总
5	销售人员		按摩椅	跑步机	微波炉	显示器	液晶电视	
6	白丁	503,400	58,400		60,000		385,000	
7	晨光							
8	高永	1,200,900	76,800	424,600	19,000	250,500	430,000	
9	李兵	444,700		442,200	2,500			
10	林山							618,600
11	苏珊	899,400	10,400			384,000	505,000	
12	杨庆							
13	张春艳							1,288,700
14	赵菊	831,400	70,400		32,500	253,500	475,000	
15	总计	3,879,800	216,000	866,800	114,000	888,000	1,795,000	1,907,300

图 23-32　在数据透视表的左侧显示列字段的分类汇总

23.17　如何解决数据透视表添加计算字段后总计值出现的错误

在图 23-33 所示的数据透视表中，"求和项：销售金额"是一个计算字段，其公式为"数量 * 单价"。

但是，它并未按照数据透视表内所显示的数值进行直接相乘，而是按照"求和项：数量"与"求和项：单价"相乘，即数量之总和与单价之总和的乘积，这显然是错误的，此外数据透视表"总计"的计算结果也出现了错误。

图 23-33　计算字段与手工计算对比

解答：在第 10 章示例 10.20 已经给出了 SQL 的解决方案，这里介绍更加简洁的 PowerPivot 解决方案。

步骤① 将数据源添加到数据模型。具体操作方法请参阅：示例 17.7。

步骤② 在【PowerPivot for Excel】窗口中添加计算列"销售金额"，然后创建如图 23-34 所示的数据透视表。

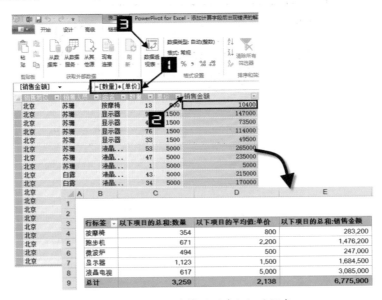

图 23-34　添加计算列创建数据透视表

23.18　如何对数据透视表实施快速钻取

图 23-35 展示了一张模型数据透视表，如何在原有数据透视表的基础上快速实现对"管理部门"各月费用的钻取？

以下项目的总和:金额	部门				
科目名称	不可对比门店	管理部门	可对比门店	网店	总计
办公费	36,961	797,920	284,012	22,246	1,141,139
包装费		468,149		8,736	476,885
保险费	15,000	108,119	2,395		125,515
福利费	116,303	2,386,021	1,171,699	30,220	3,704,243
广告费	932	878,960	6,502		886,394
交通费	1,066	1,308,146	13,129	1,558	1,323,899
教育经费		728,078			728,078
零星购置	10,692	36,975	73,300	720	121,687
商品维修费	255	230	4,145		4,630
水电费	90,028	525,197	883,498	968	1,499,691
通讯费	13,930	178,912	143,320	217,706	553,868
销售费用		1,350			1,350
修理费	393,942	192,635	814,346	14,964	1,415,886
员工活动费		297,277		483	297,760
折旧		3,016,352	2,600		3,018,952
总计	679,108	10,924,320	3,398,947	297,600	15,299,975

图 23-35　模型数据透视表

解答：在数据透视表中单击"管理部门"字段标题，单击快速浏览按钮 ⊡，在弹出的扩展菜单中单击【钻取到月】按钮，快速改变数据透视表的统计视角，实现对"管理部门"各月费用的钻取，如图 23-36 所示。

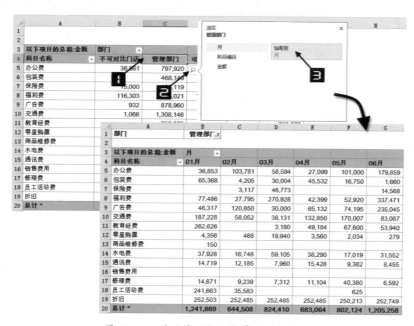

图 23-36　对"管理部门"费用进行钻取

附录

附录 A　Excel 常用 SQL 语句解释

1.1　SELECT 查询

图 A-1 展示了某公司的员工信息数据列表。

含义：从指定的表中返回符合条件的指定字段的记录。

语法：

```
SELECT {谓词} 字段 AS 别名 FROM 表
{WHERE 分组前条件}
{GROUP BY 分组依据}
{HAVING 分组后条件}
{ORDER BY 指定排序}
```

SELECT 查询各部分的说明如表 A-1 所示。

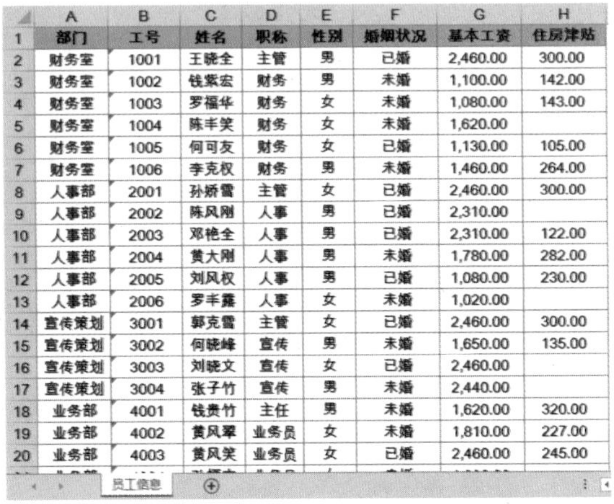

	A	B	C	D	E	F	G	H
1	部门	工号	姓名	职称	性别	婚姻状况	基本工资	住房津贴
2	财务室	1001	王晓全	主管	男	已婚	2,460.00	300.00
3	财务室	1002	钱紫宏	财务	男	未婚	1,100.00	142.00
4	财务室	1003	罗福华	财务	女	未婚	1,080.00	143.00
5	财务室	1004	陈丰笑	财务	女	未婚	1,620.00	
6	财务室	1005	何可友	财务	女	已婚	1,130.00	105.00
7	财务室	1006	李克权	财务	男	未婚	1,460.00	264.00
8	人事部	2001	孙娇雪	主管	女	已婚	2,460.00	300.00
9	人事部	2002	陈风刚	人事	男	已婚	2,310.00	
10	人事部	2003	邓艳全	人事	男	已婚	2,310.00	122.00
11	人事部	2004	黄大刚	人事	男	未婚	1,780.00	282.00
12	人事部	2005	刘风权	人事	男	已婚	1,080.00	230.00
13	人事部	2006	罗丰鑫	人事	女	未婚	1,020.00	
14	宣传策划	3001	郭克雪	主管	女	已婚	2,460.00	300.00
15	宣传策划	3002	何晓峰	宣传	男	未婚	1,650.00	135.00
16	宣传策划	3003	刘晓文	宣传	女	已婚	2,460.00	
17	宣传策划	3004	张子竹	宣传	男	未婚	2,440.00	
18	业务部	4001	钱贵竹	主任	男	未婚	1,620.00	320.00
19	业务部	4002	黄风翠	业务员	女	未婚	1,810.00	227.00
20	业务部	4003	黄风笑	业务员	女	已婚	2,460.00	245.00

员工信息

图 A-1　公司员工信息数据列表

表 A-1　SELECT 查询语句各部分的说明

部分	说明
SELECT	查询
FROM	从……返回
谓词	可选，包含 ALL、DISTINCT、TOP 等谓词。如缺省，则默认为 ALL，即返回所有记录
字段	包含要查询的记录的列标题，若要查询多个字段，则需要在字段之间使用英文半角逗号分隔，若要查询全部字段，可以使用“*”
AS	别名标志，使用 AS 可以对字段名称进行重命名
表	工作表或查询。在 Excel 中使用 SQL 需要在表名后加“$”
WHERE	限制查询返回分组前的记录，使查询只返回符合分组前条件的记录
GROUPBY	分组依据，指明记录如何进行分组和合并
HAVING	限制查询返回分组后的记录，使查询只返回符合分组后的条件的记录
ORDER BY	对结果进行排序，其中 ASC 为升序，DESC 为降序。如缺省，默认为升序

1.1.1　SELECT 查询的基本语句

如果希望在如图 A-1 所示的“员工信息”数据列表中，查询所有字段的数据记录，可以使用以下 SQL 语句。

```
SELECT * FROM [员工信息$]
```

如果希望在如图 A-1 所示的“员工信息”数据列表中，查询每个员工所在的部门及其婚姻状况的数据记录，可以使用以下 SQL 语句。

```
SELECT 部门,姓名,婚姻状况 FROM [员工信息$]
```

1.1.2   WHERE 子句

如果希望在如图 A-1 所示的"员工信息"数据列表中，查询员工性别为男的数据记录，可以使用以下 SQL 语句。

```
SELECT * FROM [员工信息 $] WHERE 性别 =' 男 '
```

条件的标识符，文本类型用英文单引号 '' 区分，日期型用 # 区分（在 VBA 中则使用 ''），数值型不需要添加标识符。

1.1.3   BETWEEN...AND 运算符

用于确定指定字段的记录是否在指定值范围之内。

如果希望在如图 A-1 所示的"员工信息"数据列表中，查询基本工资在 1500 到 2000 之间（含 1500 和 2000）的数据记录，可以使用以下 SQL 语句。

```
SELECT * FROM [员工信息 $] WHERE 基本工资 BETWEEN 1500 AND 2000
```

1.1.4   NOT 运算符

表示取相反的条件。

如果希望在如图 A-1 所示的"员工信息"数据列表中，查询基本工资不在 1500 到 2000 之间（即基本工资小于 1500 或大于 2000）的所有记录，可以使用以下 SQL 语句。

```
SELECT * FROM [员工信息 $] WHERE NOT 基本工资 BETWEEN 1500 AND 2000
```

1.1.5   AND、OR 运算符

当查询条件在两个或两个以上，需要使用 AND 或 OR 等运算符将不同的条件连接，其中，使用 AND 运算符表示连接的条件，只有同时成立才返回记录，使用 OR 运算符表示连接的条件中，只要有一个条件成立，即可返回记录。需要注意的是，AND 运算符执行次序比 OR 运算符优先，如果用户需要更改运算符的运算次序，请用小括号将需要优先执行的条件括起来。

如果希望在如图 A-1 所示的"员工信息"数据列表中，查询"财务室"部门员工的基本工资高于 2000 的数据记录，可以使用以下语句。

```
SELECT * FROM [员工信息 $] WHERE 部门 =' 财务室 ' AND 基本工资 >2000
```

如果希望在如图 A-1 所示的"员工信息"数据列表中，查询"财务室"或"业务部"两个部门的数据记录，可以使用以下语句。

```
SELECT * FROM [员工信息 $] WHERE 部门 =' 财务室 ' OR 部门 =' 业务部 '
```

1.1.6   IN 运算符

确定字段的记录是否在指定的集合之中。

如果希望在如图 A-1 所示的"员工信息"数据列表中，查询"陈丰笑""孙娇雪"和"刘风权"3 位员工的数据记录，可以使用以下 SQL 语句。

```
SELECT * FROM [员工信息 $] WHERE 姓名 IN (' 陈丰笑 ',' 孙娇雪 ',' 刘风权 ')
```

使用 NOT IN，可以返回字段记录在指定集合之外的记录。

如果希望在如图 A-1 所示的"员工信息"数据列表中，查询除"陈丰笑""孙娇雪"和"刘风权"3 位员工外的数据记录，可以使用以下 SQL 语句。

```
SELECT * FROM [员工信息 $] WHERE 姓名 NOT IN (' 陈丰笑 ',' 孙娇雪 ',' 刘风权 ')
```

1.1.7　LIKE 运算符

返回与指定模式匹配的记录，若需要返回与指定模式匹配相反的记录，请使用 NOT LIKE，LIKE 运算符支持使用通配符。

LIKE 使用的通配符如表 A-2 所示。

表 A-2　通配符说明

通配符	说明
%	零个或多个字符
_	任意单个字符
#	任意单个数字（0-9）
[字符列表]	匹配字符列表中的任意单个字符
[!字符列表]	不在字符列表中的任意单个字符

提示 → 　常用的字符列表包括数字字符列表 [0-9]、大写字母字符列表 [A-Z] 和小写字母字符列表 [a-z]。

如果希望在如图 A-1 所示的"员工信息"数据列表中，查询姓名以"陈"开头的数据记录，可以使用以下语句。

```
SELECT * FROM [员工信息$] WHERE 姓名 LIKE '陈%'
```

如果希望在如图 A-1 所示的"员工信息"数据列表中，查询姓名不以"陈"开头的数据记录，可以使用以下语句。

```
SELECT * FROM [员工信息$] WHERE 姓名 LIKE '[!陈]%'
```

也可以使用以下语句。

```
SELECT * FROM [员工信息$] WHERE 姓名 NOT LIKE '陈%'
```

如果希望在如图 A-1 所示的"员工信息"数据列表中，查询姓名以"翠"结尾且姓名长度为 2 的数据记录，可以使用以下语句。

```
SELECT * FROM [员工信息$] WHERE 姓名 LIKE '_翠'
```

如果希望在如图 A-1 所示的"员工信息"数据列表中，查询姓名包含字母的数据记录，可以使用以下语句。

```
SELECT * FROM [员工信息$] WHERE 姓名 LIKE '%[a-zA-Z]%'
```

注意 → 　在 Excel 2010 及以上版本保存的工作簿中，使用 SQL 语句返回的记录不区分大小写，但以兼容形式另存为 Excel 2010 版本以下的工作簿时（如 Excel 97-2003 版本），记录区分大小写。

1.1.8　常量 NULL

表示未知值或结果未知。判断记录是否为空，可以用 ISNULL 或 IS NOT NULL。

如果希望在如图 A-1 所示的"员工信息"数据列表中，查询没有领取住房津贴的数据记录，可以使用以下语句。

```
SELECT * FROM [员工信息$] WHERE 住房津贴 IS NULL
```

如果希望在如图 A-1 所示的"员工信息"数据列表中，查询有领取住房津贴的数据记录，可以使用以下语句。

```
SELECT * FROM [员工信息$] WHERE 住房津贴 IS NOT NULL
```

已知员工的实际收入等于基本工资加上住房津贴，如果希望在如图 A-1 所示的"员工信息"数据列表中，统计每个部门的员工的实际收入，可以使用以下 SQL 语句。

```
SELECT 部门,姓名,基本工资+IIF(住房津贴 IS NULL,0,住房津贴) AS 实际收入 FROM [员工信息$]
```

 提示

> NULL 表示未知值或结果未知，如何与 NULL 进行的运算，其结果也是未知的，返回 NULL。所以，这里需要使用 IIF 函数，将住房津贴为 NULL 的值返回 0，否则返回住房津贴，然后再与基本工资相加，从而得到实际收入。

1.1.9 GROUP BY 子句

如果希望在如图 A-1 所示的"员工信息"数据列表中，统计每个部门的员工人数，可以使用以下 SQL 语句。

```
SELECT 部门,COUNT(姓名) AS 员工人数 FROM [员工信息$] GROUP BY 部门
```

1.1.10 HAVING 子句

如果希望在如图 A-1 所示的"员工信息"数据列表中，查询员工人数超过 7 人（含 7 人）的部门记录，可以使用以下 SQL 语句。

```
SELECT 部门 FROM [员工信息$]GROUP BY 部门 HAVING COUNT(姓名)>=7
```

提示

> HAVING 子句必须结合 GROUP BY 子句使用。

1.1.11 聚合函数

聚合函数的说明如表 A-3 所示。

表 A-3 聚合函数

部分	说明
SUM()	求和
COUNT()	计数
AVG()	平均值
MAX()	最大值
MIN()	最小值
FIRST()	首次出现的记录
LAST()	最后一条记录

 提示

> 使用如表 A-3 所示的聚合函数中，除 FIRST 和 LAST 函数外，其余函数均忽略空值（NULL）。

如果希望在如图 A-1 所示的"员工信息"数据列表中，查询每个部门最高可领取的住房津贴的数据记录，可以使用以下 SQL 语句。

```
SELECT 部门,MAX(住房津贴) AS 最高住房津贴 FROM [员工信息$] GROUP BY 部门
```

1.1.12 DISTINCT 谓词

使用 DISTINCT 谓词，将忽略指定字段返回的重复记录，即重复的记录只保留其中一条。

如果希望在如图 A-1 所示的"员工信息"数据列表中，查询部门的不重复记录，可以使用以下 SQL 语句。

```
SELECT DISTINCT 部门 FROM [员工信息$]
```

1.1.13 ORDER BY 子句

使用 ORDER BY 子句，可以使结果根据一个或多个字段的指定排序方式进行排序。如果指定的字段没有指定排序模式，则默认为按此字段升序排序。

> 在数据透视表中，字段的排序结果最终取决于数据透视表的字段排序方式。

1.1.14 TOP 谓词

使用 TOP 谓词，可以返回位于 ORDER BY 子句所指定范围内靠前或靠后的某些记录。

如果不指定排序方式，则返回此 TOP 谓词所对应表或查询的靠前的指定记录。

如果希望在如图 A-1 所示的"员工信息"数据列表中，查询前 10 条记录，可以使用以下 SQL 语句。

```
SELECT TOP 10 * FROM [员工信息$]
```

如果希望在如图 A-1 所示的"员工信息"数据列表中，查询基本工资在前 10 位的数据记录，可以使用以下 SQL 语句。

```
SELECT TOP 10 * FROM [员工信息$] ORDER BY 基本工资 DESC
```

结合使用 PERCENT 保留字可以返回位于 ORDER BY 子句所指定范围内靠前或靠后的一定百分比的记录。

如果希望在如图 A-1 所示的"员工信息"数据列表中，查询基本工资前 30% 的数据记录，可以使用以下语句。

```
SELECT TOP 30 PERCENT * FROM [员工信息$] ORDER BY 基本工资 DESC
```

> 如果使用 ORDER BY 子句，假如在指定范围内最后一条记录有多个相同的值，那么这些值对应的记录也会被返回。如果没有 ORDER BY 子句，那么在指定范围内最后一条记录即使有多个相同的值，也只会返回在指定范围内靠前的记录。

1.2 联合查询

图 A-2 展示了某连锁集团"三角头""江南"和"东山"3 间分店的销售数据列表。

含义：合并多个查询的结果集，这些查询具有相同的字段数目且包含相同或可以兼容的数据类型。

语法：

```
SELECT 字段 FROM 表 1 UNION {ALL}
……
SELECT 字段 FROM 表 x
```

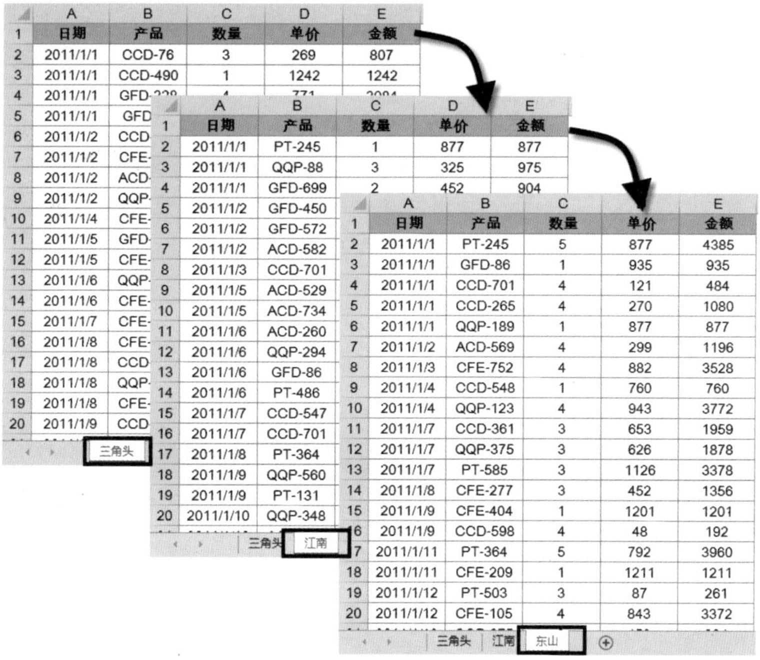

图 A-2　分店销售数据列表

联合查询的特点如下。

（1）使用联合查询，需要确保查询的字段数目相同，且顺序需要相同，且包含相同或兼容的数据类型。（不同表中没用相同的字段时，可以使用 as 字段名强制添加字段。一般用 null as 字段名，或 0 as 字段名。）

（2）在联合查询中，最终返回的记录的字段名称以第一个查询的字段名称为准，其余进行联合查询的查询，使用的字段别名将被忽略。

（3）UNION 和 UNION ALL 的区别在于，UNION 会将所有进行联合查询的表的记录进行汇总，并返回不重复记录（即重复记录只返回其中一条记录），同时对记录进行升序排序，而 UNION ALL 则只将所有进行联合查询的表的记录进行汇总，不管记录是否重复，也不对记录进行排序。

> 提示
>
> "数字"和"文本"在联合查询中，是可以兼容的数据类型。

如果希望查询如图 A-2 所示的"三角头""江南"和"东山"3 间分店销售数据列表中，各分店所有产品不重复个数，可以使用以下 SQL 语句。

```
SELECT '三角头' AS 分店,产品 FROM [三角头 $]UNION
SELECT '江南',产品 FROM [江南 $]UNION
SELECT '东山',产品 FROM [东山 $]
```

如果希望将如图 A-2 所示的"三角头""江南"和"东山"3 间分店销售数据列表进行汇总，可以使用以下 SQL 语句。

```
SELECT '三角头' AS 分店,* FROM [三角头$] UNION ALL
SELECT '江南',* FROM [江南$] UNION ALL
SELECT '东山',* FROM [东山$]
```

1.3 多表查询

图 A-3 展示了某班级"学生信息""科目"和"成绩表"3 张数据列表。

含义：根据约束条件，返回查询指定字段记录所有可能的组合。

语法：

```
SELECT{表名称}.字段 FROM 表1,表2,……
表x {WHERE 约束条件}
```

多表查询的特点如下。

（1）在同一语句中，若需要查询的字段名称存在于多张表中，那么，此字段名称需要声明来源表，否则该字段可省略声明来源表。

（2）当查询涉及多张表关联时，需要注意使用约束条件，没有约束条件或约束条件设置不当，将可能出现笛卡尔积，从而导致数据虚增。

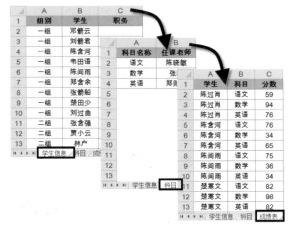

图 A-3　班级成绩数据列表

如果希望在如图 A-3 所示的"科目"和"成绩表"数据列表中，查询各科目的平均成绩及各科目任课老师的数据记录，可以使用以下 SQL 语句。

```
SELECT A.科目名称,A.任课老师,AVG(B.分数) AS 平均分 FROM [科目$]A,[成绩表$]B
WHERE A.科目名称=B.科目 GROUP BY A.科目名称,A.任课老师
```

设置"平均分"字段的数字格式为【数值】，【小数位数】为 0，最终生成的数据透视表如图 A-4 所示。

1.4 内部连接

含义：对于不同结构的表或查询，如果这些表或查询具有关联的字段，那么将这些表或查询指定字段的记录按关联的字段整合在一起。

科目名称	任课老师	求和项:平均分
语文	陈晓敏	69
数学	张刚	63
英语	郑则楚	65
总计		197

图 A-4　科目任课老师和科目平均分数据列表

1. 使用单个内部连接的语法

```
SELECT {表名称.}字段 FROM 表1 INNER JOIN 表2 ON 关联字段
```

如果希望在如图 A-3 所示的"学生信息"和"成绩表"数据列表中，查询参加考试学生的各科目成绩及其担任职务的数据记录，可以使用以下 SQL 语句。

```
SELECT A.*,B.职务 FROM [成绩表$]A INNER JOIN [学生信息$]B ON A.学生=B.学生
WHERE B.职务 IS NOT NULL
```

最终生成的数据透视表如图 A-5 所示。

2. 使用多个内部连接的语法

```
SELECT {表名称.}字段 FROM (……(表1 INNER JOIN 表2 ON 关联字段) INNER JOIN 表3 ON 关联字段……)INNER JOIN 表x ON 关联字段
```

如果希望在如图 A-3 所示的“学生信息”“科目”和“成绩表”数据列表中，查询参加考试的学生担任的职务、各科目的成绩和各科目任课老师的数据记录，可以使用以下 SQL 语句。

```
SELECT A.学生,A.科目,A.分数,B.职务,C.任课老师 FROM ([成绩表$]A INNER JOIN [学生信息$]B ON A.学生=B.学生) INNER JOIN [科目$]C ON A.科目=C.科目名称
```

最终生成的数据透视表如图 A-6 所示。

	A	B	C	D	E	F
1	求和项:分数		科目			
2	学生	职务	数学	英语	语文	总计
3	⊟邓具集	学习委员	97	99	45	241
4	⊟贾笑韵	语文科代表	100	38	69	207
5	⊟欧阳寒韵	英语科代表	58	74	87	219
6	⊟张问余	班长	100	99	45	244
7	⊟郑含余	数学科代表	37	97	78	212
8	总计		392	407	324	1123

图 A-5　担任职务的学生成绩数据列表

	A	B	C	D	E	F
1	求和项:分数		科目	任课老师		
2			⊟数学	⊟英语	⊟语文	总计
3	学生	职务	张刚	郑则楚	陈晓敏	
4	⊟邓具集	学习委员	97	99	45	241
5	⊟贾笑韵	语文科代表	100	38	69	207
6	⊟欧阳寒韵	英语科代表	58	74	87	219
7	⊟张问余	班长	100	99	45	244
8	⊟郑含余	数学科代表	37	97	78	212
42	⊟韦田语		34	64	75	173
43	总计		2439	2528	2701	7668

图 A-6　学生职务、科目成绩和科目任课老师数据列表

1.5　左外部连接和右外部连接

含义：左外部连接返回左表所有记录和右表符合关联条件的部分记录，右外部连接刚好与左外部连接相反，右外部连接返回的是右表所有记录和左表符合关联条件的部分记录。

单个左外部连接/右外部连接如下。

```
SELECT {表名称.}字段 FROM 表1 LEFT JOIN/RIGHT JION 表2 ON 关联条件
```

如果希望在如图 A-3 所示的“学生信息”和“成绩表”数据列表中，查询所有科目都缺考学生的学生信息，可以使用以下 SQL 语句。

```
SELECT A.* FROM [学生信息$]A LEFT JOIN [成绩表$]B ON A.学生=B.学生 WHERE B.分数 IS NULL
```

或使用以下 SQL 语句。

```
SELECT B.* FROM [成绩表$]A RIGHT JOIN [学生信息$]B ON A.学生=B.学生 WHERE A.分数 IS NULL
```

最终生成的数据透视表如图 A-7 所示。

	A	B	C
1	组别	学生	职务
2	⊟四组	⊟黄天聪	
3		⊟张少军	
4	总计		

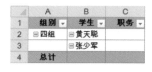

图 A-7　所有科目都缺考的学生信息数据列表

提示

多个左外部连接/右外部连接的语法请参考多个内部连接。

1.6　子查询

三种常用的子查询语法如下。

```
SELECT (子查询) {AS 字段} FROM 表
SELECT 字段 FROM 表 WHERE 字段运算符 {谓词} (子查询)
```

```
SELECT 字段 FROM 表 WHERE {NOT} EXISTS （子查询）
```

如果希望在如图 A-3 所示的"成绩表"数据列表中，对参加考试的学生的总成绩进行排名，可以使用以下 SQL 语句。

```
SELECT *,(SELECT COUNT（学生）FROM (SELECT 学生,SUM（分数）AS 总分 FROM [成绩表
$] GROUP BY 学生)A WHERE A.总分 >B.总分)+1 AS 排名 FROM (SELECT 学生,SUM（分数）AS
总分 FROM [成绩表 $] GROUP BY 学生)B
```

最终生成的数据透视表如图 A-8 所示。

如果希望在如图 A-3 所示的"成绩表"数据列表中，查询各科目分数最高的学生成绩数据记录，可以使用以下 SQL 语句。

```
SELECT * FROM [成绩表 $]A WHERE 分数 =(SELECT MAX（分数）FROM [成绩表 $]B WHERE
A.科目 =B.科目 GROUP BY B.科目)
```

也可以使用以下 SQL 语句。

```
SELECT * FROM [成绩表 $]A WHERE 分数 IN (SELECT MAX（分数）FROM [成绩表 $]B
WHERE A.科目 =B.科目 GROUP BY B.科目)
```

还可以使用以下 SQL 语句。

```
SELECT * FROM [成绩表 $]A WHERE EXISTS (SELECT 最高分 FROM (SELECT 科目,MAX（分
数）AS 最高分 FROM [成绩表 $] GROUP BY 科目)B WHERE A.科目 =B.科目 AND A.分数 =B.最
高分)
```

最终生成的数据透视表如图 A-9 所示。

	A	B	C
1	学生	排名	求和项:总分
2	⊟楚寒文	1	262
3	⊟张问余	2	244
4	⊟邓具集	3	241
5	⊟杨鱼语	3	241
6	⊟郑市船	5	236
7	⊟黄小河	6	231
8	⊟陈过肖	7	229
39	⊟韦晓集	38	145
40	⊟陈间雨	38	145
41	总计		7668

图 A-8　学生总分排名数据列表

	A	B	C	D	E
1	求和项:分数	科目			
2	学生	数学	英语	语文	总计
3	张问余	100	99		199
4	杨含曲			100	100
5	西门间雨	100			100
6	贾笑韵	100			100
7	邓具集		99		99
8	总计	300	198	100	598

图 A-9　各科目分数最高的学生

1.7　常用函数

图 A-10 展示了一份客户的账户信息。为更直观地显示效果，以下函数的应用都需要在 Microsoft Query 环境中进行操作。

1. ISNULL

含义：如果指定的字段为空，则返回 −1，如果指定的字段为非空，则返回 0。

语法：ISNULL(COLUMN_NAME)

如果希望对开户行信息不全的客户进行区分，可以使用以下 SQL 语句。

```
SELECT 客户名称,日期，金额，ISNULL（开户行）as 开户行 FROM 'D:\账户信息 .xlsx'.'
账户信息 $'
```

最终生成的结果如图 A-11 所示。

	A	B	C	D
1	客户名称	日期	金额	开户行
2	华筝	2014/4/27	86.90	建设银行
3	黄药师	2014/6/1	93.88	中国银行
4	郭靖	2015/10/21	86.63	中国银行
5	杨康	2015/11/8	89.62	
6	穆念慈	2015/11/15	87.07	农业银行
7	黄蓉	2015/12/2	98.90	
8	欧阳克	2016/2/14	95.01	工商银行

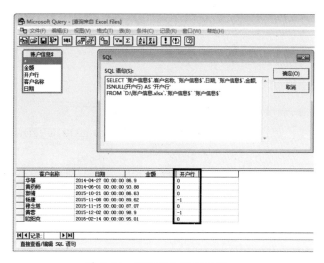

图 A-10 账户信息

图 A-11 ISNULL 运行结果

2. IIF

含义：返回由逻辑测试确定的两个数值或字符串值之一。此函数类似于 Excel 工作表的 IF 函数。

语法：IIF(LOGICAL_TEST, VALUE_IF_TRUE, [VALUE_IF_FALSE])

如果 LOGICAL_TEST 取值为 TRUE，则此函数返回 VALUE_IF_TRUE，否则，返回 VALUE_IF_FALSE。

如果需要将图 A-11 中开户行有信息的，直接显示原有开户行信息，没有信息的显示为“无账户信息”，可以使用以下 SQL 语句。

SELECT 客户名称, 日期, 金额, IIF(ISNULL(开户行)=0,开户行,'无账户信息') AS '开户行'FROM 'D:\账户信息.xlsx'.'账户信息$'

最终生成的结果如图 A-12 所示。

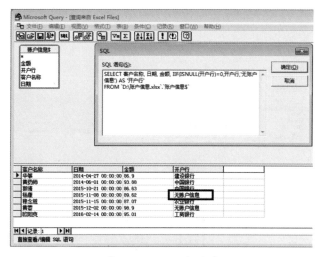

图 A-12 IIF 运行结果

3. FORMAT

含义：FORMAT 函数用于对字段的显示进行格式化。此函数类似于 Excel 工作表的 TEXT 函数。

语法：FORMAT(COLUMN_NAME,FORMAT)

如果希望对账户信息中的日期格式化显示为"YYYYMMDD"，可以使用以下 SQL 语句。

SELECT 客户名称，FORMAT(日期,'YYYYMMDD') AS 日期，金额，IIF(ISNULL(开户行)=0, 开户行,'无账户信息') AS '开户行'FROM 'D:\账户信息.xlsx'.'账户信息$'

最终生成的结果如图 A-13 所示。

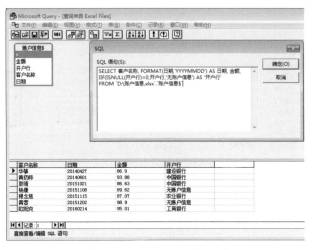

图 A-13　FORMAT 运行结果

4．ROUND

含义：ROUND 函数用于把数值字段四舍五入为指定的小数位数。此函数类似于 Excel 工作表的 ROUND 函数。

语法：ROUND(COLUMN_NAME,DECIMALS)

如果希望将账户信息中的金额四舍五入为整数，可以使用以下 SQL 语句。

SELECT 客户名称，FORMAT(日期,'YYYYMMDD') AS 日期，ROUND(金额,0) AS 金额，IIF(ISNULL(开户行)=0,开户行,'无账户信息') AS '开户行' FROM 'D:\账户信息.xlsx'.'账户信息$'

最终生成的结果如图 A-14 所示。

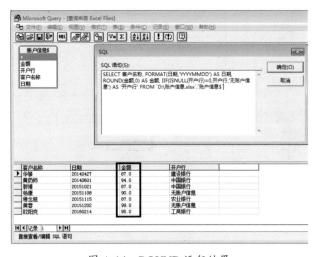

图 A-14　ROUND 运行结果

附录 B　高效办公必备工具——Excel 易用宝

　　尽管Excel的功能无比强大，但是在很多常见的数据处理和分析工作中，需要灵活的组合使用包含函数、VBA等高级功能才能完成任务，这对于很多人而言是个艰难的学习和使用过程。

　　因此，Excel Home为广大Excel用户量身定做了一款Excel功能扩展工具软件，中文名为"Excel 易用宝"，以提升Excel的操作效率为宗旨。针对Excel用户在数据处理与分析过程中的多项常用需求，Excel易用宝集成了数十个功能模块，从而让烦琐或难以实现的操作变得简单可行，甚至能够一键完成。

　　Excel易用宝永久免费，适用于Windows各平台。经典版（V1.1）支持32位的Excel 2003/2007/2010，最新版（V2018）支持32位及64位的Excel 2007/2010/2013/2016和Office 365。

　　经过简单的安装操作后，Excel易用宝会显示在Excel功能区独立的选项卡上，如下图所示。

　　例如，在浏览超出屏幕范围的大数据表时，如何准确无误地查看对应的行表头和列表头，一直是许多Excel用户烦恼的事情。这时候，只要单击一下Excel易用宝"聚光灯"按钮，就可以用自己喜欢的颜色高亮显示选中单元格/区域所在的行和列，效果如下图所示。

　　再如，工作表合并也是日常工作中常用的操作，但如果自己不懂编程的话，这一定是一项"不可能完成"的任务。Excel易学宝可以让这项工作显得轻而易举，它能批量合并某个文件夹中任

意多个文件中的数据，如下图所示。

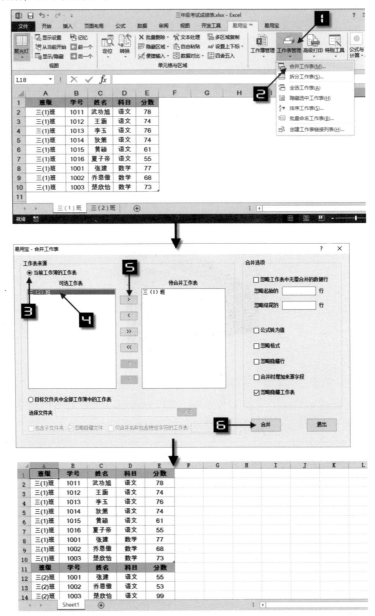

更多实用功能，欢迎您亲身体验，http://yyb.excelhome.net/。

如果您有非常好的功能需求，也可以通过软件内置的联系方式提交给我们，可能很快就能在新版本中看到了哦。